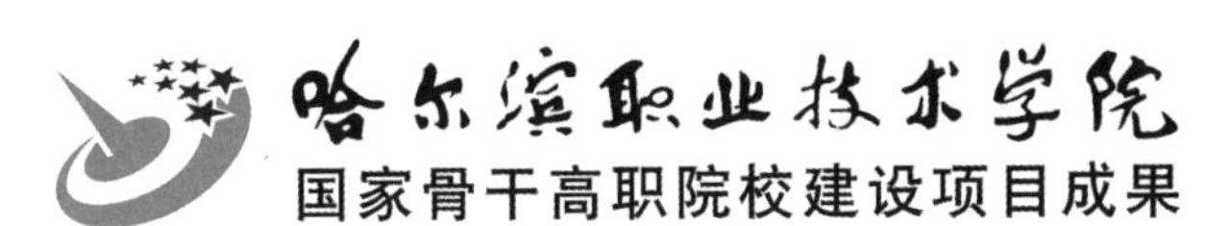

道路桥梁工程技术专业

土建工程力学应用

程　桢　主编

中国铁道出版社
CHINA RAILWAY PUBLISHING HOUSE

内容提要

本书主要包括物体的受力分析及支座反力的计算、简单构件的内力与变形计算、复杂构件的内力及变形计算、简单结构的内力及变形计算、复杂结构的内力及变形计算、移动荷载作用下的结构内力计算等内容。

学生通过学习，可以掌握物体的受力分析、绘制物体的受力图、计算构件及结构的强度、刚度和稳定性，为进行结构设计打好基础。

图书在版编目（CIP）数据

土建工程力学应用/程桢主编．—北京：
中国铁道出版社，2014.2
道路桥梁工程技术专业及专业群系列教材
ISBN 978-7-113-17915-1

Ⅰ.①土… Ⅱ.①程… Ⅲ.①土木工程—工程力学—
高等学校—教材 Ⅳ.①TU311

中国版本图书馆 CIP 数据核字（2013）第 317975 号

书　　名：土建工程力学应用
作　　者：程　桢　主编

策　　划：左婷婷　　**读者热线：**400-668-0820
责任编辑：夏　伟
编辑助理：雷晓玲
封面设计：刘　颖
封面制作：白　雪
责任校对：龚长江
责任印制：李　佳

出版发行：中国铁道出版社（100054，北京市西城区右安门西街 8 号）
网　　址：http：//www.51eds.com
印　　刷：北京铭成印刷有限公司
版　　次：2014 年 2 月第 1 版　2014 年 2 月第 1 次印刷
开　　本：880 mm×1 230 mm　1/16　印张：18　字数：400 千
印　　数：1～2 000 册
书　　号：ISBN 978-7-113-17915-1
定　　价：48.00 元

哈尔滨职业技术学院道路桥梁工程技术专业
教材编审委员会

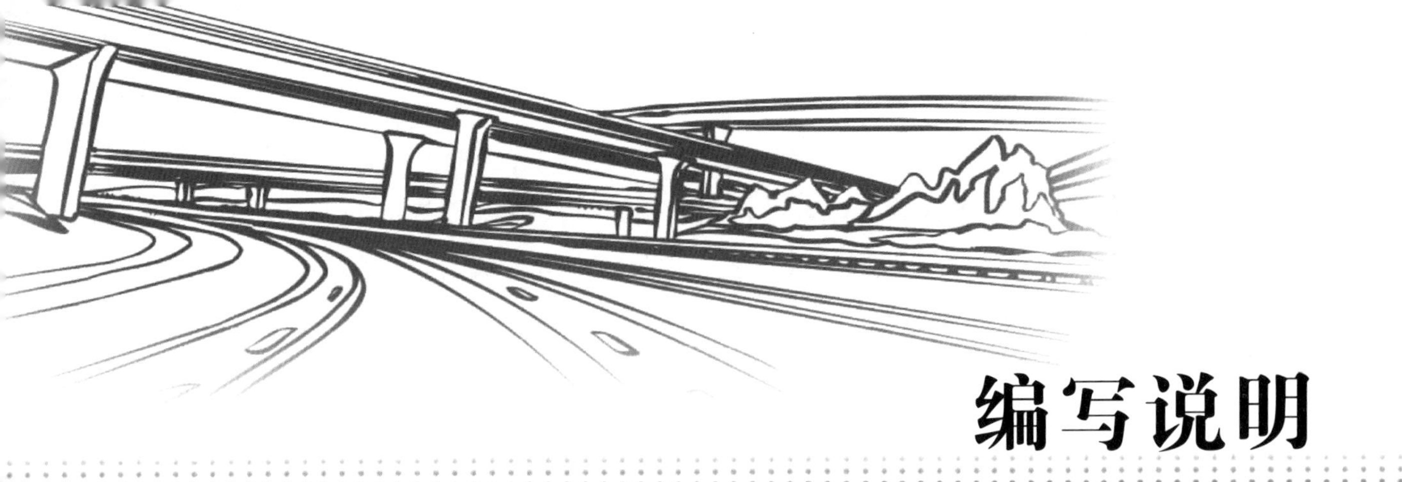

编写说明

为了贯彻落实《国家中长期教育改革与发展规划纲要(2010—2020)》精神,更好地适应我国走新型工业化道路,实现经济发展方式转变、产业结构优化升级,建设人力资源强国发展战略的需要,进一步发挥国家示范性高职院校的引领带动作用,构建现代高等职业教育体系,在国家百所示范高职院校建设取得显著成效的基础上,2010 年国家教育部、财政部继续加强国家示范性高等职业院校建设,启动了国家骨干高职院校建设项目,在全国遴选了 100 所国家骨干高职院校,着力推进骨干高职院校进行办学体制机制创新,增强办学活力,以专业建设为核心,强化内涵建设,提高人才培养质量,带动本地区高等职业教育整体水平提升。

哈尔滨职业技术学院于2010 年11 月被确定为"国家示范性高等职业院校建设计划"骨干高职院校立项建设单位。学院在国家骨干高职院校建设创新办学体制机制,打造校企"双主体育人"平台,推进合作办学、合作育人、合作就业、合作发展的进程中,以专业建设为核心,以课程改革为抓手,以教学条件建设为支撑,全面提升办学水平。

学院与哈尔滨市公路工程处、龙建路桥股份有限公司等企业成立了校企合作工作领导小组,完善了道路桥梁工程技术专业建设指导委员会,进行了合作建站、合作办学、合作建队、合作育人的"四合模式"建设;创新了"校企共育、德能双修、季节分段"工学交替的人才培养模式,即以校企合作机制为保障,打造校企"双主体育人"合作平台,将学生的职业道德和职业能力培养贯穿于整个教育教学的始终,构建基于路桥建设工作过程导向课程体系,开发融入职业道德及岗位工作标准的工学结合核心课程,结合黑龙江省寒区特点,采取季节分段的工学交替教学方式,校企共同培养满足路桥施工一线的技术与管理岗位扎实工作的具有可持续发展能力的高端技能型专门人才;为了更加有效地实施该人才培养模式,制定了融入路桥企业职业标准及岗位工作要求的 10 门核心课程的课程标准,采取任务驱动的教学做一体化教学模式进行教学。

而教材建设作为教学条件中教学资源建设的重要组成部分,既是教学资源建设的关键,又是资源建设的难点。为此,学院组成了各重点专业教材编审委员会。道路桥梁工程技术专业教材编审委员会由职业教育专家、企业专家、专业核心课教师和公共核心课教师组成,历经三年多的不断改革与实践,编写了本套工学结合特色教材,由中国铁道出版社出版,为更好地推进国家骨干院校建设做出了积极贡献。

本套教材完全摆脱了以往学科体系教材的体例束缚，其特点如下：

1. 本套教材主要按照核心课程的教学模式改革要求进行编写，全部以真实的工作任务为载体，配合任务驱动教学做一体化的教学模式；

2. 本套教材的内容组织主要按照核心课程的内容改革要求进行编写，所有工作任务都是与施工企业专家和工程技术人员共同研究确定，选取具有典型效果的工程案例，形成了独具特色的教材内容。

3. 本套教材均采用相同的体例编写，同时采用了与任务驱动教学模式配套的六步教学法：

(1)完全打破了传统的知识体系的章节结构形式，采用全新的以路桥工程技术与管理人员的工作任务为载体的任务结构形式，设计了每项任务的任务单；

(2)教材中为培养学生的自主学习能力，设计了每项任务的资讯单和信息单；

(3)在信息单中，为学生顺利完成工作任务提供了大量的真实工程案例，各种解决方案，注重学生的计划能力和决策能力的培养，并设计了每项任务的计划单和决策单；

(4)教材中突出任务的实践性，注重学生的职业能力培养，设计了每项任务的实施单和作业单；

(5)在教材中设计了检查单和评价单，改革了传统的考核方式，采取分小组评价、个人评价和教师评价相结合的多元化评价方式，以过程考核为主，每个任务的各个环节均设有评价分值。

(6)为了使每名学生在完成任务后，都能够对自己的工作有个总结和反思，设计了教学反馈单。

总之，本套教材按照与学习领域课程体系、任务驱动教学模式、六步教学法及多元化考核评价方式等相对应的全新的教材体例编写而成。在本套教材的编写过程中，得到了合作企业及行业专家的大力支持，在此，表示由衷的感谢！由于教材实践周期较短，还不够完善，如有错误和不当之处，敬请专家、同仁批评指正。希望本套教材的出版，能为我国高职教育的发展做出应有的贡献。

哈尔滨职业技术学院道路桥梁工程技术专业
教材编审委员会
2013 年 8 月

本书编写委员会

主　　编：程　桢（哈尔滨职业技术学院）

副 主 编：杨晓东（哈尔滨职业技术学院）

葛贝德（哈尔滨职业技术学院）

张志伟（哈尔滨职业技术学院）

刘任峰（哈尔滨职业技术学院）

于立成（黑龙江省公路设计院）

李晓雷（哈尔滨工业大学建筑设计研究院）

主　　审：杨化奎（哈尔滨职业技术学院）

张　学（哈尔滨市公路工程处）

前　言
FOREWORD

本教材是国家重点建设专业道路桥梁工程技术专业核心课程“土建工程力学应用”配套的工学结合特色教材。本教材建设团队由行业企业专家及学校“双师型”教师组成，按照道路桥梁工程技术专业系列教材的统一编写体例要求，结合课程特点完成了本教材的编写任务。本教材的突出特点就是完全打破了以往学科体系的章节结构形式，采用了全新的以路桥工程技术与管理人员的工作任务为载体的任务结构形式，使课堂上真正的工学结合成为可能。

本教材分为 6 个学习情境，共 13 个工作任务。学习情境一为物体的受力分析及支座反力的计算，包括绘制结构的计算简图和受力图、计算结构的支座反力等 2 个任务；学习情境二为简单构件的内力及变形计算，包括计算轴压柱的内力及变形、计算梁的强度及刚度等 2 个任务；学习情境三为复杂构件的内力及变形计算，包括计算斜弯曲构件的内力和变形、计算偏心压缩构件的内力等 2 个任务；学习情境四为简单结构的内力及变形计算，包括计算静定结构的内力、计算静定结构的位移等 2 个任务；学习情境五为复杂结构的内力及变形计算，包括应用力法计算超静定结构的内力、应用位移法计算超静定结构的内力、应用力矩分配法计算超静定结构的内力等 3 个任务；学习情境六为移动荷载作用下的结构内力计算，包括计算移动荷载作用下静定结构的内力、绘制超静定结构的弯矩包络图等 2 个任务。

本教材主要针对高职道路桥梁工程技术专业毕业生的主要就业岗位施工员、技术员、质检员和安全员的工作要求，选取设计了从简单到复杂的真实工作任务，并按照教学六步法设计了完成每项工作任务的工作页：任务单、资讯单、信息单、计划单、决策单、实施单、作业单、检查单、评价单、教学反馈单等，为采用任务驱动的教学做一体化教学模式提供了配套资料，克服了以往课程改革中教材与课程改革不同步的缺陷。

本教材设计的每项任务的过程评价单，为采用过程性考核和结果性考核相结合的考核模式奠定了基础，其中过程性考核成绩占课程总成绩的 70%，结果性考核成绩占课程总成绩的 30%。过程性考核按照学习情境分别考核，考核成绩是各学习情境考核成绩的累计。由企业、教师和学生共同进行多元评价。结果性考核通过学期末集中考试或答辩方式完成。

本教材由哈尔滨职业技术学院与哈尔滨工业大学建筑设计研究院、黑龙江省公路设计院、哈尔滨市公路工程处等企业合作编写，由哈尔滨职业技术学院程桢担任主编，负责本教材的统稿和定稿工作，并编写任务 3、任务 4、任务 9、任务 12 及任务 13；杨晓东编写任务 1 和任务 2；张志伟编写任务 5 和任务 6；刘任峰编写任务 7 和任务 8；葛贝德编写任务 10 和任务 11；黑龙江省公路设计院于立成和哈尔滨工业大学建筑设计研究院李晓雷负责实际工程案例的收集、整理和初步编辑工作，并负责工作任务的实践性审核。

本教材在编写过程中得到了哈尔滨职业技术学院副校长刘敏教授、教务处长孙百鸣教授及哈尔滨市公路工程处总工程师张学教授级高级工程师的大力支持和精心指导，并由杨化奎和张学担任主审，提出了很多宝贵意见和建议，在此深表感谢。

由于本教材实践周期较短，可能还不够完善，如有错误和不妥之处，恳望读者批评指正。

编　者

2013 年 8 月

课程教学安排及学时分配表

核心课程	土建工程力学应用		
开设学年	1	参考学时	90
学习情境	任务序号	任务名称	学时
学习情境一：物体的受力分析及支座反力的计算	任务 1	绘制结构的计算简图和受力图	6
	任务 2	计算结构的支座反力	9
学习情境二：简单构件的内力及变形计算	任务 3	计算轴压柱的内力及变形	9
	任务 4	计算梁的强度及刚度	12
学习情境三：复杂构件的内力及变形计算	任务 5	计算斜弯曲构件的内力和变形	6
	任务 6	计算偏心压缩构件的内力	6
学习情境四：简单结构的内力及变形计算	任务 7	计算静定结构的内力	6
	任务 8	计算静定结构的位移	6
学习情境五：复杂结构的内力及变形计算	任务 9	应用力法计算超静定结构的内力	6
	任务 10	应用位移法计算超静定结构的内力	6
	任务 11	应用力矩分配法计算超静定结构的内力	6
学习情境六：移动荷载作用下的结构内力计算	任务 12	计算移动荷载作用下静定结构的内力	6
	任务 13	绘制超静定结构的弯矩包络图	6
合　计			90

目　录
CONTENTS

学习情境 一

物体的受力分析及支座反力的计算

学习指南

学习目标

学生将完成本学习情境的2个任务绘制结构的计算简图和受力图、计算结构的支座反力，达到以下学习目标：

第一，能够了解掌握今后就业岗位路桥工程一线的施工员、技术员、质检员和安全员的工作职责和职业要求。

第二，能够正确地绘制出桥梁构件或简单桥梁结构的计算简图。

第三，能够对物体的受力情况作全面的分析。

第四，能够应用静力学公理对物体及物体系的受力情况进行简化，正确绘制出物体的受力图。

第五，能够应用平衡方程计算出桥梁构件或静定桥梁结构的支座反力。

第六，增强团队协作意识和与人沟通的能力。

工作任务

(1)绘制结构的计算简图和受力图。

(2)计算结构的支座反力。

学习情境的描述

本学习情境是根据学生的就业岗位施工员、技术员、质检员和安全员的工作职责和职业要求创设的第一个学习情境，主要要求学生能够对桥梁构件和结构进行受力分析，并求出支座反力，本情境包含2个工作任务绘制结构的计算简图和受力图、计算结构的支座反力。本学习情境的教学将采用任务驱动的教学做一体化教学模式，学生分成小组在教师的引导下通过资讯、计划、决策、实施、检查和评价等六个环节完成工作任务，达到本学习情境设定的学习目标。

任务1　绘制结构的计算简图及受力图

任　务　单

<table>
<tr><td>学习领域</td><td colspan="6">土建工程力学应用</td></tr>
<tr><td>学习情境</td><td colspan="6">物体的受力分析及支座反力的计算</td></tr>
<tr><td>工作任务</td><td colspan="6">绘制结构的计算简图和受力图</td></tr>
<tr><td>任务学时</td><td colspan="6">6 学 时</td></tr>
<tr><td colspan="7">布 置 任 务</td></tr>
<tr><td>工作目标</td><td colspan="6">在进行土建工程结构设计时，要对结构进行简化，并分析结构受力情况，本任务要求学生：
1. 能够绘制构件或简单结构的计算简图
2. 能够对物体的受力情况作全面的分析，即进行物体的受力分析
3. 能够应用静力学公理对物体及物体系的受力情况进行简化，正确绘制出物体受力图</td></tr>
<tr><td>任务描述</td><td colspan="6">图示钢筋混凝土桥梁施工现场，箱型桥梁的自重沿着梁长均匀分布，已知桥梁荷载集度为 q，桥墩间的轴线距离（跨度）为 l，桥墩高为 h，假设桥墩上部传来的荷载为 F，与轴线重合，桥墩自重沿高度成线性分布，荷载集度为 g。要求学生根据上述实际工程情况完成以下任务：
1. 绘制桥梁在自重作用下的计算简图和受力图
2. 绘制桥墩的计算简图和受力图</td></tr>
<tr><td rowspan="2">学时安排</td><td>资　讯</td><td>计　划</td><td>决策或分工</td><td>实　施</td><td>检　查</td><td>评　价</td></tr>
<tr><td>1 学时</td><td>0.5 学时</td><td>0.5 学时</td><td>3 学时</td><td>0.5 学时</td><td>0.5 学时</td></tr>
<tr><td>提供资料</td><td colspan="6">工程案例；工程规范；参考书；施工员和技术员岗位工作标准和职业道德标准</td></tr>
<tr><td>学生知识与能力要求</td><td colspan="6">1. 具备高中物理有关力的基础知识和路桥工程构造的知识
2. 具备一定的自学能力、数据计算能力、沟通协调能力、语言表达能力和团队意识
3. 严格遵守课堂纪律，不迟到、不早退；学习态度认真、端正
4. 每位同学必须积极参与小组讨论
5. 每组均需按规定完成物体及物体系的受力分析，并绘制物体的受力图</td></tr>
<tr><td>教师知识与能力要求</td><td colspan="6">1. 熟悉各种结构及构件的计算简图
2. 熟练掌握约束及约束类型
3. 有组织学生按要求完成任务的驾驭能力
4. 对任务完成过程、结果进行点评，并为各小组进行综合打分</td></tr>
</table>

资　讯　单

<table>
<tr><td>学习领域</td><td colspan="4">土建工程力学应用</td></tr>
<tr><td>学习情境</td><td colspan="4">物体的受力分析及支座反力的计算</td></tr>
<tr><td>工作任务</td><td colspan="4">绘制结构的计算简图和受力图</td></tr>
<tr><td>资讯学时</td><td colspan="4">1 学 时</td></tr>
<tr><td>资讯方式</td><td colspan="4">在图书馆、互联网及教材中进行查询，或向任课教师请教</td></tr>
<tr><td rowspan="9">资讯内容</td><td colspan="4">1. 施工员、技术员的职业道德是什么？</td></tr>
<tr><td colspan="4">2. 什么是力？力的三要素是什么？力的表示方法是什么？</td></tr>
<tr><td colspan="4">3. 什么是刚体？什么是变形固体？</td></tr>
<tr><td colspan="4">4. 什么是约束？什么是约束反力？其特点有哪些？列举工程实例。</td></tr>
<tr><td colspan="4">5. 怎样进行结构的简化，怎样绘制计算简图？</td></tr>
<tr><td colspan="4">6. 怎样进行物体的受力分析？</td></tr>
<tr><td colspan="4">7. 绘制物体受力图的步骤有哪些？</td></tr>
<tr><td colspan="4">8. 物体系受力分析的方法有哪些？</td></tr>
<tr><td colspan="4">9. 绘制物体系受力图的步骤有哪些？</td></tr>
<tr><td>资讯要求</td><td colspan="4">1. 根据工作目标和任务描述正确理解完成任务需要的资讯内容
2. 按照上述资讯内容进行资询
3. 写出资讯报告</td></tr>
<tr><td rowspan="3">资讯评价</td><td>班　　级</td><td></td><td>学生姓名</td><td></td></tr>
<tr><td>教师签字</td><td></td><td>日　　期</td><td></td></tr>
<tr><td colspan="4">评语：</td></tr>
</table>

信 息 单

1.1 静力学公理的应用

1.1.1 力的形成

力是人们在长期的生产劳动和生活实践中逐步形成的,是通过归纳、概括和科学的抽象而建立的。力是物体之间相互的机械作用,这种作用会使物体的机械运动状态发生改变,同时使物体产生变形。力使物体的运动状态发生改变的效应称为外效应,而使物体发生变形的效应称为内效应。刚体只考虑外效应,变形固体还要研究内效应。经验表明力对物体作用的效应完全取决于力的三要素。

1. 力的大小

力的大小是物体相互作用的强弱程度。在国际单位制中,力的单位用牛顿(N)或千牛顿(kN)表示,$1\ kN=1\times10^3 N$。

2. 力的方向

力的方向包含力的方位和指向两方面的含义。如重力的方向是“竖直向下”,“竖直”是力作用线的方位,“向下”是力的指向。

3. 力的作用点

力的作用点是指物体上承受力的部位。若力的承受部位是一块面积或体积,称为分布力;而有些分布力分布的面积很小,可以近似看作一个点,这样的力称为集中力,该点称为力的作用点。

如果改变了力的三要素中的任意一个要素,也就改变了力对物体的作用效应。

既然力是有大小和方向的量,所以力是矢量。可以用一个带箭头的线段来表示,如图 1.1(a)所示,线段 AB 长度按一定的比例尺表示力 $\boldsymbol{F}$ 的大小,线段的方位和箭头的指向表示力的方向,A 点表示力的作用点,线段 AB 的延长线(图中虚线)表示力的作用线。也可以将力指向作用点 A,如图 1.1(b)所示。

本教材中,用黑体字母表示矢量,用对应一般字母表示矢量的大小。

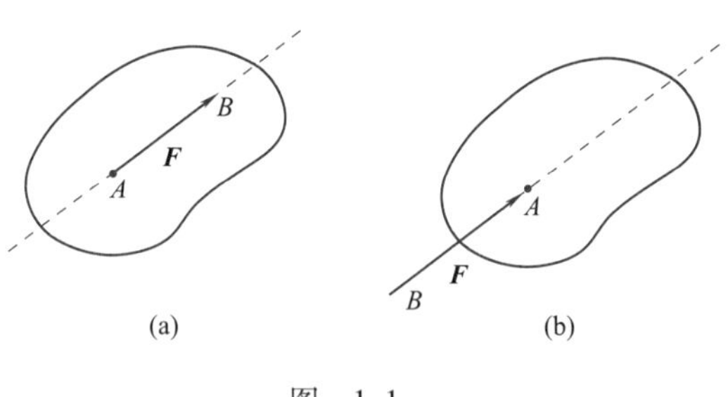

图 1.1

一般情况下,作用在物体上的力不止一个,大多数是一个力系。力系是指由两个力及两个力以上的力组成的一群力。如果作用于物体上的某一力系可以用另一力系来代替,而不改变物体的原有状态,则这两个力系相互称为等效力系。如果一个力与一个力系等效,则将这个力称为这个力系的合力,将一个力系换为一个力的过程称为力的合成;而力系中的每一个力称为该合力的分力,将合力代换成分力的过程称为力的分解。在研究力学问题时,为方便地显示各种力系对物体作用的总体效应,用一个简单的等效力系(或一个力)代替一个复杂力系的过程称为力系的简化。

1.1.2 刚体

土建工程实际中的许多物体,在力的作用下,它们的变形一般很微小,对平衡问题影响也很小,为了简化解决问题的程序,我们把物体视为刚体。刚体是指在任何外力的作用下,物体的大小和形状始终保持不变的物体。

1.1.3　静力学公理及应用

公理就是无须证明就为大家在长期生活和生产实践中所公认的真理。静力学公理是静力学全部理论的基础。

公理一　力的平行四边形法则(或二力合成原理)

作用于物体上同一点的两个力可以合成为作用于该点的一个合力,它的大小和方向由以这两个力的矢量为邻边所构成的平行四边形的对角线来确定。如图 1.2(a)所示,以 $\boldsymbol{F}_R$表示力 $\boldsymbol{F}_1$和力 $\boldsymbol{F}_2$的合力,则可以表示为:$\boldsymbol{F}_R=\boldsymbol{F}_1+\boldsymbol{F}_2$,即作用于物体上同一点的两个力的合力等于这两个力的矢量和。

在求共点两个力的合力时,我们常采用力的三角形法则,如图 1.2(b)所示。从刚体外任选一点 a 作矢量 ab 代表力 $\boldsymbol{F}_1$,然后从 b 的终点作 bc 代表力 $\boldsymbol{F}_2$, 最后连起点 a 与终点 c 得到矢量 ac,则 ac 就代表合力矢 $\boldsymbol{F}_R$。分力矢与合力矢所构成的三角形 abc 称为力的三角形。这种合成方法称为力的三角形法则。

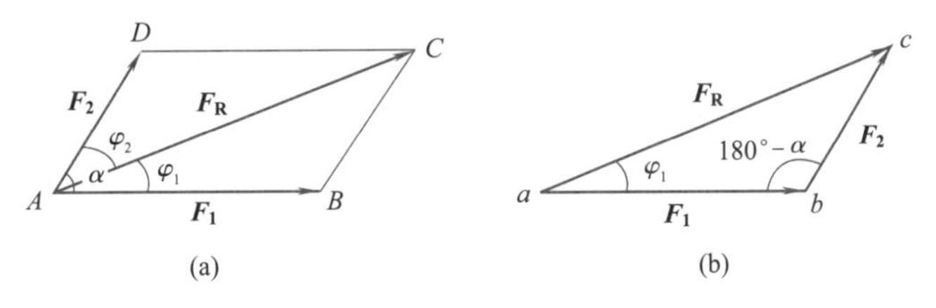

图　1.2

公理二　二力平衡原理

作用于同一刚体上的两个力使刚体平衡的充分与必要条件是:这两个力的大小相等、方向相反、作用在同一直线上。可以表示为:$\boldsymbol{F}=-\boldsymbol{F}'$或 $\boldsymbol{F}+\boldsymbol{F}'=0$。

应用:公理二给出了作用于刚体上的最简力系平衡时所必须满足的条件,是推证其他力系平衡条件的基础。在两个力作用下处于平衡的刚体称为二力体,若刚体是构件或杆件,也称二力构件或二力杆件,简称二力杆。

公理三　加减平衡力系原理

在作用于刚体的任意力系中,加上或减去若干个平衡力系,并不改变原力系对刚体的作用效应。

应用一　力的可传性原理

作用于刚体上的力可以沿其作用线移至刚体内任意一点,而不改变原力对刚体的作用效应。

应用:设力 $\boldsymbol{F}$ 作用于刚体上的点 A,如图 1.3(a)所示。在力 $\boldsymbol{F}$ 作用线上任选一点 B,在点 B 上加上一对平衡力 $\boldsymbol{F}_1$和 $\boldsymbol{F}_2$,使

$$\boldsymbol{F}_1=-\boldsymbol{F}_2=\boldsymbol{F}$$

则 $\boldsymbol{F}_1$、$\boldsymbol{F}_2$、$\boldsymbol{F}$ 构成的力系与 $\boldsymbol{F}$ 等效,如图 1.3(b)所示。将平衡力系 $\boldsymbol{F}$、$\boldsymbol{F}_2$减去,则 $\boldsymbol{F}_1$与 $\boldsymbol{F}$ 等效。此时,相当于力 $\boldsymbol{F}$ 已由点 A 沿作用线移到了点 B,如图 1.3(c)所示。

由此可知,作用于刚体上的力是滑移矢量,因此作用于刚体上力的三要素为大小、方向和作用线。

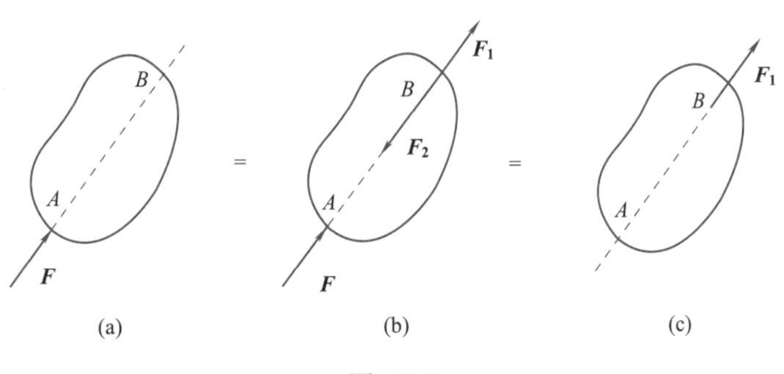

图　1.3

应用二 三力平衡汇交定理

刚体受到同一平面内互不平行的三个力作用而平衡时,此三力的作用线必汇交于一点。

应用:设在刚体上三点 A、B、C 分别作用有力 $\boldsymbol{F}_1$、$\boldsymbol{F}_2$、$\boldsymbol{F}_3$,其互不平行,且为平衡力系,如图 1.4 所示,根据力的可传性,将力 $\boldsymbol{F}_1$ 和 $\boldsymbol{F}_2$ 移至汇交点 O,根据公理一,得合力 $\boldsymbol{F}_{R12}$,则力 $\boldsymbol{F}_3$ 与 $\boldsymbol{F}_{R12}$ 平衡,由公理二可知,$\boldsymbol{F}_3$ 与 $\boldsymbol{F}_{R12}$ 必共线,所以力 $\boldsymbol{F}_1$ 的作用线必过 O 点。

图 1.4

公理四 作用与反作用定律

两个物体间的相互作用力,总是同时存在,同时消失,它们的大小相等,方向相反,并沿同一直线分别作用在这两个相互作用的物体上。

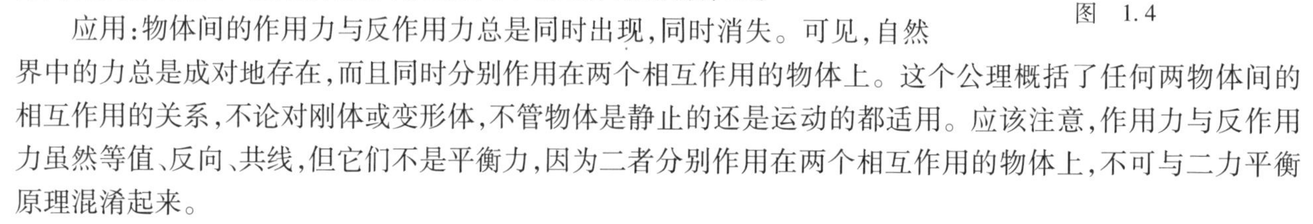

应用:物体间的作用力与反作用力总是同时出现,同时消失。可见,自然界中的力总是成对地存在,而且同时分别作用在两个相互作用的物体上。这个公理概括了任何两物体间的相互作用的关系,不论对刚体或变形体,不管物体是静止的还是运动的都适用。应该注意,作用力与反作用力虽然等值、反向、共线,但它们不是平衡力,因为二者分别作用在两个相互作用的物体上,不可与二力平衡原理混淆起来。

公理五 刚化原理

变形体在已知力系作用下处于平衡时,若将此变形体视为刚体(刚化),则其平衡状态不变。

应用条件:上述原理建立了刚体平衡条件与变形体平衡条件之间的关系,即关于刚体的平衡条件,对于变形体的平衡来说,也必须满足。但是,满足了刚体的平衡条件,变形体不一定平衡。例如一段软绳,在两个大小相等、方向相反的拉力作用下处于平衡,若将软绳变成刚杆,平衡保持不变。反过来,一段刚杆在两个大小相等、方向相反的压力作用下处于平衡,而绳索在此压力下则不能平衡。可见,刚体的平衡条件对于变形体的平衡来说只是必要条件而不是充分条件。

1.2 约束及约束反力

工程上所遇到的物体通常分为两种:可以在空间作任意运动的物体称为自由体,如飞机、火箭等;受到其他物体的限制,沿着某些方向不能运动的物体称为非自由体。如悬挂的重物,因为受到绳索的限制,使其在某些方向不能运动而成为非自由体。

1.2.1 约束及约束反力

限制非自由体某种位移的周围物体称为该物体的约束。约束通常是通过物体间的直接接触而形成的。

既然约束阻碍物体沿某些方向运动,那么当物体沿着约束所阻碍的运动方向运动或有运动趋势时,约束对其必然有力的作用,以限制其运动,约束对物体的作用用力来体现,这种力称为约束反力,简称反力。约束反力的方向总是与约束所能阻碍的物体的运动或运动趋势的方向相反,它的作用点就在约束与被约束的物体的接触点,大小可以通过计算求得。

土建工程上通常把能使物体主动产生运动或运动趋势的力称为主动力。如重力、风力、水压力等。通常主动力是已知的,约束反力是未知的,它不仅与主动力的情况有关,同时也与约束情况有关。下面介绍土建工程实际中几种常见的约束情况及其约束反力的特性。

1.2.2 约束的种类

1. 柔体约束

绳索、链条、皮带等属于柔体约束。柔体约束的理想化条件:柔体绝对柔软、无重量、无粗细、不可伸长或缩短。由于柔体只能承受拉力,所以柔体的约束反力作用于接触点,方向沿柔体的中心线而背离物体,为拉力,如图 1.5 和图 1.6 所示。

(a)

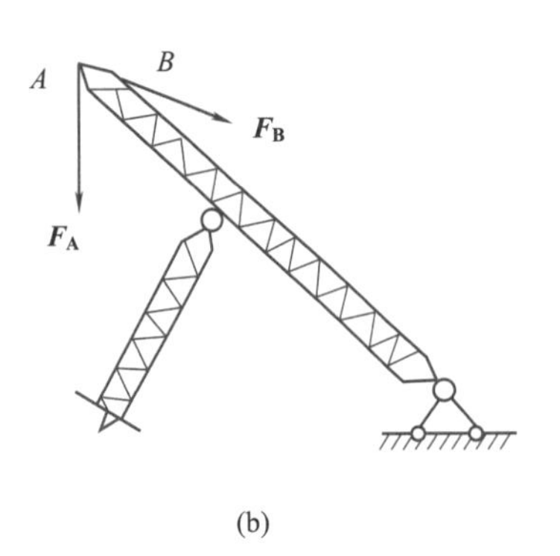

(b)

图　1.5

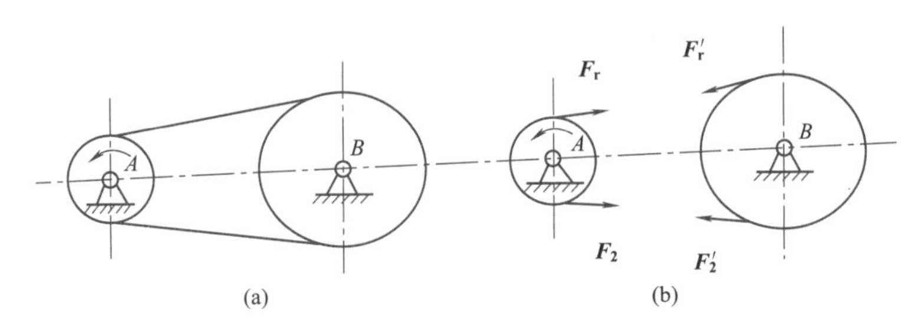

(a)　　(b)

图　1.6

2. 光滑接触面约束

当物体接触面上的摩擦力可以忽略时,即可看作光滑接触面,这时两个物体可以脱离开,也可以沿光滑面相对滑动,但沿接触面法线且指向接触面的位移受到限制。所以光滑接触面约束反力作用于接触点,沿接触面的公法线方向,且指向受约束物体,为压力,如图1.7和图1.8所示。

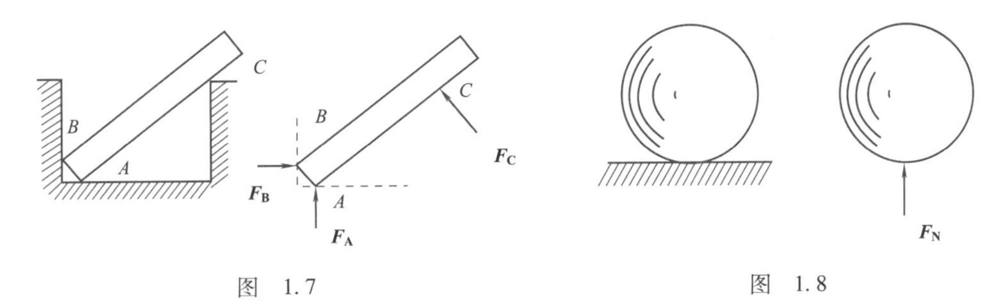

图　1.7　　　　图　1.8

3. 光滑铰链约束

工程上常用销钉来连接构件或零件,这类约束只限制相对移动不限制转动,且忽略销钉与构件间的摩擦。若两个构件用销钉连接起来,则这种约束称为铰链约束,简称铰连接或中间铰,如图1.9(a)所示。图1.9(b)所示为计算简图。

铰链约束只能限制物体在垂直于销钉轴线的平面内相对移动,但不能限制物体绕销钉轴线相对转动。如图1.9(c)所示,铰链约束的约束反力作用在销钉与物体的接触点C,沿接触面的公法线方向,使被约束物体受压力。但由于销钉与销钉孔壁接触点与被约束物体所受的主动力有关,一般不能预先确定,所以约束反力$\boldsymbol{F}_C$的方向也不能确定。因此,其约束反力作用在垂直于销钉轴线平面内,通过销钉中心,方向不定。为计算方便,铰链约束的约束反力常用过铰链中心两个大小未知的正交分力$\boldsymbol{F}_{Cx}$,$\boldsymbol{F}_{Cy}$来表示,如图1.9(d)所示。两个分力的指向可以假设。

4. 固定铰支座

将结构物或构件用销钉与地面或机座连接就构成了固定铰支座,如图1.10(a)所示。固定铰支座的约束与铰链约束完全相同。简化记号和约束反力如图1.10(b)所示。

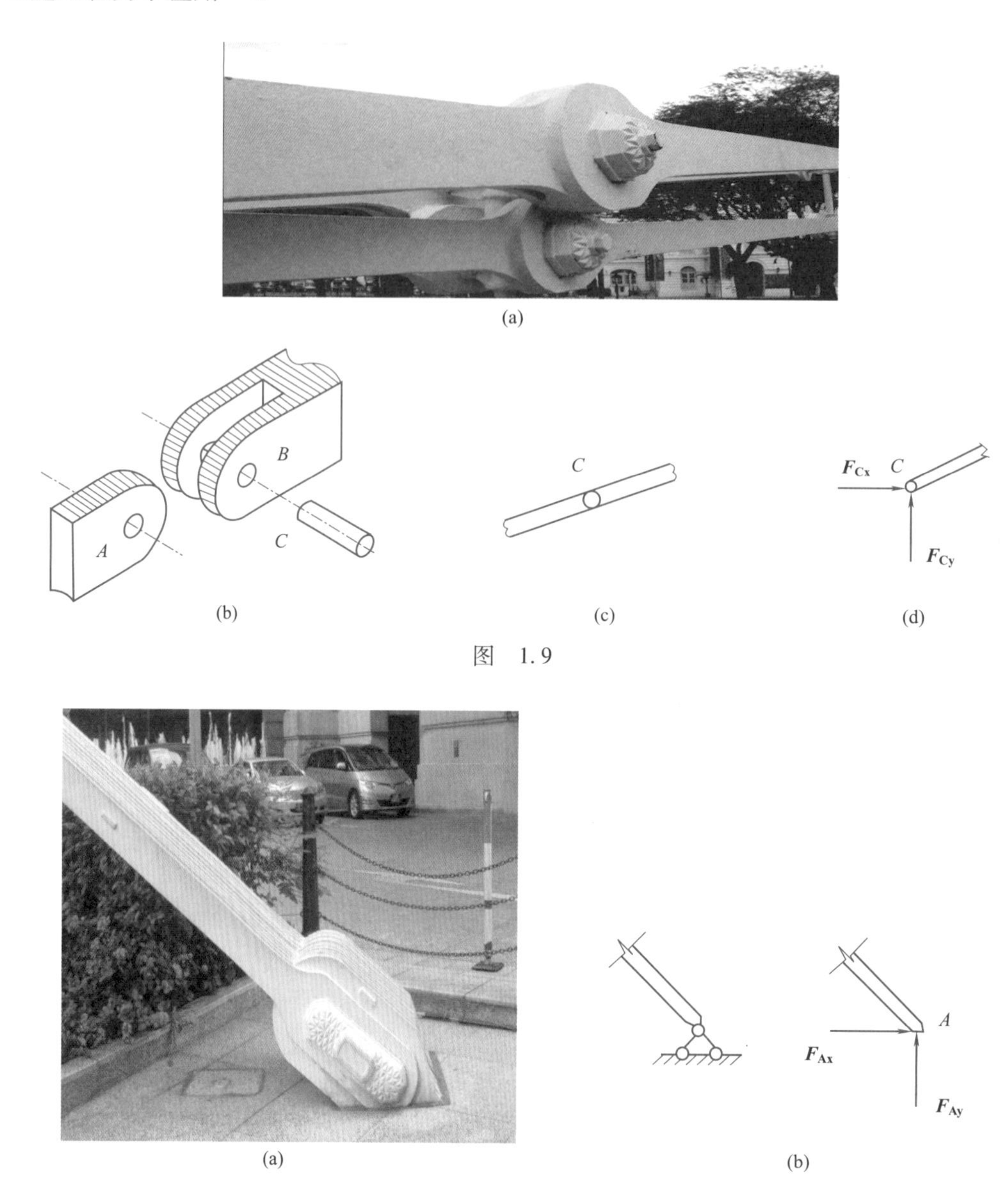

图 1.9

图 1.10

5. 辊轴支座(可动铰支座)

在固定铰支座和支承面间装有辊轴,就构成了辊轴支座,又称可动铰支座,如图 1.11(a)所示。这种约束只能限制物体沿支承面法线方向运动,而不能限制物体沿支承面移动和相对于销钉轴线转动。所以其约束反力垂直于支承面,过销钉中心,指向可假设,如图 1.11(b)和图 1.11(c)所示。

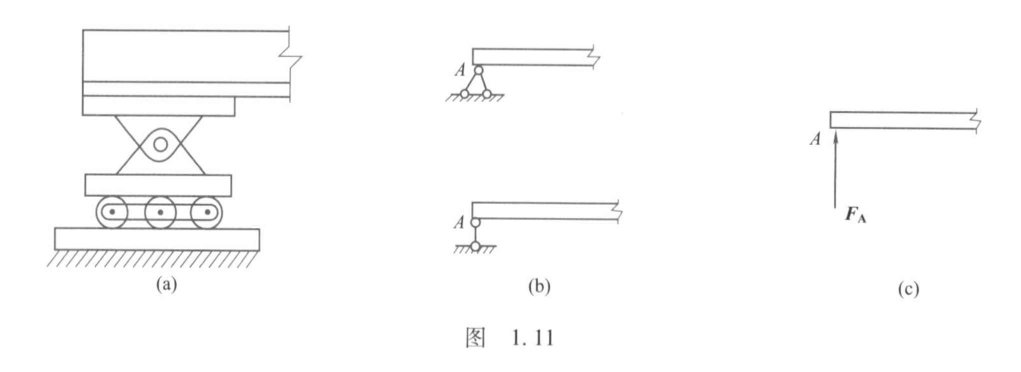

图 1.11

6. 链杆约束

两端以铰链与其他物体连接中间不受力且不计自重的刚性直杆称链杆,如图 1.12(a)所示。这种约束反力只能限制物体沿链杆轴线方向运动,因此链杆的约束反力沿着链杆两端中心连线方向,指向或为拉力或为压力,如图 1.12(b)和图 1.12(c)所示。链杆属于二力杆的一种特殊情形。

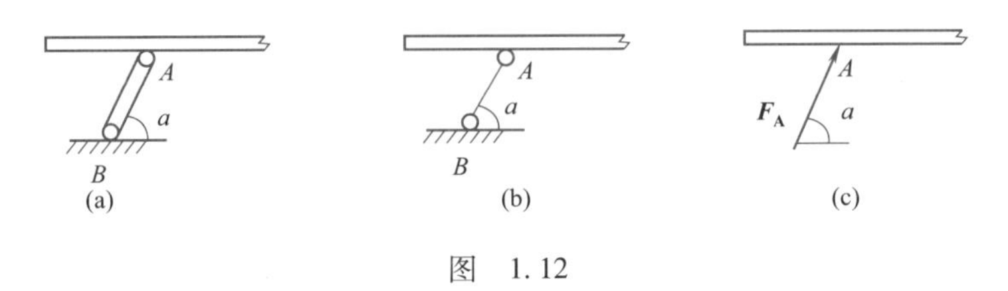

图 1.12

7. 固定端约束

构件的一端插入一固定物体中,就构成了固定端约束。如图 1.13(a)所示,路灯的一端埋在地下,在连接处具有较大的刚性,被约束的物体在该处被完全固定,这就是固定端约束,即不允许相对移动也不可转动。通常我们可以将固定端约束简化成平面力系,因此其约束反力一般用两个正交分力和一个约束反力偶来代替,如图 1.13(c)所示。

图 1.13

1.3 土建工程力学应用的内容和任务

1.3.1 内容和任务

土建工程力学应用的主要内容是应用物体的平衡规律,计算构件及结构的强度、刚度和稳定性。所谓结构,是指在建筑物或构筑物中起骨架作用,能够承受荷载的那部分体系;所谓构件,是指组成结构的各部分部件。

土建工程力学应用所解决土建工程的力学问题主要有三类:第一类是应用物体的平衡规律,解决土建工程结构的平衡问题;第二类是应用物体的变形规律,解决如何保证结构具有必需的刚度;第三类是解决结构的承载能力问题。本教材将这三类问题归纳为 6 个学习情境,共 13 个工作任务。学习情境一(2 个工作任务)为物体的受力分析及支座反力的计算,包括绘制结构的计算简图和受力图、计算结构的支座反力;学习情境二(2 个工作任务)为简单构件的内力及变形计算,包括计算柱的内力及变形、计算梁的强度及刚度;学习情境三(2 个工作任务)为复杂构件的内力及变形计算,包括计算斜弯曲构件的内力、计算偏心压缩构件的内力;学习情境四(2 个工作任务)为简单结构的内力及变形计算,包括计算静定结构的内力、计算静定结构的位移;学习情境五(3 个工作任务)为复杂结构的内力及变形计算,包括力法计算超静定结构的内力、位移法计算超静定结构的内力、力矩分配法计算超静定结构的内力;学习情境五(2 个工作任务)为移动荷载作用下的结构内力计算,包括计算移动荷载作用下的静定结构内力、计算移动荷载作用下的超静定结构内力。

综上所述,土建工程力学应用的任务是应用物体的平衡规律,计算构件及结构的强度、刚度、稳定性,解决土建工程结构的承载力问题,为结构设计提供理论依据和计算方法。

1.3.2 结构的计算简图

在土建工程中,最重要的就是结构的安全问题,这关系到人的生命和财产的安全,因此不能有半点马虎。而结构的内力分析是解决结构安全问题的关键。为了进行结构的内力分析,我们必须将实际的结构进行简化,忽略次要矛盾,抓住主要矛盾,用一个能反映结构基本受力和变形特性的计算图形来代替复杂的结构。这种简化的图形一般简称为结构的计算简图。

计算简图是对结构进行受力分析的依据。计算简图的选择,直接影响计算的工作量和精确度。如果计算简图不能准确地反映结构的实际受力情况,或选择错误,就会使计算结果产生误差,甚至造成工程事故。所以,必须谨慎地选择结构的计算简图。结构的计算简图是经过结构中杆件的简化、支座的简化、结点的简化等方面得出的。

1. 杆件的简化

由于大多数结构都是由等截面的直杆组成,因此结构计算简图中用杆件的轴线代替杆件。

2. 支座的简化

前面在约束的种类中,也讲到了几种支座情况,即:

(1)可动铰支座。某一方向的约束较弱,而且对转动的约束也较弱,不能满足转动约束要求,将这样的约束简化成可动铰支座。

(2)固定铰支座。将结构或构件用销钉与地面或机座连接就构成了固定铰支座。

(3)固定端支座。将构件的一端插入一固定物体中,就构成了固定端约束。在连接处具有较大的刚性,被约束的物体在该处被完全固定,既不允许相对移动也不允许转动。

(4)定向支撑。如图 1.14(a)所示,A、B 两点均为固定端,梁上作用均布荷载,可以看出该梁为对称结构、对称荷载,显然跨中水平方向没有位移,也没有转动位移,只有竖向可以移动。因此,将杆件从跨中截开,相当于在 C 截面处加一个水平支撑和一个转动约束,可以用两个水平链杆表示,这种约束称为定向支撑,如图 1.14(b)所示,约束反力如图 1.14(c)所示。

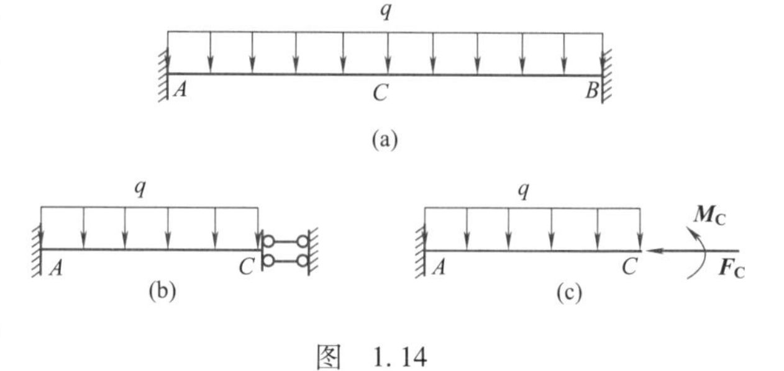

图 1.14

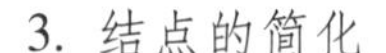

3. 结点的简化

结点根据其实际构造和结构受力特点的不同,可分为铰结点、刚结点两种基本类型,以及组合结点。

(1)铰结点。当杆与杆连接得不够紧密时,杆与杆在连接处没有相对移动,但可以有相对转动,这种连接点称为铰结点。铰结点可以传递力,但不能传递力偶,如图 1.15(a)、(b)所示的铰结点 A。铰结点的特点:与铰相联的各杆可以分别绕它任意转动,即各杆件在铰结处产生的转角不同。

(2)刚结点。当杆与杆连接得非常紧密时,杆与杆在连接处没有相对移动,也没有相对转动,这种连接点称为刚结点。刚结点可以传递力,也能传递力偶,如图 1.16(a)、(b)所示的刚结点 A。刚结点的特点:刚结点相连接的各杆不能绕它任意转动,杆端连接处各杆之间夹角不变,即各杆端的转角相同。

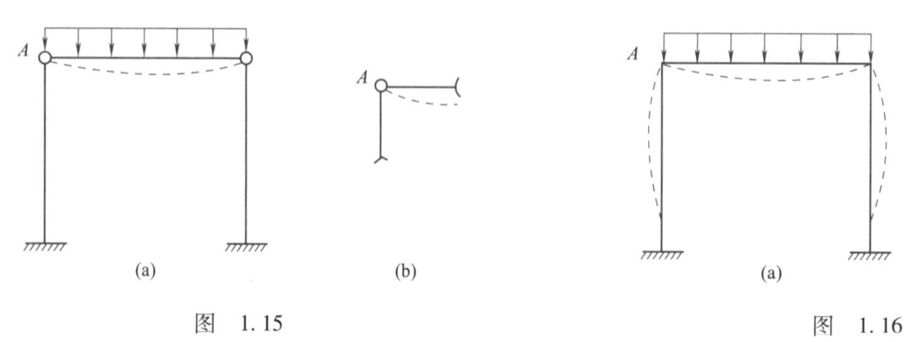

图 1.15

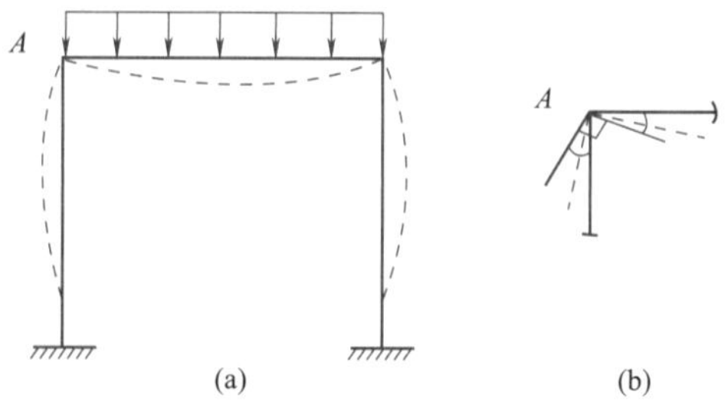

图 1.16

(3)组合结点。杆与杆连接处,一部分是铰结点,一部分是刚结点时,称为组合结点。如图 1.17 所示,单厂的车间与生活间连接处 D 结点就是组合结点。

4. 结构的简化

根据上述三个方面的简化,就可以得到结构的计算简图。图 1.17 所示是单厂的结构计算简图;图 1.18 所示是简单桥梁桁架的计算简图。

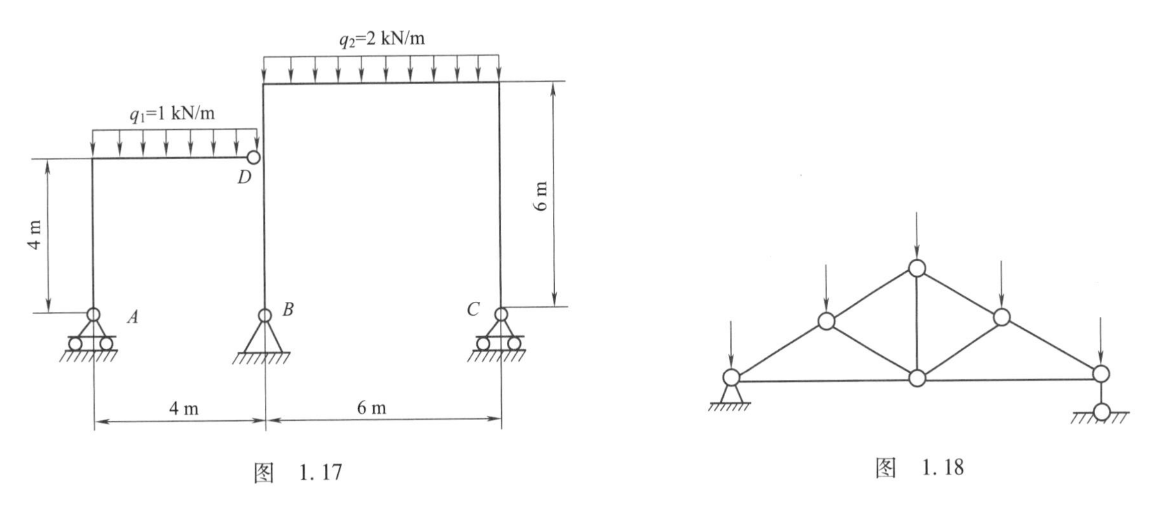

图 1.17　　图 1.18

5. 结构的类型

本教材只解决杆件结构的受力问题,因此,将常用的杆件结构按其组成及受力特点分析如下。

(1)梁。梁的轴线通常为直线,一般受到竖直向下的荷载,梁会产生弯曲。梁可分为单跨静定梁,如简支梁、伸臂梁、悬臂梁,如图 1.19 所示;单跨超静定梁,如图 1.20 所示;多跨静定梁,如图 1.21 所示;连续梁(也称多跨超静定梁),如图 1.22 所示。

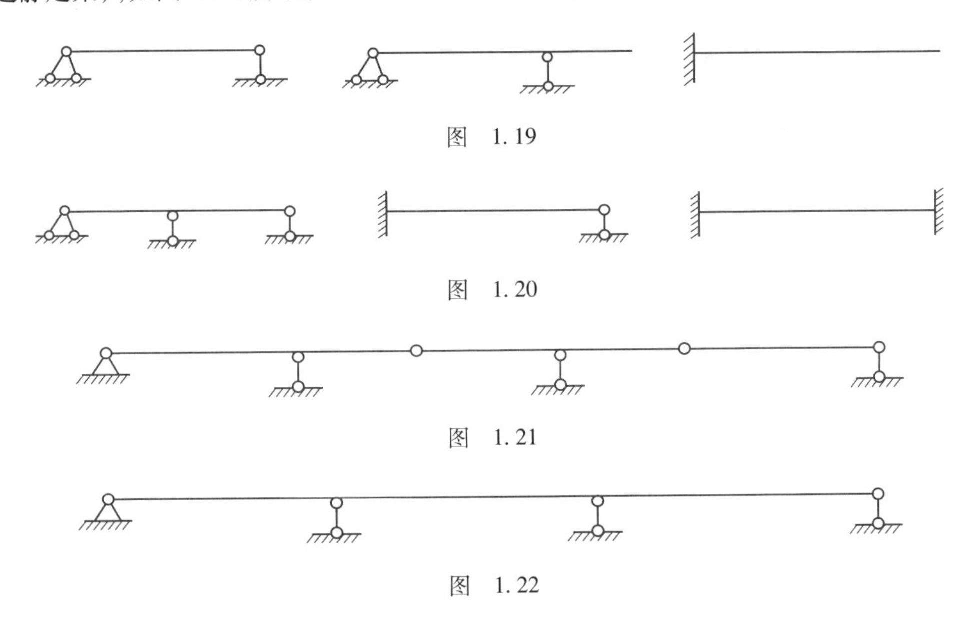

图 1.19

图 1.20

图 1.21

图 1.22

(2)拱。拱的轴线是曲线,在竖向荷载作用下,拱的支座处产生水平推力。拱可分为三铰拱(也称静定拱)、两铰拱和无铰拱(也称超静定拱),如图 1.23 所示。

(3)桁架。各杆均为杆端铰接的直杆,各杆自重忽略不计或简化作用在铰结点上,外部荷载均作用在铰结点上,各杆只受轴力作用,一般的钢结构桥梁和厂房的钢结构屋架就是桁架结构,如图 1.24 所示。

(4)排架。多跨单层厂房结构,当屋架与柱的连接是铰接点,柱子底端是固定端时,这样的结构称为排架,如图 1.25 所示。

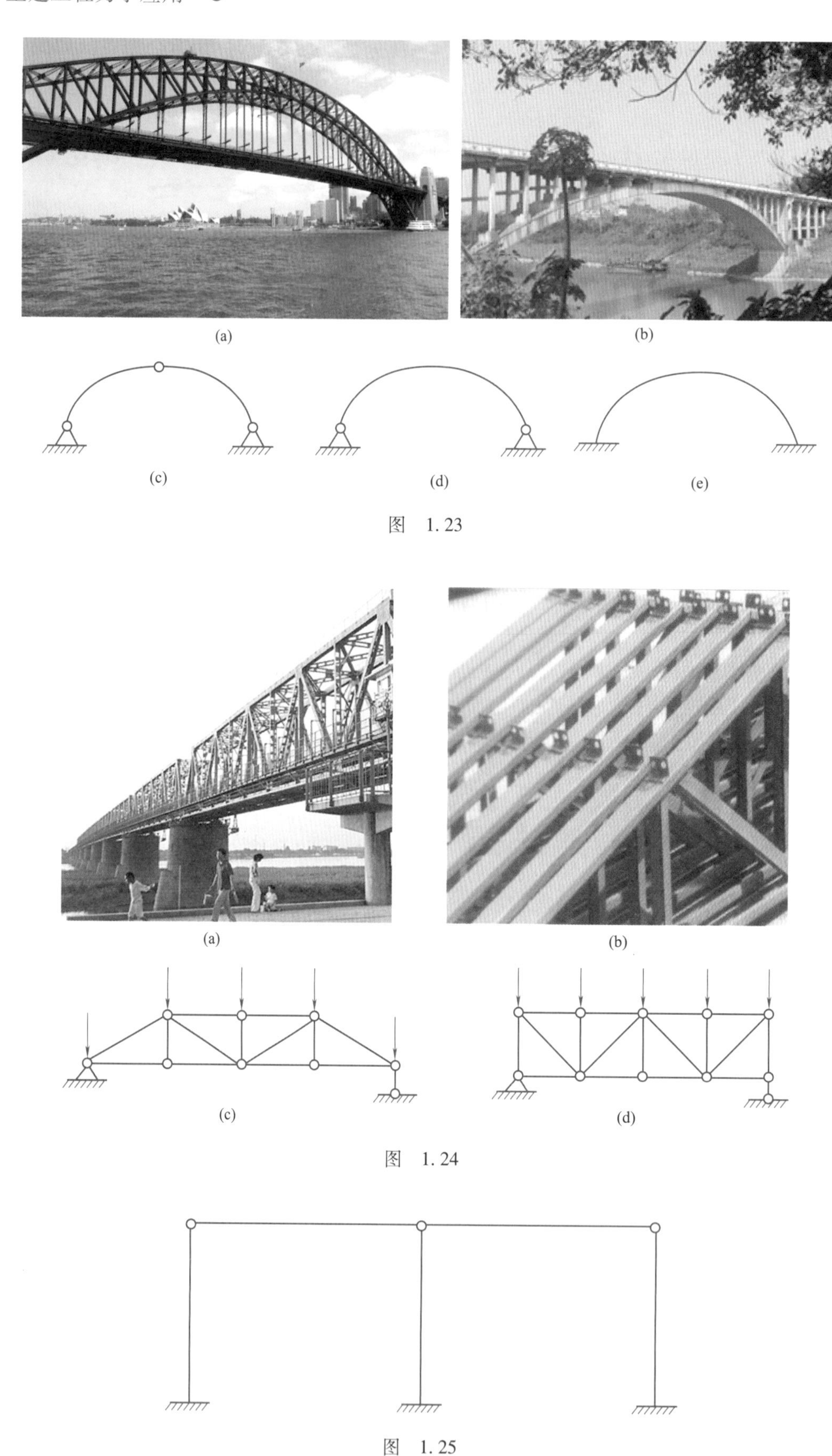

(5)刚架。多跨单层厂房结构,当屋架与柱的连接是刚接点,柱子底端是固定铰支座或固定端时,这样的结构称为刚架。图 1.26(a)所示为静定三铰刚架,图 1.26(b)所示为超静定刚架。

(6)框架。多层厂房、高层住宅等，楼板、梁、柱均用钢筋混凝土整浇而成为一体时，称这种结构为框架结构，属于超静定结构，如图 1.27 所示。

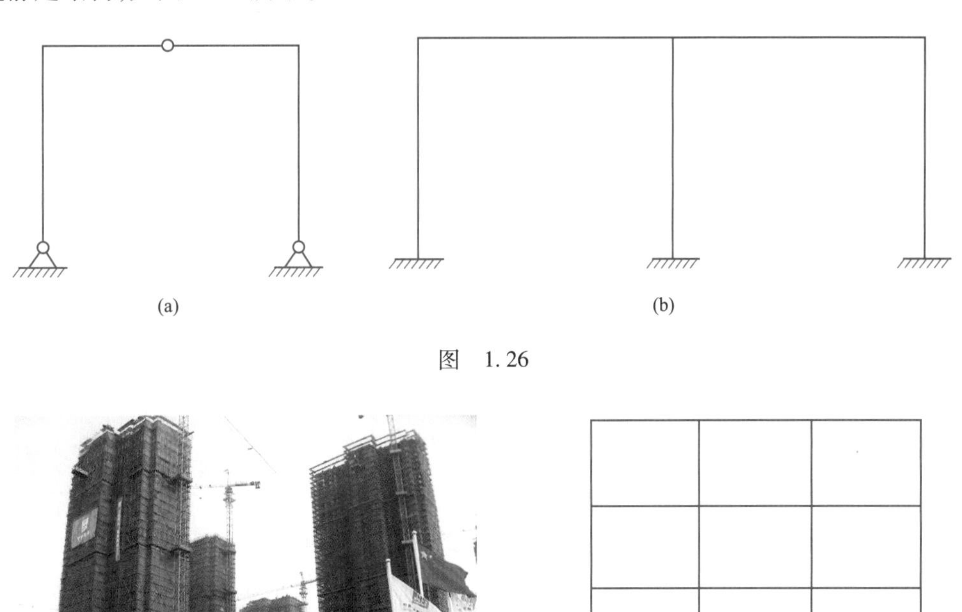

图　1.26

图　1.27

(7)组合结构。由梁式杆或拱和链杆组成的结构，称为组合结构，如图 1.28 所示。

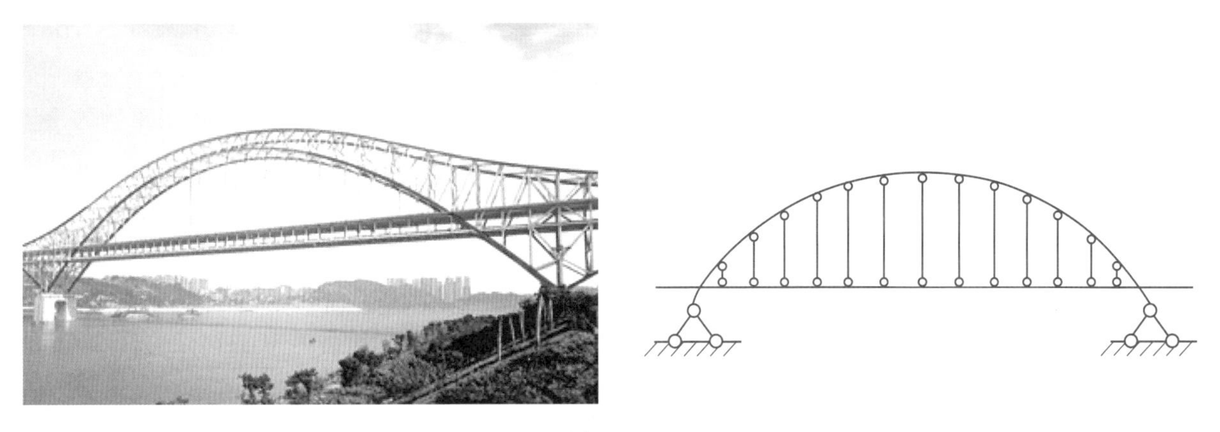

图　1.28

1.3.3　荷载的类型

1. 根据荷载作用的范围大小分类

(1)集中荷载。力的作用范围相对于结构尺寸非常小，则简化成集中荷载。

(2)线荷载。沿着杆件长度方向分布的荷载，可分为线均布荷载，如梁的自重；三角形荷载，如墙梁；任意线荷载。

(3)面荷载。沿着某一个面上分布的荷载，如楼板的自重和其上作用的荷载。

(4)体荷载。沿着体积上各点分布的荷载，如堤坝的自重和其上作用的荷载。

2. 根据荷载作用的长短分类

(1)恒载。荷载长久地作用在结构上,如结构的自重。

(2)活荷载。短期作用在结构上的荷载,如楼板上的人群、吊车起吊的重物、桥上过往的汽车、风荷载、雪荷载等。

3. 根据荷载作用时间的快慢分类

(1)静力荷载。缓慢地作用在结构上的荷载,如结构的自重、楼板上的人群、雪荷载等。

(2)动荷载。快速地作用在结构上的荷载,或随时交替变化的荷载,如冲击荷载或机床开动时对结构有振动的荷载等。

4. 广义荷载

引起结构内力和变形的其他因素称为广义荷载,如温度的变化、支座沉陷、材料尺寸的误差都会引起超静定结构的内力和变形。

1.4 物体的受力分析及受力图

进行土建工程结构设计时,首先要确定组成结构的物体受到哪些力的作用,解决此类问题的关键就是找出主动力与被动力(约束反力)之间的关系。因此,必须对物体的受力情况作全面的分析,即物体的受力分析,它是结构计算的前提和关键。

1.4.1 绘制物体的受力图

1. 取分离(隔离)体

把该物体从与它相联系的周围物体中分离出来,解除全部约束,单独画出该物体的图形,称为取分离体,或取隔离体。

2. 画出全部主动力和约束反力

先在分离体上画出全部主动力,然后根据约束类型及其约束反力的特点画出所有约束反力。所绘制出的图形称作该物体的受力图。

【案例 1.1】 图 1.29(a)所示为简易起吊架,该起吊架由杆件 *AB* 和 *CD* 组成,起吊重物的重量为 $\boldsymbol{F}$。不计杆件自重,作杆件 *AB* 的受力图。

解:取杆件 *AB* 为分离体,画出其分离体图:

A 端为固定铰支座,约束反力用两个垂直分力 $\boldsymbol{F}_{Ax}$ 和 $\boldsymbol{F}_{Ay}$ 表示。*D* 点用铰链与 *CD* 连接,因为 *CD* 为二力杆,所以铰 *D* 反力的作用线沿 *C*、*D* 两点连线,以 $\boldsymbol{F}_D$ 表示。*B* 点与绳索连接,绳索作用给 *B* 点的约束反力 $\boldsymbol{F}_T$ 沿绳索、背离杆件 *AB*,*AB* 的受力图如图 1.29(b)所示。$\boldsymbol{F}_T$ 不是起吊重物的重力 $\boldsymbol{F}$,而是绳索对杆件 *AB* 的拉力,力 $\boldsymbol{F}$ 是地球对重物的作用力,这两个力的施力物体和受力物体是完全不同的。在绳索和重物的受力图[见图 1.29(c)]上,力 $\boldsymbol{F}_T$ 的反作用力 $\boldsymbol{F}_T'$ 和重力 $\boldsymbol{F}$ 是平衡力,力 $\boldsymbol{F}_T'$ 与力 $\boldsymbol{F}$ 是反向、等值的;力 $\boldsymbol{F}_T$ 与 $\boldsymbol{F}_T'$ 是作用与反作用力,是反向、等值的。

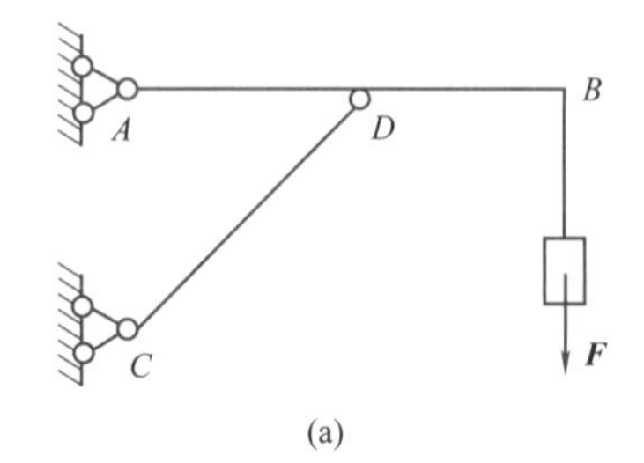

(a)

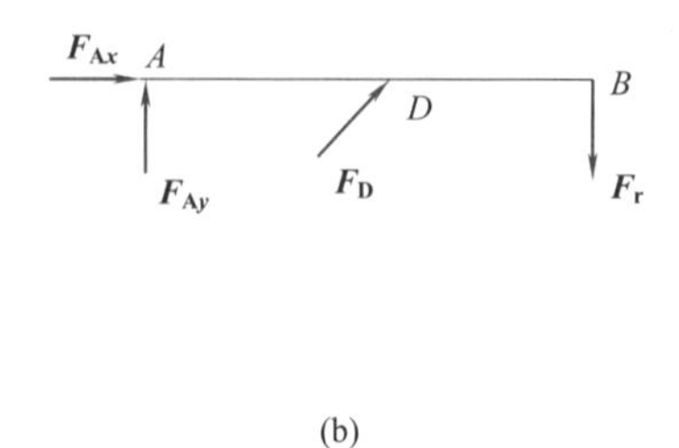

(b)

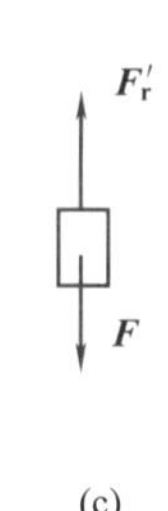

(c)

图 1.29

【案例 1.2】 水平梁 AB 用斜杆 CD 支撑,A、C、D 三处均为光滑铰链连接,如图 1.30(a)所示。梁上放置一重为 $\boldsymbol{F}_{G1}$ 的电动机。已知梁重为 $\boldsymbol{F}_{G2}$,不计杆 CD 自重,试分别画出杆 CD 和梁 AB 的受力图。

解:(1)取 CD 为研究对象。由于斜杆 CD 自重不计,只在杆的两端分别受有铰链的约束反力 $\boldsymbol{F}_C$ 和 $\boldsymbol{F}_D$ 的作用,由此判断 CD 杆为二力杆。根据公理二,$\boldsymbol{F}_C$ 和 $\boldsymbol{F}_D$ 两力大小相等、沿铰链中心连线 CD 方向且指向相反。斜杆 CD 的受力图如图 1.20(b)所示。

(2)取梁 AB(包括电动机)为研究对象。它受 $\boldsymbol{F}_{G1}$、$\boldsymbol{F}_{G2}$ 两个主动力的作用;梁在铰链 D 处受二力杆 CD 给它的约束反力 $\boldsymbol{F}'_D$ 的作用,根据公理四,$\boldsymbol{F}'_D = -\boldsymbol{F}_D$;梁在 A 处受固定铰支座的约束反力,由于方向未知,可用两个大小未知的正交分力 $\boldsymbol{F}_{Ax}$ 和 $\boldsymbol{F}_{Ay}$ 表示。梁 AB 的受力图如图 1.30(c)所示。

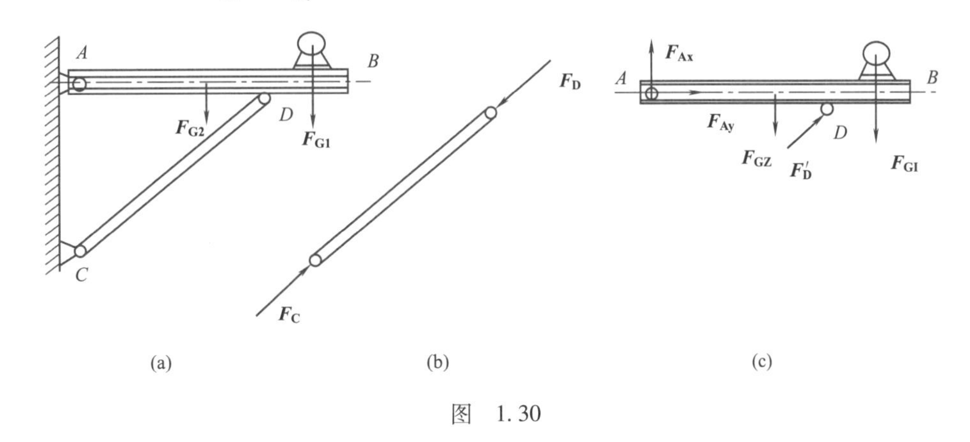

图 1.30

【案例 1.3】 简支梁两端分别为固定铰支座和可动铰支座,在 C 处作用一集中荷载 $\boldsymbol{F}_P$,如图 1.31(a)所示,梁自重不计,试画梁 AB 的受力图。

解:取梁 AB 为研究对象。作用于梁上的力有集中荷载 $\boldsymbol{F}_P$,可动铰支座 B 的反力 $\boldsymbol{F}_B$,固定铰支座 A 的反力用过点 A 的两个正交分力 $\boldsymbol{F}_{Ax}$ 和 $\boldsymbol{F}_{Ay}$ 表示。受力图如图 1.31(b)所示。由于此梁受三个力作用而平衡,故可由公理三的推论二确定 $\boldsymbol{F}_A$ 的方向。用点 D 表示力 $\boldsymbol{F}_P$ 和 $\boldsymbol{F}_B$ 的作用线交点。$\boldsymbol{F}_A$ 的作用线必过交点 D,如图 1.31(c)所示。

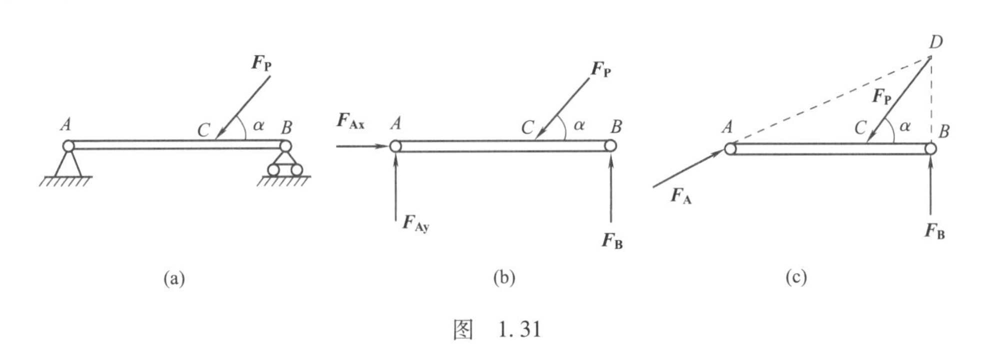

图 1.31

【案例 1.4】 三铰拱桥由左右两拱铰接而成,如图 1.32(a)所示。设拱的自重不计,在拱 AC 上作用荷载 $\boldsymbol{F}$。试分别画出拱 AC 和 CB 的受力图。

解:(1)取拱 CB 为研究对象。由于拱的自重不计,且只在 B、C 处受到铰的约束,因此 CB 为二力构件。在铰链中心 B、C 分别受到 $\boldsymbol{F}_B$ 和 $\boldsymbol{F}_C$ 的作用,且 $\boldsymbol{F}_B = -\boldsymbol{F}_C$。拱 CB 的受力图如图 1.32(b)所示。

(2)取拱 AC 连同销钉 C 为研究对象。由于自重不计,主动力只有荷载 F;点 C 受拱 CB 施加的约束力 $\boldsymbol{F}'_C$,且 $\boldsymbol{F}'_C = -\boldsymbol{F}_C$;点 A 处的约束反力可分解为 $\boldsymbol{F}_{Ax}$ 和 $\boldsymbol{F}_{Ay}$。拱 AC 的受力图如图 1.32(c)所示。

又拱 AC 在 $\boldsymbol{F}$、$\boldsymbol{F}'_C$ 和 $\boldsymbol{F}_A$ 三力作用下平衡,根据三力平衡汇交定理,可确定出铰链 A 处约束反力 $\boldsymbol{F}_A$ 的方向。点 D 为力 $\boldsymbol{F}$ 与 $\boldsymbol{F}'_C$ 的交点,当拱 AC 平衡时,$\boldsymbol{F}_A$ 的作用线必通过点 D,如图 1.32(d)所示,$\boldsymbol{F}_A$ 的指向,可先作假设,以后由平衡条件确定。

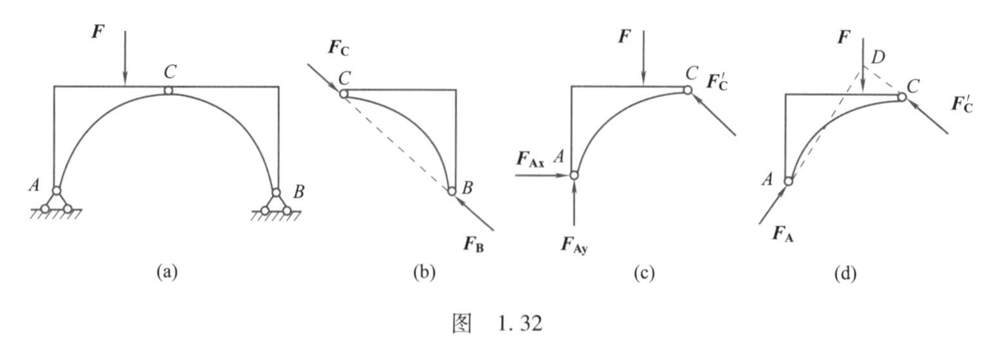

图 1.32

1.4.2 绘制物体的受力图时应该注意的问题

1. 明确研究对象

要绘制哪个物体的受力图，就将该物体作为研究对象，并取该物体为分离（隔离）体。

2. 画出全部力

（1）先画出全部主动力。按照物体所受主动力的情况画出全部主动力。

（2）画出全部约束反力。明确约束反力的个数，凡是研究对象与周围物体相接触的地方，都一定有约束反力，不可随意增加或减少。要根据约束的类型画出约束反力，不能主观臆断。

3. 二力杆要优先分析

对于只有两个力作用的杆件，要根据二力平衡原理优先分析，杆件上的两个力大小相等、方向相反、作用线沿着两作用点的连线。

4. 同一个力的画法

对物体系统进行分析时，同一力在不同受力图上的画法要完全一致。

5. 作用与反作用力的画法

在分析两个相互作用的力时，应遵循作用和反作用关系，作用力方向一经确定，则反作用力方向必与之相反，不可再假设指向。

6. 内力不必画出

若研究对象为整体时，物体系统之间的作用力不必画出。

计　划　单

<table>
<tr><td>学习领域</td><td colspan="5">土建工程力学应用</td></tr>
<tr><td>学习情境</td><td colspan="5">物体的受力分析及支座反力的计算</td></tr>
<tr><td>工作任务</td><td colspan="5">绘制结构的计算简图和受力图</td></tr>
<tr><td>计划方式</td><td colspan="5">小组讨论、团结协作共同制订计划</td></tr>
<tr><td>计划学时</td><td colspan="5">0.5 学 时</td></tr>
<tr><td>序　　号</td><td colspan="2">实 施 步 骤</td><td colspan="3">具体工作内容描述</td></tr>
<tr><td>1</td><td colspan="2"></td><td colspan="3"></td></tr>
<tr><td>2</td><td colspan="2"></td><td colspan="3"></td></tr>
<tr><td>3</td><td colspan="2"></td><td colspan="3"></td></tr>
<tr><td>4</td><td colspan="2"></td><td colspan="3"></td></tr>
<tr><td>5</td><td colspan="2"></td><td colspan="3"></td></tr>
<tr><td>6</td><td colspan="2"></td><td colspan="3"></td></tr>
<tr><td>7</td><td colspan="2"></td><td colspan="3"></td></tr>
<tr><td>8</td><td colspan="2"></td><td colspan="3"></td></tr>
<tr><td>9</td><td colspan="2"></td><td colspan="3"></td></tr>
<tr><td>制订计划
说明</td><td colspan="5">（写出制订计划中人员为完成任务的主要建议或可以借鉴的建议、需要解释的某一方面）</td></tr>
<tr><td rowspan="3">计划评价</td><td>班　　级</td><td></td><td>第　　组</td><td>组长签字</td><td></td></tr>
<tr><td>教师签字</td><td colspan="2"></td><td>日　　期</td><td></td></tr>
<tr><td colspan="5">评语：</td></tr>
</table>

决　策　单

<table>
<tr><td>学习领域</td><td colspan="5">土建工程力学应用</td></tr>
<tr><td>学习情境</td><td colspan="5">物体的受力分析及支座反力的计算</td></tr>
<tr><td>工作任务</td><td colspan="5">绘制结构的计算简图和受力图</td></tr>
<tr><td>决策学时</td><td colspan="5">0.5 学 时</td></tr>
<tr><td rowspan="11">方案对比</td><td>序　号</td><td>方案的可行性</td><td>方案的先进性</td><td>实 施 难 度</td><td>综 合 评 价</td></tr>
<tr><td>1</td><td></td><td></td><td></td><td></td></tr>
<tr><td>2</td><td></td><td></td><td></td><td></td></tr>
<tr><td>3</td><td></td><td></td><td></td><td></td></tr>
<tr><td>4</td><td></td><td></td><td></td><td></td></tr>
<tr><td>5</td><td></td><td></td><td></td><td></td></tr>
<tr><td>6</td><td></td><td></td><td></td><td></td></tr>
<tr><td>7</td><td></td><td></td><td></td><td></td></tr>
<tr><td>8</td><td></td><td></td><td></td><td></td></tr>
<tr><td>9</td><td></td><td></td><td></td><td></td></tr>
<tr><td>10</td><td></td><td></td><td></td><td></td></tr>
<tr><td rowspan="3">决策或分工评价</td><td>班　　级</td><td></td><td>第　　组</td><td>组长签字</td><td></td></tr>
<tr><td>教师签字</td><td colspan="2"></td><td>日　　期</td><td></td></tr>
<tr><td colspan="5">评语：</td></tr>
</table>

实 施 单

学习领域	土建工程力学应用	
学习情境	物体的受力分析及支座反力的计算	
工作任务	绘制结构的计算简图和受力图	
实施方式	小组成员合作，共同研讨确定实施步骤，每人均填写实施单	
实施学时	3 学 时	
序　　号	实 施 步 骤	使 用 资 源
1		
2		
3		
4		
5		
6		
7		
8		

实施说明：

班　　级		第　　组	组长签字	
教师签字			日　　期	
评　　语				

作 业 单

<table>
<tr><td>学习领域</td><td colspan="4">土建工程力学应用</td></tr>
<tr><td>学习情境</td><td colspan="4">物体的受力分析及支座反力的计算</td></tr>
<tr><td>工作任务</td><td colspan="4">绘制结构的计算简图和受力图</td></tr>
<tr><td>实施方式</td><td colspan="4">小组成员动手实践,绘制结构的计算简图。进行物体的受力分析、绘制物体的受力图</td></tr>
<tr><td colspan="5">(在此绘制物体的受力图,不够可附页)</td></tr>
<tr><td>班　级</td><td></td><td>第　组</td><td>组长签字</td><td></td></tr>
<tr><td>教师签字</td><td colspan="2"></td><td>日　期</td><td></td></tr>
<tr><td>评　语</td><td colspan="4"></td></tr>
</table>

检　查　单

<table>
<tr><td>学习领域</td><td colspan="5">土建工程力学应用</td></tr>
<tr><td>学习情境</td><td colspan="5">物体的受力分析及支座反力的计算</td></tr>
<tr><td>工作任务</td><td colspan="5">绘制结构的计算简图和受力图</td></tr>
<tr><td>检查学时</td><td colspan="5">0.5 学 时</td></tr>
<tr><td>序　　号</td><td>检 查 项 目</td><td colspan="2">检 查 标 准</td><td>组 内 互 查</td><td>教 师 检 查</td></tr>
<tr><td>1</td><td>绘制结构的计算简图</td><td colspan="2">是否完整、正确</td><td></td><td></td></tr>
<tr><td>2</td><td>物体的受力分析</td><td colspan="2">是否正确</td><td></td><td></td></tr>
<tr><td>3</td><td>绘图步骤</td><td colspan="2">是否完整、正确</td><td></td><td></td></tr>
<tr><td>4</td><td>物体的受力图</td><td colspan="2">是否正确、整洁</td><td></td><td></td></tr>
<tr><td>5</td><td>描述绘图过程</td><td colspan="2">是否完整、正确</td><td></td><td></td></tr>
<tr><td rowspan="3">检查评价</td><td>班　　级</td><td></td><td>第　　组</td><td>组长签字</td><td></td></tr>
<tr><td>教师签字</td><td></td><td>日　　期</td><td colspan="2"></td></tr>
<tr><td colspan="5">评语：</td></tr>
</table>

评　价　单

学习领域	土建工程力学应用					
学习情境	物体的受力分析及支座反力的计算					
工作任务	绘制结构的计算简图和受力图					
评价学时	0.5 学 时					
考核项目	考核内容及要求	分值	学生自评（10%）	小组评分（20%）	教师评分（70%）	实得分
资讯（10）	翔实准确	10				
计划及决策（25）	计划工作程序的规范性	10				
	步骤内容描述的完整性	5				
	方案的多样性	5				
	决策的准确性	5				
工作过程（40）	绘制结构计算简图步骤正确、绘图完整	15				
	受力分析程序正确	10				
	受力图正确、完整	15				
完成时间（15）	在要求时间内完成	15				
合作性（10）	能够很好地团结协作	10				
总　　分（∑）		100				
评价评语	班　级			学　号		
	姓　名			第　组	组长签字	
	教师签字		日　期		总　评	
	评语：					

教学反馈单

学习领域	土建工程力学应用			
学习情境	物体的受力分析及支座反力的计算			
工作任务	绘制结构的计算简图和受力图			
任务学时	6 学 时			
序　号	调查内容	是	否	理由陈述
1	你是否喜欢这种上课方式?			
2	与传统教学方式比较,你认为哪种方式学到的知识更适用?			
3	针对每个工作任务你是否学会如何进行资讯?			
4	计划和决策是否让你感到困难?			
5	你认为工作任务对,你将来的工作有帮助吗?			
6	你学会如何绘制结构的计算简图了吗?你学会进行物体的受力分析了吗?今后遇到实际的问题,你可以解决吗?			
7	你能在日常的工作和生活中找到有关力的作用吗?			
8	你学会绘制物体的受力图了吗?			
9	通过几天来的工作和学习,你对自己的表现是否满意?			
10	你对小组成员之间的合作是否满意?			
11	你认为本任务还应学习哪些方面的内容?(请在下面空白处填写)			
你的意见对改进教学非常重要,请写出你的建议和意见。				
被调查人签名		调查时间		

任务2 计算结构的支座反力

任 务 单

<table>
<tr><td>学习领域</td><td colspan="6">土建工程力学应用</td></tr>
<tr><td>学习情境</td><td colspan="6">物体的受力分析及支座反力的计算</td></tr>
<tr><td>工作任务</td><td colspan="6">计算结构的支座反力</td></tr>
<tr><td>任务学时</td><td colspan="6">9 学 时</td></tr>
<tr><td colspan="7">布 置 任 务</td></tr>
<tr><td>工作目标</td><td colspan="6">在进行土建工程结构设计时，首先要计算结构的支座反力。本任务要求学生：
1. 能够应用物体的平衡条件，正确列出物体的平衡方程
2. 根据结构受力情况计算出结构的支座反力</td></tr>
<tr><td>任务描述</td><td colspan="6">1. 图示钢筋混凝土桥梁施工现场，桥梁荷载集度为 q，桥墩间的轴线距离（跨度）为 l，桥墩高为 h，桥墩自重沿高度成线性分布，荷载集度为 g。要求学生：(1)绘出桥梁和桥墩的计算简图；(2)计算桥梁和桥墩支座反力
2. 根据图示塔式起重机的受力情况，机身重 $F_G=240$ kN，作用线过塔架中心，最大起吊重量 $F=60$ kN，起重悬臂长 12 m，轨道 A、B 的间距为 4 m，平衡锤重 F_Q 至机身中心线的距离为 6 m。(1)求确保起重机不至翻倒的平衡锤重 F_Q 的取值范围；(2)当 $F_Q=60$ kN，起重机满载时，求 A、B 支座的约束反力</td></tr>
<tr><td rowspan="2">学时安排</td><td>资　讯</td><td>计　划</td><td>决策或分工</td><td>实　施</td><td>检　查</td><td>评　价</td></tr>
<tr><td>1.5 学时</td><td>0.5 学时</td><td>0.5 学时</td><td>5 学时</td><td>0.5 学时</td><td>1 学时</td></tr>
<tr><td>提供资料</td><td colspan="6">工程案例；工程规范；参考书；教材</td></tr>
<tr><td>学生知识与能力要求</td><td colspan="6">1. 具备道路桥梁工程构造的知识，具备绘制结构计算简图的能力
2. 具有物体受力分析能力和绘制物体受力图的能力
3. 具备一定的自学能力、数据计算、沟通协调能力、语言表达能力和团队意识
4. 严格遵守课堂纪律，不迟到、不早退；学习态度认真、端正
5. 每位同学必须积极参与小组讨论，每组均需按规定完成结构支座反力的计算</td></tr>
<tr><td>教师知识与能力要求</td><td colspan="6">1. 熟悉各种结构及构件的计算简图
2. 熟练掌握约束及约束类型
3. 熟练掌握各种结构支座反力的计算方法
4. 有组织学生按要求完成任务的驾驭能力
5. 对任务完成过程、结果进行点评，并为各小组进行综合打分</td></tr>
</table>

资　讯　单

<table>
<tr><td>学习领域</td><td colspan="4">土建工程力学应用</td></tr>
<tr><td>学习情境</td><td colspan="4">物体的受力分析及支座反力的计算</td></tr>
<tr><td>工作任务</td><td colspan="4">计算结构的支座反力</td></tr>
<tr><td>资讯学时</td><td colspan="4">1.5 学 时</td></tr>
<tr><td>资讯方式</td><td colspan="4">在图书馆、互联网及教材中进行查询，或向任课教师请教</td></tr>
<tr><td rowspan="9">资讯内容</td><td colspan="4">1. 什么是平面汇交力系合成的几何法?</td></tr>
<tr><td colspan="4">2. 什么是平面汇交力系合成的解析法?</td></tr>
<tr><td colspan="4">3. 什么是合力投影定理?</td></tr>
<tr><td colspan="4">4. 平面汇交力系的平衡条件及平衡方程是什么?</td></tr>
<tr><td colspan="4">5. 什么是力对点之矩?</td></tr>
<tr><td colspan="4">6. 什么是力的平移定理?</td></tr>
<tr><td colspan="4">7. 什么是合力矩定理?</td></tr>
<tr><td colspan="4">8. 什么是平面一般力系的平衡条件及平衡方程?</td></tr>
<tr><td colspan="4">9. 结构支座反力的计算步骤有哪些?</td></tr>
<tr><td>资讯要求</td><td colspan="4">1. 根据工作目标和任务描述正确理解完成任务需要的资讯内容
2. 按照上述资讯内容进行资询
3. 写出资讯报告</td></tr>
<tr><td rowspan="3">资讯评价</td><td>班　　级</td><td></td><td>学生姓名</td><td></td></tr>
<tr><td>教师签字</td><td></td><td>日　　期</td><td></td></tr>
<tr><td colspan="4">评语：</td></tr>
</table>

信 息 单

2.1 力的作用线在同一平面内时，支座反力的计算

根据作用于刚体上的力系中各力作用线的位置，力系可分为平面力系和空间力系两大类。当力系中各分力的作用线都在同一平面内时，该力系称为平面力系。在平面力系中又可以分为平面汇交力系、平面平行力系、平面力偶系和平面一般力系。

2.1.1 平面汇交力系的合成与平衡

在平面力系中，各个力的作用线汇交于一点时，该力系称为平面汇交力系。求解平面汇交力系有两种方法，一种是几何法，一种是解析法。

1. 平面汇交力系合成的几何法

设在某刚体上作用有由力 $\boldsymbol{F}_1$、$\boldsymbol{F}_2$、$\boldsymbol{F}_3$、$\boldsymbol{F}_4$组成的平面汇交力系，各力系的作用线交于一点 A，如图 2.1(a)所示。由力的可传性，将力沿其作用线移至汇交点 A，然后由力的三角形法则将各力依次合成，即从任意点 a 作矢量 ab 代表力矢 $\boldsymbol{F}_1$，在其末端 b 作矢量 $\boldsymbol{bc}$ 代表力矢 $\boldsymbol{F}_2$，则 $\boldsymbol{ac}$ 表示力矢 $\boldsymbol{F}_1$ 和 $\boldsymbol{F}_2$ 的合力矢 $\boldsymbol{F}_{R1}$；再从点 c 作矢量 ca 代表力矢 $\boldsymbol{F}_3$，则 $\boldsymbol{ad}$ 表示 $\boldsymbol{F}_{R1}$ 和 $\boldsymbol{F}_3$ 的合力 $\boldsymbol{F}_{R2}$；最后从点 d 作 de 代表力矢 $\boldsymbol{F}_4$，则 ae 代表力矢 $\boldsymbol{F}_{R2}$ 与 $\boldsymbol{F}_4$ 的合力矢，亦即力 $\boldsymbol{F}_1$、$\boldsymbol{F}_2$、$\boldsymbol{F}_3$、$\boldsymbol{F}_4$的合力矢 $\boldsymbol{F}_R$，其大小和方向如图 2.1(b)所示，其作用线通过汇交点 A。

在图 2.1(b)中，矢量 ac 和 ad 不必画出，只需把各力矢首尾相连，得折线 $abcde$，则第一个力矢 $\boldsymbol{F}_1$ 的起点向最后一个力矢 $\boldsymbol{F}_4$ 的终点作 ae，即得合力矢 $\boldsymbol{F}_R$。各分力矢与合力矢构成的多边形称为力的多边形，表示合力矢的边 ae 称为力的多边形的封闭边。这种求合力的方法称为力的多边形法则。

力的多边形法则：平面汇交力系可以合成为一个合力，合力的大小和方向可以由各分力首尾相接组成的力的多边形的封闭边确定，其大小等于封闭边，方向由第一个力的力首指向最后一个力的力尾。

若改变各力矢的作图顺序，所得的力的多边形的形状则不同，但是这并不影响最后所得的封闭边的大小和方向，如图 2.1(c)所示。但应注意，各分力矢必须首尾相连，而环绕力多边形周边的同一方向，而合力矢则为力的多边形的封闭边。

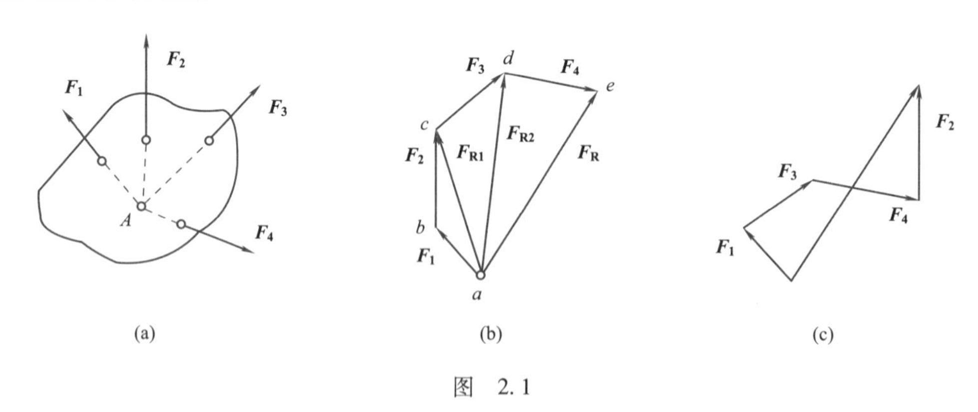

图 2.1

上述方法可以推广到由 n 个力 $\boldsymbol{F}_1$、$\boldsymbol{F}_2$、…、$\boldsymbol{F}_n$组成的平面汇交力系：平面汇交力系合成的结果是一个合力，合力的作用线过力系的汇交点，合力等于原力系中所有各力的矢量和。

可用矢量式表示为

$$\boldsymbol{F}_R=\boldsymbol{F}_1+\boldsymbol{F}_2+\cdots+\boldsymbol{F}_n=\sum\boldsymbol{F} \tag{2.1}$$

【案例 2.1】 同一平面的三根钢索连结在一个固定的环上，如图 2.2(a)所示，已知三钢索的拉力分别为：$F_1=500\ \text{N}, F_2=1\ 000\ \text{N}, F_3=2\ 000\ \text{N}$。试用几何法作图求三根钢索在环上作用的合力。

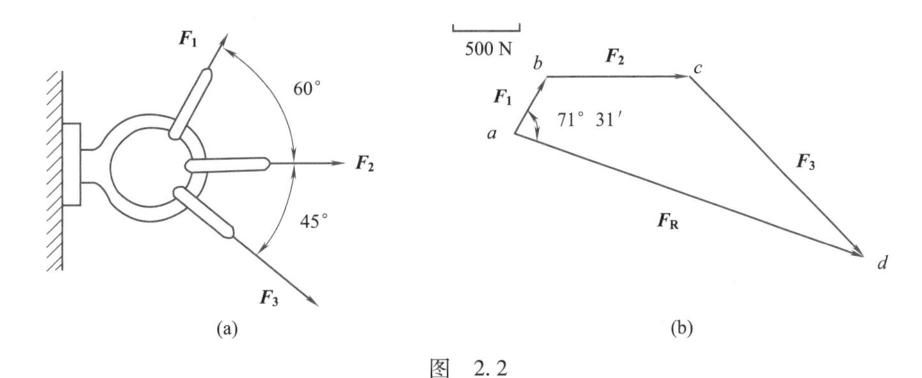

图 2.2

解：先确定力的比例尺如图 2.2(b)所示。作力多边形先将各分力乘以比例尺得到各力的长度，然后画出力的多边形，如图 2.2(b)所示，量得代表合力矢的长度，再用力的比例尺求出 $\boldsymbol{F}_R$ 的实际值 $F_R=2\ 850\ \text{N}$，$\boldsymbol{F}_R$ 的方向可由力的多边形图直接量出，$\boldsymbol{F}_R$ 与 $\boldsymbol{F}_1$ 的夹角为 71°31′。

可以看出，由几何法求解平面汇交力系的合力，比较直观简单，但人为误差比较大，精度不能保证。

2. 平面汇交力系平衡的几何条件

在图 2.3(a)中，平面汇交力系合成为一合力，即与原力系等效。若在该力系中再加上一个与该合力等值、反向、共线的力，根据二力平衡公理知物体处于平衡状态，即为平衡力系。对该力系作力的多边形时，得出一个闭合的力的多边形，即最后一个力矢的末端与第一个力矢的始端相重合，亦即该力系的合力为零。因此，平面汇交力系平衡的充分必要条件是：力的多边形首尾相接，自行封闭，或各力矢的矢量和等于零。用矢量表示为

$$\boldsymbol{F}_R=\sum \boldsymbol{F}_i=0 \tag{2.2}$$

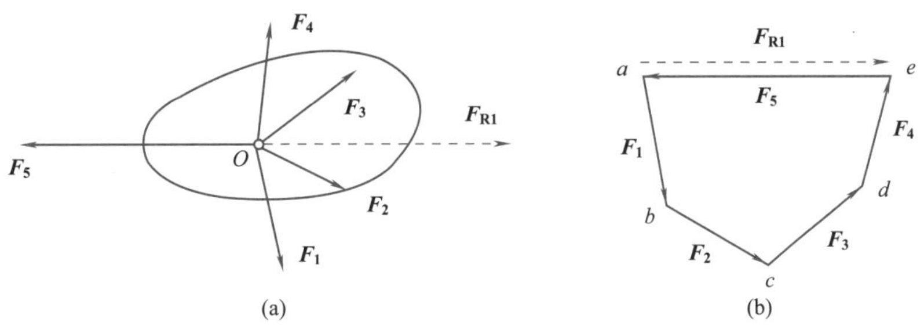

图 2.3

【案例 2.2】 图 2.4(a)所示为一支架，A、B 为铰链支座，C 为圆柱铰链。斜撑杆 BC 与水平杆 AC 的夹角为 30°。在支架的 C 处用绳子吊着重为 20 kN 的重物。不计杆件的自重，试求各杆所受的力。

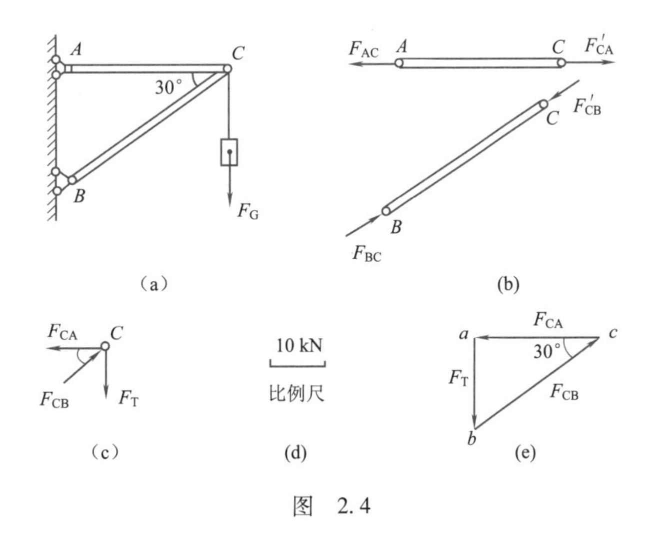

图 2.4

解：杆 AC 和 BC 均为二力杆，其受力如图 2.4(b)所示。取销钉 C 为研究对象，作用在它上面的力有：绳子的拉力 $\boldsymbol{F}_\mathbf{T}(F_\mathrm{T}=F_\mathrm{G})$，$AC$ 杆和 BC 杆对销钉 C 的作用力 $\boldsymbol{F}_\mathbf{CA}$ 和 $\boldsymbol{F}_\mathbf{CB}$。这三个力为一个平面汇交力系，销钉 C 的受力图如图 2.4(c)所示。

根据平面汇交力系平衡的几何条件，$\boldsymbol{F}_\mathbf{T}$、$\boldsymbol{F}_\mathbf{CA}$ 和 $\boldsymbol{F}_\mathbf{CB}$ 应组成闭合的力三角形。选取比例尺如图 2.4(d)所示，先画已知力 $\boldsymbol{F}_\mathbf{T}=ab$[见图 2.4(e)]，过 a、b 两点分别作平行 $\boldsymbol{F}_\mathbf{CA}$ 和 $\boldsymbol{F}_\mathbf{CB}$ 的直线交于点 c，于是得力三角形 abc，顺着 abc 的方向标出箭头，使其首尾相连，则矢量 ca 和 bc 就分别表示力 $\boldsymbol{F}_\mathbf{CA}$、$\boldsymbol{F}_\mathbf{CB}$ 的大小和方向。用同样的比例尺量并计算得

$$F_\mathrm{CA}=34\ \mathrm{kN},F_\mathrm{CB}=40\ \mathrm{kN}$$

或用直角三角形的性质计算出 F_CA、F_CB 的大小，即

$$F_\mathrm{CA}=F_\mathrm{T}\tan60°=34.64\ \mathrm{kN},\qquad F_\mathrm{CB}=F_\mathrm{T}/\sin30°=40\ \mathrm{kN}$$

3. 平面汇交力系合成与平衡的解析法

求解平面汇交力系问题的几何法，具有直观简洁的优点，但是作图时的误差难以避免。因此，工程中多用解析法来求解力系的合成和平衡问题。解析法是以力在坐标轴上的投影作为计算基础的。

(1)力在坐标轴上的投影。如图 2.5(a)所示，设力 $\boldsymbol{F}$ 作用于刚体上的 O 点，过力的作用点在其平面内建立坐标系 xOy，由力 $\boldsymbol{F}$ 的终点向 x 轴作垂线，得垂足 a，则线段 Oa 冠以相应的正负号称为力 $\boldsymbol{F}$ 在 x 轴上的投影，用 F_x 表示。即 $F_x=\pm Oa$；同理，力 $\boldsymbol{F}$ 在 y 轴上的投影用 F_y 表示，即 $F_y=\pm Ob$。

力在坐标轴上的投影是代数量，正负号规定：若力的投影由始到末端与坐标轴正向一致，其投影取正号，反之取负号。投影与力的大小及方向有关，即

$$\begin{cases}F_x=F\cos\alpha\\F_y=F\cos\beta\end{cases}\tag{2.3}$$

式中：α、β 分别为 $\boldsymbol{F}$ 与 x、y 轴的夹角。

(2)力的分解。根据力的平行四边形法则，作用在同一点上的两个力可以合成为一个合力，反之，合力也可以沿着两个已知轴分解，如图 2.5(b)所示。

显然，当 x、y 两轴不垂直时，$|F_x|\neq|\boldsymbol{F}_x|$，$|F_y|\neq|\boldsymbol{F}_y|$；而当 x、y 两轴垂直时，$|F_x|=|\boldsymbol{F}_x|$，$|F_y|=|\boldsymbol{F}_y|$，如图 2.5(c)所示。

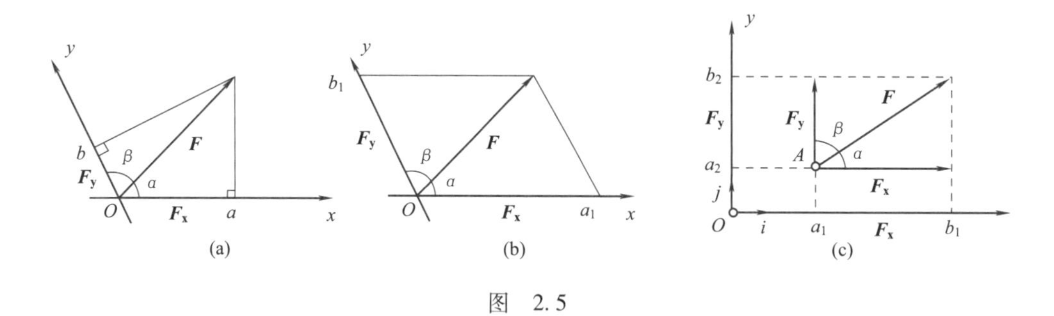

图 2.5

应当注意的是，力的投影和力的分力是两个不同的概念。力在轴上的投影是代数量，而力的分力是矢量；投影无所谓作用点，而分力作用点必须作用在原力的作用点上。另外仅在直角坐标系中，力在坐标上的投影的绝对值和力沿该轴的分量的大小才相等。因此，当 x、y 两轴垂直时，则力 $\boldsymbol{F}$ 力的大小及方向余弦为

$$\begin{cases}F_\mathrm{R}=\sqrt{F_y^2+F_x^2}\\\cos\alpha=\dfrac{F_x}{F_\mathrm{R}}\\\cos\beta=\dfrac{F_y}{F_\mathrm{R}}\end{cases}\tag{2.4}$$

(3)合力投影定理。设一平面汇交力系由 $\boldsymbol{F}_1$、$\boldsymbol{F}_2$、$\boldsymbol{F}_3$ 和 $\boldsymbol{F}_4$ 作用于刚体上，其力的多边形 $abcde$ 如图 2.6

所示,封闭边 ae 表示该力系的合力矢 $\boldsymbol{F}_{\mathbf{R}}$,在力的多边形所在平面内取一坐标系 xOy,将所有的力矢都投影到 x 轴和 y 轴上。得

$$F_x = a_1e_1,\quad F_{x1} = a_1b_1,\quad F_{x2} = b_1c_1,\quad F_{x3} = c_1d_1,\quad F_{x4} = d_1e_1$$

由图 2.6 可知

$$a_1e_1 = a_1b_1 + b_1c_1 + c_1d_1 + d_1e_1$$

即

$$F_x = F_{x1} + F_{x2} + F_{x3} + F_{x4}$$

同理

$$F_y = F_{y1} + F_{y2} + F_{y3} + F_{y4}$$

将上述关系式推广到任意平面汇交力系的情形,得

$$\begin{cases} F_x = F_{x1} + F_{x2} + \cdots + F_{xn} = \sum F_x \\ F_y = F_{y1} + F_{y2} + \cdots + F_{yn} = \sum F_y \end{cases} \tag{2.5}$$

即合力在某轴上的投影等于各个分力在同一轴上的投影的代数和,这就是合力投影定理。

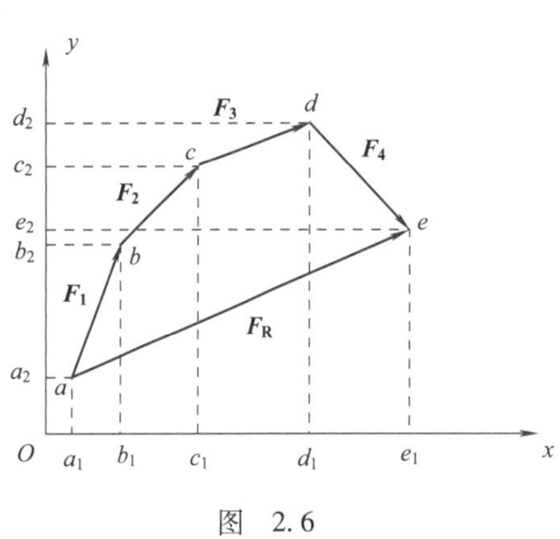

图 2.6

(4)平面汇交力系合成的解析法。用解析法求平面汇交力系的合成问题时,首先在其所在的平面内选定直角坐标系 xOy。求出力系中各力在 x 轴和 y 轴上的投影,由合力投影定理得

$$\begin{cases} F_R = \sqrt{F_y^2 + F_x^2} = \sqrt{(\sum F_x)^2 + (\sum F_y)^2} \\ \cos\alpha = \dfrac{\sum F_x}{F_R} \\ \cos\beta = \dfrac{\sum F_y}{F_R} \end{cases} \tag{2.6}$$

其中:α、β 是合力 $\boldsymbol{F}_{\mathbf{R}}$分别与 x、y 轴的夹角。

【案例 2.3】 同一平面的三根钢索连结在一个固定的环上,如图 2.7 所示,已知三钢索的拉力分别为:$F_1 = 500$ N,$F_2 = 1\ 000$ N,$F_3 = 2\ 000$ N。试用解析法求三根钢索对环作用的合力。

解:建立如图 2.7 所示直角坐标系。根据合力投影定理,有:

$$F_x = F_{x1} + F_{x2} + F_{x3} = 500 \times \cos60° + 1\ 000 + 2\ 000 \times \cos45° = 2\ 664(\text{N})$$

$$F_y = F_{y1} + F_{y2} + F_{y3} = 500 \times \sin60° + 0 - 2\ 000 \times \sin45° = -981(\text{N})$$

由 F_x、F_x的代数值可知,F_x沿 x 轴的正向,F_y沿 y 轴的负向。由式(2.6)得合力的大小

$$F_R = \sqrt{F_x^2 + F_Y^2} = 2\ 839(\text{N})$$

方向(合力与 x 轴的夹角)

$$\cos\alpha = \left|\frac{F_y}{R_R}\right| = 0.938\ 4$$

解得:$\alpha = 11°30'$

可以看出,计算结果与案例 2.1 用几何法作图的结果有差距,而解析法计算精度高,并可以控制其精度。

(5)平面汇交力系平衡的解析法及应用。我们已经知道平面汇交力系平衡的充分与必要条件是其合力等于零,即$F_R = 0$。由式(2.6)可知,要使 $F_R = 0$,须有

$$\begin{cases} \sum F_x = 0 \\ \sum F_y = 0 \end{cases} \tag{2.7}$$

上式表明,平面汇交力系平衡的充分与必要条件是:力系中各力在力系所在平面内两个正交轴上投影的代数和同时等于零。式(2.7)称为平面汇交力系的平衡方程。

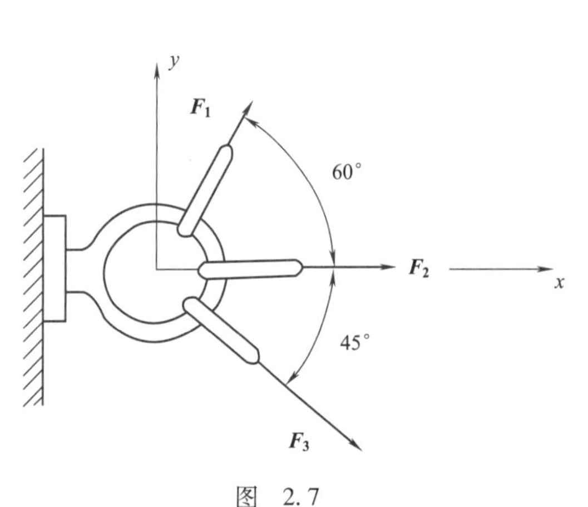

图 2.7

式(2.7)是由两个独立的平衡方程组成的,故用平面汇交力系的平衡方程只能求解出两个未知量。

【案例 2.4】 重量为 F_G 的重物,放置在倾角为 α 的光滑斜面上,如图 2.8(a)所示,试求保持重物平衡时,需沿斜面方向所加的力 $\boldsymbol{F}$ 和重物对斜面的压力 $\boldsymbol{F_N}$。

解:以重物为研究对象。重物受到重力 F_G、拉力 $\boldsymbol{F}$ 和斜面对重物的作用力 $\boldsymbol{F_N}$,其受力图如图 2.8(b)所示。取直角坐标系 xOy,列平衡方程

$$\sum F_x = 0 \qquad F_G\sin\alpha - F = 0$$

$$\sum F_y = 0 \qquad -F_G\cos\alpha + F_N = 0$$

解得 $\quad F = F_G\sin\alpha \qquad F_N = F_G\cos\alpha$

则重物对斜面的压力 $F_N' = F_G\cos\alpha$,指向相反。

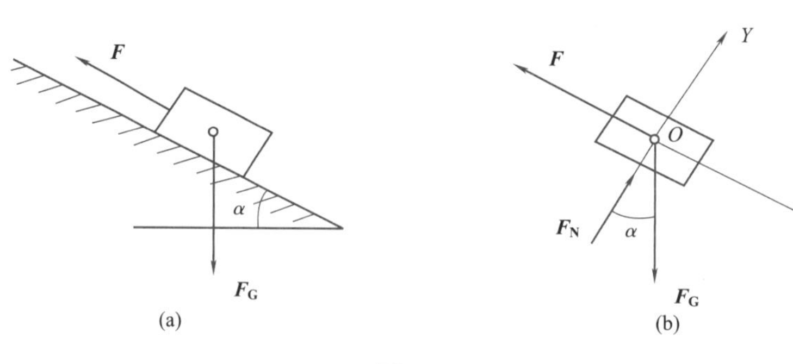

图 2.8

【案例 2.5】 $F_G = 20$ kN 的物体被绞车匀速吊起,绞车的绳子绕过光滑的定滑轮 A[见图 2.9(a)],滑轮由不计重量的杆 AB、AC 支撑,A、B、C 三点均为光滑铰链。试求 AB、AC 所受的力。

解:杆 AB 和 AC 都是二力杆,其受力如图 2.9(b)所示。假设两杆都受拉。取滑轮连同销钉 A 为研究对象。重物 F_G 通过绳索直接加在滑轮的一边。在其匀速上升时,拉力 $F_{T1} = F_G$,而绳索又在滑轮的另一边施加同样大小的拉力,即 $F_{T1} = F_{T2}$。受力图如图 2.9(c)所示,取坐标系 Axy,列平衡方程:

由 $\quad \sum F_y = 0 \qquad -F_{AC}\dfrac{3}{\sqrt{4^2+3^2}} - F_{T2}\dfrac{2}{\sqrt{1^2+2^2}} - F_{T1} = 0$

解得 $\quad F_{AC} = -63.2$(kN)

由 $\quad \sum F_x = 0 \qquad -F_{AB} - F_{AC}\dfrac{4}{\sqrt{4^2+3^2}} - F_{T2}\dfrac{1}{\sqrt{1^2+2^2}} = 0$

解得 $\quad F_{AB} = 41.6$(kN)

力 F_{AC} 是负值,表示该力的假设方向与实际方向相反,因此杆 AC 是受压杆。

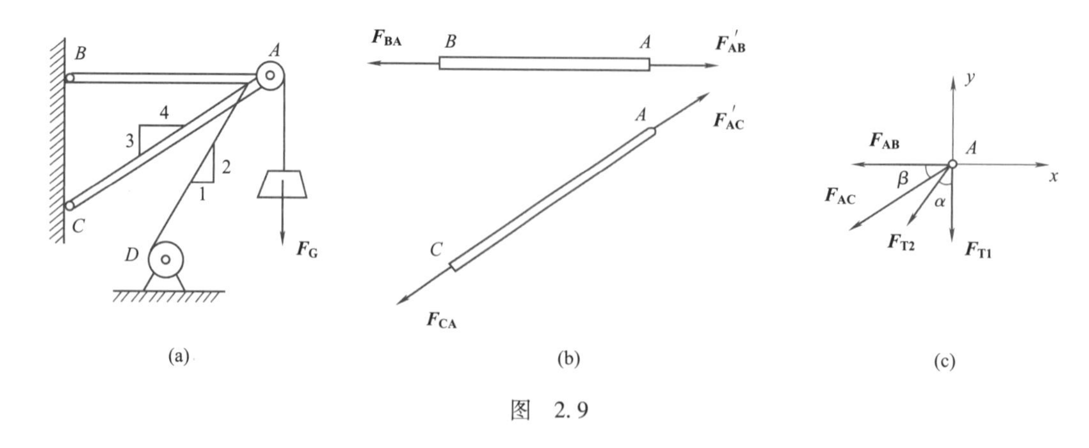

图 2.9

2.1.2　力对点的矩与平面力偶系

1. 力对点的矩

(1)力对点的矩。力不仅可以改变物体的移动状态,而且还能改变物体的转动状态。力使物体绕某点转动的力学效应,称为力对该点的矩。以扳手旋转螺母为例,如图 2.10 所示,设螺母能绕点 O 转动。由经验可知,螺母能否旋动,不仅取决于作用在扳手上的力 $\boldsymbol{F}$ 的大小,而且还与点 O 到 $\boldsymbol{F}$ 的作用线的垂直距离 h 有关。因此,用 $\boldsymbol{F}$ 与 h 的乘积作为力 $\boldsymbol{F}$ 使螺母绕点 O 转动效应的度量。其中距离 h 称为 $\boldsymbol{F}$ 对 O 点的力臂,点 O 称为矩心。由于转动有逆时针和顺时针两个转向,则力 $\boldsymbol{F}$ 对 O 点的矩等于力的大小 F 与力臂 h 的乘积冠以适当的正负号,力使物体绕矩心逆时针方向转动时,力矩为正,反之为负。以符号 $m_0(\boldsymbol{F})$ 表示,简称力矩,记为:

$$m_o(\boldsymbol{F}) = \pm Fh \tag{2.8}$$

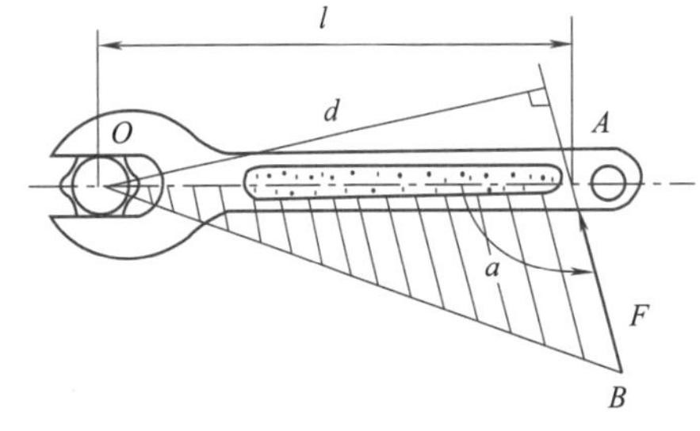

图　2.10

由图 2.10 可见,力 $\boldsymbol{F}$ 对 O 点之矩的大小,也可以用三角形 OAB 的面积的两倍表示,即

$$m_0(\boldsymbol{F}) = \pm 2S_{\Delta ABO} \tag{2.9}$$

在国际单位制中,力矩的单位是牛顿·米(N·m)或千牛顿·米(kN·m)。

①力对点的矩,不仅取决于力的大小,还与矩心的位置有关。力矩随矩心的位置变化而变化。

②力对任一点的矩,不因该力的作用点沿其作用线移动而改变,这又一次表明对刚体来说力是滑移矢量。

③力的大小等于零或其作用线通过矩心时,力矩等于零。

(2)合力矩定理。合力矩定理:平面汇交力系的合力对其平面内任一点的矩等于各分力对同一点的矩的代数和。

若刚体上的 A 点作用有一平面汇交力系,力系的合力为 F_R。在力系所在平面内任选一点 O,过 O 作 Oy 轴,且垂直于 OA,如图 2.11 所示。则图中 Ob_1、$Ob_2 \cdots Ob_n$ 分别等于力 $\boldsymbol{F}_1$、$\boldsymbol{F}_2 \cdots \boldsymbol{F}_n$ 和 $\boldsymbol{F}_R$ 在 Oy 轴上的投影 F_{y1}、$F_{y2} \cdots F_{yn}$ 和 F_{yR}。现分别计算 $\boldsymbol{F}_1$、$\boldsymbol{F}_2 \cdots \boldsymbol{F}_n$ 和 $\boldsymbol{F}_R$ 各分力对点 O 的力矩。

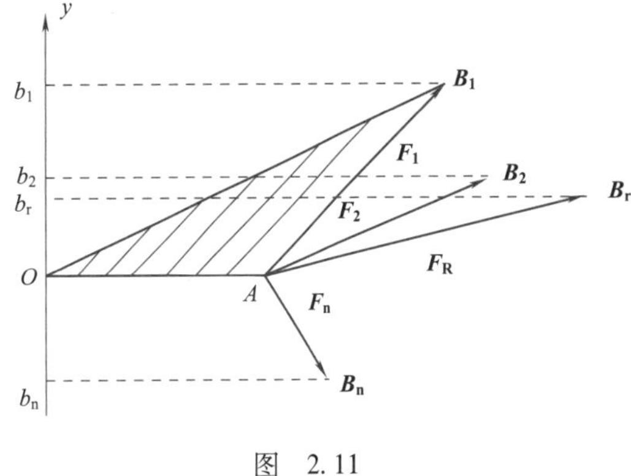

图　2.11

由图 2.11 可以看出:

$$\begin{cases} m_O(F_1) = Ob_1 \times OA = F_{y1}OA \\ m_O(F_2) = Ob_2 \times OA = F_{y2}OA \\ \quad\vdots \\ m_O(F_n) = Ob_n \times OA = F_{yn}OA \\ m_O(F_R) = Ob_r \times OA = F_{yR}OA \end{cases} \tag{2.10}$$

根据合力投影定理

$$F_{yR} = F_{y1} + F_{y2} + \cdots + F_{yn}$$

两端乘以 OA 得

$$F_{yR}OA = F_{y1}OA + F_{y2}OA + \cdots + F_{yn}OA$$

将式(2.10)代入得

$$m_O(\boldsymbol{F}_R) = m_O(\boldsymbol{F}_1) + m_O(\boldsymbol{F}_2) + \cdots + m_O(\boldsymbol{F}_n)$$

即

$$m_O(\boldsymbol{F}_R) = \sum m_O(\boldsymbol{F}) \tag{2.11}$$

式(2.11)称为合力矩定理。合力矩定理建立了合力对点的矩与分力对同一点的矩的关系。这个定理也适用于有合力的其他力系。

【案例 2.6】 试计算图 2.12 中力 $\boldsymbol{F}$ 对 A 点之矩。

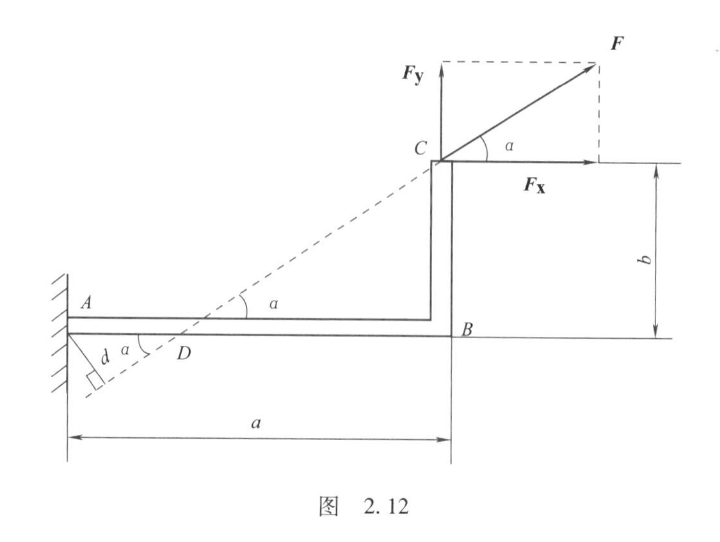

图 2.12

解：本题有两种解法。

解法一：由力矩计算力 $\boldsymbol{F}$ 对 A 点的矩

先求力臂 d。由图中几何关系有：

$$d = AD\sin\alpha = (AB - DB)\sin\alpha = (AB - BC\cot\alpha)\sin\alpha = (a - b\cot\alpha)\sin\alpha = a\sin\alpha - b\cos\alpha$$

所以

$$m_A(\boldsymbol{F}) = F \cdot d = F(a\sin\alpha - b\cos\alpha)$$

解法二：根据合力矩定理计算力 $\boldsymbol{F}$ 对 A 点的矩

将力 $\boldsymbol{F}$ 在 C 点分解为两个正交的分力，由合力矩定理可得

$$m_A(\boldsymbol{F}) = m_A(\boldsymbol{F}_x) + m_A(\boldsymbol{F}_y) = -F_x \cdot b + F_y \cdot a = -F(b\cos\alpha + a\sin\alpha) = F(a\sin\alpha - b\cos\alpha)$$

本例两种解法的计算结果是相同的，当力臂不易确定时，用后一种方法较为简便。

2. 平面力偶系的合成与平衡

(1)力偶及其力偶矩。在日常生活和工程实际中经常见到物体受动两个大小相等、方向相反，但不在同一直线上的两个平行力作用的情况。例如，司机转动驾驶汽车时两手作用在方向盘上的力[见图 2.13(a)]；工人用丝锥攻螺纹时两手加在扳手上的力[见图 2.13(b)]；用两个手指拧动水龙头[见图 2.13(c)]所加的力；等等。在力学中把这样一对等值、反向而不共线的平行力称为力偶，用符号 $(\boldsymbol{F},\boldsymbol{F}')$ 表示。两个力作用线之间的垂直距离称为力偶臂，两个力作用线所决定的平面称为力偶的作用面。

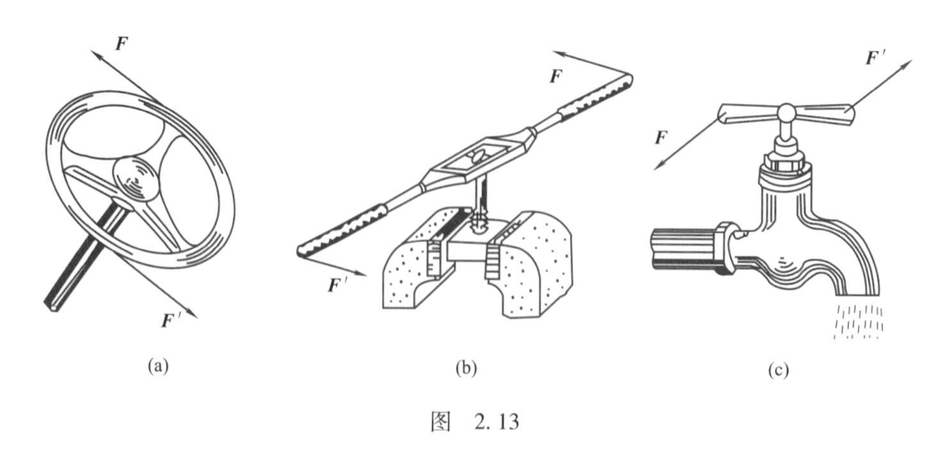

图 2.13

实验表明，力偶对物体只能产生转动效应，且当力愈大或力偶臂愈大时，力偶使刚体转动效应就愈显著。因此，力偶对物体的转动效应取决于：力偶中力的大小、力偶的转向以及力偶臂的大小。在平面问题

中，将力偶中的一个力的大小和力偶臂的乘积冠以正负号，作为力偶对物体转动效应的量度，称为力偶矩，用 m 或 $m(\boldsymbol{F},\boldsymbol{F}')$ 表示，如图 2.14 所示，即：

$$m(\boldsymbol{F},\boldsymbol{F}') = Fd = \pm 2S_{\Delta ABC} \tag{2.12}$$

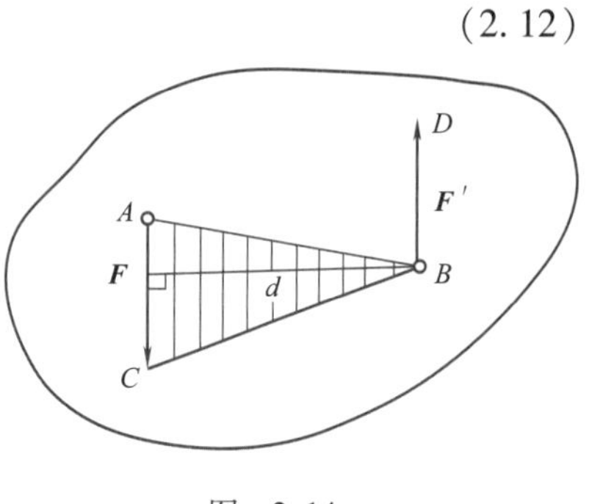

图　2.14

通常规定：力偶使物体逆时针方向转动时，力偶矩为正，反之为负。

在国际单位制中，力偶矩的单位是牛顿·米（N·m）或千牛顿·米（kN·m）。

力偶矩是力偶的唯一度量，是衡量力偶使物体转动效果的物理量。

（2）力偶的性质。力和力偶是静力学中两个基本要素。力偶与力具有不同的性质：

性质一：力偶在任意轴上的投影等于零。由于力偶中的两个力等值、反向、平行，所以，它们在任意轴上的投影的代数和等于零。

性质二：力偶不能简化为一个力，即力偶不能用一个力等效替代。因此力偶不能与一个力平衡，力偶只能与力偶平衡。

性质三：力偶对其作在平面内任一点的矩恒等于该力偶的力偶矩，与矩心位置无关。

如图 2.15 所示，力偶$(\boldsymbol{F},\boldsymbol{F}')$的力偶矩 $m(\boldsymbol{F},\boldsymbol{F}') = Fd$，在其作用面内任取一点 O 为矩心，因为力使物体的转动效应用力对点的矩度量，因此力偶的转动效应可用力偶中的两个力对其作用面内任何一点的矩的代数和来度量。设 O 到力 $\boldsymbol{F}'$的垂直距离为 x，则力偶$(\boldsymbol{F},\boldsymbol{F}')$对于点 O 的矩为

$$m_o(\boldsymbol{F},\boldsymbol{F}') = m_o(\boldsymbol{F}) + m_o(\boldsymbol{F}') = F(x+d) - F'x = Fd = m(\boldsymbol{F},\boldsymbol{F}')$$

所得结果表明，不论点 O 选在何处，其结果都不会变，即力偶对其作用面内任一点的矩总等于该力偶的力偶矩。所以力偶对物体的转动效应总取决于力偶矩（包括大小和转向），而与矩心位置无关。

性质四：在同一平面内的两个力偶，只要两力偶的力偶矩相等，则这两个力偶等效。这就是平面力偶的等效条件。

根据力偶的等效性，可得出下面两个推论：

推论 1：力偶可在其作用面内任意移动和转动，而不会改变它对刚体的作用效果。

推论 2：只要保持力偶矩不变，可同时改变力偶中力的大小和力偶臂的长度，而不会改变它对刚体的作用效果。

由力偶的等效性可知，力偶对物体的作用，完全取决于力偶矩的大小和转向。因此，力偶可以用一带箭头的弧线来表示，如图 2.16 所示，其中箭头表示力偶的转向，m 表示力偶矩的大小。

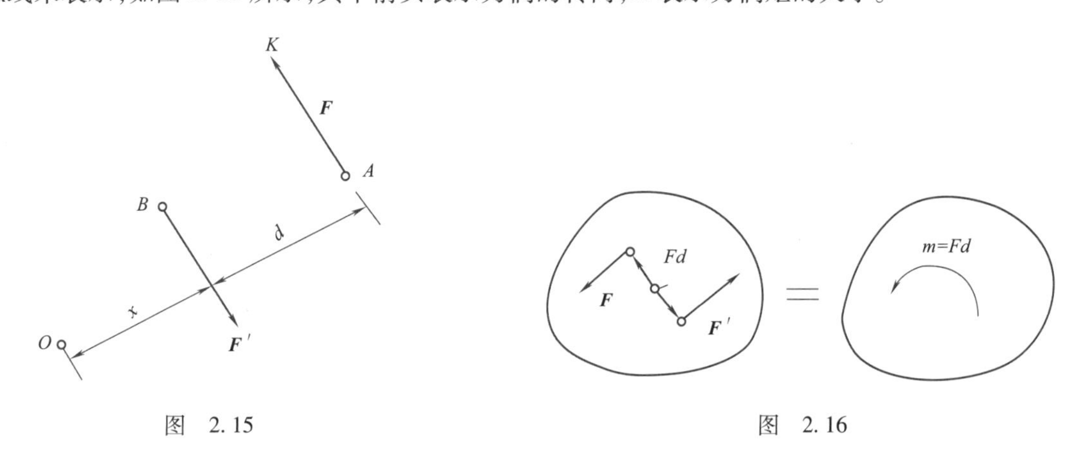

图　2.15　　　　图　2.16

（3）平面力偶系的合成。作用在物体同一平面内的各力偶组成平面力偶系。

设在刚体的同一平面内作用三个力偶$(\boldsymbol{F}_1,\boldsymbol{F}_1')$、$(\boldsymbol{F}_2,\boldsymbol{F}_2')$ 和$(\boldsymbol{F}_3,\boldsymbol{F}_3')$，如图 2.17（a）所示。各力偶矩分别为

$$m_1 = F_1d_1,\quad m_2 = F_2d_2,\quad m_3 = -F_3d_3,$$

在力偶作用面内任取一条线段 $AB=d$，按力偶等效条件，将这三个力偶都等效地改为以为 d 力偶臂的力偶（$\boldsymbol{F}_1,\boldsymbol{F}_1'$）、（$\boldsymbol{F}_2,\boldsymbol{F}_2'$）和（$\boldsymbol{F}_3,\boldsymbol{F}_3'$）。如图 2.17(b)所示。由等效条件可知

$$F_4d=F_1d_1,\quad F_5d=F_2d_2,\quad -F_6d=-F_3d_3$$

则等效变换后的三个力偶的力的大小可求出。

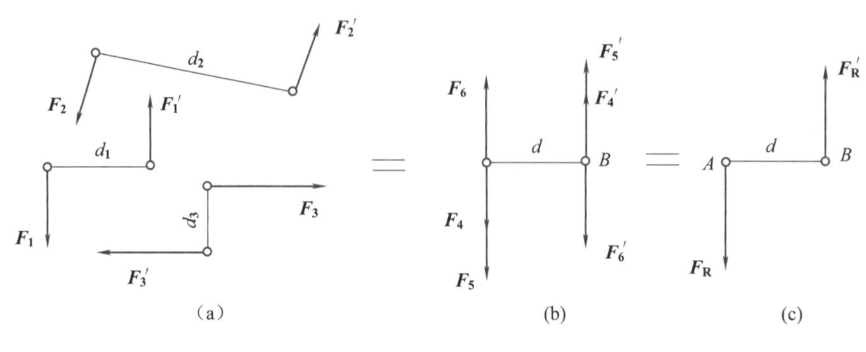

图 2.17

然后移转各力偶，使它们的力偶臂都与 AB 重合，则原平面力偶系变换为作用于点 A、B 的两个共线力系如图 2.17(c)所示。将这两个共线力系分别合成，得

$$\boldsymbol{F}_R=\boldsymbol{F}_4+\boldsymbol{F}_5-\boldsymbol{F}_6$$

$$\boldsymbol{F}_R'=\boldsymbol{F}_4'+\boldsymbol{F}_5'-\boldsymbol{F}_6'$$

可见，力 $\boldsymbol{F}_R$ 与 $\boldsymbol{F}_R'$ 等值、反向作用线平行但不共线，构成一个新的力偶（$\boldsymbol{F}_R,\boldsymbol{F}_R'$），如图 3.9c 所示。力偶（$\boldsymbol{F}_R,\boldsymbol{F}_R'$）称为原来的三个力偶的合力偶。用 M 表示此合力偶的力偶矩，则

$$M=F_Rd=(F_4+F_5-F_6)d=F_4d+F_5d-F_6d=F_1d_1+F_2d_2-F_3d_3$$

所以　$M=m_1+m_2+m_3$

若作用在同一平面内有 n 个力偶，则上式可以推广为

$$M=m_1+m_2+\cdots+m_n=\sum m$$

由此可得到如下结论：

平面力偶系可以合成为一合力偶，该合力偶的力偶矩等于力偶系中各力偶的力偶矩的代数和。

(4)平面力偶系的平衡条件。平面力偶系中可以用它的合力偶等效代替，因此，若合力偶的力偶矩等于零，则原力系必定平衡；反之若原力偶系平衡，则合力偶的力偶矩必等于零。由此可得到平面力偶系平衡的充分与必要条件：平面力偶系中所有各力偶的力偶矩的代数和等于零。即

$$\sum m=0 \tag{2.13}$$

平面力偶系有一个平衡方程，可以求解一个未知量。

【案例 2.7】 水平杆重量不计，受固定铰支座 A 及 CD 的约束，如图 2.18(a)所示，在杆端 B 受一个力偶作用，已知力偶矩 $m=100\ \text{N}\cdot\text{m}$，求 A、C 处的约束反力。

解：取 AB 杆为研究对象。作用于 AB 杆的是一个主动力偶，A、C 两点的约束反力也必然组成一个力偶才能与主动力偶平衡。由于 CD 杆是二力杆，F_C 必沿 C、D 两点的连线，而 F_A 应与 F_C 平行，且有 $F_A=F_C$，如图 2.18(b)所示，由平面力偶系平衡条件可得

$$\sum m=0,\qquad F_A\cdot h-m=0$$

其中　$h=AC\cdot\sin 30°=1\times 0.5\ \text{m}=0.5\ \text{m}$

则　$F_A=F_C=\dfrac{m}{h}=\dfrac{100}{0.5}\ \text{N}=200\ \text{N}$

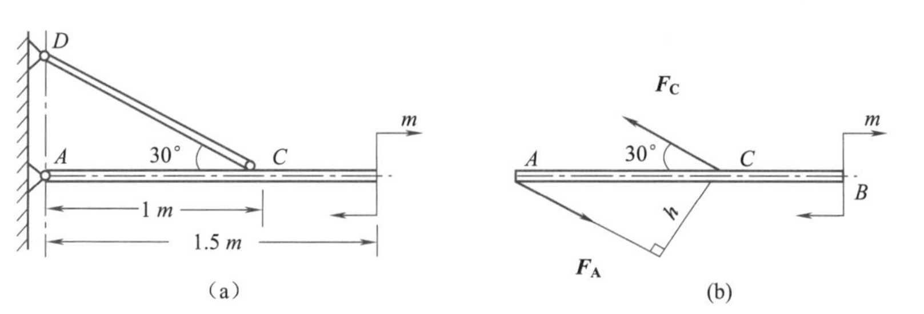

图 2.18

2.1.3 平任意力系

当力系中各力作用线在同一平面内且任意分布时,该力系称为平面任意力系。在工程实际中经常遇到平面任意力系的问题。如图 2.19(a)所示的简支梁受到外荷载及支座反力的作用,这个力系是平面任意力系。

有些结构所受的力系本不是平面任意力系,但可以简化为平面任意力系来处理。如图 2.19(b)所示的屋架,可以忽略它与其他屋架之间的联系,单独分离出来,视为平面结构来考虑。屋架上的荷载及支座反力作用在屋架自身平面内,组成一平面任意力系。

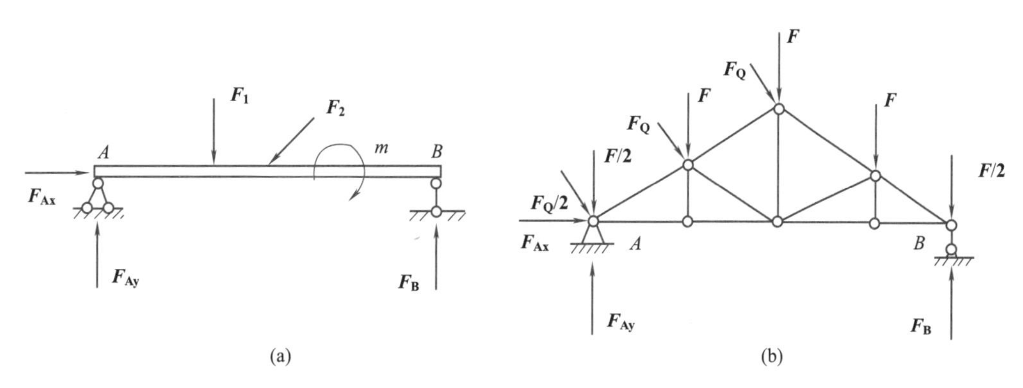

图 2.19

1. 平面任意力系向一点简化

(1)力的平移定理。由力的可传性可知,力可以沿其作用线滑移到刚体上任意一点,而不改变力对刚体的作用效应。但当力平行于原来的作用线移动到刚体上任意一点时,力对刚体的作用效应便会改变,为了进行力系的简化,将力等效地平行移动,给出如下定理:

力的平移定理:作用于刚体上的力可以平行移动到刚体上的任意一点,但必须同时在该力与平移点所决定的平面内附加一个力偶,该力偶的力偶矩等于原力对平移点的矩。

证明:设力 $\boldsymbol{F}$ 作用于刚体上 A 点,如图 2.20(a)所示。为将力 $\boldsymbol{F}$ 等效地平行移动到刚体上任意一点,根据加减平衡力系公理,在 B 点加上两个等值、反向的力 $\boldsymbol{F}'$ 和 $\boldsymbol{F}''$,并使 $\boldsymbol{F}'=\boldsymbol{F}''=\boldsymbol{F}$,如图 2.20(b)所示。显然,力 $\boldsymbol{F}$、$\boldsymbol{F}'$ 和 $\boldsymbol{F}''$ 组成的力系与原力 $\boldsymbol{F}$ 等效。由于在力系 $\boldsymbol{F}$、$\boldsymbol{F}'$ 和 $\boldsymbol{F}''$ 中,力 $\boldsymbol{F}$ 与力 $\boldsymbol{F}''$ 等值、反向且作用线平行,它们组成力偶($\boldsymbol{F}$、$\boldsymbol{F}''$)。于是作用在 B 点的力 $\boldsymbol{F}'$ 和力偶($\boldsymbol{F}$、$\boldsymbol{F}''$)与原力 $\boldsymbol{F}$ 等效。亦即把作用于 A 点的力 $\boldsymbol{F}$ 平行移动到任意一点 B,但同时附加了一个力偶,如图 2.20(c)所示。由图可见,附加力偶的力偶矩为

$$m = Fd = m_B(\boldsymbol{F})$$

力的平移定理表明,可以将一个力分解为一个力和一个力偶;反过来,也可以将同一平面内的一个力和一个力偶合成为一个力。应该注意,力的平移定理只适用于刚体,而不适用于变形体,并且只能在同一刚体上平行移动。

(2)平面任意力系向一点简化。设刚体受到平面任意力系 $\boldsymbol{F}_1$、$\boldsymbol{F}_2$、…、$\boldsymbol{F}_n$ 的作用,如图 2.21(a)所示。在力系所在的平面内任取一点 O,称 O 点为简化中心。应用力的平移定理,将力系中的和力依次分别平移至 O

点，得到汇交于 O 点的平面汇交力系 $\boldsymbol{F}_1'$、$\boldsymbol{F}_2'$、…、$\boldsymbol{F}_n'$，此外还应附加相应的力偶，构成附加力偶系 m_{O1}、m_{O2}、…、m_{On}，如图 2.21(b)所示。

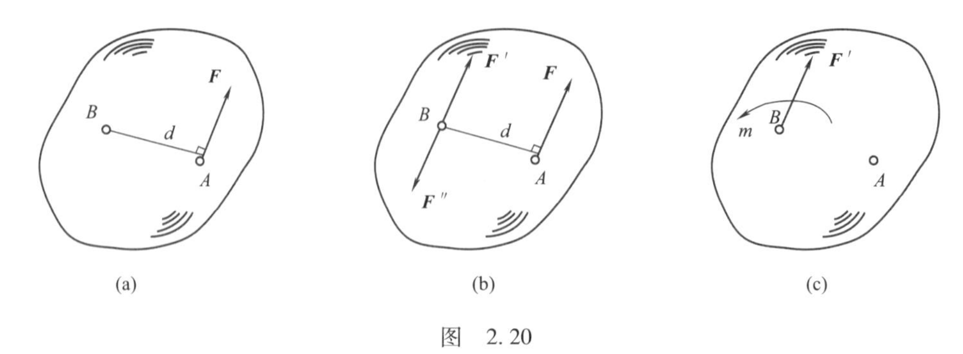

图 2.20

平面汇交力系中各力的大小和方向分别与原力系中对应的各力相同，即

$$\boldsymbol{F}_1' = \boldsymbol{F}_1, \boldsymbol{F}_2' = \boldsymbol{F}_2, \cdots, \boldsymbol{F}_n' = \boldsymbol{F}_n$$

所得平面汇交力系可以合成为一个力 $\boldsymbol{F}_R'$，也作用于点 O，其力矢 $\boldsymbol{F}_R'$ 等于各分力矢 $\boldsymbol{F}_1'$、$\boldsymbol{F}_2'$、…、$\boldsymbol{F}_n'$ 的矢量和，即

$$\boldsymbol{F}_R' = \boldsymbol{F}_1' + \boldsymbol{F}_2' + \cdots + \boldsymbol{F}_n' = \boldsymbol{F}_1 + \mathbf{F}_2 + \cdots + \boldsymbol{F}_n = \sum \boldsymbol{F} \tag{2.14}$$

$\boldsymbol{F}_R'$ 称为该力系的主矢，它等于原力系各力的矢量和，与简化中心的位置无关。

主矢 $\boldsymbol{F}_R'$ 的大小与方向可用解析法求得。按图 4.4b 所选定的坐标系 Oxy，有

$$F_{Rx}' = F_{1x} + F_{2x} + \cdots + F_{nx} = \sum F_x$$

$$F_{Ry}' = F_{1y} + F_{2y} + \cdots + F_{ny} = \sum F_y$$

主矢 $\boldsymbol{F}_R'$ 的大小及方向分别由下式确定

$$\begin{cases} F_R' = \sqrt{F_{Rx}'^{\,2} + F_{Ry}'^{\,2}} = \sqrt{(\sum F_x)^2 + (\sum F_y)^2} \\ \alpha = \tan^{-1}\left|\dfrac{F_{Ry}'}{F_{Rx}'}\right| = \tan^{-1}\left|\dfrac{\sum F_x}{\sum F_y}\right| \end{cases} \tag{2.15}$$

其中 α 为主矢 $\boldsymbol{F}_R'$ 与 x 轴正向间所夹的锐角。

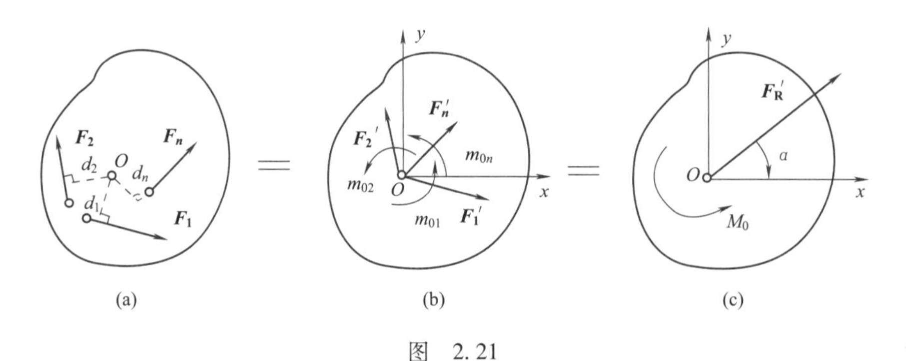

图 2.21

各附加力偶的力偶矩分别等于原力系中各力对简化中心 O 之矩，即

$$m_{O1} = m_O(\boldsymbol{F}_1), m_{O2} = m_O(\boldsymbol{F}_2), \cdots, m_{On} = m_O(\boldsymbol{F}_n)$$

所得附加力偶系可以合成为同一平面内的力偶，其力偶矩可用符号 M_O 表示，它等于各附加力偶矩 m_{O1}、m_{O2}、…、m_{On} 的代数和，即

$$M_O = m_{O1} + m_{O2} + \cdots + m_{On} = m_O(\boldsymbol{F}_1) + m_O(\boldsymbol{F}_2) + \mathrm{m}_O(\boldsymbol{F}_n) = \sum m_O(\boldsymbol{F}) \tag{2.16}$$

原力系中各力对简化中心之矩的代数和称为原力系对简化中心的主矩。

由式(2.16)可见在选取不同的简化中心时，每个附加力偶的力偶臂一般都要发生变化，所以主矩一般都与简化中心的位置有关。

由上述分析我们得到如下结论：平面任意力系向作用面内任一点简化，可以得到一力和一个力偶[见

图 2.21(c)]，这个力的作用线过简化中心，其力矢等于原力系的矢量和，称为主矢；这个力偶的力偶矩等于原力系对简化中心的矩的代数和，称为主矩。

2. 平面任意力系简化的最后结果

平面任意力系向 O 点简化，一般得一个主矢和一个主矩。可能出现的情况有四种：

第一种情况：$F'_R \neq 0$，$M_O = 0$，原力系简化为一个力，力的作用线过简化中心，此合力的矢量为原力系的主矢即 $\boldsymbol{F}_R = \boldsymbol{F}'_R = \sum \boldsymbol{F}$。

第二种情况：$F'_R \neq 0$，$M_O \neq 0$，这种情况下，由力的平移定理的逆过程，可将力 $\boldsymbol{F}'_R$ 和力偶矩为 M_O 的力偶进一步合成为一合力 $\boldsymbol{F}_R$，如图 2.22(a)所示。将力偶矩为 M_O 的力偶用两个力 $\boldsymbol{F}_R$ 与 $\boldsymbol{F}_R''$ 表示，并使 $\boldsymbol{F}_R = \boldsymbol{F}''_R$，$\boldsymbol{F}''_R$ 作用在点 O，$\boldsymbol{F}_R$ 作用在点 A，如图 2.22(b)所示。$\boldsymbol{F}'_R$ 与 $\boldsymbol{F}''_R$ 组成一对平衡力，将其去掉后得到作用于 A 点的力 $\boldsymbol{F}_R$，与原力系等效。因此这个力 $\boldsymbol{F}_R$ 就是原力系的合力。显然 $\boldsymbol{F}_R = \boldsymbol{F}'_R$，而合力作用线到简化中心的距离为

$$d = \frac{|m_O|}{F_R} = \frac{|M_O|}{F'_R}$$

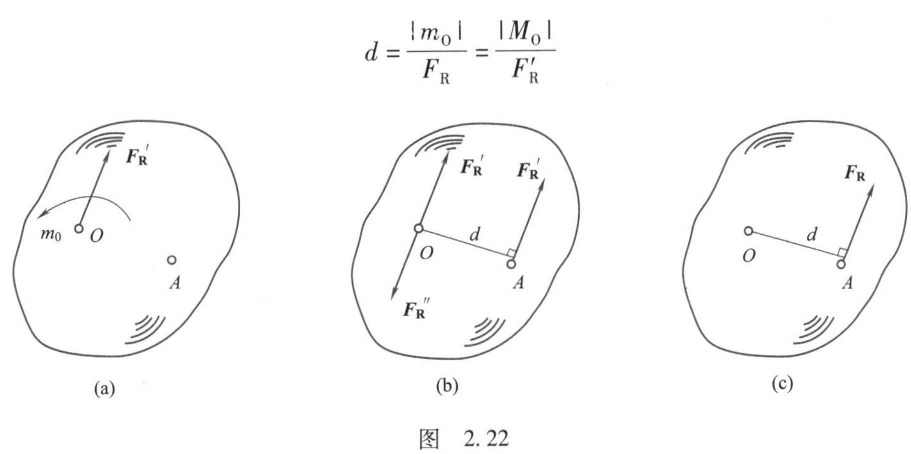

图 2.22

当 $M_O > 0$ 时，顺着 $\boldsymbol{F}'_R$ 的方向如图 2.22(c)所示，合力 $\boldsymbol{F}_R$ 在 $\boldsymbol{F}'_R$ 的右边；当 $M_O < 0$ 时，合力 $\boldsymbol{F}_R$ 在 $\boldsymbol{F}'_R$ 的左边。

由上分析，可以导出合力矩定理。由图 2.22(c)可见，合力对点的矩为

$$m_O(\boldsymbol{F}_R) = F_R \cdot d = M_O$$

而

$$M_O = \sum m_O(\boldsymbol{F})$$

则

$$m_O(\boldsymbol{F}_R) = \sum m_O(\boldsymbol{F}) \tag{2.17}$$

因为 O 点是任选的，上式有普遍意义。于是得到合力矩定理：平面任意力系的合力对其作用面内任一点之矩等于力系中各分力对同一点的矩的代数和。

第三种情况：$F'_R = 0$，$M_O \neq 0$，原力系简化为一力偶。此时该力偶就是原力系的合力偶，其力偶矩等于原力系的主矩。此时原力系的主矩与简化中心的位置无关。

第四种情况：$F'_R = 0$，$M_O = 0$，原力系为平衡力系。也就是说，原力系简化的最终结果是平衡。即刚体在该力系作用下，既没有移动效果，又没有转动效果。

【案例 2.8】 重力坝断面如图 2.23(a)所示，坝上游有泥沙淤积，已知水深 $H = 46$ m，泥沙厚度 $h = 6$ m，水的容重 $\gamma = 98$ kN/m^3，泥沙容重 $\gamma' = 8$ kN/m^3，已知 1 m 长坝段所受重力 $F_{W1} = 4\ 500$ kN，$F_{W2} = 14\ 000$ kN。受力图如图 2.23(b)所示。试将此坝段所受的力向点 O 简化，并求简化的最后结果。

解：已知水中任一点的相对压强与距水面的距离成正比，即在坐标为 y 处的水压强为

$$p = \gamma(H - y) \quad (0 \leqslant y \leqslant H)。$$

同理，泥沙压强为 $p' = \gamma'(h - y)$　$(0 \leqslant y \leqslant h)$。所以上游坝面所受的分布荷载如图 2.23(b)所示。

为了方便计算，先将分布力合成为合力。将水压力与泥沙压力分开计算。水压力如图中大三角形所示，其合力为 $\boldsymbol{F}_1$，则

$$F_1=\frac{\gamma\cdot H^2}{2}=10\ 368(\text{kN})$$

P_1过三角形形心，即与坝底相距 $\frac{1}{3}H=15.33(\text{m})$。

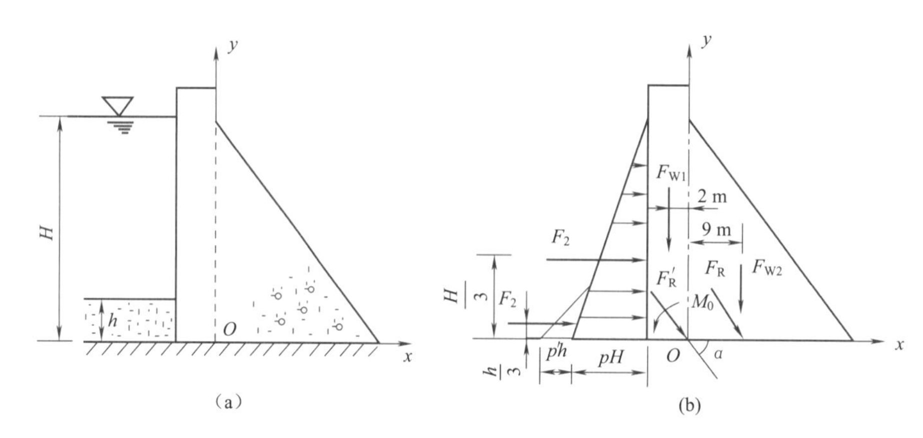

图 2.23

泥沙压力如图中的小三角形所示，其合力设为$\boldsymbol{F_2}$，则

$$F_2=\frac{\gamma h^2}{2}=144(\text{kN})$$

$\boldsymbol{F_2}$与坝底相距 $\frac{1}{3}h=2\ \text{m}$

现将$\boldsymbol{F_1}$、$\boldsymbol{F_2}$、$\boldsymbol{F_{W1}}$、$\boldsymbol{F_{W2}}$四个力向O点简化。先求主矢。

$$F'_{Rx}=\sum F_{xi}=F_1+F_2=10\ 510(\text{kN})$$

$$F'_{Ry}=\sum F_{yi}=-F_{W1}-F_{W2}=-18\ 500(\text{kN})$$

$$F'_R=\sqrt{{F'_{Rx}}^2+{F'_{Ry}}^2}=21\ 300(\text{kN})$$

$$\alpha=\tan^{-1}\left|\frac{F'_{Ry}}{F'_{Rx}}\right|=60°24'$$

再求对O的主矩

$$M_O=\sum m_O=-F_1\times\frac{H}{3}-F_2\times\frac{h}{3}+F_{W1}\times2-F_{W2}\times9=-276\ 300(\text{kN}\cdot\text{m})$$

最后求合力$\boldsymbol{F_R}=\boldsymbol{F'_R}$，其作用线与$x$轴交点坐标$x$为

$$x=\frac{|M_O|}{F_R\sin\alpha}=14.92(\text{m})$$

3. 平面任意力系的平衡条件、平衡方程及应用

当平面任意力系的主矢和主矩都等于零时，作用在简化中心的汇交力系是平衡力系，附加的力偶系也是平衡力偶系，所以该平面任意力系一定是平衡力系。于是得到平面任意力系的充分与必要条件是：力系的主矢和主矩同时为零。即

$$F'_R=0,M_O=0$$

用解析式表示可得

$$\begin{cases}\sum F_x=0\\ \sum F_y=0\\ \sum m_O=0\end{cases}\tag{2.18}$$

上式为平面任意力系的平衡方程。平面任意力系平衡的充分与必要条件可解析地表达为：力系中各力在其作用面内两正交轴上的投影的代数和分别等于零，同时力系中各力对其作用面内任一点的矩的代数和也等于零。

平面任意力系的平衡方程除了由简化结果直接得出的基本形式(2.18)外,还有二矩式和三矩式。

二矩式平衡方程形式

$$\begin{cases}\sum F_x=0\\ \sum m_A=0\\ \sum m_B=0\end{cases} \tag{2.19}$$

其中矩心 A、B 两点的连线不能与 x 轴垂直。

因为当满足 $\sum m_A=0$、$\sum m_B=0$ 时,力系不可能简化为一个力偶,或者是通过 A、B 点的一合力,或者平衡。如果力系又满足条件 A、B 两点的连线不垂直于 x 轴,这就排除了力系有合力的可能性。由此断定,当式(2.19)的三个方程同时满足,并附加条件矩心 A、B 两点的连线不能与 x 轴垂直时,力系一定是平衡力系。

三矩式平衡方程形式

$$\begin{cases}\sum m_A=0\\ \sum m_B=0\\ \sum m_C=0\end{cases} \tag{2.20}$$

其中 A、B、C 三点不能共线。

对于三矩式附加上条件后,式(2.20)是平面任意力系平衡的充分与必要条件。

平面任意力系有三种不同形式的平衡方程组,每种形式都只含有三个独立的方程式,都只能求解三个未知量。应用时可根据问题的具体情况,选择适当形式的平衡方程。

【案例 2.9】 图 2.24(a)所示为一悬臂式起重机,A、B、C 都是铰链连接。梁 AB 自重 $F_G=1$ kN,作用在梁的中点,提升重量 $F_P=8$ kN,杆 BC 自重不计,求支座 A 的反力和杆 BC 所受的力。

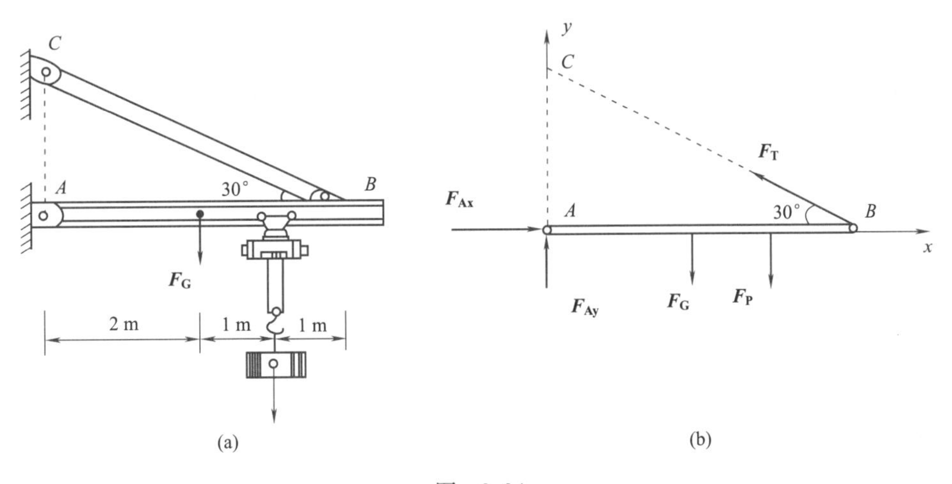

图 2.24

解:(1)取梁 AB 为研究对象,受力图如图 2.24(b)所示。A 处为固定铰支座,其反力用两分力表示,杆 BC 为二力杆,它的约束反力沿 BC 轴线,并假设为拉力。

(2)取投影轴和矩心。为使每个方程中未知量尽可能少,以 A 点为矩,选取直角坐标系 Axy。

(3)列平衡方程并求解。梁 AB 所受各力构成平面任意力系,用三矩式求解

$\sum m_A=0$, $$-F_G\times2-F_P\times3+F_T\sin30^\circ\times4=0$$

得 $$F_T=\frac{(2F_G+3F_P)}{4\times\sin30^\circ}=\frac{(2\times1+3\times8)}{4\times0.5}=13(\text{kN})$$

$\sum m_B=0$, $$-F_{Ay}\times4+F_G\times2+F_P\times1=0$$

得 $$F_{Ay}=\frac{(2F_G+F_P)}{4}=\frac{(2\times1+8)}{4}=2.5(\text{kN})$$

$\sum m_C=0$, $$F_{Ax}\times4\times\text{tg}30^\circ-F_G\times2-F_P\times3=0$$

得
$$F_x=\frac{(2F_G+3F_P)}{4\times \text{tg}30°}=\frac{(2\times1+3\times8)}{4\times0.577}=11.26(\text{kN})$$

(4)校核

$$\sum F_x=F_{Ax}-F_T\times\cos30°=11.26-13\times0.866=0$$
$$\sum F_y=F_{Ay}-F_G-F_P+F_T\times\sin30°=2.5-1-8-13\times0.5=0$$

可见计算无误。

【案例 2.10】 一端固定的悬臂梁如图 2.25(a)所示。梁上作用均布荷载,荷载集度为 q,在梁的自由端还受一集中力 $\boldsymbol{F}_\mathbf{P}$和一力偶矩为 m 的力偶的作用。试求固定端 A 处的约束反力。

解:取梁 AB 为研究对象。受力图及坐标系的选取如图 2.25(b)所示。列平衡方程

由
$$\sum F_x=0\qquad F_{Ax}=0$$
$$\sum F_y=0\qquad F_{Ay}-ql-F=0$$

解得
$$F_{Ay}=ql+F$$

由
$$\sum m=0,\ m_A-ql^2/2-Fl-m=0$$

解得
$$m_A=ql^2/2+Fl+m$$

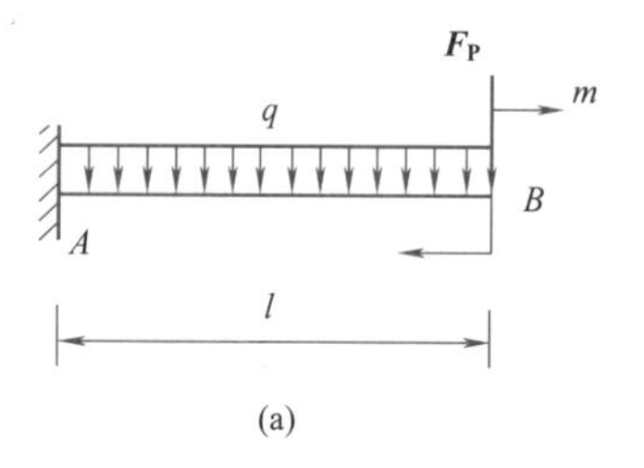

(a)

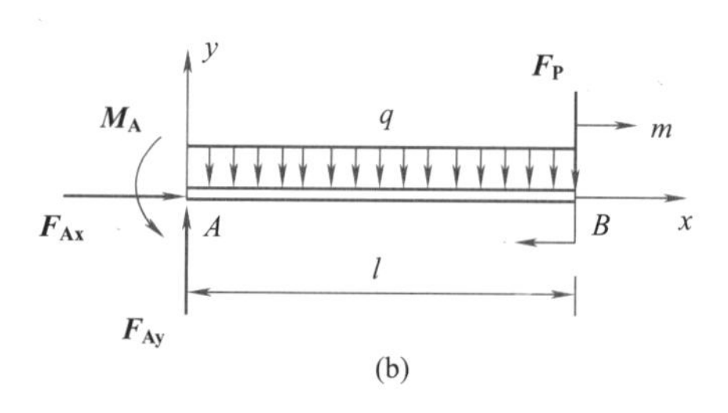

(b)

图 2.25

【案例 2.11】 塔式起重机如图 2.26 所示。机身重 $F_G=220$ kN,作用线过塔架的中心。已知最大起吊重量 $F=50$ kN,起重悬臂长 12 m,轨道 A、B 的间距为 4 m,平衡锤重 F_Q至机身中心线的距离为 6 m。试求:(1)确保起重机不至翻倒的平衡锤重 F_Q的大小;(2)当 $F_Q=30$ kN,而起重机满载时,轨道对 A、B 的约束反力。

解:取起重机整体为研究对象。其正常工作时受力如图 2.26 所示。

(1)起重机满载时有顺时针转向翻倒的可能,要保证机身满载时而不翻倒,则必须满足

$$F_{NA}\geqslant0$$
$$\sum m_B=0,\qquad F_Q(6+2)+2F_G-4F_{NA}-F(12-2)=0$$

解得
$$F_Q\geqslant(5F-F_G)/4=7.5(\text{kN})$$

起重机空载时有逆时针转向翻倒的可能,要保证机身空载时平衡而不翻倒,则必须满足下列条件

$$F_{NB}\geqslant0$$
$$\sum m_A=0,\qquad F_Q(6-2)+4F_{NB}-2F_G=0$$

解得
$$F_Q\leqslant F_G/2=110(\text{kN})$$

因此平衡锤重 F_Q的大小应满足

$$7.5\text{ kN}\leqslant F_Q\leqslant 110\text{ kN}$$

(2)当 $F_Q=30$ kN 时

$$\sum m_B=0,\qquad F_Q(6+2)+2F_G-4F_{NA}-F(12-2)=0$$

解得
$$F_{NA}=(4F_Q+F_G-5F)/2=45(\text{kN})$$

由
$$\sum F_{yi}=0,\qquad F_{NA}+F_{NB}-F_Q-F_G-F=0$$

解得
$$F_{NB}=F_Q+F_G+F-F_{NA}=255(\text{kN})$$

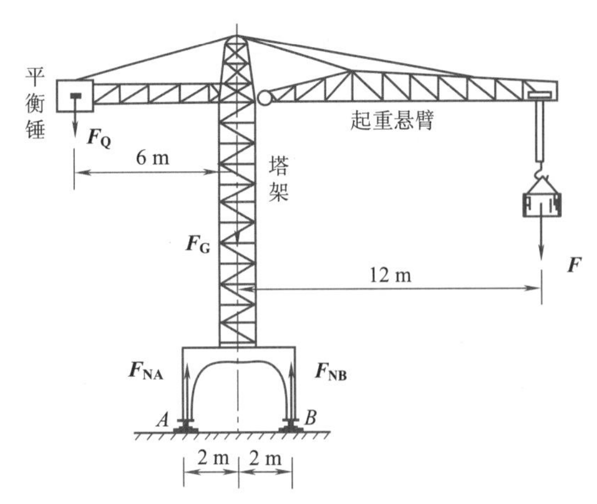

图　2.26

4. 物体系的平衡问题

从前面的内容已经知道，对每一种力系来说，独立平衡方程的数目是一定的，能求解的未知数的数目也是一定的。对于一个平衡物体，若独立平衡方程数目与未知数的数目恰好相等，则全部未知数可由平衡方程求出，这样的问题称为静定问题。如前所述都属于这类问题。但工程上有时为了增加结构的刚度或坚固性，常设置多余的约束，这就使未知数的数目多于独立方程的数目，未知数不能由平衡方程全部求出，这样的问题称为静不定问题或超静定问题。图2.27所示为超静定平面问题的案例。图2.27(a)所示为平面平行任意力系，平衡方程是3个，而未知力是4个，属于超静定问题；图2.27(b)所示也是平面任意力系，平衡方程是3个，而未知力有4个，因而也是超静定问题。

工程中的结构，一般是由几个构件通过一定的约束联系在一起的，称为物体系统。如图2.28(a)所示的三角拱。作用于物体系统上的力，可分为内力和外力两大类。系统外的物体作用于该物体系统的力，称为外力；系统内部各物体之间的相互作用力，称为内力。对于整个物体系统来说，内力总是成对出现的，两两平衡，故无需考虑，如图2.28(b)所示的铰 C 处。而当取系统内某一部分为研究对象时，作用于系统上的内力变成了作用在该部分上的外力，必须在受力图中画出，如图2.28(c)所示 C 铰处的 $\boldsymbol{F}_{Cx}$ 和 $\boldsymbol{F}_{Cy}$。

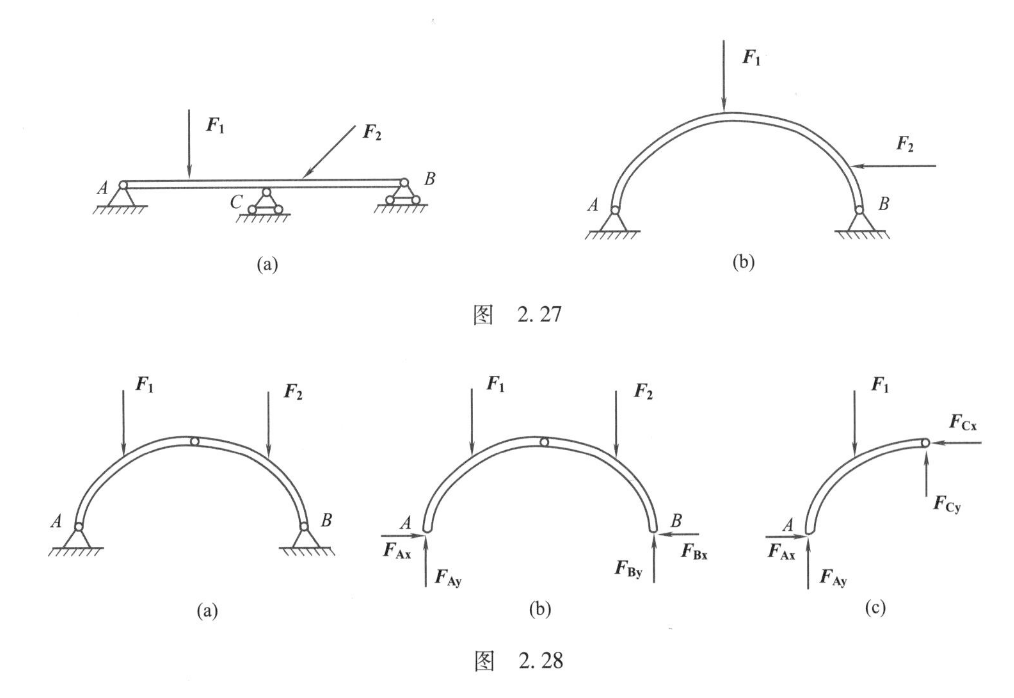

图　2.27

图　2.28

物体系统平衡是静定问题时才能应用平衡方程求解。一般若系统由 n 个物体组成，每个平面力系作用的物体，最多列出三个独立的平衡方程，而整个系统共有不超过 $3n$ 个独立的平衡方程。若系统中的未知力的数目等于或小于能列出的独立的平衡方程的数目时，该系统就是静定的；否则就是超静定的问题。

【案例 2.12】 组合梁由 AB 梁和 BC 梁用中间铰 B 连接而成，支承与荷载情况如图 2.29(a)所示。已知 $F=20$ kN，$q=5$ kN/m，$\alpha=45°$；求支座 A、C 的约束反力及铰 B 处的压力。

解：先取 BC 梁为研究对象。受力图及坐标如图 2.29(b)所示。

由 $\sum m_C=0$，
$$F\times1-F_{By}\times2=0$$
解得
$$F_{By}=0.5F=0.5\times20=10(\text{kN})$$
由 $\sum F_y=0$，
$$F_{By}-F+F_C\cos\alpha=0$$
解得
$$F_C=14.14(\text{kN})$$
由 $\sum F_x=0$，
$$F_{Bx}-F_C\sin\alpha=0$$
解得
$$F_{Bx}=10(\text{kN})$$

再取 AB 梁为研究对象，受力图及坐标如图 2.29(c)所示。

由 $\sum F_{xi}=0$，
$$F_{Ax}-F'_{Bx}=0$$
解得
$$F_{Ax}=F'_{Bx}=10(\text{kN})$$
由 $\sum F_{yi}=0$，
$$F_{Ay}-F_Q-F'_{By}=0$$
解得
$$F_{Ay}=F_Q+F'_{By}=2q+F_{By}=20(\text{kN})$$
由 $\sum m_A=0$，
$$m_A-F_Q\times1-2F'_{By}\times2=0$$
解得
$$m_A=30(\text{kN}\cdot\text{m})$$

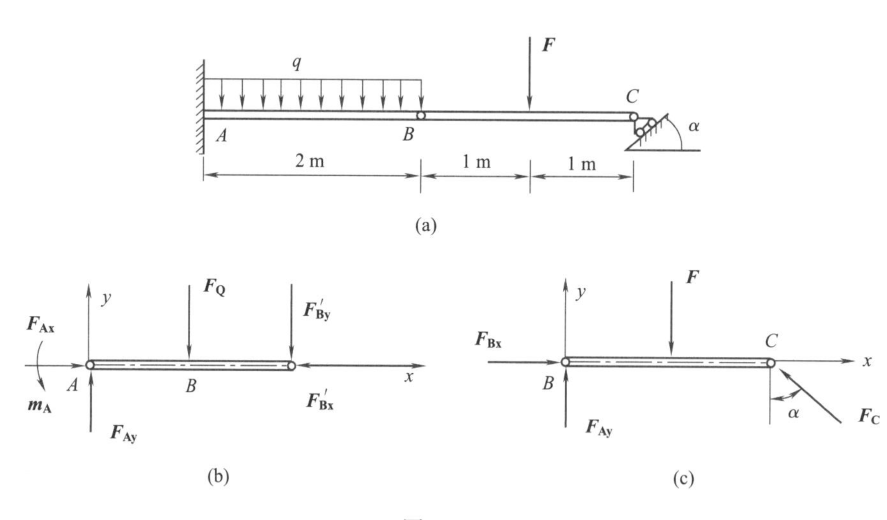

图 2.29

【案例 2.13】 图 2.30(a)为一个钢筋混凝土三铰刚架的计算简图，在刚架上受到沿水平方向均匀分布的线荷载 $q=8$ kN/m，刚架高 $h=8$ m，跨度 $l=12$ m。试求支座 A、B 及铰 C 的约束反力。

解：先取刚架整体为研究对象。受力图如图 2.30(b)所示。

由 $\sum m_C=0$，
$$ql^2/2-F_{Ay}l=0$$
解得
$$F_{Ay}=ql/2=48(\text{kN})$$
由 $\sum F_y=0$，
$$F_{Ay}-ql+F_{By}=0$$
解得
$$F_{By}=F_{Ay}=48(\text{kN})$$
由 $\sum F_x=0$，
$$F_{Ax}-F_{Bx}=0$$
解得
$$F_{Ax}=F_{Bx}$$

再取左半刚架为研究对象。受力图如图 2.30(c)所示。

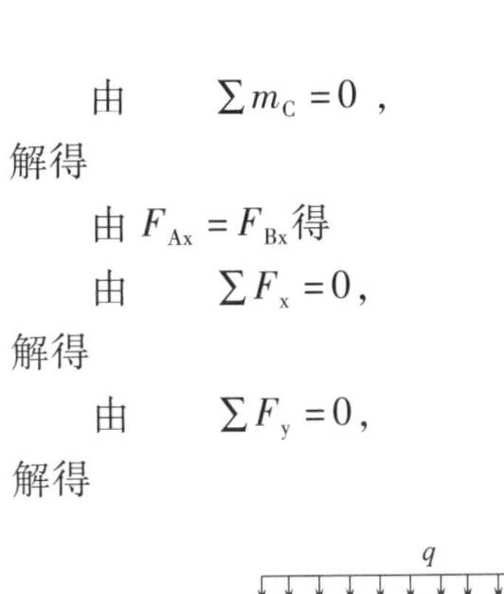
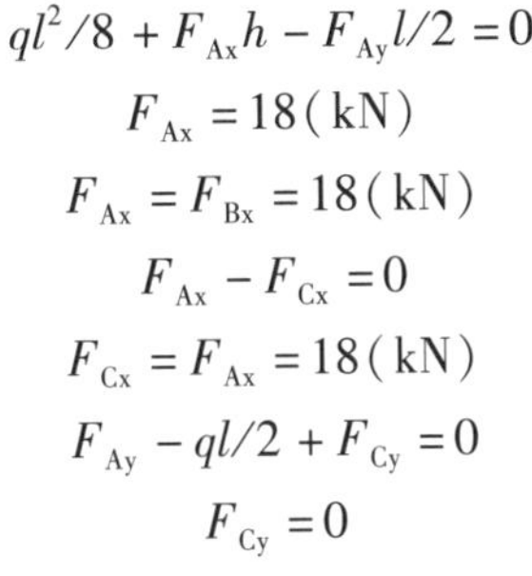

由 $\sum m_C = 0$， $ql^2/8 + F_{Ax}h - F_{Ay}l/2 = 0$

解得 $F_{Ax} = 18(\text{kN})$

由 $F_{Ax} = F_{Bx}$ 得 $F_{Ax} = F_{Bx} = 18(\text{kN})$

由 $\sum F_x = 0$， $F_{Ax} - F_{Cx} = 0$

解得 $F_{Cx} = F_{Ax} = 18(\text{kN})$

由 $\sum F_y = 0$， $F_{Ay} - ql/2 + F_{Cy} = 0$

解得 $F_{Cy} = 0$

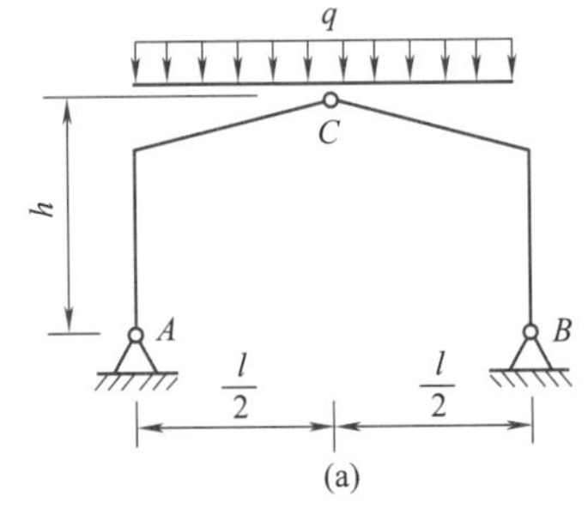

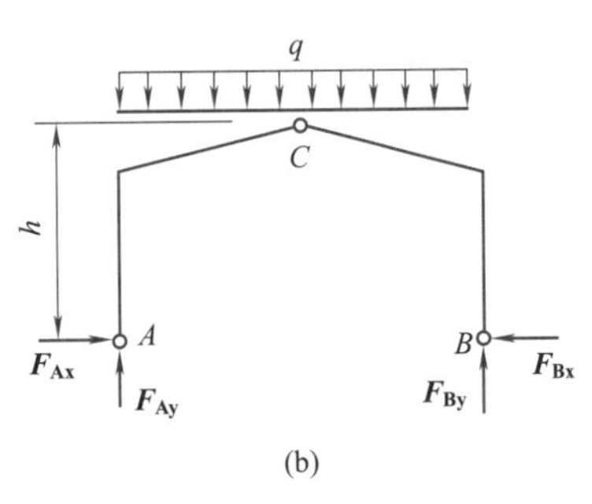

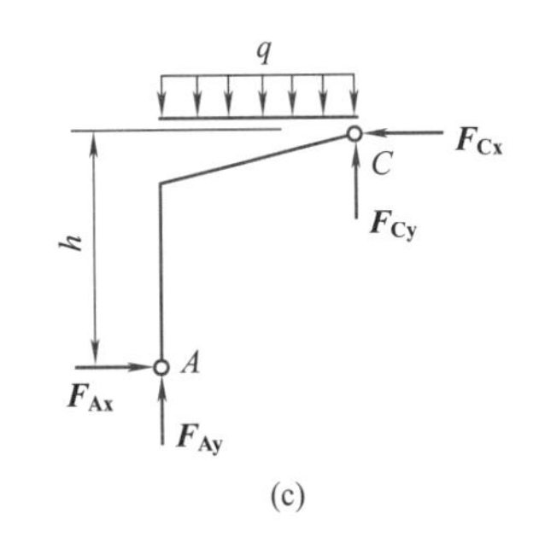

图 2.30

5. 考虑摩擦时物体的平衡问题

前面讨论物体平衡问题时，物体间的接触面都假设是绝对光滑的。事实上这种情况是不存在的，两物体之间一般都要有摩擦存在。只是有些问题中，摩擦不是主要因素，可以忽略不计。但在另外一些问题中，如重力坝与挡土墙的滑动稳定问题中，皮带轮与摩擦轮的转动等等，摩擦是重要的甚至是决定性的因素，必须加以考虑。按照接触物体之间的相对运动形式，摩擦可分为滑动摩擦和滚动摩擦。当物体之间仅出现相对滑动趋势而尚未发生运动时的摩擦称为静滑动摩擦，简称静摩擦；对已发生相对滑动的物体间的摩擦称为动滑动摩擦，简称动摩擦。

（1）滑动摩擦与滑动摩擦定律。当两物体接触面间有相对滑动或有相对滑动趋势时，沿接触点的公切面彼此作用着阻碍相对滑动的力，称为滑动摩擦力，简称摩擦力。用 $\boldsymbol{F}$ 表示。

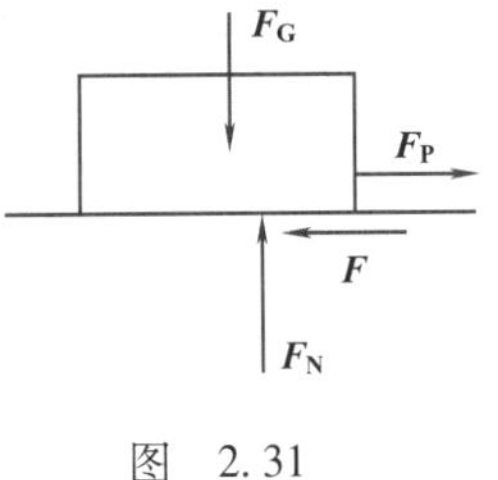

图 2.31

如图 2.31 所示一重为 $\boldsymbol{F}_G$ 的物体放在粗糙水平面上，受水平力 $\boldsymbol{F}_P$ 的作用，当拉力 $\boldsymbol{F}_P$ 由零逐渐增大，只要不超过某一定值，物体仍处于平衡状态。这说明在接触面处除了有法向约束反力 $\boldsymbol{F}_N$ 外，必定还有一个阻碍重物沿水平方向滑动的摩擦力 $\boldsymbol{F}$，这时的摩擦力称为静摩擦力。静摩擦力可由平衡方程确定。$\sum F_x = 0, F_P - F = 0$。解得 $F = F_P$。可见，静摩擦力 $\boldsymbol{F}$ 随主动力 $\boldsymbol{F}_P$ 的变化而变化。

但是静摩擦力 $\boldsymbol{F}$ 并不是随主动力的增大而无限制地增大，当水平力达到一定限度时，如果再继续增大，物体的平衡状态将被破坏而产生滑动。将物体即将滑动而未滑动的平衡状态称为临界平衡状态。在临界平衡状态下，静摩擦力达到最大值，称为最大静摩擦力，用 $\boldsymbol{F}_m$ 表示。所以静摩擦力大小只能在零与最大静摩擦力 $\boldsymbol{F}_m$ 之间取值。即

$$0 \leqslant F \leqslant F_m$$

最大静摩擦力与许多因素有关。大量实验表明最大静摩擦力的大小可用如下近似关系：最大静摩擦力的大小与接触面之间的正压力（法向反力）成正比，即

$$F_m = f F_N \tag{2.21}$$

这就是库伦摩擦定律。式中 f 是无量纲的比例系数，称为静摩擦系数。其大小与接触体的材料以及接触面状况（如粗糙度、湿度、温度等）有关。一般可在一些工程手册中查到。式(2.21)表示的关系只是近似的，对于一般的工程问题来说能够满足要求，但对于一些重要的工程，如采用上式必须通过现场测量与试验精确地测定静摩擦系数的值作为设计计算的依据。

如图 2.32 所示，物体间在相对滑动的摩擦力称为动摩擦力，用 $\boldsymbol{F}'$ 表示。实验表明，动摩擦力的方向与

接触物体间的相对运动方向相反，大小与两物体间的法向反力成正比。即

$$F' = f' F_N \tag{2.22}$$

这就是动滑动摩擦定律。式中无量纲的系数 f' 称为动摩擦系数。还与两物体的相对速度有关，但由于它们关系复杂，通常在一定速度范围内，可以不考虑这些变化，而认为只与接触的材料以及接触面状况有关外。

图 2.32

(2)摩擦角与自锁现象。如图 2.33 所示，当物体有相对运动趋势时，支承面对物体法向反力 $\boldsymbol{F}_N$ 和摩擦力 $\boldsymbol{F}$，这两个力的合力 $\boldsymbol{F}_R$，称为全约束反力。全约束反力 $\boldsymbol{F}_R$ 与接触面公法线的夹角为 φ，如图 2.33(a)所示。显然，它随摩擦力的变化而变化。当静摩擦力达到最大值 $\boldsymbol{F}_m$ 时，夹角 φ 也达到最大值 φ_m，则称 φ_m 为摩擦角。如图 2.33(b)所示，可见

$$\tan\varphi_m = F_m / F_N = f F_N / F_N = f \tag{2.23}$$

若过接触点在不同方向作出在临界平衡状态下的全约束反力的作用线，则这些直线将形成一个锥面，称摩擦锥。如图 2.33(c)所示。

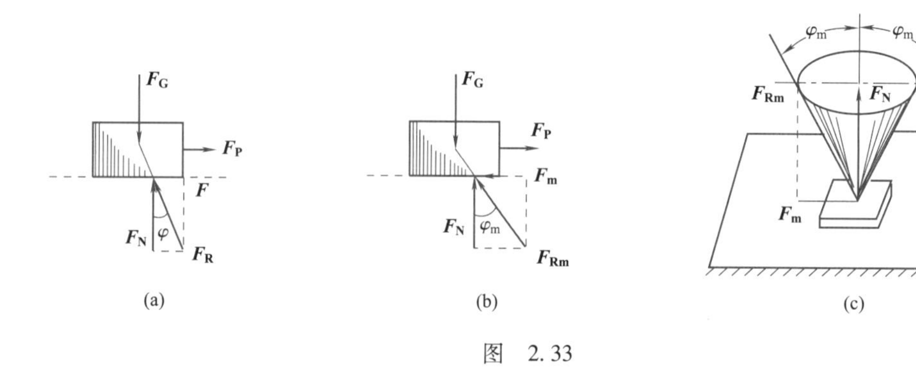

图 2.33

将作用在物体上的各主动力用合力 $\boldsymbol{F}_Q$ 表示，当物体处于平衡状态时，主动力合力 $\boldsymbol{F}_Q$ 与全约束反力 $\boldsymbol{F}_R$ 应共线、反向、等值，则有 $\alpha = \varphi$。

而物体平衡时，全约束反力作用线不可能超出摩擦锥，即 $\varphi \leqslant \varphi_m$(图 2.34)。由此得到

$$\alpha \leqslant \varphi_m \tag{2.24}$$

即作用于物体上的主动力的合力 $\boldsymbol{F}_Q$，不论其大小如何，只要其作用线与接触面公法线间的夹角 α 不大于摩擦角 φ_m，物体必保持静止。这种现象称为自锁现象。

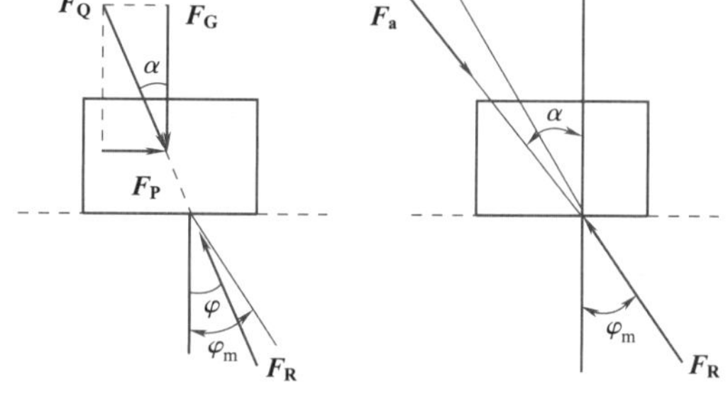

图 2.34

自锁现象在工程中有重要的应用。如斤顶、压榨机等就利用了自锁原理。

(3)虑摩擦时的平衡问题。求解有摩擦时物体的平衡问题，其解题方法和步骤与不考虑摩擦时平衡问题基本相同。

【案例 2.14】 物体重 $F_G = 980$ N，放在一倾角 $\alpha = 30°$ 的斜面上。已知接触面间的静摩擦系数为 $f = 0.20$。有一大小为 $F_Q = 588$ N 的力沿斜面推物体如图 2.35(a)所示，问物体在斜面上处于静止还是处于滑动状态？若静止，此时摩擦力多大？

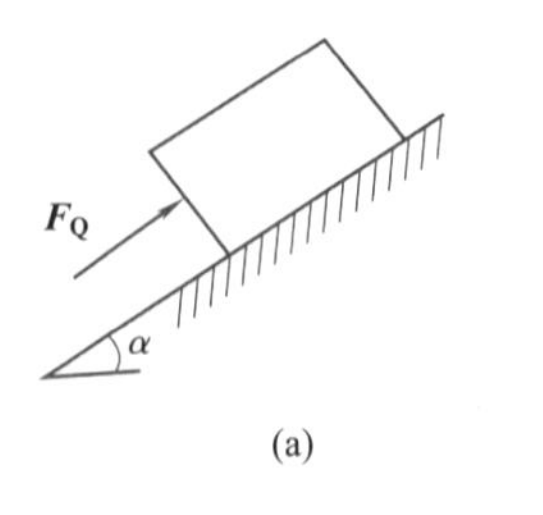

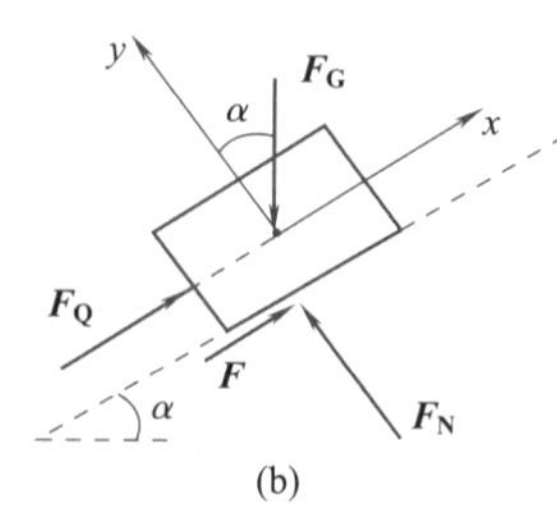

图 2.35

解：可先假设物体处于静止状态，然后由平衡方程求出物体处于静止状态时所需的静摩擦力 $\boldsymbol{F}$，并计算出可能产生的最大静摩擦力 $\boldsymbol{F}_m$，将两者进行比较，确定力 $\boldsymbol{F}$ 是否满足 $F \leqslant F_m$，从而断定物体是静止的

还是滑动的。

设物体沿斜面有下滑的趋势,受力图及坐标系如图2.35(b)所示。

由　$\sum F_x = 0$,　　$F_Q - F_G\sin\alpha + F = 0$

解得　$F = F_G\sin\alpha - F_Q = -98(\text{N})$

由　$\sum F_y = 0$,　　$F_N - F_G\cos\alpha = 0$

解得　$F_N = F_G\cos\alpha = 848.7(\text{N})$

根据静定摩擦定律,可能产生的最大静摩擦力为

$$F_m = fF_N = 169.7(\text{N})$$

$$|F| = 98\ \text{N} < 169.7\ \text{N} = F_m$$

结果说明物体在斜面上保持静止。而静摩擦力 F 为 -98 N,负号说明实际方向与假设方向相反,故物体沿斜面有上滑的趋势。

2.2　力的作用线不在同一平面内时,支座反力的计算

在工程实际中,刚体的受力除了平面力系外,如果作用于刚体上的力的作用线以及力偶的作用面不在同一个平面上,则属于空间力系的作用。

如果空间力系中各个力的作用线交于一点称为空间汇交力系,如果所有力的作用线相互平行则称为空间平行力系。

如果一个物体受到多个力偶的作用,而且这些力偶中至少有两个力偶的作用面不在一个平面上,则称该力偶系为空间力偶系。

力的作用线在空间任意分布的力系和空间力偶系统称为空间任意力系。空间力系的分析方法与平面力系的分析方法是一样的。

2.2.1　空间中的力与力矩

1. 力在空间直角坐标轴上的投影

已知力 $\boldsymbol{F}$ 与 x 轴如图2.36(a)所示,过力 F 的两端点 A、B 分别作垂直于 x 轴的平面 M 及 N,与 x 轴交于 a、b,则线段 ab 冠以正号或负号称为力 $\boldsymbol{F}$ 在 x 轴上的投影,即

$$F_x = \pm ab$$

符号规定:若从 a 到 b 的方向与 x 轴的正向一致取正号,反之取负号。

已知力 $\boldsymbol{F}$ 与平面 Q,如图2.36(b)所示。过力的两端点分别作平面 Q 的垂直线 AA'、BB',则矢量 $\overline{A'B'}$ 称为力 $\boldsymbol{F}$ 在平面 Q 上的投影。应注意的是力在平面上的投影是矢量,而力在轴上的投影是代数量。

现在讨论力 $\boldsymbol{F}$ 在空间直角坐标系 Oxy 中的情况。如图2.37(a)所示,过力 $\boldsymbol{F}$ 的端点 A、B 分别作 x、y、z 三轴的垂直平面,则由力在轴上的投影的定义知,OA、OB、OC 就是力 $\boldsymbol{F}$ 在 x、y、z 轴上的投影。设力 $\boldsymbol{F}$ 与 x、y、z 所夹的角分别是 α、β、γ,则力 $\boldsymbol{F}$ 在空间直角坐标轴上的投影为

$$\begin{cases} F_x = \pm F\cos\alpha \\ F_y = \pm F\cos\beta \\ F_z = \pm F\cos\gamma \end{cases} \tag{2.25}$$

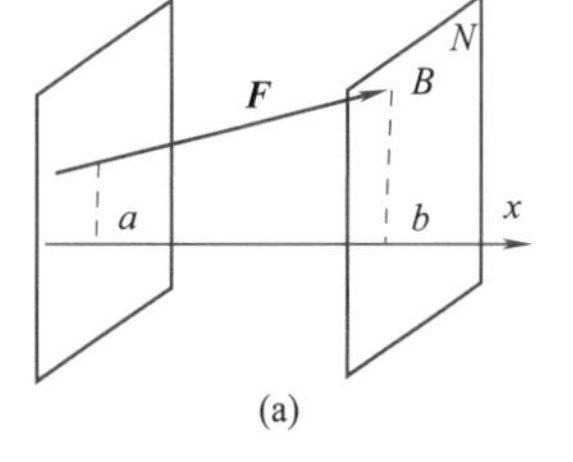

(a)

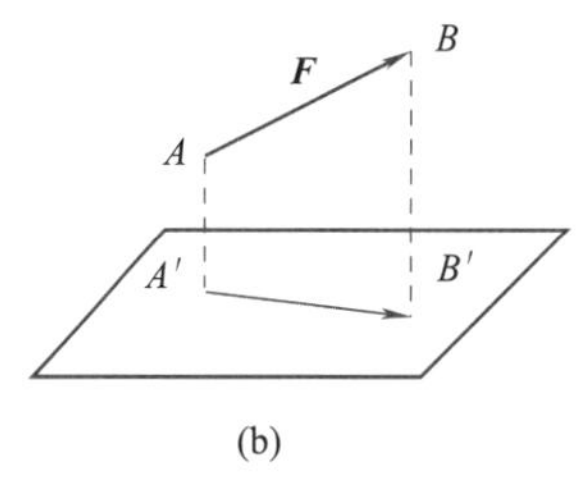

(b)

图　2.36

用这种方法计算力在轴上的投影的方法称为直接投影法。

一般情况下,不易全部找到力与三个轴的夹角,设已知力 $\boldsymbol{F}$ 与 z 轴夹角为 γ,可先将力投影到坐标平面 Oxy 上,然后再投影到坐标轴 x、y 上,如图2.37(b)所示。设力 $\boldsymbol{F}$ 在 Oxy 平面上的投影为 F_{xy} 与 x 轴间的夹角为 θ,则

$$\begin{cases} F_x = \pm F\sin\gamma\cos\theta \\ F_y = \pm F\sin\gamma\sin\theta \\ F_z = \pm F\cos\gamma \end{cases} \tag{2.26}$$

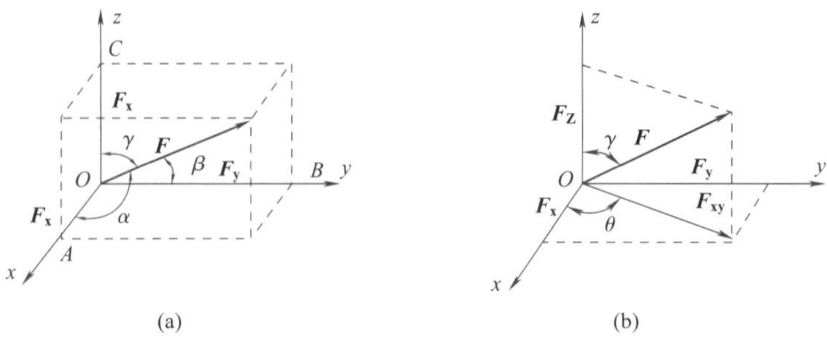

图 2.37

用这种方法计算力在轴上的投影称为二次投影法。

若已知力 F 在坐标轴上的投影,则该力的大小及方向余弦为

$$\begin{cases} F = \sqrt{F_x^2 + F_y^2 + F_z^2} \\ \cos\alpha = \dfrac{F_x}{F}, \cos\beta = \dfrac{F_y}{F}, \cos\gamma = \dfrac{F_z}{F} \end{cases} \tag{2.27}$$

如果把一个力沿空间直角坐标轴分解,则沿三个坐标轴分力的大小等于力在这三个坐标轴上投影的绝对值。

2. 力对轴的矩与力对点的矩

平面问题中,我们讨论了力对点的矩,现在研究空间问题。关门和开门的经验大家都有,关门施加推力,开门施加拉力,门将绕一根铅垂轴转动。力对轴的矩是度量力使物体绕某轴转动效应的力学量。实践表明,力使物体绕一个轴转动的效果,不仅与力的大小有关,而且和力与转轴之间的相对位置有关。如图 2.38所示,假设推力或拉力 $\boldsymbol{F}$ 的方向是任意的,门的转动轴为 z 轴,过该力的作用点建立一个坐标平面得到 x 轴和 y 轴。显然,根据力的投影定理,力 $\boldsymbol{F}$ 可经过投影得到三个投影值,分别为 F_x、F_y 和 F_z。由图中可以看出,由于 F_y 和 F_z 的作用线与 z 轴相交或平行,这两个分力不能对门产生转动效应,因为它们对门轴的矩为零,这样,$\boldsymbol{F}$ 对门轴的矩只有分力 F_x 对 z 轴的矩,该矩实际上就是分力 F_x 在坐标平面 xOy 上对 z 轴的垂足 O 点的矩,其大小为

$$m_z(F) = m_O(F_x) = F_x \cdot (F_x) = F_x \cdot d \tag{2.28}$$

这里,d 为力 $\boldsymbol{F}$ 的作用点到 O 点的距离。

这种情况下力对轴的矩转化为力对点的矩。

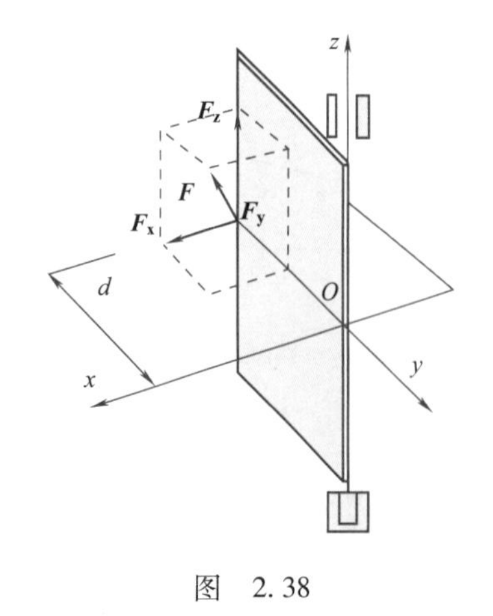

图 2.38

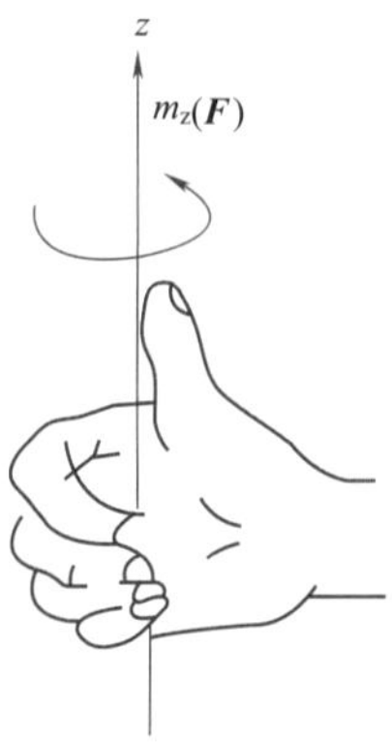

图 2.39

可得力对轴的矩：力对轴的矩是力使刚体绕该轴转动效应的量度，是一个代数量，其大小等于力在垂直于该轴的平面上的投影对该平面与该轴的交点的矩，其正负号规定为：从轴的正向看，力使物体绕该轴逆时针转动时，取正号；反之取负号。也可按右手螺旋法则来确定其正负号，拇指指向与轴的正向一致时取正号，反之取负号，如图2.39所示。

注意，当力与轴共面时力对该轴的矩为零。

力对轴的矩的单位是牛·米(N·m)或千牛·米(kN·m)。

另外合力矩定理在空间力系中也同样适用。

下面讨论更一般的情况，如图2.40，假设力 $\boldsymbol{F}$ 在坐标平面 xoy 上的投影为 F_{xy}，此时 O 点为 z 轴在坐标平面 xoy 上的垂足，一般情况下，F_{xy}不一定过 O 点，因此，F_{xy}对 z 轴的矩为分力 F_x和 F_y对 z 轴矩的和，即：

$$m_z(F)=m_z(F_{xy})=xF_y-yF_x$$

同理，可得 $\boldsymbol{F}$ 对 x 轴和 y 轴之矩。该力对三个坐标轴的矩为：

$$\begin{cases}m_x(F)=yF_z-zF_y\\ m_y(F)=zF_x-xF_z\\ m_z(F)=xF_y-yF_x\end{cases}\tag{2.29}$$

由上面的讨论可以看出，力对轴的矩可以转化为力对点的矩，比如 $\boldsymbol{F}$ 对 z 轴的矩转化为在坐标平面 xoy 上对垂足 O 的矩。反之，力对点的矩也可以转化为力对轴的矩。在平面力系的分析中，我们讨论了平面上力对点的矩，对于空间任意方向的力 $\boldsymbol{F}$ 对任意点 O 的矩，可以利用上面的结论。如图2.41，过点 O 建立参考基，假设力的作用点 A 在参考基中的位置向径为 $\boldsymbol{r}$，将该力和该向径分别投影到各个基平面上，如同前面的分析，我们立即可以得到力 $\boldsymbol{F}$ 对 O 的矩在各个基平面上的分量

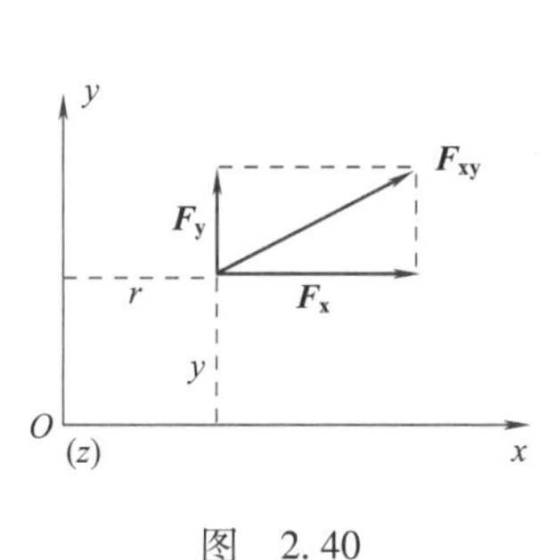

图 2.40

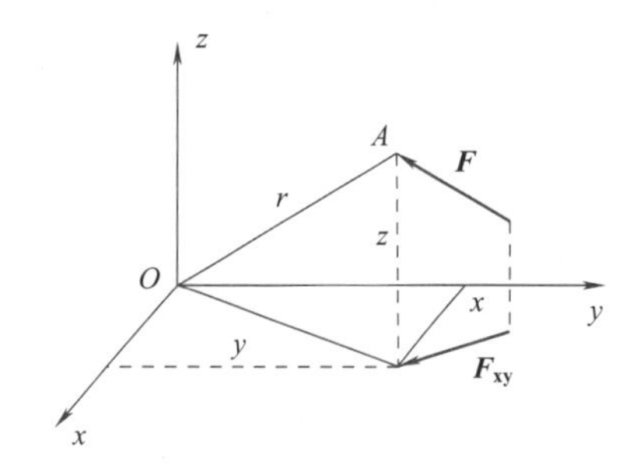

图 2.41

$$\begin{cases}m_{Ox}(F)=yF_z-zF_y\\ m_{Oy}(F)=zF_x-xF_z\\ m_{Oz}(F)=xF_y-yF_x\end{cases}\tag{2.30}$$

上述结果可以用矢量的叉乘表示为

$$m_O(F)=r\times F\tag{2.31}$$

该运算采用矩阵表示则为

$$m_O(F)=r\times F=\begin{pmatrix}0 & -z & y\\ z & 0 & -x\\ -y & x & 0\end{pmatrix}\begin{pmatrix}F_x\\ F_y\\ F_z\end{pmatrix}=\begin{pmatrix}yF_z-zF_y\\ zF_x-xF_z\\ xF_y-yF_x\end{pmatrix}\tag{2.32}$$

3. 空间任意力系的平衡

空间力系同样可以简化为一个主矢和一个主矩矢，根据静力平衡条件，物体受空间力系作用的平衡条件也应该是主矢和主矩均等于零，即必须满足

$$\boldsymbol{F}_{\mathbf{R}}=\sum\boldsymbol{F}=0,\qquad \boldsymbol{M}_O=\sum\boldsymbol{M}_O(\boldsymbol{F})=0$$

写作投影(分量)的形式为

$$\begin{cases}\sum F_x=0,\sum F_y=0,\sum F_z=0\\ \sum m_x(F)=0,\sum m_y(F)=0,\sum m_z(F)=0\end{cases}\tag{2.33}$$

以上六个方程即为空间任意力系的平衡方程，显然，通过该方程可以求得六个未知量。如果未知力的个数超过六个则为静不定问题。

上式表明：空间力系平衡的必要和充分条件为各力在三个坐标轴上投影的代数和以及各力对此三轴之矩的代数和分别等于零。

从空间任意力系的平衡方程，很容易导出空间汇交力系和空间平行力系的平衡方程。如图 2.42(a)所示，设物体受一空间汇交力系的作用，若选择空间汇交力系的汇交点为坐标系 $Oxyz$ 的原点，则不论此力系是否平衡，各力对三轴之矩恒为零，即 $\sum m_x(F)\equiv 0, \sum m_y(F)\equiv 0, \sum m_z(F)\equiv 0$。因此，空间汇交力系的平衡方程为

$$\sum F_x=0, \quad \sum F_y=0, \quad \sum F_z=0 \tag{2.34}$$

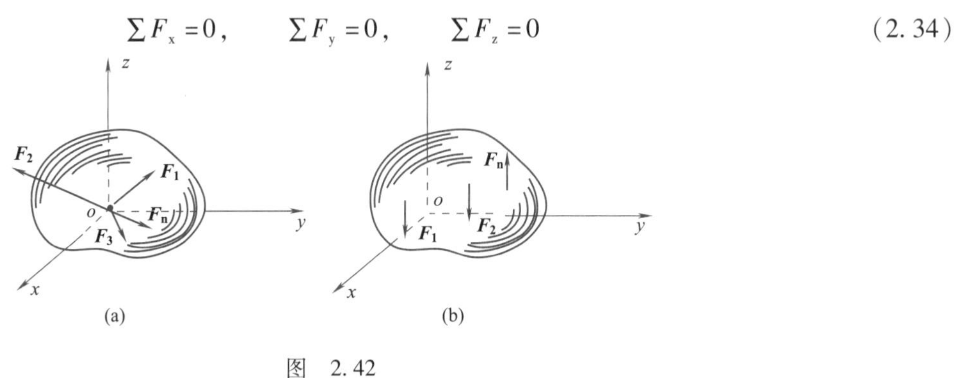

图 2.42

如图 2.42(b)所示，设物体受一空间平行力系的作用。令轴与这些力平行，则各力对于轴的矩恒等于零；又由于轴和轴都与这些力垂直，所以各力在这两个轴上的投影也恒等于零。即 $\sum m_z(F)\equiv 0, \sum F_x\equiv 0, \sum F_y\equiv 0$。因此空间平行力系的平衡方程为

$$\sum F_z=0, \quad \sum m_x(F)=0, \quad \sum m_y(F)=0 \tag{2.35}$$

空间汇交力系和空间平行力系分别只有三个独立的平衡方程，因此只能求解三个未知数。

【案例 2.15】 一辆三轮货车自重 $F_G=5$ kN，载重 $F=10$ kN，作用点位置如图 2.43 所示。求静止时地面对轮子的反力。

解：自重 $\boldsymbol{F}_G$、载重 $\boldsymbol{F}$ 及地面对轮子的反力组成空间平行力系。

$$\sum F_z=0 \qquad F_A+F_B+F_C-F_A-F=0$$

$$\sum m_x(\boldsymbol{F})=0 \qquad 1.5F_A-0.5F_G-0.6F=0$$

$$\sum m_y(\boldsymbol{F})=0 \qquad -0.5F_A-1F_B+0.5F_G+0.4F_A=0$$

联立以上方程得

$$F_A=5.67(\text{kN}) \qquad F_B=5.66(\text{kN}) \qquad F_C=3.67(\text{kN})$$

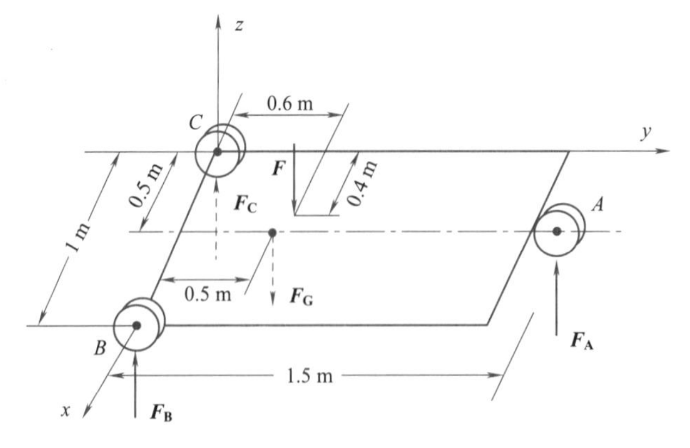

图 2.43

计 划 单

<table>
<tr><td>学习领域</td><td colspan="5">土建工程力学应用</td></tr>
<tr><td>学习情境</td><td colspan="5">物体的受力分析及支座反力的计算</td></tr>
<tr><td>工作任务</td><td colspan="5">计算结构的支座反力</td></tr>
<tr><td>计划方式</td><td colspan="5">小组讨论、团结协作共同制订计划</td></tr>
<tr><td>计划学时</td><td colspan="5">0.5 学 时</td></tr>
<tr><td>序　　号</td><td colspan="2">实 施 步 骤</td><td colspan="3">具体工作内容描述</td></tr>
<tr><td>1</td><td colspan="2"></td><td colspan="3"></td></tr>
<tr><td>2</td><td colspan="2"></td><td colspan="3"></td></tr>
<tr><td>3</td><td colspan="2"></td><td colspan="3"></td></tr>
<tr><td>4</td><td colspan="2"></td><td colspan="3"></td></tr>
<tr><td>5</td><td colspan="2"></td><td colspan="3"></td></tr>
<tr><td>6</td><td colspan="2"></td><td colspan="3"></td></tr>
<tr><td>7</td><td colspan="2"></td><td colspan="3"></td></tr>
<tr><td>8</td><td colspan="2"></td><td colspan="3"></td></tr>
<tr><td>9</td><td colspan="2"></td><td colspan="3"></td></tr>
<tr><td>制订计划
说明</td><td colspan="5">（写出制订计划中人员为完成任务的主要建议或可以借鉴的建议、需要解释的某一方面）</td></tr>
<tr><td rowspan="3">计划评价</td><td>班　　级</td><td></td><td>第　　组</td><td>组长签字</td><td></td></tr>
<tr><td>教师签字</td><td colspan="2"></td><td>日　　期</td><td></td></tr>
<tr><td colspan="5">评语：</td></tr>
</table>

决 策 单

学习领域	土建工程力学应用				
学习情境	物体的受力分析及支座反力的计算				
工作任务	计算结构的支座反力				
决策学时	0.5 学 时				
方案对比	序 号	方案的可行性	方案的先进性	实 施 难 度	综 合 评 价
	1				
	2				
	3				
	4				
	5				
	6				
	7				
	8				
	9				
	10				
决策或分工评价	班 级		第 组	组长签字	
	教师签字			日 期	
	评语:				

实　施　单

<table>
<tr><td>学习领域</td><td colspan="4">土建工程力学应用</td></tr>
<tr><td>学习情境</td><td colspan="4">物体的受力分析及支座反力的计算</td></tr>
<tr><td>工作任务</td><td colspan="4">计算结构的支座反力</td></tr>
<tr><td>实施方式</td><td colspan="4">小组成员合作共同研讨确定实施步骤，每人均填写实施单</td></tr>
<tr><td>实施学时</td><td colspan="4">5 学 时</td></tr>
<tr><td>序　号</td><td colspan="2">实 施 步 骤</td><td colspan="2">使 用 资 源</td></tr>
<tr><td>1</td><td colspan="2"></td><td colspan="2"></td></tr>
<tr><td>2</td><td colspan="2"></td><td colspan="2"></td></tr>
<tr><td>3</td><td colspan="2"></td><td colspan="2"></td></tr>
<tr><td>4</td><td colspan="2"></td><td colspan="2"></td></tr>
<tr><td>5</td><td colspan="2"></td><td colspan="2"></td></tr>
<tr><td>6</td><td colspan="2"></td><td colspan="2"></td></tr>
<tr><td>7</td><td colspan="2"></td><td colspan="2"></td></tr>
<tr><td>8</td><td colspan="2"></td><td colspan="2"></td></tr>
<tr><td colspan="5">实施说明：</td></tr>
<tr><td>班　级</td><td></td><td>第　组</td><td>组长签字</td><td></td></tr>
<tr><td>教师签字</td><td colspan="2"></td><td>日　期</td><td></td></tr>
<tr><td>评　语</td><td colspan="4"></td></tr>
</table>

作 业 单

<table>
<tr><td>学习领域</td><td colspan="4">土建工程力学应用</td></tr>
<tr><td>学习情境</td><td colspan="4">物体的受力分析及支座反力的计算</td></tr>
<tr><td>工作任务</td><td colspan="4">计算结构的支座反力</td></tr>
<tr><td>实施方式</td><td colspan="4">小组成员动手实践，进行物体的受力分析、绘制物体的受力图、计算支座反力</td></tr>
<tr><td colspan="5">（在此绘制物体的受力图，不够可附页）</td></tr>
<tr><td>班　级</td><td></td><td>第　组</td><td>组长签字</td><td></td></tr>
<tr><td>教师签字</td><td colspan="2"></td><td>日　期</td><td></td></tr>
<tr><td>评　语</td><td colspan="4"></td></tr>
</table>

检 查 单

<table>
<tr><td>学习领域</td><td colspan="5">土建工程力学应用</td></tr>
<tr><td>学习情境</td><td colspan="5">物体的受力分析及支座反力的计算</td></tr>
<tr><td>工作任务</td><td colspan="5">计算结构的支座反力</td></tr>
<tr><td>检查学时</td><td colspan="5">0.5 学 时</td></tr>
<tr><td>序 号</td><td>检 查 项 目</td><td colspan="2">检 查 标 准</td><td>组 内 互 查</td><td>教 师 检 查</td></tr>
<tr><td>1</td><td>桥墩的计算简图</td><td colspan="2">是否正确</td><td></td><td></td></tr>
<tr><td>2</td><td>物体的受力图</td><td colspan="2">是否正确</td><td></td><td></td></tr>
<tr><td>3</td><td>计算步骤</td><td colspan="2">是否完整、正确</td><td></td><td></td></tr>
<tr><td>4</td><td>作业单</td><td colspan="2">是否正确、整洁</td><td></td><td></td></tr>
<tr><td>5</td><td>计算过程</td><td colspan="2">是否完整、正确</td><td></td><td></td></tr>
<tr><td rowspan="3">检查评价</td><td>班 级</td><td></td><td>第 组</td><td>组长签字</td><td></td></tr>
<tr><td>教师签字</td><td></td><td>日 期</td><td colspan="2"></td></tr>
<tr><td colspan="5">评语：</td></tr>
</table>

评 价 单

学习领域	土建工程力学应用					
学习情境	物体的受力分析及支座反力的计算					
工作任务	计算结构的支座反力					
评价学时	1 学 时					
考核项目	考核内容及要求	分值	学生自评（10%）	小组评分（20%）	教师评分（70%）	实得分
资讯（10）	翔实准确	10				
计划及决策（25）	计划工作程序的规范性	10				
	步骤内容描述的完整性	5				
	方案的多样性	5				
	决策的准确性	5				
工作过程（40）	分析程序正确	10				
	计算简图及受力图正确	10				
	计算步骤正确	10				
	计算结果正确	10				
完成时间（15）	在要求时间内完成	15				
合作性（10）	能够很好地团结协作	10				
总 分（Σ）		100				
评价评语	班 级		学 号			
	姓 名		第 组	组长签字		
	教师签字	日 期		总 评		
	评语：					

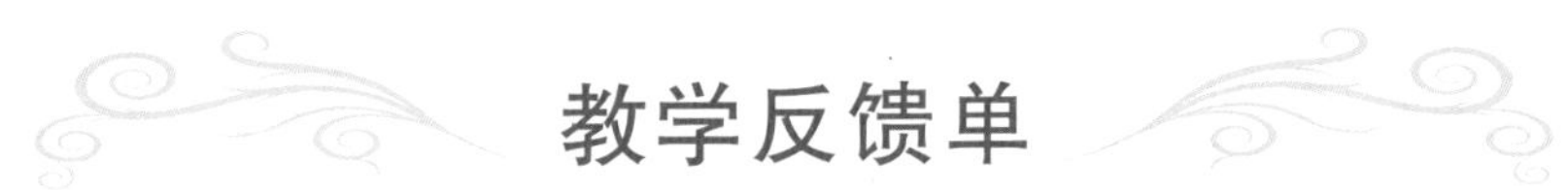

教学反馈单

学习领域	土建工程力学应用			
学习情境	物体的受力分析及支座反力的计算			
工作任务	计算结构的支座反力			
任务学时	9 学 时			
序　号	调查内容	是	否	理由陈述
1	这次资讯内容比较多，感到吃力了吗?			
2	通过自主学习，感觉与讲授式教学有哪些不同?			
3	计划和决策感到困难吗?			
4	针对本次工作任务你是否能够绘制不同的结构计算简图和受力图?			
5	你认为这次的工作任务对你将来说，感到困难么，在哪些方面需要加强?			
6	通过完成本工作任务，你学会如何计算支座反力了吗？今后遇到实际的问题你可以解决吗?			
7	你能在日常的工作和生活中找到有关结构支座反力计算的案例吗?			
8	通过几天来的工作和学习，你对自己的表现是否满意?			
9	你对小组成员之间的合作是否满意?			
10	你认为本任务还应学习哪些方面的内容？（请在下面空白处填写）			

你的意见对改进教学非常重要，请写出你的建议和意见。

被调查人签名		调查时间	

学习情境 二

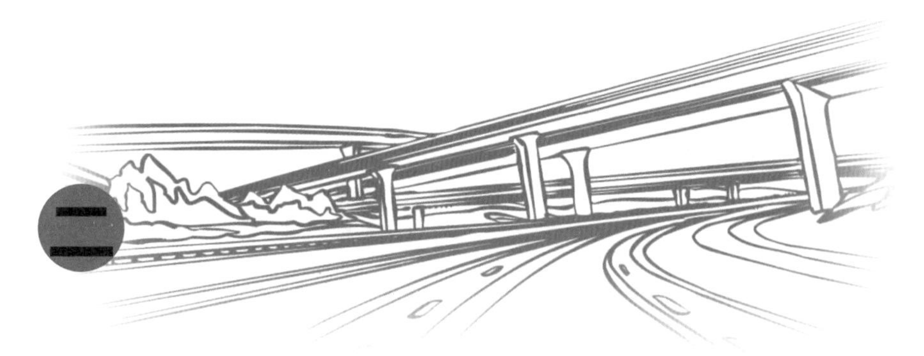

简单构件的内力及变形计算

学 习 指 南

学习目标

学生将完成本学习情境的 2 个任务计算轴压柱的内力及变形、计算梁的强度及刚度，达到以下学习目标：

第一，能够对桥梁工程中的轴向拉(压)构件进行内力计算、强度计算和变形计算。

第二，能够对桥梁工程中的受弯构件进行内力计算、强度计算和刚度计算。

第三，能够解决桥梁工程中涉及到轴向拉(压)和受弯构件的承载力计算问题。

第四，增强团结协作意识和与人沟通的能力。

工作任务

(1)计算轴压柱的内力及变形。

(2)计算梁的强度及刚度。

学习情境的描述

本学习情境是根据学生的就业岗位施工员、技术员、质检员和安全员的工作职责和职业要求创设的第二个学习情境，主要要求学生能够掌握解决桥梁结构中简单构件的承载力计算问题，本学习情境包含 2 个工作任务计算轴压柱的内力及变形、计算梁的强度及刚度。本学习情境的教学将采用任务驱动的教学做一体化教学模式，学生分成小组在教师的引导下通过资讯、计划、决策、实施、检查和评价等六个环节共同完成工作任务，达到本学习情境设定的学习目标。

任务3 计算轴压柱的内力及变形

任 务 单

<table>
<tr><td>学习领域</td><td colspan="6">土建工程力学应用</td></tr>
<tr><td>学习情境</td><td colspan="6">简单构件的内力及变形计算</td></tr>
<tr><td>工作任务</td><td colspan="6">计算轴压柱的内力及变形</td></tr>
<tr><td>任务学时</td><td colspan="6">9 学 时</td></tr>
<tr><td colspan="7">布 置 任 务</td></tr>
<tr><td>工作目标</td><td colspan="6">在进行土建工程结构设计时，将要计算轴向拉(压)构件的内力、应力和变形。本任务要求学生：
1. 能够对工程中的轴向拉(压)构件进行内力计算
2. 能够对工程中的轴向拉(压)构件进行强度计算
3. 能够对工程中的轴向拉(压)构件进行变形计算</td></tr>
<tr><td>任务描述</td><td colspan="6">根据图示钢筋混凝土桥墩的等截面部分受力情况(桥墩受到上部传来的轴向压力 F_P 的作用，混凝土的比重为 γ，桥墩高为 h，横截面面积为 A，桥墩抗压刚度为 EA)。要求学生：
1. 绘制桥墩等截面部分的计算简图
2. 绘制桥墩等截面部分的内力图
3. 计算桥墩最大压应力
4. 计算桥墩等截面部分的压缩变形</td></tr>
<tr><td rowspan="2">学时安排</td><td>资　讯</td><td>计　划</td><td>决策或分工</td><td>实　施</td><td>检　查</td><td>评　价</td></tr>
<tr><td>1 学时</td><td>0.5 学时</td><td>0.5 学时</td><td>5.5 学时</td><td>0.5 学时</td><td>1 学时</td></tr>
<tr><td>提供资料</td><td colspan="6">工程案例；工程规范；参考书；教材</td></tr>
<tr><td>学生知识与能力要求</td><td colspan="6">1. 具备物体受力分析的能力，能够正确的绘制物体的受力图
2. 具备识读道路桥梁结构施工图的能力
3. 具备一定的自学能力、数据计算能力、一定的沟通协调能力、语言表达能力和团队意识
4. 严格遵守课堂纪律，不迟到、不早退；学习态度认真、端正
5. 每位同学必须积极参与小组讨论
6. 每组同学均需按规定完成轴压柱的内力及变形的计算</td></tr>
<tr><td>教师知识与能力要求</td><td colspan="6">1. 熟练掌握轴向拉(压)构件的内力、应力、强度计算
2. 熟练掌握轴向拉(压)构件的力学性能及变形计算
3. 有组织学生按要求完成任务的驾驭能力
4. 对任务完成过程、结果进行点评，并为各小组进行综合打分</td></tr>
</table>

资　讯　单

<table>
<tr><td>学习领域</td><td colspan="4">土建工程力学应用</td></tr>
<tr><td>学习情境</td><td colspan="4">简单构件的内力及变形计算</td></tr>
<tr><td>工作任务</td><td colspan="4">计算轴压柱的内力及变形</td></tr>
<tr><td>资讯学时</td><td colspan="4">1 学 时</td></tr>
<tr><td>资讯方式</td><td colspan="4">在图书馆、互联网及教材中进行查询，或向任课教师请教</td></tr>
<tr><td rowspan="9">资讯内容</td><td colspan="4">1. 构件变形的基本形式有哪些？何为构件的强度、刚度、稳定性？</td></tr>
<tr><td colspan="4">2. 构件横截面上的内力、应力是什么？</td></tr>
<tr><td colspan="4">3. 轴向拉伸与压缩构件的受力特点有哪些？</td></tr>
<tr><td colspan="4">4. 轴向拉伸与压缩构件的工程实例有哪些？</td></tr>
<tr><td colspan="4">5. 计算轴向拉伸与压缩构件内力的方法有哪些？</td></tr>
<tr><td colspan="4">6. 绘制轴向拉伸与压缩构件轴力图的步骤有哪些？</td></tr>
<tr><td colspan="4">7. 计算轴向拉伸与压缩构件横截面上应力的公式是什么？</td></tr>
<tr><td colspan="4">8. 计算轴向拉伸与压缩构件变形的公式是什么？</td></tr>
<tr><td colspan="4">9. 轴向拉伸与压缩构件的力学性能及强度指标、变形指标有哪些？</td></tr>
<tr><td>资讯要求</td><td colspan="4">1. 根据工作目标和任务描述正确理解完成任务需要的资讯内容
2. 按照上述资讯内容进行资询
3. 写出资讯报告</td></tr>
<tr><td rowspan="3">资讯评价</td><td>班　　级</td><td></td><td>学生姓名</td><td></td></tr>
<tr><td>教师签字</td><td></td><td>日　　期</td><td></td></tr>
<tr><td colspan="4">评语：</td></tr>
</table>

信息单

3.1 土建工程中轴向拉伸与压缩的实例及内力计算

在建筑物或构筑物中起骨架作用,能够承受荷载的那部分体系称作结构,而组成结构的各部分部件称为构件。例如桥梁和房屋结构中的梁、板、柱及墙体等均为构件。构件一般都承受一定的外力或重物的重量,这些力或重量统称为荷载。

房屋建筑、桥梁以及堤坝、水塔、涵洞、隧道、挡土墙等用以担负预定任务,当它们承受荷载时,其结构中的各个构件都必须能够正常工作,这样才能保证整个结构的正常工作。为此,首先要求构件在受荷载作用下不发生破坏,例如桥梁中的桥墩,若因所受到的水的冲击荷载过大而发生断裂,则整个桥梁将倒塌。但是,结构只是不发生破坏,并不一定就能保证构件或整个结构的正常工作,例如吊车梁若因荷载过大而发生过度的变形,吊车也就不能正常行驶。此外,有一些构件受到某种荷载作用时,其原有形状下的平衡可能变成不稳定的平衡,例如受压的细长直杆当压力增大到一定程度时将突然变弯,如钢桥中的受压杆件发生这种现象,也会丧失承载能力,导致整个桥梁结构的破坏,通常称为构件在其原有形状下的平衡丧失了稳定性。针对上述情况,工程中为保证构件能够安全、正常地工作,对构件有三方面的要求:

一是强度要求:要求构件具有足够的强度。即要求构件在荷载作用下不能发生破坏。

二是刚度要求:要求构件具有一定的刚度。即要求构件不允许超过规定的变形。构件在荷载作用下都要产生变形,工程中根据构件不同的工程用途,对其变形给以一定的限制,以保证构件的正常工作。

三是稳定性要求:要求构件具有足够的稳定性。即要求构件在荷载作用下不会因丧失稳定而受破坏。例如轴心受压的细长直杆见图3.1,当压力$\boldsymbol{F}_{\mathrm{P}}$不太大时,杆可以保持直线形式的平衡,当$\boldsymbol{F}_{\mathrm{P}}$力增大到某一限度时,压杆就不能继续保持直线状态,而会突然从原来的直线状态变为弯曲状态,并可能进而折断。这种现象称为丧失稳定简称失稳。对构件的稳定性要求就是要求此类构件工作时不能丧失稳定。

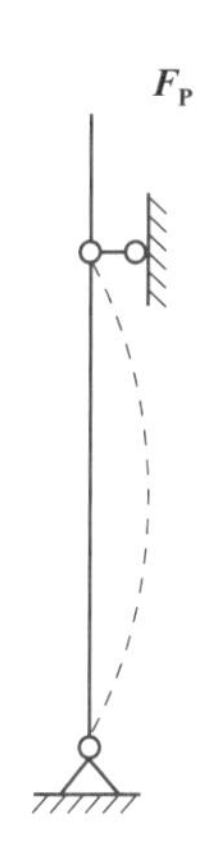

图 3.1

构件的强度是指构件抵抗破坏的能力;构件的刚度是指构件抵抗变形的能力;构件的稳定性是指构件保持原有平衡状态的能力。若构件满足了上述三方面的要求就能安全、正常地工作。

3.1.1 杆件的基本变形形式

工程中构件的种类很多,有杆件、板、壳和块体之分,但以杆件为主,所谓杆件是指其长度相对其横向的尺寸大得多的构件。

杆件在不同的外力作用下,其产生不相同形式的变形,但是其变形的基本形式总不外乎有下列几种。

1. 轴向拉伸与压缩

在一对大小相等、方向相反、作用线与杆件轴线重合的外力作用下,杆件的长度发生改变,即伸长或缩短。如桥梁的桥墩主要产生轴向压缩变形,如图3.2(a)所示。

2. 剪切

在一对相距很近、方向相反的横向力作用下,杆件的横截面沿外力方向发生错动。如连接件中的铆钉横截面主要产生的就是剪切变形,如图3.2(b)所示。

3. 扭转

在一对大小相等、方向相反、作用面垂直于杆件轴线的力偶作用下,杆件的任意二横截面发生绕轴线的相对转动。如电机带动的传动轴主要产生的就是扭转变形,如图3.2(c)所示。

4. 弯曲

杆件在一对大小相等、转向相反、作用面与杆件纵向对称平面在同一平面内的力偶作用下，杆件的任意二横截面发生相对转动，此时杆件的轴线变为在该对称平面内的一条曲线，这种变形称为平面弯曲，简称弯曲。如吊车梁在竖向荷载作用下，会产生弯曲变形，如图3.2(d)所示。

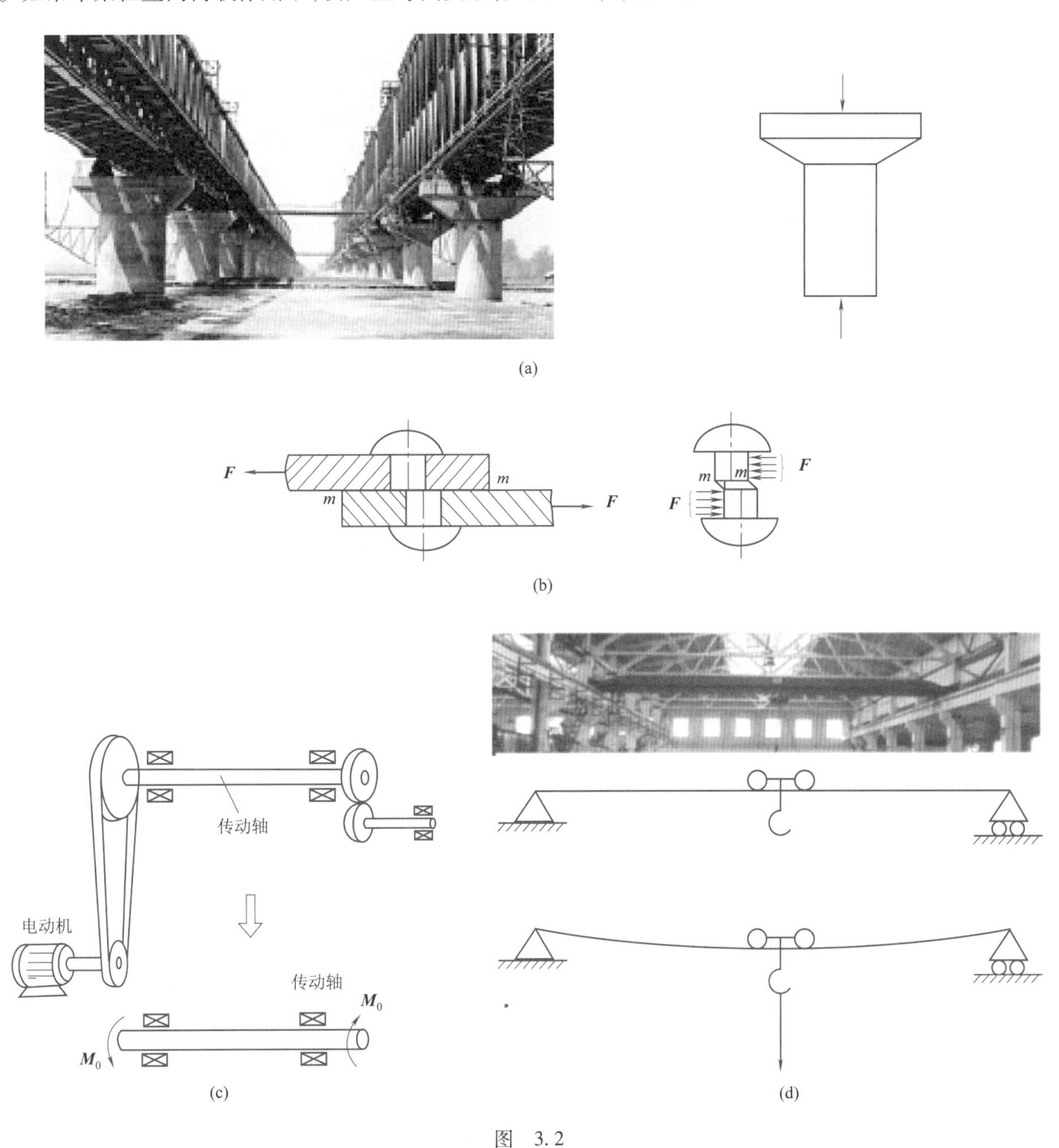

图　3.2

工程中的杆件可能同时承受不同形式的外力，变形情况可能比较复杂，但不论怎样复杂，其变形均是由上述基本变形组成的。本教材主要针对土建工程中最主要的基本变形轴向压缩和平面弯曲进行介绍。

3.1.2　内力与应力的概念

1. 内力

杆件在外力作用下将产生变形，同时杆件内部各部分间将阻碍变形的产生而形成相互之间的作用，这种相互作用的作用力称为内力。内力随外力的变化而变化，外力增大，内力也将增大，外力去掉后，内力也将随之消失。

2. 应力

杆件在外力作用下[见图3.3(a)],假想沿 a-a 截面将杆件切开,将截面暴露出来,围绕某一点 K 取一个微小面积ΔA[见图3.3(b)],该面积上的内力用ΔF_p表示,将当ΔA趋于零时比值$\Delta F_p/\Delta A$的极限称为该点的应力[见图3.3(c)],即

$$p=\lim_{\Delta A\to 0}\frac{\Delta F_p}{\Delta A}$$

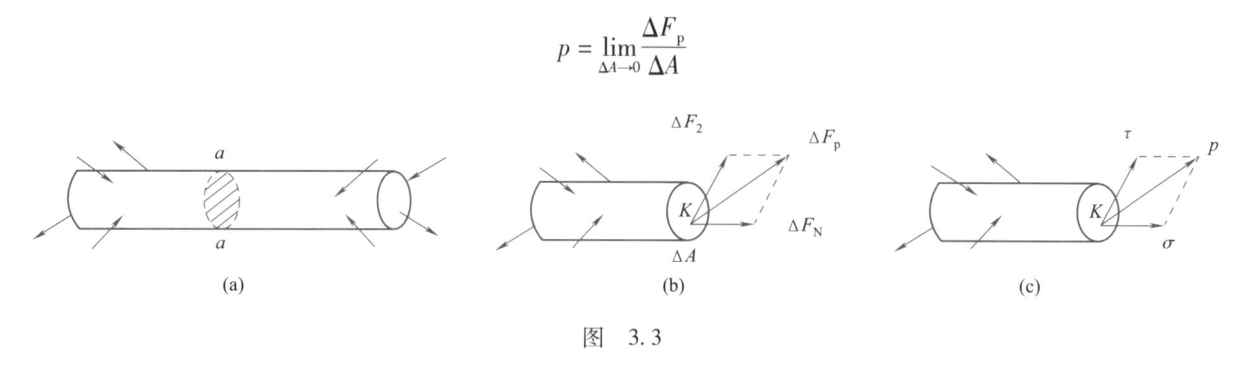

图 3.3

若该面积上的法向内力用ΔF_N表示[见图3.3(b)],则将当ΔA趋于零时比值$\Delta F_N/\Delta A$的极限称为该点的正应力[见图3.3(c)],即

$$\sigma=\lim_{\Delta A\to 0}\frac{\Delta F_N}{\Delta A}$$

若该面积上的切向内力用ΔF_Q表示[见图3.3(b)],则将当ΔA趋于零时比值$\Delta F_Q/\Delta A$的极限称为该点的剪应力或切应力[见图3.3(c)],即

$$\tau=\lim_{\Delta A\to 0}\frac{\Delta F_Q}{\Delta A}$$

3.1.3 轴向拉压杆件的轴力及轴力图

轴向拉伸或压缩变形是杆件的基本变形形式之一。而当作用在杆件上的外力的作用线与杆件的轴线重合时,杆件即发生轴向拉伸或压缩变形,外力为拉力时,即为轴向拉伸,外力为压力时即为轴向压缩。这类杆件简称为轴向拉、压杆。

如图3.4所示为在工程中是常见的桁架,在结点荷载作用下,杆件的自重忽略不计或分配到结点上,因此组成桁架的各杆件均为轴向拉伸或轴向压缩杆件。

1. 轴力

杆件在轴向外力作用下将发生轴向变形,同时杆件内部各部分间将产生相互作用的内力,称为轴力,用F_N表示。

求内力的基本方法是截面法,截面法可以用四个字来概括:截、留、代、平。(见图3.5)

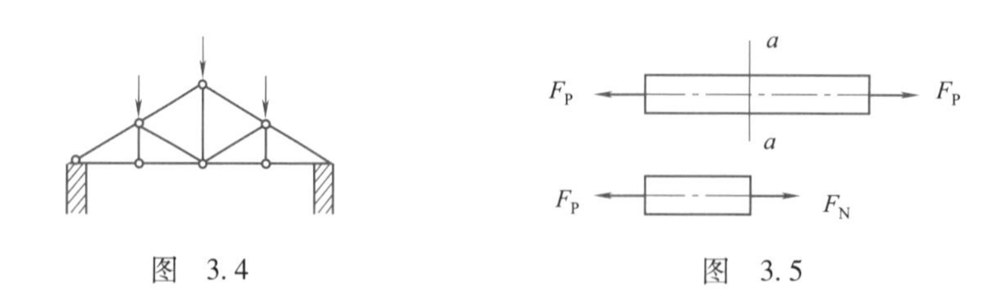

图 3.4　　图 3.5

截:用假想的截面将杆件截开;

留:去掉一部分,留下一部分;

代:去掉部分对留下部分的作用,用内力来代替;

平:对留下部分的受力图,列解平衡方程。

2. 轴力图

反映杆件各个横截面轴力的图形称为轴力图。轴力图是用图形来表示杆件各横截面上轴力沿轴线变

化规律的图形。当杆件上作用有多个轴向外力时,不同段中横截面上的轴力也各不相同,轴力的正负号规定为:轴力是拉力时为正值,轴力是压力时为负值。

【案例 3.1】 一杆件受力如图 3.6(a)所示,自重忽略不计,试求各段横截面上的轴力,并绘制轴力图。

解:(1)取Ⅰ-Ⅰ截面左部分为分离体[见图 3.6(b)]

$\sum F_x=0,\quad F_{N1}+2=0$

$F_{N1}=-2(kN)$

求得 F_{N1} 为负值,表明轴力为压力。

(2)取Ⅱ-Ⅱ截面左部分为分离体[见图 3.6(c)]

$\sum F_x=0,\quad F_{N2}+2-3=0$

$F_{N2}=1(kN)$

求得 F_{N2} 为正值,表明轴力为拉力。

(3)取Ⅲ-Ⅲ截面左部分为分离体[见图 3.6(d)]

$\sum F_x=0,\quad F_{N3}+2-3+4=0$

$F_{N3}=-3(kN)$

求得 F_{N3} 为负值,表明轴力为压力。

也可以取Ⅲ-Ⅲ截面右部分为分离体[见图 3.6(e)]

$\sum F_x=0,\quad -F_{N3}-3=0$

$F_{N3}=-3(kN)$

求得 F_{N3} 是一样的,可以看出无论留下哪一部分,求出的结果是一样的。

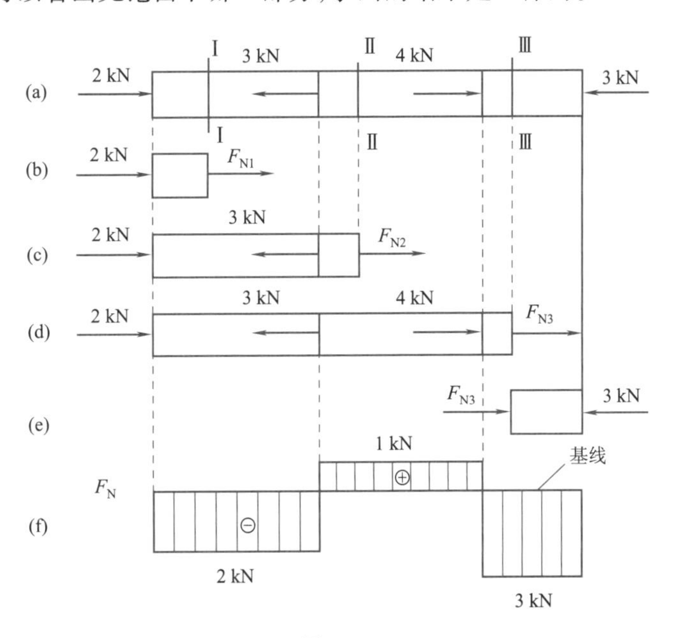

图 3.6

(4)根据求出的各段截面的轴力画出轴力图[见图 3.6(f)]。

取一条于轴线平行的基准线,简称为基线。由于各段轴力是常量,因此各段轴力图是平行于基线的直线。水平杆时轴力为正值画在基线上面,为负值画在基线下面。

画杆件轴力图的关键在于用截面法求杆件各段的轴力,当熟练掌握截面法后,求杆件某截面的轴力时,可不必一一画出分离体及其受力图,只要根据杆上的轴向外力即可直接得出,轴力总是与分离体上的轴向外力相平衡,即横截面上的轴力等于截面一侧所有外力在杆件轴线方向上的投影的代数和,外力使杆受拉为正、受压为负。这就是求横截面上轴力的简便方法。

如以上案例的轴力也可直接求出(看左侧):

$F_{N1}=-2(kN)$ $F_{N2}=-2+3=1(kN)$ $F_{N3}=-2+3-4=-3(kN)$

也可看右侧,结果是一样的。

【案例 3.2】 一长度为 l、截面面积为 A、容重为 γ 的等截面柱,在自重作用下如图 3.7 所示,试画出该柱的轴力图。

解:设自重沿长度方向上的荷载分布集度为 g,由于该柱在自重作用下各截面上的轴力值均不同,需先找出轴力沿长度方向上的变化规律,再依规律画出轴力图。在距上端为 y 处将杆截开,取截面上侧为分离体,截面上的内力用 F_N 表示见图 3.7。考虑该分离体平衡,列平衡方程:

$\sum F_y=0,\quad F_N+g\cdot y=0$

$F_N=-gy=-A\gamma y$

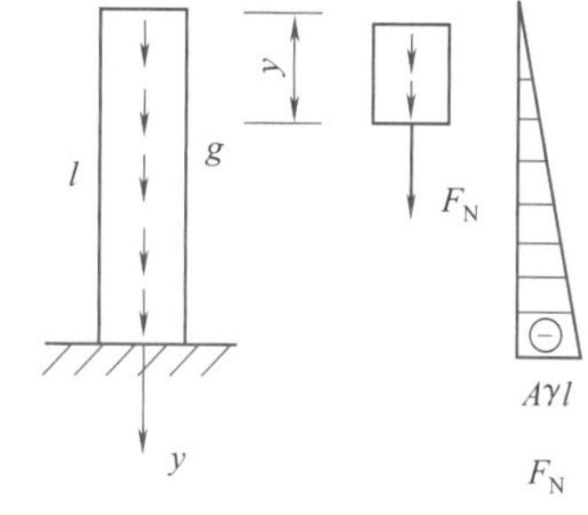

图 3.7

能够看出 F_N 是 y 的一次函数,可见轴力图是一条斜直线,求两个端部截面的轴力:

$$F_N(0)=0,F_N(l)=-A\gamma l$$

连接两端部即得该柱的轴力图。

由上述案例可以得出结论,当杆件沿轴线方向作用有均布荷载时,轴力图是一条斜直线。因此上题也可根据该结论用简便方法直接求出该柱两端截面的轴力,然后连线直接画出其轴力图。

3.2 拉伸与压缩构件的强度计算

3.2.1 轴向拉、压杆的应力

拉压杆横截面上的内力为轴力 F_N,与轴力 F_N 相对应的应力为正应力 σ。

前面已经介绍了应力的概念:应力是分布内力的集度,应力分为正应力和剪应力。欲求拉压杆横截面上的应力,首先要知道横截面上内力的分布规律。为此可通过实验来观察杆件的变形规律,再根据变形规律进一步分析内力的分布规律。

图 3.8(a)所示为一圆形截面杆,未受力前在 a-a、b-b 处画出该二横截面的周边轮廓线,然后加轴向拉力 F[见图 3.8(b)],杆件变形后可观察到下列现象:二圆周线相对平移了 Δl 仍为平面曲线,且其所在平面仍与杆件的轴线垂直。根据此现象可作如下平面假设:变形前为平面的横截面变形后仍为平面,且仍与杆件的轴线垂直。根据平面假设可作如下推断:

(1)a-a、b-b 二横截面间所有的平行杆件轴线的纵向线,其伸长量均相同(即均伸长了 Δl)。

(2)杆件的材料是均匀的(根据均匀性假设),变形相同时受力也相同,从而横截面上的内力是均匀分布的[见图 3.8(c)],即横截面上内力的集度用正应力 σ 表示,且为常量。

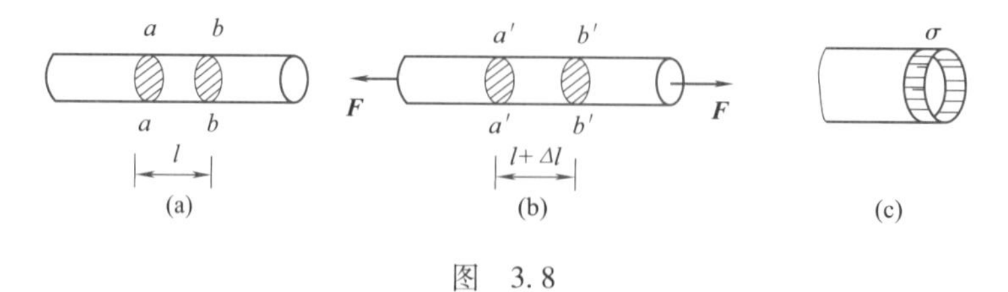

图 3.8

在横截面上内力为均匀分布的情况下,轴力 F_N 与正应力 σ 的关系则为

$$\sigma=\frac{F_N}{A} \tag{3.1}$$

式中:A——杆的横截面面积。

当 F_N 为拉力时 σ 为拉应力,F_N 为压力时 σ 为压应力。σ 的正负号与 F_N 的正负号一致。

3.2.2 斜截面上的应力

轴向拉压杆不仅横截面上存在应力,其斜截面上也存在应力。如图 3.9(a)所示为轴向受拉杆,现研究与横截面成 α 角的任意斜截面上的应力。用假想平面 n-n 将截面截开,取 n-n 截面左侧为分离体如图 3.9(b)所示;n-n 截面上存在水平方向应力 p_α,在 n-n 截面上是均匀分布的,其合力为 F_N,n-n 截面的面积为 A_α,p_α 与 F_N 的关系为

$$p_\alpha = \frac{F_N}{A_\alpha}$$

将 $A_\alpha = A/\cos\alpha$ 代入上式,得

$$p_\alpha = \frac{F_N \cos\alpha}{A} = \sigma\cos\alpha$$

式中:σ——杆件横截面上的正应力。

通常是将 p_α 沿斜截面的法向和切向分解为正应力 σ_α 和剪应力 τ_α[见图 3.9(c)],σ_α 和 τ_α 分别为

$$\sigma_\alpha = p_\alpha\cos\alpha$$

$$\tau_\alpha = p_\alpha\sin\alpha$$

将 $\sigma_\alpha = p_\alpha\cos\alpha$ 代入上两式得

$$\sigma_\alpha = \sigma\cos^2\alpha \tag{3.2}$$

$$\tau_\alpha = \frac{\sigma\sin2\alpha}{2} \tag{3.3}$$

从式(3.2)和(3.3)可以看出不同斜截面上正应力和剪应力是随着 α 的变化而变化的。当 $\alpha = 0$ 时,σ_α 为最大值,即 $\sigma_{max} = \sigma$,$\tau_\alpha = 0$;当 $\alpha = \pi/4$ 时,τ_α 为最大值,即 $\tau_{max} = \sigma/2$。表明:杆件在轴向拉压时,最大正应力发生在横截面上;而最大剪应力发生在与横截面成 45°角的斜截面上,且其值等于横截面上正应力值的二分之一。

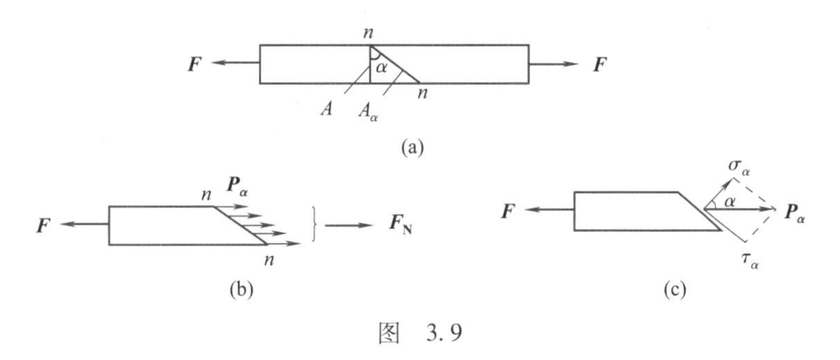

图 3.9

3.2.3 轴向拉压杆的强度计算

分析了拉压杆的内力和应力后,就可进一步研究工程中拉压杆的强度问题。

当轴向拉压杆其横截面上的正应力达到一定数值时,杆件将发生破坏,破坏时的应力称为极限应力,并用 $\sigma°$ 表示。显然,轴向拉压杆件在工作时,其横截面上的正应力绝不允许达到材料的极限应力。不仅如此,工程中还必须考虑一定的安全储备,因而将材料的极限应力 $\sigma°$ 除以大于 1 的安全系数 n 称为轴向拉压杆的许用应力,用[σ]表示。即

$$[\sigma] = \frac{\sigma°}{n} \tag{3.4}$$

式中:[σ]——轴向拉压杆的许用应力;

$\sigma°$——轴向拉压杆的极限应力。

轴向拉压杆要满足强度要求,就必须保证杆内最大工作应力不超过轴向拉压杆的许用应力。即

$$\sigma_{max} = \frac{F_{Nmax}}{A} \leqslant [\sigma] \tag{3.5}$$

式(3.5)就是轴向拉压杆的强度条件计算公式。根据该强度条件计算公式可以解决工程中的三类问题。

(1)强度校核。已知杆件的外力、截面的形状和尺寸及许用应力,计算杆件是否满足强度要求。

(2)截面选择。已知杆件的外力、截面的形状及许用应力,计算所需截面尺寸

$$A \geqslant \frac{F_{Nmax}}{[\sigma]}$$

(3)确定许用荷载。已知杆件的截面的形状和尺寸及许用应力,确定许用荷载

$$[F] = F_{Nmax} \leqslant [\sigma] A$$

【案例3.3】 一钢筋混凝土组合屋架的计算简图如图3.10所示。其中 $F=13$ kN,屋架的上弦杆 AC 和 BC 由钢筋混凝土制成,其下弦杆 AB 为圆截面钢拉杆,直径为 $d=2.2$ cm。钢的许用拉应力 $[\sigma]=170$ MPa,试校核该拉杆的强度。图中尺寸单位为mm。

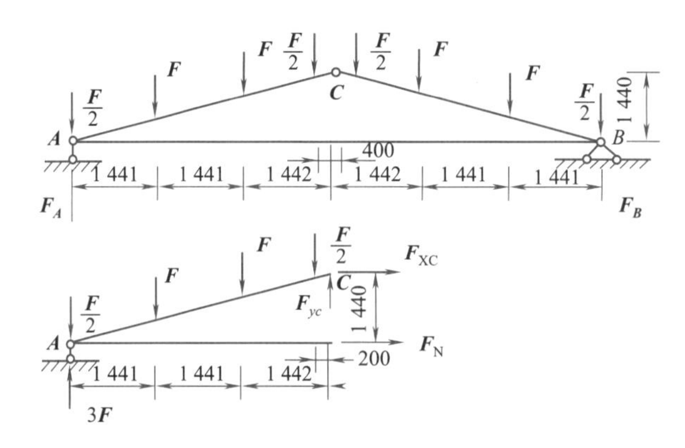

图 3.10

解:(1)求支座反力 F_A 和 F_B,因屋架及荷载左右对称,所以

$$F_A = F_B = 3F$$

(2)求拉杆内力 F_N。

用截面法,从正中央把屋架分为左右两部分并取左边为脱离体,如图3.10所示。C 节点是中间铰,故有两个未知力 F_{xc} 和 F_{yc}。以点为矩心,建立平衡方程

$$\sum M_c = 0, F_N \times 1\ 440 + 0.5F \times 200 + F \times 1\ 442 + F \times 2\ 883 - (3F - 0.5F) \times 4\ 324 = 0$$

由此得:

$$F_N = 4.433F = 4.433 \times 13 = 57.63(\text{kN})$$

(3)强度校核。

$$\sigma_{max} = \frac{F_N}{A} = \frac{57.63 \times 10^{-3} \times 4}{\pi \times 2.2^2 \times 10^{-4}} = 151.6(\text{MPa}) \leqslant [\sigma] = 170(\text{MPa})$$

满足强度要求。

【案例3.4】 一空心铸铁短圆筒柱,顶部受压力 $F=500$ kN,筒的外径 $D=25$ cm,如图3.11所示。已知铸铁的许用应力 $[\sigma]=30$ MPa,试求筒壁厚度,圆筒自重可略去不计。

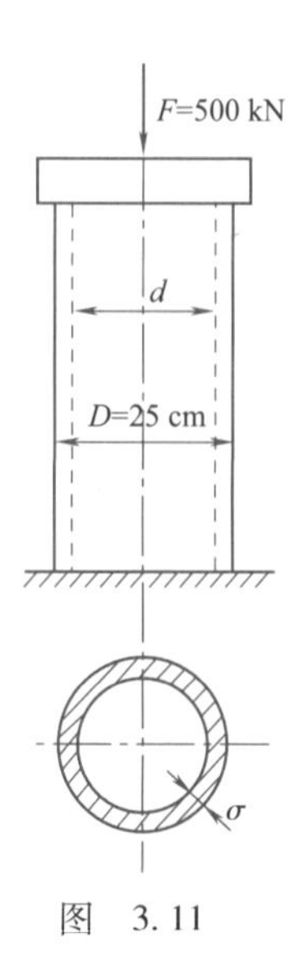

图 3.11

解:根据轴向拉压杆的强度条件计算公式

$$\sigma_{max} = \frac{F_{Nmax}}{A} \leqslant [\sigma]$$

可得 $A \geqslant \frac{F_{Nmax}}{[\sigma]} = \frac{500}{30 \times 10^3} = 1.67 \times 10^{-2}(\text{m}^2) = 167\ (\text{cm}^2)$

设筒的内径为 d,则有

$$A=\frac{\pi(D^2-d^2)}{4}$$

$$d=\sqrt{D^2-\frac{4A}{\pi}}=\sqrt{25^2-\frac{4\times167}{\pi}}=20.3(\mathrm{cm})$$

$$\delta=\frac{D-d}{2}=2.35(\mathrm{cm})$$

取 $\delta=2.5$ cm，即筒内径为 $d=20$ cm。

【案例 3.5】 如图 3.12 所示三角架。钢拉杆 AB 长 2 m，面积 $A_1=6\ \mathrm{cm}^2$，许用应力 $[\sigma]_1=160$ Mpa。BC 为木杆，面积 $A_2=100\ \mathrm{cm}^2$，许用应力 $[\sigma]_2=7$ MPa。各杆重忽略不计，试确定该结构的许用荷载[F]。

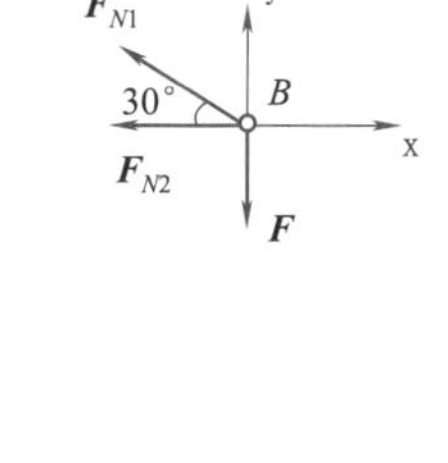

图　3.12

解：由图可知 1、2 杆是二力杆，内力沿轴线方向。

(1) 取 B 点为分离体，并列解平衡方程

$\sum F_y=0$，　$F_{N1}\cdot\sin30^\circ-F=0$

$F_{N1}=2F$　（拉）

$\sum F_x=0$，　$-F_{N2}-F_{N1}\cdot\cos30^\circ=0$

$F_{N2}=-\sqrt{3}F$　（压）

(2) 确定许用荷载。

$$①F=\frac{F_{N1}}{2}\leqslant\frac{[\sigma]_1A_1}{2}=\frac{160\times10^3\times6\times10^{-4}}{2}=48(\mathrm{kN})$$

$$②F=\frac{F_{N2}}{\sqrt{3}}\leqslant\frac{[\sigma]_2A_2}{\sqrt{3}}=\frac{7\times10^3\times100\times10^{-4}}{\sqrt{3}}=40.6(\mathrm{kN})$$

则 $[F]$ 为 40.6 kN。

3.3　轴向拉伸与压缩构件的变形计算

杆件在轴向拉压时，其轴向和横向尺寸都发生变化，即同时产生轴向变形和横向变形。拉伸时轴向长度增大，横向尺寸减小；压缩时轴向长度减小，横向尺寸增大。

3.3.1　线变形和线应变

图 3.13 所示的轴向拉、压杆，其变形前的长度为 l，变形后为 l_1，长度的改变量为 Δl

$$\Delta l=l_1-l$$

Δl 即为轴向变形，拉伸时 Δl 为正值，压缩时 Δl 为负值。

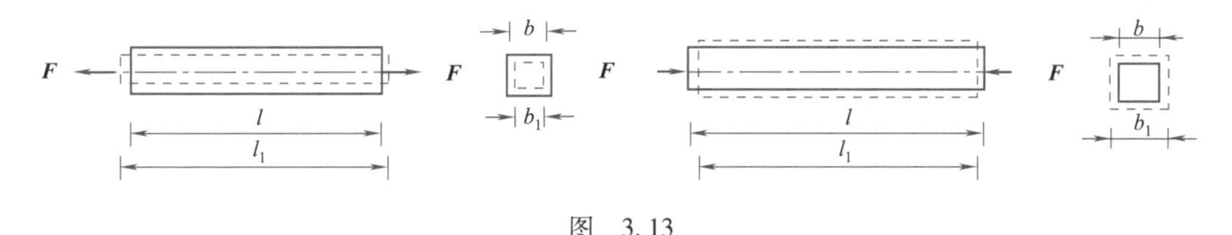

图　3.13

由实验得知，这个纵向变形量随着外部作用力的增大而增大，且如果杆件的原长较长，尽管其他条件不变，线变形 Δl 也会随之增大。由此可见，这个变形量实际上是杆件各部分变形的总和，它不能确切地反映杆件变形的严重程度。因此，通常引用杆件单位长度的变形 ε 来反映杆件变形的严重程度，即

$$\varepsilon=\frac{\Delta l}{l}\tag{3.6}$$

ε 表示杆件的相对变形，称为线应变，简称应变，它表示原线段每单位长度内的线变形，又称为轴向线应变，

是一个量纲为 1 的量,可表示为百分率。线应变正负号与 Δl 一致。因 Δl 伸长为正,缩短为负,所以有:拉应变为正,压应变为负。

3.3.2 胡克定律

由实验得知,当轴向外力 F 不超过某一限度(变形在弹性范围)时,Δl 与外力 F 及杆长 l 成正比,与杆件的横截面面积 A 成反比,即

$$\Delta l \propto \frac{F_N \cdot l}{EA}$$

引入与杆件的材料有关的比例常数 E,则有

$$\Delta l = \frac{F_N \cdot l}{EA} \tag{3.7}$$

式(3.7)就是轴向伸长(缩短)量的计算公式。该关系式称为胡克定律。式中 E 称为弹性模量,其值随材料而异,通过实验来测定。可以看到,E 值越大,Δl 值越小,表明材料越不易变形,E 表示材料抵抗拉伸(压缩)变形的能力。Δl 与 EA 成反比,EA 称为杆件的抗拉(压)刚度,它表示杆件抵抗拉伸(压缩)变形的能力。

由式(3.6)、(3.7)和 (3.1)可得:

$$\varepsilon = \frac{\sigma}{E} \tag{3.8}$$

式(3.8)是胡克定律的另一种表达形式。胡克定律的适用条件是材料的线弹性范围。

3.3.3 拉(压)杆的横向应变

由图 3.13 可知若横向变形为 Δb,就有

$$\Delta b = b_1 - b$$

同理我们用 ε' 表示横向应变,就有

$$\varepsilon' = \frac{\Delta b}{b}$$

由实验得知,当 ε 为正时 ε' 就为负,当 ε 为负时 ε' 就为正。并且 ε 与 ε' 在材料的线弹性范围内有一定的关系,即

$$\mu = \left|\frac{\varepsilon'}{\varepsilon}\right| \tag{3.9}$$

式中的 μ 称为横向变形系数,又叫泊松比。也是一个量纲为 1 的量,其值与材料有关。不同材料的弹性模量 E 及泊松比 μ 见表 3.1。

表 3.1 弹性模量及横向变形系数的约值

材料名称	型　号	$E(10^5\text{MPa})$	μ
低碳钢		2.0 ~ 2.1	0.24 ~ 0.28
中碳钢	45	2.09	
低合金钢	16Mn	2.0	0.25 ~ 0.30
合金钢	40CrNiMoA	2.1	
灰口铸铁		0.6 ~ 1.62	0.23 ~ 0.27
球墨铸铁		1.5 ~ 1.8	
铝合金	LY12	0.72	0.33
硬质合金		3.8	
混凝土		0.15 ~ 0.36	0.16 ~ 0.18
木材(顺纹)		0.09 ~ 0.12	

3.4　材料在拉伸与压缩时的力学性能

对拉压杆进行强度和变形计算时，除了与杆件的几何尺寸和受力情况有关外，还与材料的力学性能有关，因而应对材料的力学性能有所了解。材料的力学性能是通过实验来测定的。

工程中材料的种类很多，通常根据其断裂时发生塑性变形的大小分为塑性材料和脆性材料两大类。塑性材料（如低碳钢、铝等），在拉断时产生较大的塑性变形，而脆性材料（如铸铁、砖、石等），拉断时的塑性变形则很小，这两类材料的力学性能存在明显的不同。下面以低碳钢和铸铁为代表分别介绍两类材料在拉伸和压缩时的力学性能。

3.4.1　材料在拉伸时的力学性能

1. 低碳钢拉伸时的力学性能

低碳钢是典型的塑性材料。所谓低碳钢是指含碳低，钢质越软，故低碳钢又称软钢。低碳钢实验是将建筑工程用低碳钢制成一定尺寸的标准试件（见图 3.14），然后放在试验机上加轴向拉力 F，F 从零开始逐渐增大，直至试件被拉断（见图 3.15）。试件在力 F 作用下产生轴向变形 Δl，Δl 是与 F 对应的，每一 F 值均对应一定的值 Δl ，F 与 Δl 的关系曲线如图 3.16(a) 所示，该曲线图称为拉伸图。

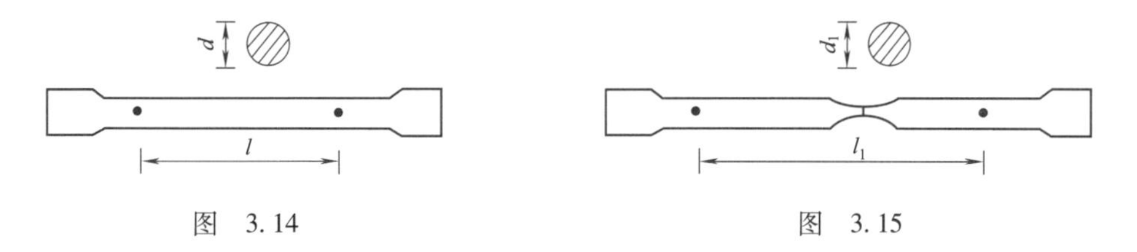

图　3.14　　　　图　3.15

F 与 Δl 的对应关系还与试件的尺寸关，在同一拉力 F 作用下，试件尺寸(l、A)不同时，Δl 也不同，为了消除试件尺寸的影响，可用应力。可用应力 σ 作为横坐标，应变 ε 作为纵坐标，这样就将拉伸图该造成如图 3.16(b) 所示的 $\sigma-\varepsilon$ 曲线，该曲线称为应力—应变图。下面根据应力-应变图说明低碳钢拉伸时的一些力学性能。

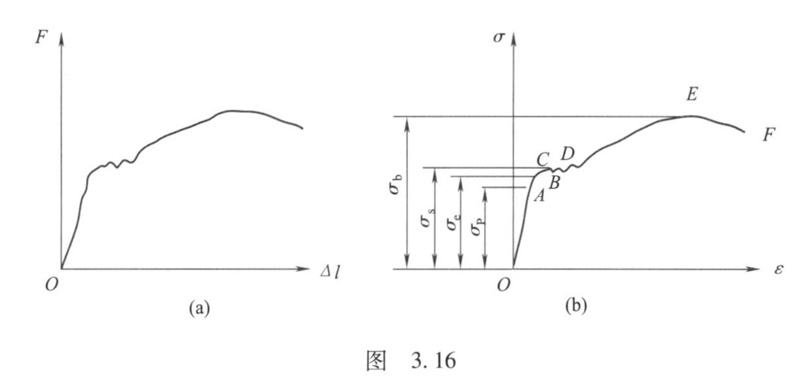

图　3.16

（1）低碳钢拉伸时的四个阶段。

①弹性阶段。如图 3.16(b) 所示的 OB 阶段内，材料的变形均为弹性变形。该阶段有两个特征值，即一个是比例极限 σ_p，它反映了材料力学性能的一个重要指标，当杆件的工作应力不超过该值时，ε 与 σ 成正比；另一个是弹性极限 σ_e，它反映了材料力学性能的另一个重要指标，当杆件的工作应力不超过该值时如果卸载，试件的变形将全部消失。

A、B 两点非常接近，在应用中，对比例极限与弹性极限常不加严格区分。

②屈服阶段。如图 3.16(b) 中的 BD 段，当应力超过弹性极限后，应变增加很快，而应力则在一较小范围内波动，在 $\sigma-\varepsilon$ 曲线上出现一段近于水平的线段，这种应力基本不增加而应变继续增大的现象称为屈服现象，所以称 BD 段为屈服阶段（或流动阶段），该阶段有一个特征值，即屈服极限 σ_s，它反映了材料力学性

能的一个重要指标,它是作为低碳钢的极限应力。

当应力超过弹性极限以后,材料的变形既有弹性变形,又有塑性变形。在屈服阶段,弹性变形基本不再增加,而塑性变形迅速增加,即屈服阶段出现了明显的塑性变形。

③强化阶段。如图 3.16(b)中的 DE 段,材料经过屈服阶段后应力与应变又同时增加,曲线继续上升直到该阶段的一个特征值,即破坏极限 σ_b,DE 段称为强化阶段。此阶段应力增加应变也增加,且塑性变形占的比例较大。

④颈缩阶段。如图 3.16(b)中的 EF 段,在应力达到破坏极限 σ_b 之前,试件的变形是均匀的,当应力达到 σ_b 时,试件开始出现不均匀变形,试件的某部出现了明显的局部收缩,形成"颈缩"现象(见图 3.15),曲线开始下降,至 F 点时试件被拉断。此阶段称为颈缩阶段。

上述应力-应变图的四个阶段和相应的各应力特征值比例极限、弹性极限、屈服极限、破坏极限反映出了典型的塑性材料在拉伸时的力学性能。

(2)材料的塑性性能的衡量指标。

①延伸率

$$\delta = \frac{l_1 - l}{l} \times 100\%$$

②截面收缩率

$$\psi = \frac{A - A_1}{A} \times 100\%$$

式中:δ——材料的延伸率;

ψ——材料的截面收缩;

l——试件受力前标距前的长度;

l——试件截断后标距前的长度;

A——试件受力前的横截面面积;

A_1——试件拉断后断口处的截面积。

δ 和 ψ 的值越大,表明材料的塑性越好。在工程中,通常是将 $\delta > 5\%$ 的材料称为塑性材料。

(3)冷作硬化。若在强化阶段内的某点 K,将荷载慢慢卸掉时,σ-ε 曲线将沿着与 OC 近于平行的直线 KA 回落到 A 点(见图 3.17)。这表明材料的变形已不能全部消失,存在着 OA 表示的残余应变,即存在着塑性变形,图中 AB 为卸载后消失的线应变,此部分为弹性变形。如果卸载后再重新加载,σ-ε 曲线又沿直线 AK 上升到 K 点,以后仍按原来的曲线变化。将卸载后再重新加载的 σ-ε 曲线与未经卸载的 σ-ε 曲线相对比,可以看到材料的比例极限得到提高,材料的弹性阶段加长了,而材料的塑性有所降低,此现象称为冷作硬化。工程中常利用冷作硬化来提高杆件在弹性范围内所能承受的最大荷载。

2. 铸铁拉伸时的力学性能

铸铁是典型的脆性材料,其拉伸时的 σ-ε 曲线如图 3.18 所示。与低碳钢相比,其特点为:

(1)σ-ε 曲线为一微弯线段,且没有明显的阶段性;

(2)拉断时的变形很小,没有明显的塑性变形;

(3)没有比例极限、弹性极限和屈服极限,只有破坏极限且其值较低。破坏极限作为铸铁拉伸时的极限应力。

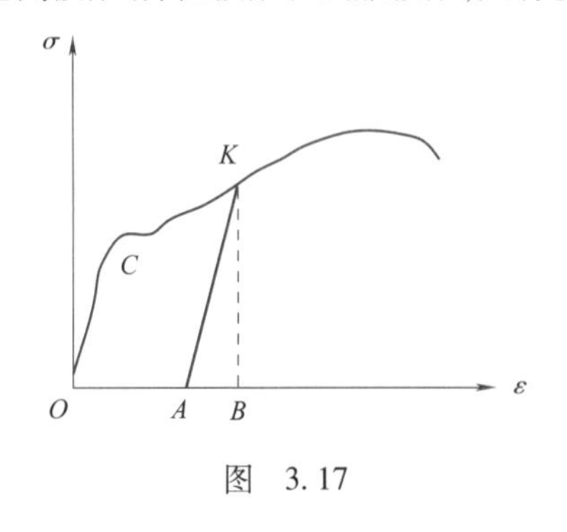

图 3.17

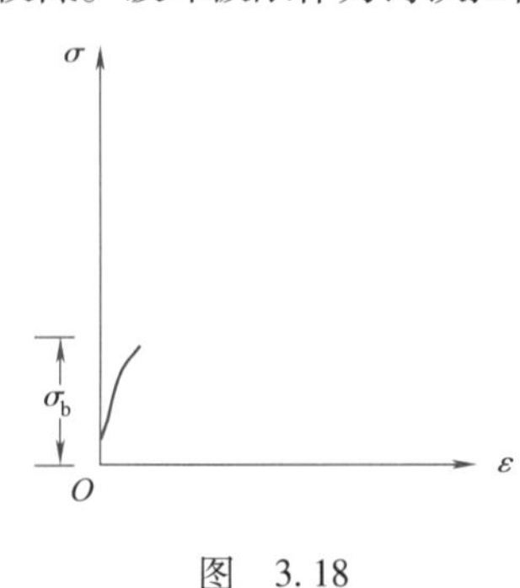

图 3.18

3. 其他材料拉伸时的力学性能

图3.19中给出了几种塑性金属材料拉伸时的 σ-ε 曲线，其中①为锰钢，②为铝合金，③为球墨铸铁。它们的共同特点是拉断前都有较大的塑性变形，延伸率比较大，但都没有明显的屈服阶段。对这类塑性材料，常人为地规定某个应力值作为材料的名义屈服极限。在有关规定中，是以产生0.2%塑性应变时所对应的应力作为名义屈服极限并以 $\sigma_{0.2}$ 表示（见图3.20）。其他的脆性材料如砖、石、混凝土等，其拉伸时的力学性能均与铸铁类似。

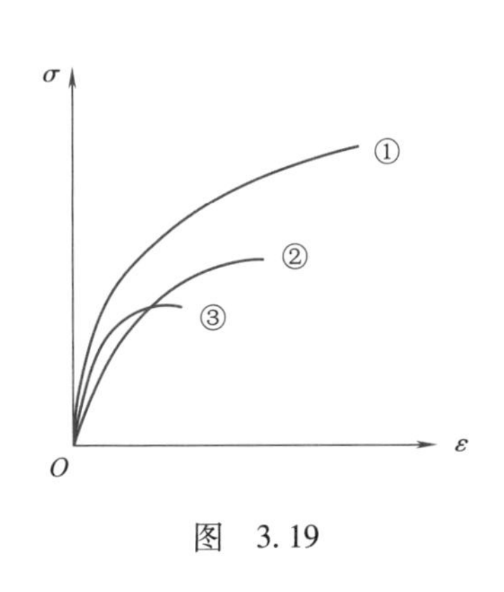

图 3.19

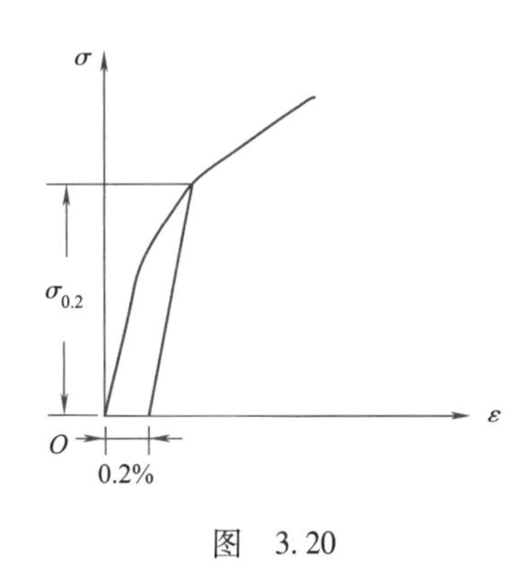

图 3.20

3.4.2 压缩时材料的力学性能

1. 低碳钢压缩时的力学性能

低碳钢压缩时的 σ-ε 曲线如图3.21所示。将其与拉伸时的 σ-ε 曲线相对比：弹性阶段和屈服阶段与拉伸时的曲线基本重合，比例极限、弹性极限、屈服极限均与拉伸时的数值相同；在进入强化阶段后，曲线一直向上延伸，测不出明显的破坏极限。这是因为低碳钢的材质较软，随着压力的增大，试件越压越扁。工程中，取拉伸时的破坏极值作为压缩时的破坏极限，即认为拉、压的破坏极限是相同的。

2. 铸铁压缩时的力学性能

铸铁压缩时的 σ-ε 曲线如图3.22所示，仍是与拉伸时类似的一条微弯曲线，只是其破坏极限值较大，它远大于拉伸时的破坏极限值。这表明铸铁这种材料是抗压而不抗拉的。

其他脆性材料如砖、石、混凝土等都与铸铁类似，它们的抗压强度都远高于抗拉强度。因此在工程中，这类材料只能用作受压构件。

上面介绍的两类材料的力学性能都是常温、静荷载作用下的情况。材料的力学性能还受其他一些因素的影响，这些因素包括诸如温度、加载速度、荷载的长时间作用、受力状态等。另外，材料的塑性与脆性也不是绝对的，例如低碳钢在常温下为塑性材料，但在低温下也会变脆，因此，将塑性材料与脆性材料说成为材料的塑性状态与脆性状态更为确切。

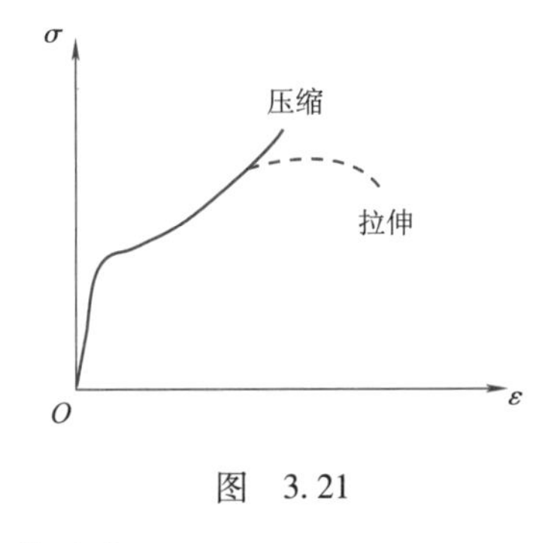

图 3.21

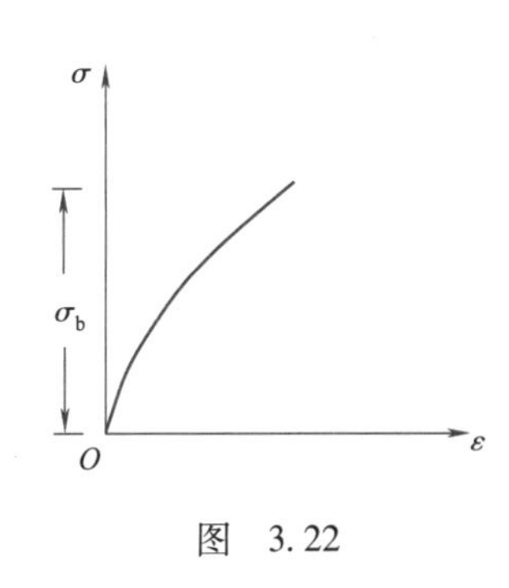

图 3.22

3. 许用应力的确定

前面已经知道，许用应力是材料的极限应力除以大于1的安全系数，在了解了材料的力学性能后，便可进一步来确定不同材料的极限应力 σ°。脆性材料是以破坏极限作为极限应力，即

$$\sigma^{\circ}=\sigma_{b}$$

塑性材料则是以屈服极限作为极限应力,即

$$\sigma^{\circ}=\sigma_{s}$$

对塑性材料来说,当应力达到材料的屈服极限时,尽管材料并没有破坏,但由于此时将出现显著的塑性变形而影响杆件的正常工作,所以,以屈服极限作为强度指标。

两类材料安全系数的取值是不同的。安全系数值的具体确定是个十分重要而又复杂的问题,其值取得过大,会造成材料的浪费,取值过小,又影响安全,通常是由国家设置的专门机构来确定。两种材料的许用应力分别为

塑性材料的许用应力 $$[\sigma]=\frac{\sigma_{s}}{n_{s}}$$

脆性材料的许用应力 $$[\sigma]=\frac{\sigma_{b}}{n_{b}}$$

式中:n_{s}——塑性材料的安全系数;

n_{b}——脆性材料的安全系数。

计 划 单

<table>
<tr><td>学习领域</td><td colspan="5">土建工程力学应用</td></tr>
<tr><td>学习情境</td><td colspan="5">简单构件的内力及变形计算</td></tr>
<tr><td>工作任务</td><td colspan="5">计算轴压柱的内力及变形</td></tr>
<tr><td>计划方式</td><td colspan="5">小组讨论、团结协作共同制订计划</td></tr>
<tr><td>计划学时</td><td colspan="5">0.5 学 时</td></tr>
<tr><td>序　号</td><td colspan="2">实 施 步 骤</td><td colspan="3">具体工作内容描述</td></tr>
<tr><td>1</td><td colspan="2"></td><td colspan="3"></td></tr>
<tr><td>2</td><td colspan="2"></td><td colspan="3"></td></tr>
<tr><td>3</td><td colspan="2"></td><td colspan="3"></td></tr>
<tr><td>4</td><td colspan="2"></td><td colspan="3"></td></tr>
<tr><td>5</td><td colspan="2"></td><td colspan="3"></td></tr>
<tr><td>6</td><td colspan="2"></td><td colspan="3"></td></tr>
<tr><td>7</td><td colspan="2"></td><td colspan="3"></td></tr>
<tr><td>8</td><td colspan="2"></td><td colspan="3"></td></tr>
<tr><td>9</td><td colspan="2"></td><td colspan="3"></td></tr>
<tr><td>制订计划说明</td><td colspan="5">（写出制订计划中人员为完成任务的主要建议或可以借鉴的建议、需要解释的某一方面）</td></tr>
<tr><td rowspan="3">计划评价</td><td>班　级</td><td></td><td>第　组</td><td>组长签字</td><td></td></tr>
<tr><td>教师签字</td><td colspan="2"></td><td>日　期</td><td></td></tr>
<tr><td colspan="5">评语：</td></tr>
</table>

决 策 单

<table>
<tr><td>学习领域</td><td colspan="5">土建工程力学应用</td></tr>
<tr><td>学习情境</td><td colspan="5">简单构件的内力及变形计算</td></tr>
<tr><td>工作任务</td><td colspan="5">计算轴压柱的内力及变形</td></tr>
<tr><td>决策学时</td><td colspan="5">0.5 学 时</td></tr>
<tr><td rowspan="11">方案对比</td><td>序 号</td><td>方案的可行性</td><td>方案的先进性</td><td>实 施 难 度</td><td>综 合 评 价</td></tr>
<tr><td>1</td><td></td><td></td><td></td><td></td></tr>
<tr><td>2</td><td></td><td></td><td></td><td></td></tr>
<tr><td>3</td><td></td><td></td><td></td><td></td></tr>
<tr><td>4</td><td></td><td></td><td></td><td></td></tr>
<tr><td>5</td><td></td><td></td><td></td><td></td></tr>
<tr><td>6</td><td></td><td></td><td></td><td></td></tr>
<tr><td>7</td><td></td><td></td><td></td><td></td></tr>
<tr><td>8</td><td></td><td></td><td></td><td></td></tr>
<tr><td>9</td><td></td><td></td><td></td><td></td></tr>
<tr><td>10</td><td></td><td></td><td></td><td></td></tr>
<tr><td rowspan="3">决策或分工
评价</td><td>班 级</td><td></td><td>第 组</td><td>组长签字</td><td></td></tr>
<tr><td>教师签字</td><td colspan="2"></td><td>日 期</td><td></td></tr>
<tr><td colspan="5">评语：</td></tr>
</table>

实　施　单

<table>
<tr><td>学习领域</td><td colspan="4">土建工程力学应用</td></tr>
<tr><td>学习情境</td><td colspan="4">简单构件的内力及变形计算</td></tr>
<tr><td>工作任务</td><td colspan="4">计算轴压柱的内力及变形</td></tr>
<tr><td>实施方式</td><td colspan="4">小组成员合作共同研讨确定实施步骤，每人均填写实施单</td></tr>
<tr><td>实施学时</td><td colspan="4">5.5 学 时</td></tr>
<tr><td>序　　号</td><td colspan="2">实 施 步 骤</td><td colspan="2">使 用 资 源</td></tr>
<tr><td>1</td><td colspan="2"></td><td colspan="2"></td></tr>
<tr><td>2</td><td colspan="2"></td><td colspan="2"></td></tr>
<tr><td>3</td><td colspan="2"></td><td colspan="2"></td></tr>
<tr><td>4</td><td colspan="2"></td><td colspan="2"></td></tr>
<tr><td>5</td><td colspan="2"></td><td colspan="2"></td></tr>
<tr><td>6</td><td colspan="2"></td><td colspan="2"></td></tr>
<tr><td>7</td><td colspan="2"></td><td colspan="2"></td></tr>
<tr><td>8</td><td colspan="2"></td><td colspan="2"></td></tr>
<tr><td colspan="5">实施说明：</td></tr>
<tr><td>班　　级</td><td></td><td>第　　组</td><td>组长签字</td><td></td></tr>
<tr><td>教师签字</td><td colspan="2"></td><td>日　　期</td><td></td></tr>
<tr><td>评　　语</td><td colspan="4"></td></tr>
</table>

作　业　单

学习领域	土建工程力学应用
学习情境	简单构件的内力及变形计算
工作任务	计算轴压柱的内力及变形
实施方式	小组成员动手实践,进行轴向拉(压)构件的计算
(在此绘制桥墩的计算简图内力图,计算应力和变形等,不够可附页)	

班　级		第　组	组长签字	
教师签字			日　期	
评　语				

检　查　单

<table>
<tr><td>学习领域</td><td colspan="5">土建工程力学应用</td></tr>
<tr><td>学习情境</td><td colspan="5">简单构件的内力及变形计算</td></tr>
<tr><td>工作任务</td><td colspan="5">计算轴压柱的内力及变形</td></tr>
<tr><td>检查学时</td><td colspan="5">0.5 学 时</td></tr>
<tr><td>序　　号</td><td>检 查 项 目</td><td colspan="2">检 查 标 准</td><td>组 内 互 查</td><td>教 师 检 查</td></tr>
<tr><td>1</td><td>桥墩计算简图</td><td colspan="2">是否正确</td><td></td><td></td></tr>
<tr><td>2</td><td>绘制轴力图</td><td colspan="2">是否完整、正确</td><td></td><td></td></tr>
<tr><td>3</td><td>应力计算</td><td colspan="2">是否完整、正确</td><td></td><td></td></tr>
<tr><td>4</td><td>变形计算</td><td colspan="2">是否完整、正确</td><td></td><td></td></tr>
<tr><td>5</td><td>作业单</td><td colspan="2">是否正确、整洁</td><td></td><td></td></tr>
<tr><td>6</td><td>计算过程</td><td colspan="2">是否完整、正确</td><td></td><td></td></tr>
<tr><td rowspan="3">检查评价</td><td>班　　级</td><td></td><td>第　　组</td><td>组长签字</td><td></td></tr>
<tr><td>教师签字</td><td></td><td>日　　期</td><td colspan="2"></td></tr>
<tr><td colspan="5">评语：</td></tr>
</table>

评 价 单

学习领域	土建工程力学应用					
学习情境	简单构件的内力及变形计算					
工作任务	计算轴压柱的内力及变形					
评价学时	1 学 时					
考核项目	考核内容及要求	分值	学生自评（10%）	小组评分（20%）	教师评分（70%）	实得分
资讯（10）	翔实准确	10				
计划编制及决策（25）	计划工作程序的规范性	10				
	步骤内容描述的完整性	5				
	方案的多样性	5				
	决策的准确性	5				
工作实施检查过程（40）	分析程序正确	10				
	桥墩的计算简图及受力图绘制正确	10				
	计算步骤正确	10				
	计算结果正确	10				
完成时间（15）	在要求时间内完成	15				
合作性（10）	能够很好地团结协作	10				
总 分（∑）		100				
评价评语	班 级			学 号		
	姓 名			第 组	组长签字	
	教师签字		日 期		总 评	
	评语：					

教学反馈单

学习领域	土建工程力学应用			
学习情境	简单构件的内力及变形计算			
工作任务	计算轴压柱的内力及变形			
任务学时	9 学 时			
序　号	调查内容	是	否	理由陈述
1	你是否喜欢这种上课方式？			
2	与传统教学方式比较你认为哪种方式学到的知识更适用？			
3	针对每个工作任务你是否学会如何进行资讯？			
4	计划和决策是否让你感到困难？			
5	你认为工作任务对你将来的工作有帮助吗？			
6	通过完成本工作任务，你学会如何计算轴向拉（压）构件了吗？今后遇到实际的问题你可以解决吗？			
7	你能在日常的工作和生活中找到有轴向拉（压）构件吗？			
8	你学会绘制轴力图了吗？			
9	通过几天来的工作和学习，你对自己的表现是否满意？			
10	你对小组成员之间的合作是否满意？			
11	你认为本任务还应学习哪些方面的内容？（请在下面空白处填写）			

你的意见对改进教学非常重要，请写出你的建议和意见。

被调查人签名		调查时间	

任务4 计算梁的强度及刚度

任 务 单

<table>
<tr><td>学习领域</td><td colspan="6">土建工程力学应用</td></tr>
<tr><td>学习情境</td><td colspan="6">简单构件的内力及变形计算</td></tr>
<tr><td>工作任务</td><td colspan="6">计算梁的强度及刚度</td></tr>
<tr><td>任务学时</td><td colspan="6">12 学 时</td></tr>
<tr><td colspan="7">布 置 任 务</td></tr>
<tr><td>工作目标</td><td colspan="6">在进行土建工程结构设计时，将要进行受弯结构（主要是梁）的强度和刚度计算。本任务要求学生：
1. 能够对工程中的梁进行强度计算
2. 能够对工程中的梁进行刚度计算
3. 能够解决工程中弯曲构件的承载力问题</td></tr>
<tr><td>任务描述</td><td colspan="6">1. 根据图示桥梁的受力情况（荷载集度为 q，上部作用一辆重为 F_P 的货车停在跨中，桥梁跨长为 l）。要求学生：
（1）用列方程的方法绘制该梁的内力图
（2）用简便方法绘制该梁的内力图
（3）若该梁的抗弯刚度为 EI，用二次积分法计算梁的最大挠度
2. 用简便方法绘制各梁的剪力图和弯矩图
3. 有一简支梁，梁上受到均布荷载，荷载集度 $q=30$ kN/m，梁的跨度 $l=5$ m，材料的许用正应力 $[\sigma]=10$ MPa，$[\tau]=1.2$ MPa，梁横截面高 $h=22$ cm，宽 $b=14$ cm，材料的弹性模量 $E=10\times10^3$ MPa，梁的许用挠跨比 $\left[\frac{f}{l}\right]=\frac{1}{200}$。画出梁的弯矩图，并校核梁的强度和刚度</td></tr>
<tr><td rowspan="2">学时安排</td><td>资　讯</td><td>计　划</td><td>决策及分工</td><td>实　施</td><td>检　查</td><td>评　价</td></tr>
<tr><td>1 学时</td><td>0.5 学时</td><td>0.5 学时</td><td>8 学时</td><td>1 学时</td><td>1 学时</td></tr>
<tr><td>提供资料</td><td colspan="6">工程案例；工程规范；参考书；教材</td></tr>
<tr><td>学生知识与能力要求</td><td colspan="6">1. 具备土建工程结构受力分析的能力，能够正确绘制结构计算简图和物体受力图，能够计算结构的支座反力
2. 具备自学能力、数据计算能力、沟通协调能力、语言表达能力和团队意识
3. 严格遵守课堂纪律，不迟到、不早退；学习态度认真、端正
4. 每位同学必须积极参与小组讨论，均需按规定完成梁的强度及刚度计算</td></tr>
<tr><td>教师知识与能力要求</td><td colspan="6">1. 熟练掌握弯曲构件的内力、应力、强度计算
2. 熟练掌握弯曲构件的变形及刚度计算
3. 有组织学生按要求完成任务的驾驭能力
4. 对任务完成过程、结果进行点评，并为各小组进行综合打分</td></tr>
</table>

资 讯 单

学习领域	土建工程力学应用		
学习情境	简单构件的内力及变形计算		
工作任务	计算梁的强度及刚度		
资讯学时	1 学 时		
资讯方式	在图书馆、互联网及教材中进行查询,或向任课教师请教		
资讯内容	1. 什么是弯曲变形?		
	2. 弯曲构件的工程实例有哪些?		
	3. 弯曲构件横截面上的内力有哪些?		
	4. 弯曲构件内力计算的基本方法有哪些?		
	5. 弯曲构件内力计算的简便方法是什么?		
	6. 绘制弯曲构件内力图的步骤有哪些?		
	7. 计算弯曲构件横截面上的应力公式是什么?		
	8. 计算弯曲构件的强度公式是什么?		
	9. 计算弯曲构件的刚度公式是什么?		
资讯要求	1. 根据工作目标和任务描述正确理解完成任务需要的资讯内容 2. 按照上述资讯内容进行资询 3. 写出资讯报告		
资讯评价	班 级		学生姓名	
	教师签字		日 期	
	评语:			

信 息 单

4.1 土建工程中弯曲构件的实例及内力计算

工程实际中我们把主要承受竖向荷载的水平直杆称为梁,例如房屋建筑中的梁要承受楼板上的荷载,如图4.1(a)所示,厂房中的起重吊车的钢梁要承受起吊荷载,如图4.1(b)所示,桥梁承受车辆荷载,如图4.1(c)所示。这些荷载的方向都与梁的轴线相垂直,在这样荷载作用下,梁的轴线由原来的直线变为曲线,此种变形称为弯曲。产生弯曲变形的杆件称为受弯杆件。

(a) (b)

(c)

图 4.1

4.1.1 平面弯曲

工程中常用的梁其横截面通常多采用对称截面(见图4.2),而荷载一般是作用在梁的纵向对称平面内,如图4.3(a)所示,在这种情况下,梁发生弯曲变形的特点是:梁的轴线仍保持在同一平面(荷载作用平面)内[见图4.3(b)],即梁的轴线为一条平面曲线,这类弯曲称为平面弯曲。平面弯曲是杆件的基本变形之一,简称弯曲。

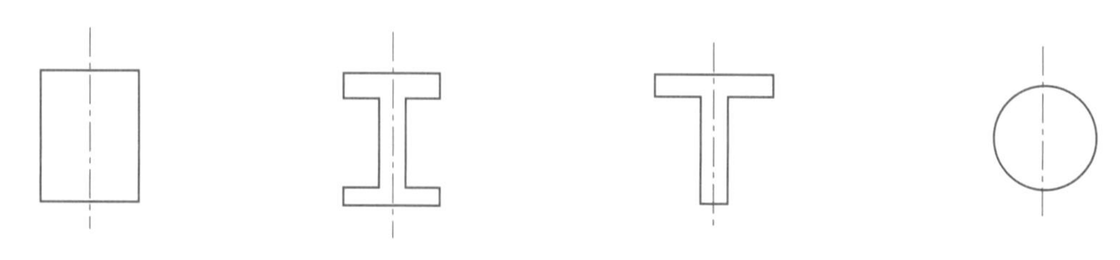

图 4.2

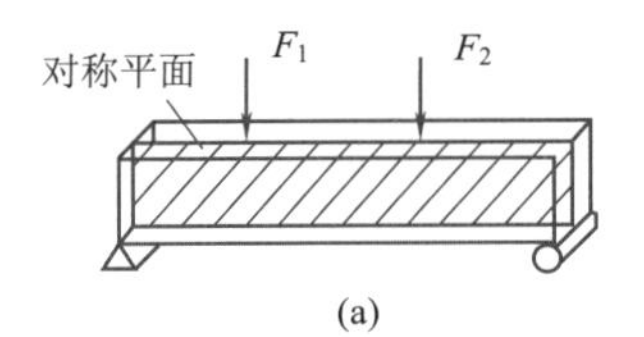

(a)

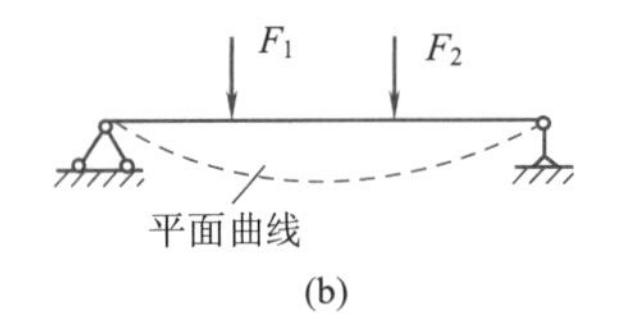

(b)

图　4.3

4.1.2　计算梁的内力

1. 梁的计算简图

(1)结构的简化。由于梁平面弯曲时其轴线的弯曲情况可以反映杆的基本变形形式,因此将梁的计算简图由其轴线表示,如图4.3(b)所示。

(2)支座的简化。根据支座对梁约束情况的不同,梁的常见的支座可简化为固定铰支座、可动铰支座和固定端支座三种形式:

①固定铰支座如图4.4(a)所示;

②可动铰支座(连杆支座)如图4.4(b)所示;

③固定端支座如图4.4(c)所示。

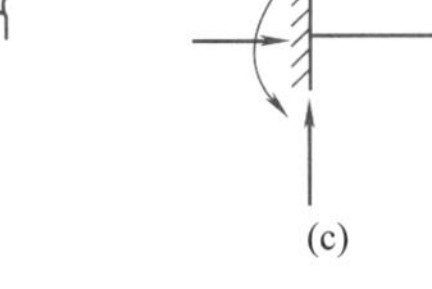

(a)　(b)　(c)

图　4.4

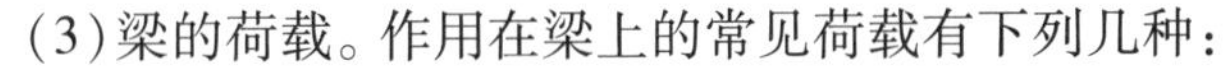

(3)梁的荷载。作用在梁上的常见荷载有下列几种:

①集中荷载。即荷载作用在梁上的作用范围非常小,可简化成集中荷载。

②集中力偶。即作用在通过梁的轴线的平面内的外力偶。

③分布荷载。即沿梁全长或一段连续分布的荷载,分为均布荷载(沿梁长均匀分布)与非均布荷载(沿梁长非均匀分布)。

分布荷载的大小是用荷载集度来度量的,对均布荷载来说 $q(x)$ = 常量。分布荷载的常用单位为 N/m 或 kN/m。

2. 梁支座反力的计算

上述三种支座是理想的典型情况,在实际工程中特别是建筑工程中,梁的支座并不与之完全相同。当我们确定梁的支座属于哪种形式时,必须根据支座的具体情况加以分析。一般来说,当梁端被嵌固得很牢时,可视为固定端支座;如果梁在支座处有可能发生微小转动时,便看成固定铰支座或可动铰支座。例如厂房中的钢筋混凝土柱,如图4.5(a)所示,其插入基础部分较深又用细石混凝土与基础浇注在一起,柱下端被嵌固得很牢,不能发生移动与转动,此柱下端即为固定端支座。又如图4.1(a)所示的梁,虽然梁也嵌入墙内,但因嵌入长度很小[见图4.5(b)],其嵌固作用很弱,梁端可能发生微小转动,故此处应看作固定铰支座,而不能认为是固定端支座。

将梁的实际支承简化为上述理想支座,在力学上属于确定计算简图问题。在工程中,将一受力杆件或结构抽象为力学上的计算简图,是一项重要而又比较复杂的工作,其遵循的基本原则是:按计算简图计算的结果应基本符合实际;同时,应尽可能使计算简便。

工程中常见的梁的基本形式有三种:简支梁、伸臂梁、悬臂梁,分别如图4.6(a)、(b)、(c)所示。

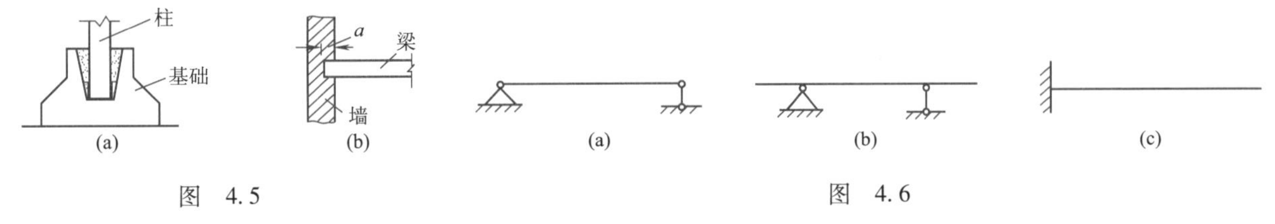

(a)　(b)

图　4.5

(a)　(b)　(c)

图　4.6

以上三种形式的梁其未知的支座反力都是三个,在平面弯曲情况下,梁上荷载和支反力都在同一平面内,通过平面一般力系的三个平衡方程,便可求出各支座反力。用平衡方程可求出全部未知力的这类梁称为静定梁。

3. 梁的内力

(1)梁的内力。图4.7(a)所示为一简支梁,梁上作用有任意一组荷载,此梁在荷载和支反力共同作用下处于平衡状态,现讨论支座 n-n 横截面上的内力。

①剪力和弯矩。求内力仍采用截面法。首先取梁为研究对象,求出 A、B 支座反力 F_A、F_B[见图4.7(b)],然后在距左支座为 a 处用一假想的 n-n 平面将梁截开,并取左段为分离体[见图4.7(c)],梁是平衡的,显然截开后的每段梁也是平衡的。左段梁上作用有向上的外力 F_A,根据 $\sum F_y=0$ 可知,在 n-n 截面上,应该有向下的力 F_Q 与 F_A 相平衡,外力 F_A 对 n-n 截面的形心 O 点又存在着顺时针转的力矩 $F_A \cdot a$,根据 $\sum M_O=0$,在 n-n 截面上还必定有一逆时针转的力偶 M 与 $F_A \cdot a$ 相平衡。力 F_Q 和力偶 M 就是梁弯曲时横截面上产生的两种不同形式的内力,力 F_Q 称为剪力,力偶 M 称为弯矩。

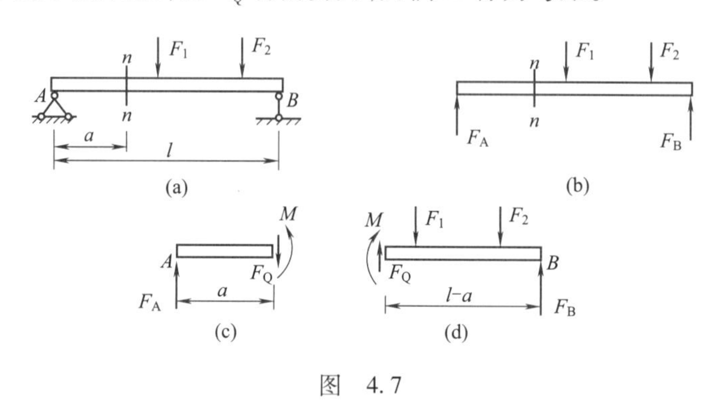

图 4.7

n-n 截面上的剪力和弯矩的具体值可由平衡方程求得,即由

$$\sum F_y=0, \qquad F_A-F_Q=0$$

$$\sum M_O=0, \qquad M-F_A \cdot a=0$$

分别得

$$F_Q=F_A, \qquad M=F_A \cdot a$$

n-n 截面上的内力值也可通过右段梁来求得,其结果与通过左段梁求得的完全相同,但方向与左段梁上的相反,如图4.7(d)所示。

综上所述,梁横截面上一般产生两种形式的内力,为剪力和弯矩,求剪力和弯矩的基本方法仍为截面法,取分离体时,取左、右段均可,应以计算简便为准。

②剪力和弯矩的符号规定。为了使由左、右分离体求得的同一截面上内力的正负号一致,对剪力和弯矩的正、负号作如下规定。

剪力正负号:当截面上的剪力使其所在的分离体有顺时针方向转动趋势时为正[见图4.8(a)];反之为负[见图4.8(b)]。按此规定,若考虑左段分离体时 F_Q 向下为正,向上为负;考虑右段分离时 F_Q 向上为正,向下为负。

弯矩正负号:当截面上的弯矩使其所在的微段梁凹向上弯曲(即下边纵向受拉,上边纵向受压)时为正[见图4.8(c)],凹向下弯曲(即上边纵向受拉,下边纵向受压)时为负[见图4.8(d)]。按上述规定,不论考虑左段还是右段都是一致的。

按此规定,图4.7 (b)所示的 n-n 截面上的剪力和弯矩是正值。

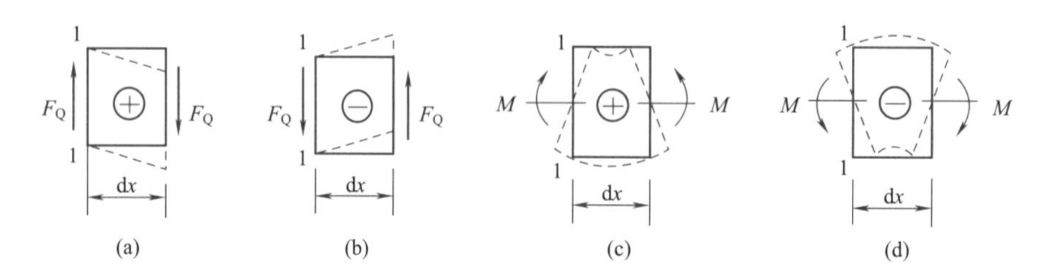

图 4.8

(2)用截面法求指定截面的剪力和弯矩。

【案例4.1】一外伸梁,梁上荷载如图4.9(a)所示。试用截面法求1-1、2-2截面上的内力。

解:①求支座反力,可得

$$\sum M_A=0,\quad F_B\times6-20\times3+3\times2=0,\quad F_B=9(\text{kN})$$

$$\sum F_y=0,\quad F_A+F_B-3-20=0,\quad F_A=14(\text{kN})$$

②取1-1截面左部分为分离体,如图4.9(b)所示。

$$\sum F_y=0,\quad -F_{Q1}+F_A-3=0,\quad F_{Q1}=11(\text{kN})$$

$$\sum M_{O1}=0,\quad M_1-F_A\times1+3\times3=0,\quad M_1=5(\text{kN}\cdot\text{m})$$

③取2-2截面右部分为分离体,如图4.9(c)所示。

$$\sum F_y=0,\quad F_{Q2}+F_B=0,\quad F_{Q2}=-9(\text{kN})$$

$$\sum M_{O2}=0,\quad -M_2+F_B\times1.5=0,\quad M_2=13.5(\text{kN}\cdot\text{m})$$

(3)求横截面的剪力和弯矩的简便方法。

求剪力:横截面上的剪力等于截面一侧所有外力在截面切线方向上的投影的代数和,外力使杆顺时针转为正,反之为负。

求弯矩:横截面上的弯矩等于截面一侧所有外力对截面中心的矩的代数和,外力使杆凹向上为正,反之为负。

用简便方法求案例4.1中梁的内力。

解:由案例4.1可知 $F_A=14$ kN,$F_B=9$ kN,所以梁的内力为

$F_{Q1}=F_A-3=11(\text{kN})$,　$M_1=F_A\times1-3\times3=5(\text{kN}\cdot\text{m})$(看左侧)

$F_{Q2}=-F_B=-9(\text{kN})$,　$M_2=F_B\times1.5=13.5(\text{kN}\cdot\text{m})$(看右侧)

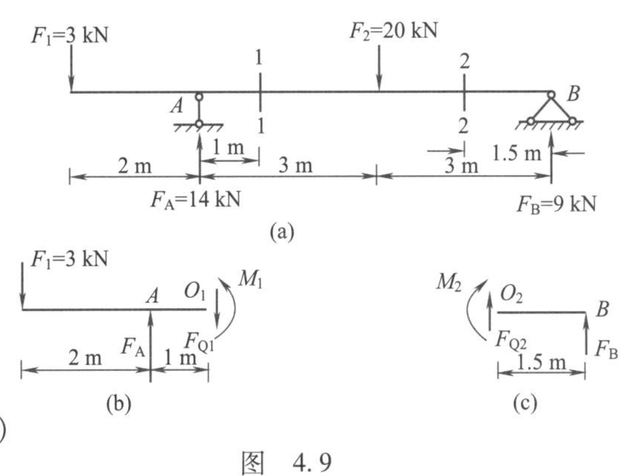

图　4.9

4.1.3　绘制梁的内力图

1. 用列方程的方法画剪力图和弯矩图

(1)列剪力方程和弯矩方程。一般情况下,梁上各横截面上的剪力和弯矩是不同的,它们随截面位置变化而变化,因此可以表示成截面位置坐标 x 的函数,即

$$F_Q=F_Q(x),\qquad M=M(x)$$

该函数可以反映出梁各横截面上剪力和弯矩的变化规律,分别称为剪力方程和弯矩方程。

(2)绘制剪力图和弯矩图。首先求出剪力和弯矩方程,然后根据方程画出剪力和弯矩图,剪力为正值时画在基线的上面;弯矩为正值时画在基线的下面。

【案例4.2】如图4.10所示的悬臂梁在自由端受集中荷载 F 作用,试作此梁的剪力图和弯矩图。

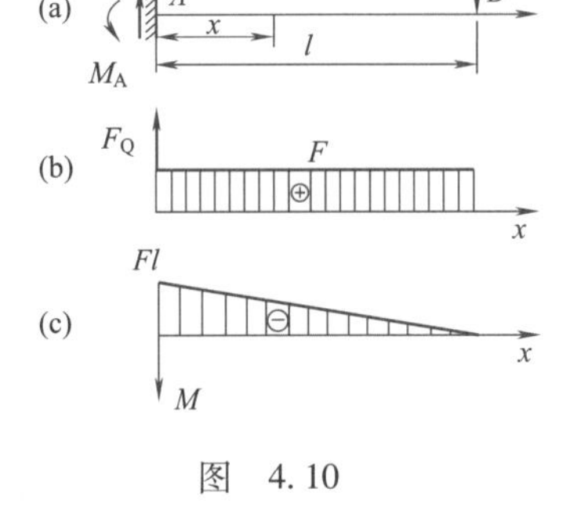

图　4.10

解:取梁为研究对象。

①求支座反力,可得

$$\sum F_y=0,\quad F_A-F=0,\quad F_A=F$$

$$\sum M_A=0,\quad M_A-F\cdot l=0,\quad M_A=Fl$$

②如图4.10(a)取坐标系,用简便方法列出内力方程:

$$F_Q(x)=F$$

$$M(x)=-F\ (l-x)$$

③画内力图。$F_Q(x)$ 为常量,因此剪力图是水平线,如图4.10(b)所示;$M(x)$ 是关于 x 的一次函数,弯矩图是斜直线,取两个端部截面的弯矩,即

$$M(0)=-Fl,\qquad M(l)=0$$

然后连线，所得图形如图4.10(c)所示。

【案例4.3】 图4.11(a)所示的悬臂梁，在全梁上受均布荷载作用，试作此梁的剪力图和弯矩图。

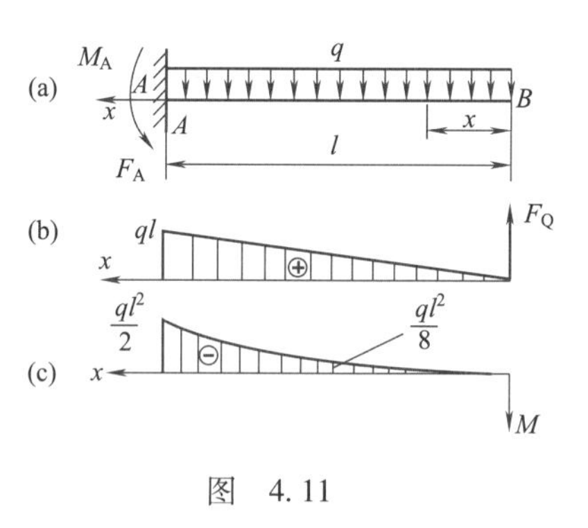

图 4.11

解：为了计算方便，取梁的右端为坐标原点，则 x 截面的剪力和弯矩方程分别为

$$F_Q(x)=q\cdot x\text{(最大值在固定端)}$$

$$M(x)=-q\cdot x\cdot x/2=-qx^2/2\text{(最大值在固定端)}$$

由此可知剪力图为一斜直线，弯矩图为二次抛物线。分别求出两个端部截面的剪力和弯矩，然后画出剪力图和弯矩图，如图4.11(b)、(c)所示。

【案例4.4】 试作图4.12(a)所示的简支梁的剪力图和弯矩图。

解：由于简支梁结构和荷载都对称，故两个支反力大小相等，即 $F_A=F_B=\dfrac{ql}{2}$

则 x 截面的剪力和弯矩方程分别为

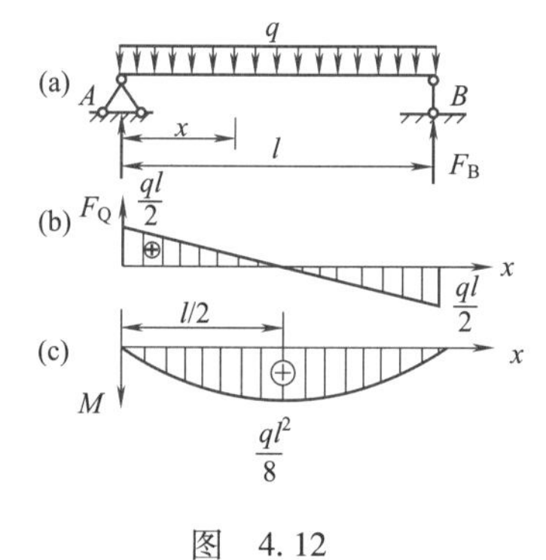

图 4.12

$$F_Q(x)=F_A-q\cdot x$$

$$M(x)=F_A\cdot x-\frac{qx^2}{2}$$

由此可知剪力图为一斜直线，弯矩图为二次抛物线。分别求出两个端部截面的剪力和弯矩，再求出弯矩图的最大值，然后画出剪力图和弯矩图，如图4.12(b)、(c)所示。

$$F_Q(0)=F_A=\frac{ql}{2},F_Q(l)=-\frac{ql}{2},$$

$$M(0)=0,M\left(\frac{l}{2}\right)=\frac{ql^2}{8},M(l)=0$$

【案例4.5】 试作图4.13(a)所示简支梁的内力图。

图 4.13

解：①求支座反力，可得

$$\sum M_A=0,F_B\cdot l-F\cdot a=0,\qquad F_B=\frac{Fa}{l}$$

$$\sum F_y=0,F_A+F_B-F=0,\qquad F_A=\frac{Fb}{l}$$

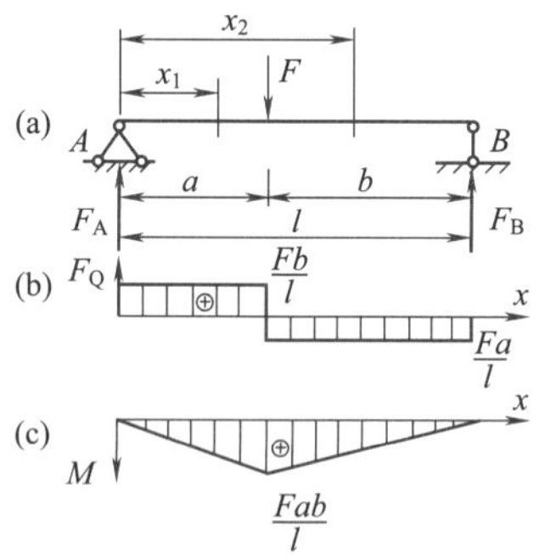

②分段列内力方程，并画内力图。

AC 段：$(0\leqslant x_1\leqslant a)$

$$F_Q(x_1)=F_A=\frac{Fb}{l}\qquad\text{(水平线)}$$

$$M(x_1)=F_A\cdot x_1=\frac{Fb}{l}\cdot x_1\qquad\text{(斜直线线)}$$

$$M(0)_{右}=0,\qquad M(a)_{左}=\frac{Fab}{l}$$

CB 段：$(a\leqslant x_2\leqslant l)$

$$F_Q(x_2)=-F_B=-\frac{Fa}{l}\qquad\text{(水平线)}$$

$$M(x_2)=F_B\cdot(l-x_2)=\frac{Fa(l-x_2)}{l}\qquad\text{(斜直线线)}$$

$$M(a)_{右}=\frac{Fab}{l},M(l)左=0$$

作内力图,如图4.13(b)、(c)所示。

从图4.13(b)可知,剪力图在集中力 F 作用处(C 处)是不连续的,C 处左侧截面的剪力为$\frac{Fb}{l}$,C 处右侧截面的剪力值为$\frac{Fa}{l}$,剪力图在 C 点发生了突变。从图上还可看到,该突变的绝对值,为 F,即等于梁上的集中力。这种现象为普遍情况,由此可得结论:在集中力作用处,剪力图发生突变,突变值等于该集中力的数值。因此,当说明集中力作用处的剪力时,必须指明是集中力的左侧截面还是右侧截面,两者是不同。上述不连续的情况,是由于假定集中力 F 是作用在一点上造成的。实际工程中不可能作用在一点上,而总是分布在梁的一小段长度上,若将力 F 按作用在梁的一小段长度上的均布荷载来考虑(见图4.14),剪力图就不会发生突变了。

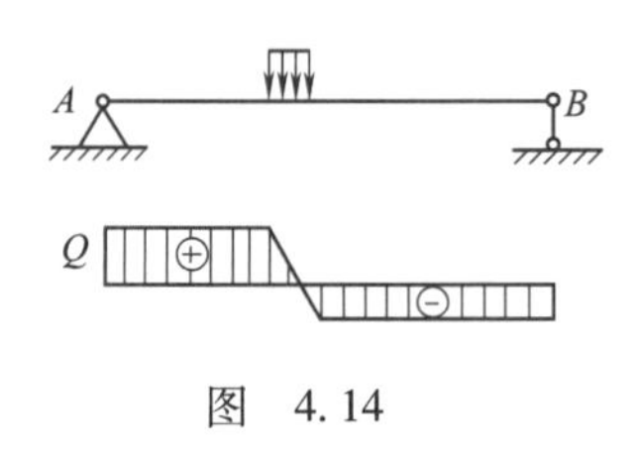

图　4.14

4. 弯矩、剪力与荷载集度间的关系

这里将要讨论梁的两种内力弯矩 $M(x)$ 与剪力 $F_Q(x)$ 之间以及它们与梁上分布荷载集度 $q(x)$ 之间的关系。由于内力是由梁上的荷载引起的,而弯矩、剪力和分布荷载的集度又都是 x 的函数,因此,三者之间一定存在着某种联系,下面具体推导三者间的关系。

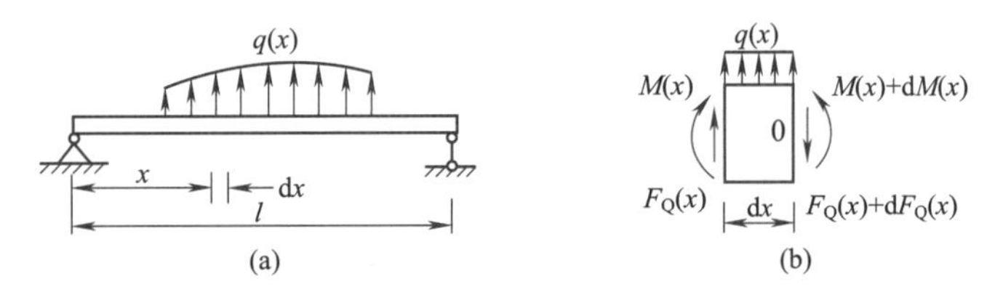

图　4.15

假设在图4.15(a)所示梁上作用有任意的分布荷载 $q(x)$,以向上为正,向下为负。我们取梁中的微段来研究。在距左端为 x 处,截取长为 dx 的微段梁(图9.15b),该微段梁左侧横截面上的剪力和弯矩分别为 $F_Q(x)$ 和 $M(x)$,右侧横截面上的剪力和弯矩则分别为 $F_Q(x)+\mathrm{d}F_Q(x)$ 和 $M(x)+\mathrm{d}M(x)$。此微段梁除两侧面存在剪力、弯矩外,在上面还作用有分布荷载。由于 dx 很微小,可不考虑 $q(x)$ 沿 dx 的变化而在微段上看成为均布荷载。梁处于平衡状态,截取的微段梁也应该是平衡的。即

$$\sum F_x=0,F_Q(x)+q(x)\cdot \mathrm{d}x-[F_Q(x)+\mathrm{d}F_Q(x)]=0$$

经整理得

$$\frac{\mathrm{d}F(x)}{\mathrm{d}x}=q(x) \tag{4.1}$$

$$\sum M_0=0,\qquad M(x)+\mathrm{d}M(x)-M(x)-F_Q(x)\cdot \mathrm{d}x-q(x)\cdot \mathrm{d}x\cdot \mathrm{d}x/2=0$$

略去 $q(x)\mathrm{d}x^2/2$,整理得

$$\frac{\mathrm{d}M(x)}{\mathrm{d}x}=F_Q(x) \tag{4.2}$$

由上两式推导得

$$\frac{\mathrm{d}^2M(x)}{\mathrm{d}x^2}=q(x) \tag{4.3}$$

以上三式就是弯矩、剪力、荷载集度间普遍存在的关系式。从数学分析可知,一阶导数的几何意义是代表函数图线上的切线斜率,式(4.1)和(4.2)分别代表剪力图和弯矩图上的切线斜率。由式(4.2)可知 $F_Q(x)=0$ 处,$M(x)$ 在该处有极值,当 $q(x)>0$ 时,$M(x)$ 取得极小值(二次抛物线凹向下),当 $q(x)<0$ 时,$M(x)$ 取得极大值(二次抛物线凹向上)。

5. 用简便方法画梁的剪力图和弯矩图

由弯矩、剪力与荷载集度间的微分关系,并结合前面的内容,可得出画梁的剪力图和弯矩图的简便方法:

(1)根据如下规律得出各杆段的剪力图和弯矩图的大致图形：

①$q(x)=0$ 时，剪力图为平行于轴线的水平线，弯矩图为斜直线。

②$q(x)=$ 常量时，剪力图为斜直线，弯矩图为二次抛物线。

③当 $q(x)<0$ 时，$M(x)$ 取得极大值(二次抛物线凹向上)，当 $q(x)>0$ 时，$M(x)$ 取得极小值(二次抛物线凹向下)。

④在集中力作用处，剪力图发生突变，突变值等于该集中力的数值，弯矩图有折点。

⑤在集中力偶作用处，剪力图无变化，弯矩图发生突变，突变值等于该集中力偶的数值。

⑥$F_Q(x)=0$ 处，$M(x)$ 在该处有极值，当 $q(x)>0$ 时，$M(x)$ 取得极小值；当 $q(x)<0$ 时，$M(x)$ 取得极大值。

(2)用简便方法求出各段控制截面的剪力和弯矩值。

(3)连接各截面内力值即得内力图。

【案例 4.6】 试作图 4.16(a)中梁的内力图。

解：①分段并分析出各段内力图的大致形状。

AB 段：剪力图为斜直线，弯矩图为二次抛物线；B 点没有集中力和力偶，内力图无突变。

BC 段：剪力图为水平线，弯矩图为斜直线。

②求各段控制截面的内力。

AB 段：$F_{QA}=4+8\times1.5=16(\text{kN})$

$F_{QB}=4(\text{kN})$

$M_A=-4\times3-8\times1.5\times1.5/2=-21(\text{kN}\cdot\text{m})$

$M_B=-4\times1.5=-6(\text{kN}\cdot\text{m})$

BC 段：$F_{QB}=4\ \text{kN}$，$M_C=0$

③连线即得内力图，如图 4.16(b)、(c)所示。

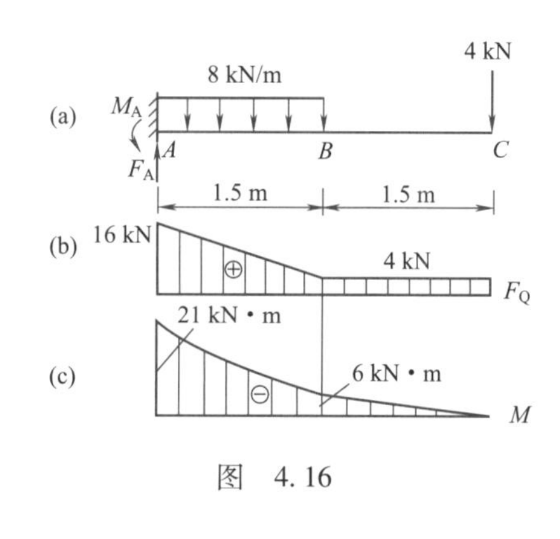

图 4.16

【案例 4.7】 画出图 4.17(a)中梁的内力图。

解：①求支座反力

$$\sum M_A=0,F_B\cdot5a-q\cdot7a\cdot7a/2=0,\qquad F_B=4.9qa$$

$$\sum F_y=0,F_A+F_B-q\cdot7a=0,\qquad F_A=2.1qa$$

②分段并分析出各段内力图的大致形状：

AB 段：剪力图为斜直线，弯矩图为二次抛物线；B 点有集中力，剪力图有突变，弯矩图有折点；B 点无集中力偶，弯矩图无突变。

BC 段：剪力图为斜直线，弯矩图为二次抛物线。

③求各段控制截面的内力。

AB 段：$F_{QA}=F_A=2.1qa$，　　$F_{QB左}=F_A-q\cdot5a=-2.9qa$

$M_A=0$，

$F_Q(x)=0,F_A-q\cdot x=0$，　　$x=2.1a$

$M_{max}=F_A\cdot2.1a-q\cdot2.1a\cdot2.1\ a/2=2.2\ qa^2$

$M_B=-q\cdot2a\cdot a=-2qa^2$

BC 段：$F_{QB右}=2qa$，

$M_B=-q\cdot2a\cdot a=-2qa^2$，　　$M_C=0$

④连线即得内力图，如图 4.17(b)、(c)所示。

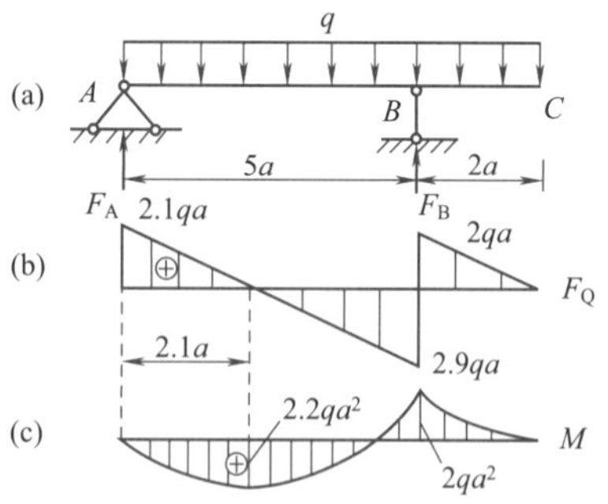

图 4.17

6. 用叠加法作剪力图和弯矩图

叠加法作剪力图和弯矩图的理论依据是叠加原理，所谓叠加原理，是指由几个外力共同作用时所引起的某一参数(内力、应力或变形)，等于每个外力单独作用时所引起的该参数值的代数和。

当梁上有几项荷载共同作用时，在线弹性、小变形情况下，梁的支座反力及内力等于每一项外力单独作用时所引起的支座反力及内力的代数和。下面举例说明作剪力图和弯矩图的叠加法。

【案例 4.8】 用叠加法画图 4.18(a)所示梁的剪力图和弯矩图。

解:先将梁上的每项荷载分开,如图 4.18(a)所示,分别作只有集中力和只有均布荷载作用下的剪力图和弯矩图。然后进行叠加即得所求,如图 4.18(b)、(c)所示。

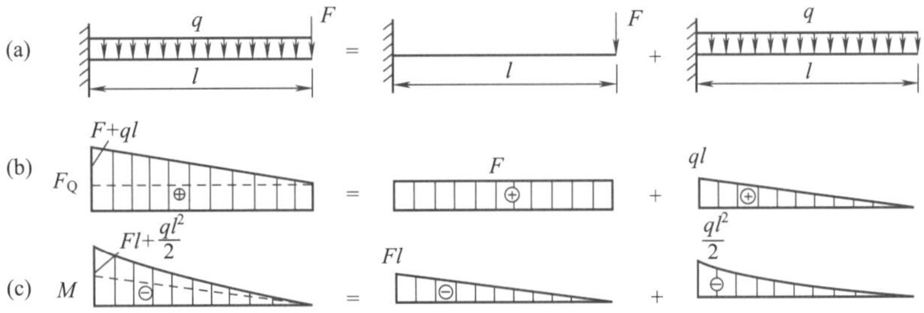

图　4.18

【案例 4.9】 用叠加法画图 4.19(a)所示梁的弯矩图。$M=\frac{ql^2}{8}$时,计算梁的极值弯矩和最大弯矩。

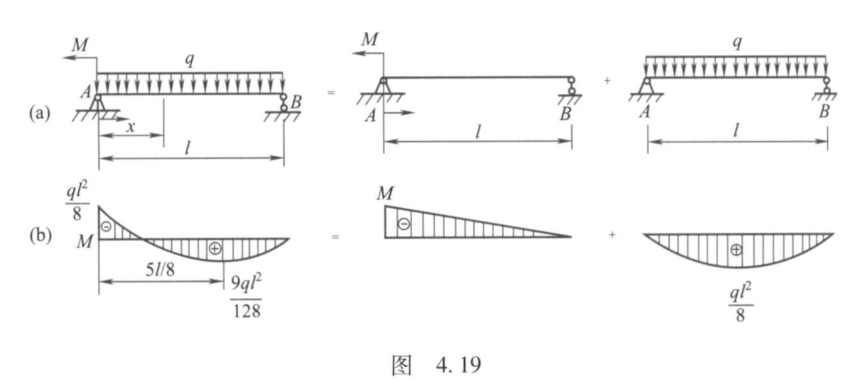

图　4.19

解:弯矩图见如图 4.19(b)所示,由叠加法可知

$$F_B=\frac{ql}{2}-\frac{ql}{8}=\frac{3ql}{8}$$

$$F_Q(x)=0,\ -\frac{3ql}{8}+q\cdot x=0,\qquad x=\frac{3l}{8}$$

因此极值弯矩为:$M=\frac{3ql\cdot 3l}{8\times 8}-q\cdot\frac{3l}{8}\cdot\frac{3l}{8}\cdot\frac{1}{2}=\frac{9ql^2}{128}$

由叠加弯矩图可知,若考虑正负时,全梁最大弯矩发生在 $F_Q(x)=0$ 处,其值为极值弯矩。

4.2　弯曲构件的强度计算

4.2.1　梁纯弯曲时横截面上的正应力

梁弯曲时,其横截面上一般产生两种内力——剪力和弯矩,与此相对应,横截面上存在着两种应力——剪应力和正应力。由于剪力是由沿着截面方向的分布内力组成的,因此,与剪力对应的应力为剪应力。而弯矩是位于梁的对称平面内的力偶矩,它只能是由截面上的法向分布内力组成,所以,与弯矩相对应的应力为正应力。下面首先研究正应力。

梁受力弯曲后,若其横截面上只有弯矩而无剪力,这种弯曲称为纯弯曲,图 4.20(a)所示的梁,其中间的 BC 段即为纯弯曲如图 4.20(b)所示。下面从纯弯曲的情况来推导梁的正应力公式。

1. 实验观察与分析

与圆杆扭转类似,梁弯曲时,正应力在横截面上的分布规律不能直接观察到,因此需要研究梁的变形情况。通过对变形的观察、分析,找出变形的分布规律,在此基础上,进一步找出应力的分布规律。

(1)实验现象。为了便于观察,用矩形截面的橡皮简支梁进行实验。先在梁的侧面画上一些水平的纵向线 *P-P*、*S-S* 等和与纵向线相垂直的横向线 *m-m*、*n-n* 等[见图 4.20(c)],然后在对称位置上加两个集中荷载 *F*[见图 4.20(b)]。梁弯曲后,在中间纯弯曲段可观察到下列现象:

①纵向直线(P'-P'、S'-S'等)均变为弧线,且靠上部的缩短,靠下部的伸长。

②横向线横向线(m'-m'、n'-n'等)仍为直线,且仍与弯曲了的纵向线正交,但相对转动了一个角度。

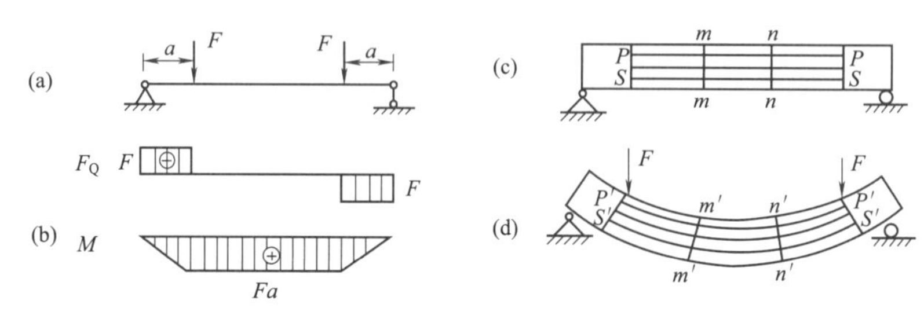

图 4.20

(2)实验分析。由观察到的实验现象可进行如下分析:

①认为 *m-m*、*n-n* 等代表变形前的横截面,由于变形后 m'-m'、n'-n'等仍为直线,因此可推断:梁的横截面在变形后仍为一平面,此推断称为平面假设。由于变形后 m'-m'、n'-n'等仍与纵向曲线正交,因而还可推断:横截面在变形后仍与梁的轴线正交。

②将梁看成为由一层层的纵向纤维所组成,由分析得出的平面假设及横断面于变形后仍与梁的轴线正交可推知:梁变形后,同一层的纵向纤维的长度相同,即同层各条纤维的伸长(或缩短)相同。

③由于上部各层纵向纤维缩短,下部各层纵向纤维伸长,而梁的变形又是连续的,因而中间必有一层既不伸长也不缩短,此层称为中性层。中性层与横截面的交线称为中性轴。由于荷载作用在梁的纵向对称面内,梁变形后仍对称于纵向对称面,故中性轴与横截面的竖向对称轴正交。

从梁的纯弯曲段内截取长为 d*x* 的微段[见图 4.21(a)],此微段梁变形后如图 4.21(b)所示。其左、右两侧面仍为平面,但相对转动了一个角度;上部各层缩短,下部各层伸长,中间某处存在一不伸不缩的中性层。

为了研究上的方便,在横截面上选取一坐标系,取竖向对称轴为引轴,中性轴为 *Z* 轴[见图 4.21(a)]。中性轴的位置尚待确定。

2. 正应力计算公式

公式的推导思路:先找出线应变 ε 的变化规律,通过胡克定律将线应变与正应力联系起来得到正应力的变化规律,再通过静力学关系将正应力与弯矩联系起来,从而导出正应力的计算公式。其过程与推导圆杆扭转的剪应力公式类似,仍是综合考虑几何、物理和静力学三个方面。

(1)几何方面。为了找线应变 ε 的规律,将图 4.21(b)改画为图 4.21(c)所示的平面图形。图 4.21(c)中曲线 o_1-o_2 在中性层上,其长度仍为原长 d*x*,现研究距中性层为 y 的任一层上纤维 k_1-k_2 的长度变化。点 y 位于中性层的下面,其伸长量为

$$\Delta s=\widehat{k_1k_2}-\mathrm{d}x=\widehat{k_1k_2}-\widehat{o_1o_2}$$

将曲线 o_1-o_2 和 k_1-k_2 圆弧线,则有

$$\widehat{o_1o_2}=\rho\mathrm{d}\theta$$

$$\widehat{k_1k_2}=(\rho+y)\mathrm{d}\theta$$

将其代入上式得

$$\Delta s=\widehat{k_1k_2}-\widehat{o_1o_2}=(\rho+y)\mathrm{d}\theta-p\mathrm{d}\theta=y\mathrm{d}\theta$$

纵向纤维 k_1-k_2 的相对伸长则为

$$\varepsilon=\frac{\Delta s}{\mathrm{d}x}=\frac{y\mathrm{d}\theta}{\rho\mathrm{d}\theta}=\frac{y}{\rho}$$

$$\varepsilon=\frac{y}{\rho} \tag{4.4}$$

式(4.4)即为线应变沿截面高度的变化规律。

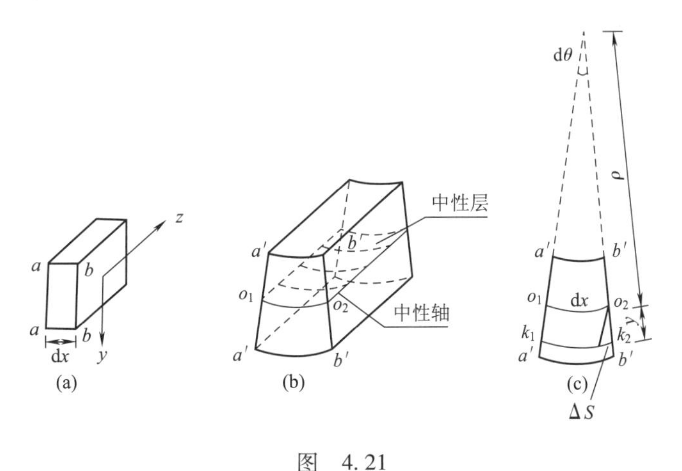

图　4.21

(2)物理方面。前面已设想梁是一层层的纵向纤维所组成,若各层纤维间没有挤压作用(互不挤压),则各条纤维均处于轴向拉伸或压缩状态,在弹性范围内正应力系为 $\sigma=\varepsilon\cdot E$(胡克定律)。将式(4.4)代人该式,便可得正应力沿截面高度的变化规律

$$\sigma=E\frac{y}{\rho} \tag{4.5}$$

式中:σ——横截面上任一点处的正应力;

E——材料的弹性模量;

y——横截面上任一点到中性轴的距离;

ρ——曲率半径。

式(4.5)表明,横截面上任一点处的正应力与该点到中性轴的距离成正比。

(3)静力学方面。式(4.5)虽然表明了正应力沿截面高度的分布规律,但还算不出各点的正应力值,因为中性轴的位置目前还不知道;另外,曲率 ρ 也属未知。这些问题可通过研究横截面上分布内力与各内力分量间的关系来解决。

在横截面上取微面积 $\mathrm{d}A$,其坐标为 z、y 见图 4.22,微面积上的法向内力可认为是均匀分布的,其集度即为正应力 σ,微面积上的法向微内力为 $\sigma\cdot\mathrm{d}A$,整个横截面上的法向微内力可组成下列三个内力分量

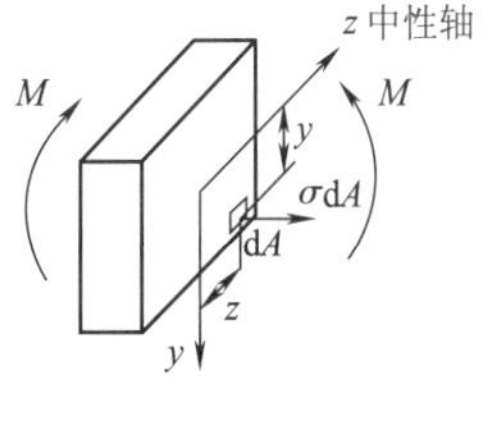

图　4.22

$$F_{\mathrm{N}}=\int_A\sigma\cdot\mathrm{d}A \qquad M_{\mathrm{y}}=\int_A z\sigma\cdot\mathrm{d}A \qquad M_{\mathrm{z}}=\int_A y\sigma\cdot\mathrm{d}A$$

将式(4.5)代入以上三式,并根据截面内力 $N=0$、$My=0$、$M_z=M$,得

$$\frac{E\int_A y\mathrm{d}A}{\rho}=0 \qquad \frac{E\int_A zy\mathrm{d}A}{\rho}=0 \qquad \frac{E\int_A y^2\mathrm{d}A}{\rho}=M$$

因为 $E/\rho\neq0$,所以有

$$\int_A y\mathrm{d}A=0 \qquad \int_A zy\mathrm{d}A=0$$

即

$$S_{\mathrm{z}}=\int_A y\mathrm{d}A=0 \qquad I_{\mathrm{yz}}=\int_A zy\mathrm{d}A=0$$

由上两式可知中性轴是形心主轴。

又由于 $I_z = \int_A y^2 \mathrm{d}A = 0$，因此得

$$\frac{1}{\rho} = \frac{M}{EI_z} \tag{4.6}$$

由式(4.6)可知，曲率 $k = \frac{1}{\rho}$ 与 M 成正比，与 EI_z 成反比，这表明：梁在纯弯曲时，横截面上的弯矩越大，梁的弯曲程度越大；而 EI_z 值越大，梁越不易弯曲。因此 EI_z 称为梁的抗弯刚度，其物理意义是表示梁抵抗弯曲变形的能力。

式(4.6)不仅在这里推导正应力公式时要用到，而且该式也是弯曲理论中的一个重要关系式，在下一节研究梁的变形以及后面研究压杆稳定时，都将要用到它。

(4)正应力公式。将式(4.6)代入式(4.5)得纯弯曲时横截面上一点的正应力计算公式

$$\sigma = \frac{M}{I_z} y \tag{4.7}$$

式中：M——横截面上的弯矩；

I_z——截面对中性轴的惯性矩；

y——欲求应力点到中性轴的距离。

由式(4.7)可知正应力 σ 与 y 成正比，与 I_z 成反比；正应力沿截面高度成线性分布，距中性轴越远其值越大，中性轴上各点应力等于零。横截面上正应力的分布规律如图 4.23 所示。公式中的 M 和 y 均为代数量，在应用该式时，为了简便和不容易发生错误。可不考虑其正负号，均以绝对值代入，最后由梁的变形情况来确定该点是拉应力还是压应力。当截面上的弯矩为正时，梁下边受拉，上边受压，即中性轴以下为拉应力，中性轴以上为压应力；当截面上的弯矩为负时，则相反。

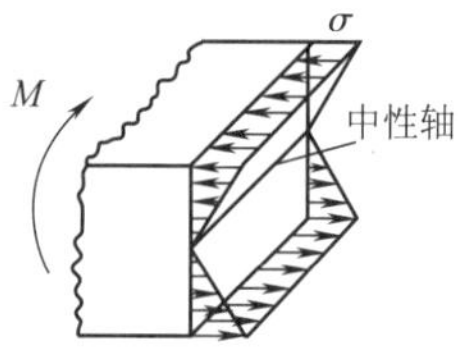

图 4.23

若将公式(4.7)求最大值写成

$$\sigma_{max} = \frac{M_{max}}{I_z} y_{max}$$

令 $W_z = \frac{I_z}{y_{max}}$，则有

$$\sigma_{max} = \frac{M_{max}}{W_z} \tag{4.8}$$

式中：W_z——截面的抗弯模量。对于矩形截面 $W_z = \frac{bh^2}{6}$，圆形截面 $W_z = \frac{\pi D^3}{32}$。

4.2.2 纯弯曲理论的推广，梁的正应力强度条件

1. 纯弯曲理论的推广

正应力的计算公式(4.7)是在纯弯曲的条件下推导的，而梁弯曲时，截面上的内力不仅有弯矩还有剪力，有剪力的弯曲称为横力弯曲，简称为横弯曲。横弯曲时，梁横截面上不但有正应力还有剪应力，由于有剪应力，梁变形后横截面不再是平面，将发生翘曲。另外，梁的各纵向纤维间还存在挤压应力。所以梁在纯弯曲时作的平面假设在横力弯曲中已不再成立。经实验结果证明，对于跨度 L 与横截面高度 h 之比大于 5 的梁，横截面上的最大正应力可按纯弯曲时的公式(4.7)来计算，误差很小，精度能够满足工程要求。所以，此时纯弯曲理论可以推广应用到横弯曲中，跨高比越大，计算结果越精确。因此，公式(4.7)中的 M 即为所求点所在截面上的弯矩。公式(4.7)是从矩形截面梁导出的，但对截面为其他对称形状的梁，也都适用。

2. 梁的正应力强度条件

梁上的最大工作正应力应不超过材料的许用应力，即

$$\sigma_{max} = \frac{M_{max}}{W_{max}} \leqslant [\sigma] \tag{4.9}$$

式中：σ_{max}——梁上的最大工作正应力；

M_{max}——梁上横截面中最大弯矩；

W_z——横截面的抗弯模量；

$[\sigma]$——弯曲时材料的许用应力。

【案例 4.10】 如图 4.24(a)所示，一简支梁跨中作用集中荷载，若$[\sigma]_l=30$ MPa，$[\sigma]_c=60$ MPa，试按正应力校核该梁的强度。

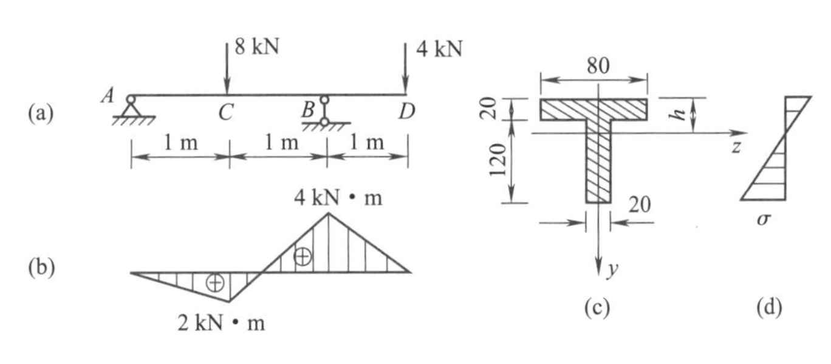

图　4.24

解：取梁为研究对象。

①画出弯矩图，如图 4.24(b)所示。

$$M_B=-4\ \text{kN}\cdot\text{m}$$

$$M_c=2\ \text{kN}\cdot\text{m}$$

②计算形心坐标 h 及截面对中性轴的惯性矩，如图 4.24(c)所示。

$$h=\frac{A_1y_1+A_2y_2}{A_1+A_2}=\frac{8\times2\times1+12\times2\times8}{8\times2+12\times2}=5.2\ (\text{cm})$$

$$I_z=\frac{8\times2^3}{12}+(5.2-1)^2\times8\times2+\frac{2\times12^3}{12}+(8-5.2)^2\times12\times2=763\ (\text{cm}^4)$$

③校核强度。图 4.24(d)所示为正应力沿截面高度的分布规律，可以看出最大压应力在 B 截面的下边缘，即

$$\sigma_{max}=\frac{M_{max}\cdot y_c}{I_z}=\frac{4\times10^{-3}\times8.8\times10^{-2}}{763\times10^{-8}}=46.1(\text{MPa})<[\sigma]_c=60(\text{MPa})$$

由于 $M_c\cdot(140-h)=17.6<M_B\cdot h=4\times5.2=20.8$，则最大拉应力在 B 截面的上边缘，即

$$\sigma_{max}=\frac{M_{max}\cdot y_l}{I_z}=\frac{4\times10^{-3}\times5.2\times10^{-2}}{763\times10^{-8}}=27.3(\text{MPa})<[\sigma]_l=30(\text{MPa})$$

该梁满足正应力强度要求。

【案例 4.11】 如图 4.25(a)所示一外伸梁作用有均布荷载，若$[\sigma]=140$ MPa，试按正应力强度条件选择工字钢号。

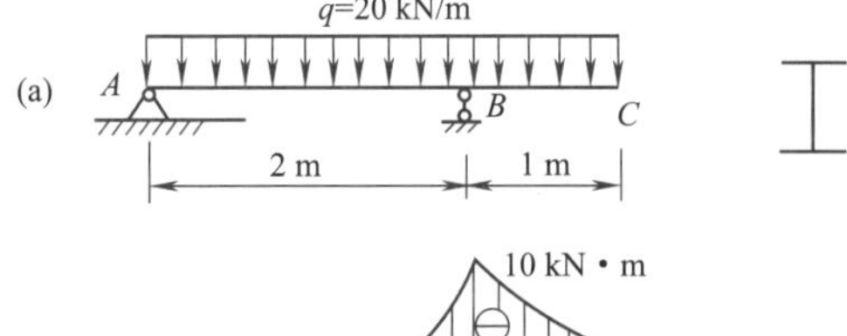

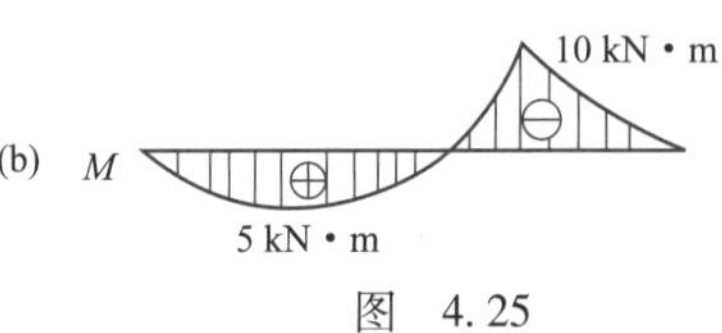

图　4.25

解：取梁为研究对象。

①画出弯矩图，如图 4.25(b)所示。

$$M_{max}=10\ \text{kN}\cdot\text{m}$$

②选择截面。由 $\sigma_{max}=\dfrac{M_{max}}{W_z}\leqslant[\sigma]$ 得

$$W_z\geqslant\frac{M_{max}}{[\sigma]}=\frac{10\times10^{-3}}{140}=71.43\times10^{-6}(\text{m}^3)=71.43(\text{cm}^3)$$

查附表 A 所示的工字型型钢表，选型号为 12.b 工字钢，$W_z=77.5\ \text{cm}^3>71.43\ \text{cm}^3$。

4.2.3 矩形截面梁的剪应力

矩形截面梁剪应力公式的推导，是在研究正应力的基础上并采用了下列两条假设的前提下进行的。

第一，截面上各点剪应力的方向都平行于截面上剪力 F_Q 的方向。

第二，剪应力沿截面宽度均匀分布，即距中性轴等距离各点处的剪应力相等。

由弹性力学进一步的研究可知，以上两条假设对于高度大于宽度的矩形截面是足够准确的。有了这两条假设，对剪应力的研究可大为简化，只需运用静力学平衡条件，即可导出剪应力的计算公式。

图 4.26 表示一承受任意荷载的矩形截面梁，其截面高为 h、宽为 b，在梁上任取一横截面 a-a，现研究该截面上距中性轴为 y 的水平线处的剪应力。根据上述假设可知，cc_1 线上各点的剪应力大小相等、方向都平行于 y 轴。

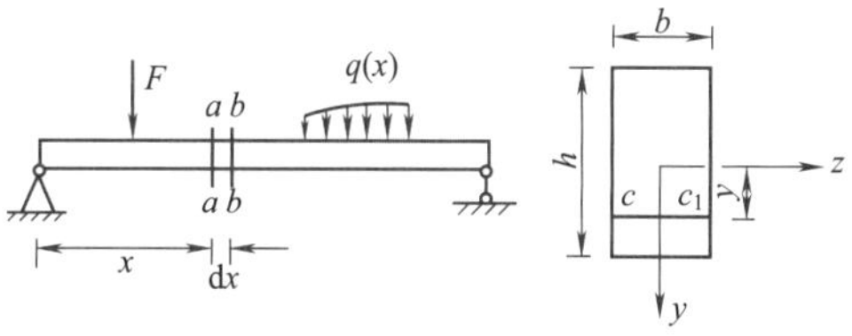

图 4.26

通过 a-a、b-b 两个横截面截取一微段梁，其长度为 dx，该微段梁两侧面上的内力如图 4.27(a)所示：左侧 a-a 面上存在剪力 F_Q 和弯矩 M(假定内力 M 为正值)，右侧截面上的剪力和弯矩则为 F_Q 和 $M+dM$(微段梁上没有横向外力)，故左、右两侧面上的剪力相同；左、右两侧截面的位置相差 dx，故二截面上的弯矩不同。微段梁两侧面上的应力情况如图 4.27(b)所示，截面上的正应力大于 a-a 截面上相应位置的正应力。

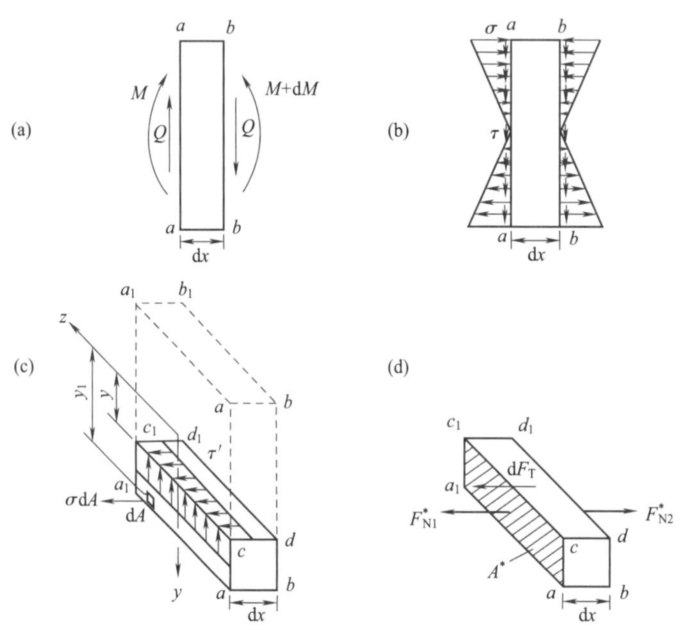

图 4.27

我们的目的是计算 a-a 截面 c-c_1 线上各点的剪应力 τ，但直接求有困难，因为不容易将剪应力 τ 与内力 F_Q 直接联系起来，所以采用如下的办法：用过 c-c 的水平面 cbb_1c_1 将微段梁截开，并保留其下部分离体，如图 4.27(c)所示，由于分离体侧面上存在竖向剪应力 τ，根据剪应力互等定理可知，在分离体的顶面 cc_1d_1d 上也一定存在水平方向的剪应力 τ'，且 $\tau'=\tau$，如果能求得 τ'，也就求得了 τ。剪应力 τ' 可通过分离体的平衡条件求得。作用在分离体上的力如图 4.27(d)所示(分离体上的竖向力末画出)F_{N1}^* 和 F_{N2}^* 分别代表分离体左侧面和右侧面上法向内力的总和，dF_T 代表其顶面上切向内力的总和。考虑分离体平衡，由 $\sum F_x=0$ 得

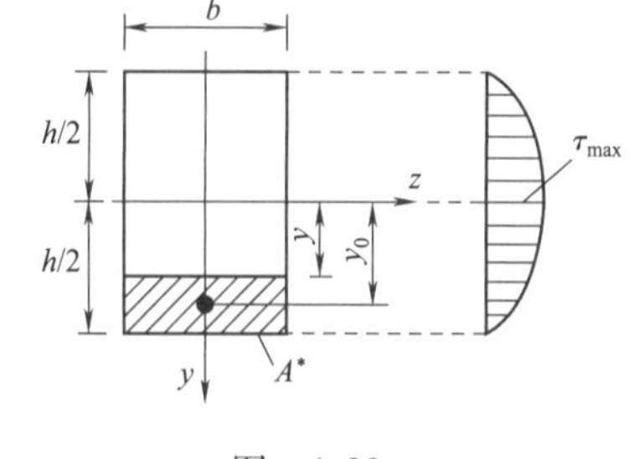

图 4.28

$$F_{N2}^* - F_{N1}^* - dF_T = 0 \tag{4.10}$$

合力 F_{N1}^*、F_{N2}^* 可通过下列积分求得

$$F_{N}^{*}=\int_{A*}\sigma\cdot dA \tag{4.11}$$

式中：σdA——分离体左侧微面积 dA 上的法向内力；

A^*——分离体左侧面(a_1acc_1)的面积。

将 $\sigma=\frac{M\cdot y}{I_z}$代入(4.11)式，得

$$F_{N1}^{*}=\frac{M}{I_z}\int_{A*}y\cdot dA=\frac{M\cdot S_z^*}{I_z}$$

$$F_{N2}^{*}=\frac{M+dM}{I_z}\int_{A*}y\cdot dA=\frac{(M+dM)\cdot S_z^*}{I_z}$$

将上述两式代入(4.10)式，得矩形截面梁横截面上任一点的剪应力计算公式

$$\frac{dM\cdot S_z^*}{I_z}=dF_T=\tau'\cdot bdx$$

$$\frac{dM}{dx}=F_Q$$

$$\tau'=\frac{F_Q\cdot S_z^*}{b\cdot I_z}$$

$$\tau=\frac{F_Q\cdot S_z^*}{b\cdot I_z} \tag{4.12}$$

式中：τ——距中性轴为 y 处的剪应力；

F_Q——横截面上的剪力；

I_z——截面对中性轴的惯性矩；

b——截面的宽度；

S_z^*——面积 A^* 对中性轴的静矩，A^* 是过欲求应力点的水平线与截面边缘间的面积。

剪力均为代数量，但在利用式(4.12)计算剪应力时 F_Q和静矩 S_z^* 均用其绝对值代入，剪应力的方向可由剪力的方向来确定，即与 F_Q的方向一致。

下面讨论剪应力沿截面高度的分布规律。对同一截面来说，式(4.12)中的 F_Q、I_z均为常量，只有 S_z^* 是随着欲求应力点到中性轴的距离不同而变化。面积 A^* 对中性轴的静矩(见图4.42)为

$$S_z^*=\left(\frac{h}{2}-y\right)\cdot b\cdot\left(y+\frac{\frac{h}{2}-y}{2}\right)=b\cdot\frac{\frac{h^2}{4}-y^2}{2}$$

将上式及 $I_z=\frac{bh^3}{12}$代入式(4.12)，得

$$\tau=6F_Q\cdot\frac{\frac{h^2}{4}-y^2}{bh^3} \tag{4.13}$$

式(4.13)表明，剪应力沿截面高度按二次抛物线规律变化，如图4.28所示，即矩形截面上的最大剪应力发生在中性轴处个点，$\tau_{max}=\frac{3F_Q}{2bh}=\frac{3F_Q}{2A}$，而截面上下边缘处个点剪应力为零。

4.2.4　其他形状截面梁的剪应力

1. 工字形截面

工字形截面是由上下翼缘及中间腹板组成的(见图4.29)，腹板和翼缘上都存在剪应力。

(1)腹板上的剪应力。腹板为矩形，其高度远大于宽度，上节推导矩形截面剪应力所采用的两条假设，对工字形截面的腹板来说，也是适用的。按照上节的同样办法，可导出腹板的剪应力计算公式，其形式与矩形截面的完全相同，即矩形截面梁横截面上任一点的剪应力计算公式为

$$\tau = \frac{F_{Q\max} \cdot S_{z\max}^*}{b_1 \cdot I_z} \tag{4.14}$$

式中：τ——距中性轴为 y 处的剪应力；

F_Q——横截面上的剪力；

I_z——工字形截面对中性轴的惯性矩；

b_1——腹板的宽度；

S_z^*——面积 A^* 对中性轴的静矩，A^* 是过欲求应力点的水平线与截面边缘间的面积。

剪应力沿腹板高度的分布规律如图 4.29(a)中所示，仍是按抛物线规律分布，最大剪应力仍发生在截面的中性轴上，但最大剪应力与最小剪应力相差不大。

(2)翼缘上的剪应力。翼缘上剪应力的情况比较复杂，既存在竖向剪应力(分量)，又存在水平剪应力(分量)。其中竖向剪应力很小，分布情况又很复杂，一般均不予考虑，水平剪应力值与腹板上的剪应力值相比，也是很小的，这里只介绍水平剪应力方向的判定。

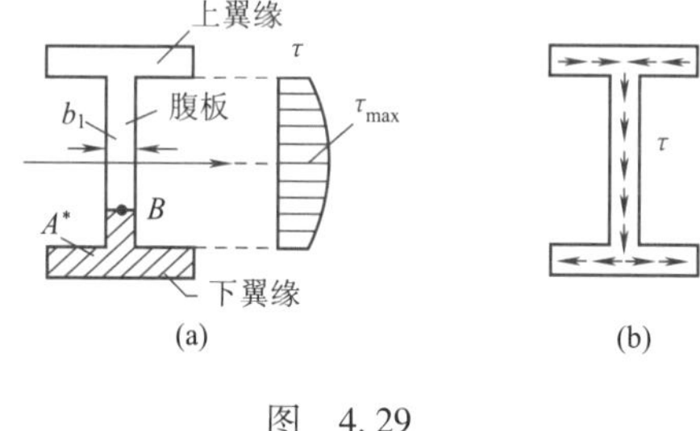

图 4.29

翼缘上水平剪应力的方向与腹板上竖向剪应力的方向之间存在着一定的关系，它们组成“剪应力流”，即截面上各点剪应力的方向像水管中的干管与支管中的水流方向一样。例如，当知道腹板(相当于干管)上的剪应力方向为向下时，上下翼缘(相当于支管)上的剪应力方向如图 4.29(b)所示。因此，只要知道腹板上竖向剪应力的方向，便可确定翼缘上水平剪应力的方向。

对于开口薄壁截面，其横截面上各点剪应力的方向均符合“剪应力流”规律，如图 4.30 所示。

2. T 形截面

T 形截面(见图 4.31)可视为由两个矩形组成的截面，下面的狭长矩形也称为腹板，该部分上的剪应力仍按式(4.14)计算。

剪应力沿腹板高度按抛物线规律分布，最大剪应力仍发生在截面的中性轴上。

3. 圆形截面

圆形截面上的剪应力情况比较复杂，这里不作详细讨论，只介绍最大竖向剪应力的计算公式和最大竖向剪应力的所在位置。

圆形截面的最大竖向剪应力也发生在中性轴上(见图 4.32)，并沿中性轴均匀分布，其值为

$$\tau_{\max} = \frac{4F_Q}{3A} \tag{4.15}$$

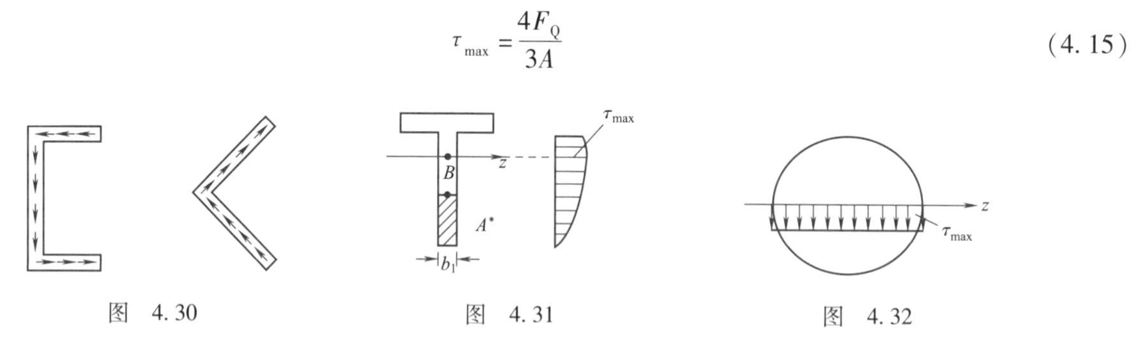

图 4.30　　图 4.31　　图 4.32

式中：F_Q——横截面上的剪力；

A——圆形截面的面积。

4.2.5 梁的剪应力强度条件

与梁的正应力强度一样，为了保证梁能安全地工作，梁在荷载作用下产生的最大剪应力不能超过材料的许用剪应力。综上所述，横截面上的最大剪应力一般均发生在中性轴上，其值为

$$\tau = \frac{F_Q \cdot S_{z\max}^*}{b \cdot I_z}$$

而对全梁来说，最大剪应力发生在剪力最大的截面上，即

$$\tau = \frac{F_{Q\max} \cdot S_{z\max}^{*}}{b \cdot I_z}$$

梁的剪应力强度条件则为

$$\tau = \frac{F_{Q\max} \cdot S_{z\max}^{*}}{b \cdot I_z} \leqslant [\tau] \tag{4.16}$$

式中：$\tau_{\max}$——梁内最大剪应力；

$F_{Q\max}$——梁内最大剪力；

$S_{z\max}^{*}$——梁横截面对中性轴的最大静矩；

b——梁内最大剪应力点所在位置的宽度；

I_z——梁横截面对中性轴的惯性矩；

$[\tau]$——材料的许用剪应力。

在进行梁的强度计算时，必须同时满足正应力和剪应力强度条件。在一般情况下，梁的强度多是由正应力强度来控制，因此，在选择梁的截面时，一般都是先按正应力强度来选择，然后再按剪应力强度条件进行校核。但在少数的特殊情况下，梁的剪应力强度也可能起控制作用。例如，当梁的跨度很小或在梁的支座附近有很大的集中力作用时，此时梁中的最大弯矩值比较小而剪力值却很大，梁的剪应力强度就可能起控制作用。又如，在组合工字钢梁中，若腹板的厚度很小，腹板上的剪应力值比较大，如果最大弯矩值又比较小，这时剪应力强度也可能起控制作用。再如：在木梁中，由于木材的顺纹抗剪能力弱，当截面上的剪应力很大时，木梁也可能沿中性层损坏。

【案例 4.12】 图 4.33 中，已知 $b = 110$ mm，$h = 150$ mm，材料的容许应力 $[\sigma] = 10$ MPa，$[\tau] = 1.1$ MPa，试校核该梁的强度。

解：分别校核梁正应力强度和剪应力强度。首先画出梁的剪力图和弯矩图如图 4.33 所示。

①校核正应力强度

$$\sigma_{\max} = \frac{M_{\max}}{W_z} = \frac{4 \times 10^{-3} \times 6}{0.11 \times 0.15^2} = 9.7 \text{ MPa} < [\sigma] = 10 \text{ MPa}$$

该梁满足正应力强度条件。

②校核剪应力强度

$$\tau_{\max} = \frac{3F_{Q\max}}{2bh} = \frac{3 \times 4 \times 10^{-3}}{2 \times 0.11 \times 0.15} = 0.36 \text{ MPa} < [\tau] = 1.1 \text{ MPa}$$

该梁满足剪应力强度条件。

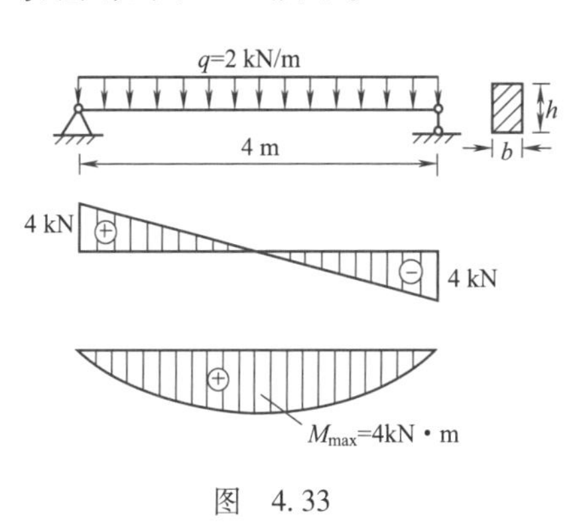

图 4.33

4.2.6　提高弯曲强度的措施

如前所述，弯曲正应力是影响弯曲强度的主要因素。根据弯曲正应力的强度条件

$$\sigma_{\max} = \frac{M\max}{W_z} \leqslant [\sigma] \tag{4.17}$$

上式可以改写成内力的形式

$$M_{\max} \leqslant [M] = W_z[\sigma] \tag{4.18}$$

式(4.18)的左侧是构件受到的最大弯矩，式(4.18)的右侧是构件所能承受的许用弯矩。由式(4.17)和式(4.18)可以看出，提高弯曲强度的措施主要是从三方面考虑：减小最大弯矩、提高抗弯截面系数和提高材料的力学性能。

1. 减小最大弯矩

(1)改变加载的位置或加载方式。可以通过改变加载位置或加载方式达到减小最大弯矩的目的。如当集中力作用在简支梁跨度中间时，如图 4.34(a)所示，其最大弯矩为 $PL/4$；当载荷的作用点移到梁的一侧，如距左侧 $\frac{1}{6}l$ 处[见图 4.34(b)]，则最大弯矩变为 $\frac{5}{36}Fl$，是原最大弯矩的 0.56 倍。当载荷的位置不能改变时，可以把集中力分散成较小的力，或者改变成分布载荷，从而减小最大弯矩。例如利用副梁把作用于跨中的集中力分散为两个集中力[见图 4.34(c)],而使最大弯矩降低为$\frac{1}{8}Fl$。利用副梁来达到分散载荷,减小最大弯矩是工程中经常采用的方法。

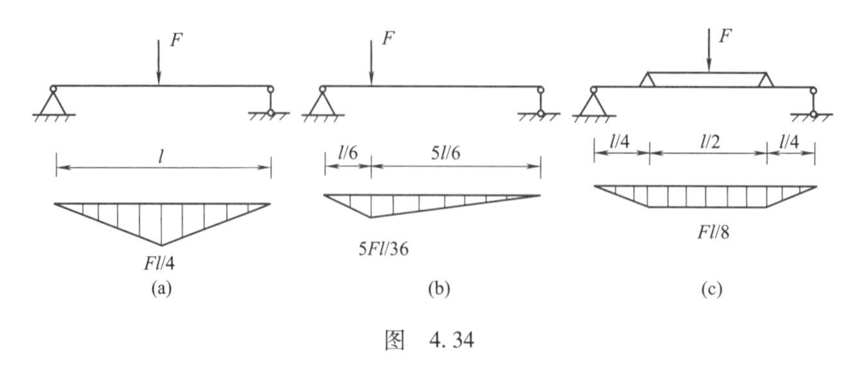

图 4.34

(2)改变支座的位置。可以通过改变支座的位置来减小最大弯矩。例如图 4.35(a)所示受均布载荷的简支梁,$M_{\max}=\frac{1}{8}ql^2=0.125ql^2$。若将两端支座各向里移动 0.2$l$[如图 4.35(b)],则最大弯矩为 $M_{\max}=(0.125\times0.36-0.2\times0.1)ql^2=0.025ql^2$,减小为只有前者的$\frac{1}{5}$。

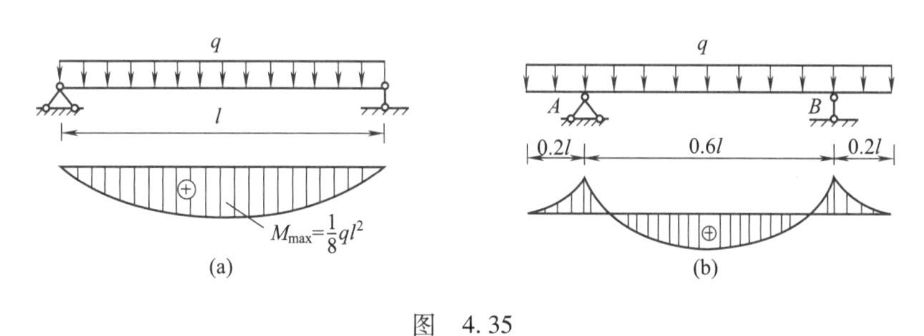

图 4.35

2. 提高抗弯截面系数

(1)选用合理的截面形状。在截面积 A 相同的条件下,抗弯截面系数 W_z 愈大,则梁的承载能力就越高。例如对截面高度 h 大于宽度 b 的矩形截面梁,梁竖放时 $W_1=\frac{1}{6}bh^2$;而梁平放时,$W_2=\frac{1}{6}hb^2$。两者之比是$\frac{W_1}{W_2}=\frac{h}{b}>1$,所以竖放比平放有较高的抗弯能力。当截面的形状不同时,可以用比值$\frac{W}{A}$来衡量截面形状的合理性和经济性。常见截面的$\frac{W}{A}$值如表 4.1 所示。

表 4.1 常见截面的 W/A 值

矩形	圆形	环形	槽形	工字钢
h b	h	h	h	h
0.167h	0.125h	0.205h	(0.27 − 0.31)h	(0.29 − 0.31)h

表中的数据表明,材料远离中性轴的截面(如圆环形、工字形等)比较经济合理。这是因为弯曲正应力沿截面高度线性分布,中性轴附近的应力较小,该处的材料不能充分发挥作用,将这些材料移到离中性轴较远处,则可使它们得到充分利用,形成"合理截面"。工程中的吊车梁、桥梁常采用工字形、槽形或箱形截面,房屋建筑中的楼板采用空心圆孔板,道理就在于此。需要指出的是,对于矩形,工字形等截面,增加截面高

度虽然能有效地提高抗弯截面系数；但若高度过大，宽度过小，则在载荷作用下梁会发生扭曲，从而使梁过早的丧失承载能力。

对于拉、压许用应力不相等的材料（如大多数脆性材料），采用 T 字形等中性轴距上下边不相等的截面较合理。设计时使中性轴靠近拉应力的一侧，以使危险截面上的最大拉应力和最大压应力尽可能同时达到材料的许用应力。

（2）用变截面梁。对于等截面梁，除 M_{max} 所在截面的最大正应力达到材料的许用应力外，其余截面的应力均小于，甚至远小于许用应力。因此，为了节省材料，减轻结构的重量，可在弯矩较小处采用较小的截面，这种截面尺寸沿梁轴线变化的梁称为变截面梁。若使变截面梁每个截面上的最大正应力都等于材料的许用应力，则这种梁称为等强度梁。考虑到加工的经济性及其他工艺要求，工程实际中只能做成近似的等强度梁，例如机械设备中的阶梯轴［见图 4.36(a)］，摇臂钻床的摇臂［见图 4.36(c)］及工业厂房中的鱼腹梁［见图 4.36(b)］等。

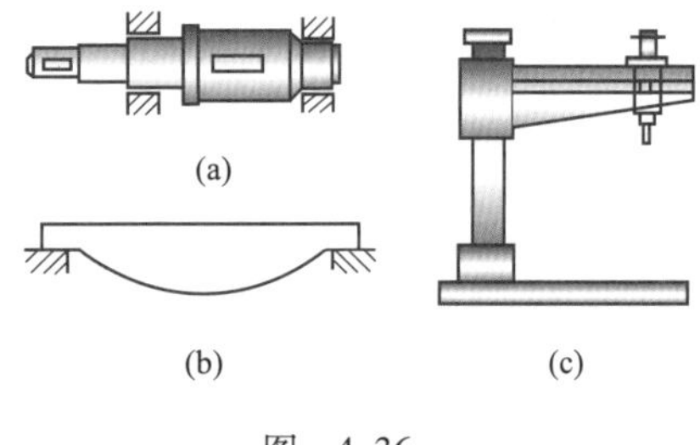

图 4.36

3. 提高材料的力学性能

构件选用何种材料，应综合考虑安全、经济等因素。近年来低合金钢生产发展迅速，如 16Mn、15MnTi 钢等。这些低合金钢的生产工艺和成本与普通钢相近，但强度高、韧性好。南京长江大桥大量采用了 16Mn 钢，与低碳钢相比节约了 15% 的钢材。铸铁抗拉强度较低，但价格低廉。铸铁经球化处理成为球墨铸铁后，提高了强度极限和塑性性能。不少工厂用球墨铸铁代替钢材制造曲轴和齿轮，取得了较好的经济效益。

4.2.7 薄壁截面的弯曲中心

对于薄壁截面梁，若横向力作用在纵向对称面内，梁将发生平面弯曲。若横向力没作用在对称平面内，则力必须通过截面上某一特定的点，该点称为弯曲中心，且平行于形心主轴时，梁才能发生平面弯曲。否则，梁在发生弯曲的同时，还将发生扭转。

确定弯曲中心的方法是，先假定在横向力作用下梁发生平面弯曲，研究此时横截面上的剪应力分布，求出剪应力的合力作用点，此即弯曲中心。再根据内外力的关系，确定产生平面弯曲的加载条件。

现以图 4.37 所示的槽形截面悬臂梁为例，说明确定弯曲中心的方法。设横向力 F 通过点 A，且平行于形心主轴 y，梁发生平面弯曲而没有扭转图 4.37(a)。此时梁的横截面上不但有正应力，还有剪应力。除腹板上有垂直剪应力外，在翼缘上还将产生水平剪应力。由于翼缘很薄，对水平剪应力 τ_1 同样假定：(1)剪应力平行于翼缘的周边；(2)沿翼缘厚度均匀分布［见图 4.37(b)］。为了分析水平剪应力，以相距为 dx 的两横截面及垂直于翼缘中线的纵截面自翼缘上截取一微段，微段横截面上作用有正应力的合力 F_{N1}、F_{N2}，在截开的纵截面上作用有剪应力 τ'［见图 4.37(c)］。其中

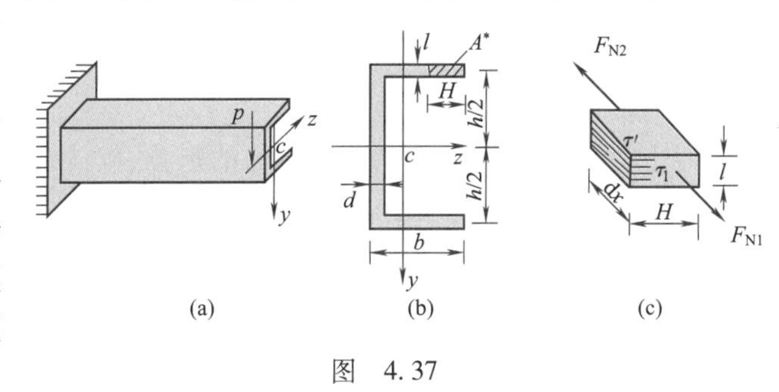

图 4.37

$$F_{N1} = \int_{A^*} \frac{My}{I_z} dA$$

$$F_{N2} = \int_{A^*} \frac{(M + dM)y}{I_z} dA$$

根据剪应力成对定理和微段沿 x 方向的平衡条件 $F_x = 0$，有

$$F_{N2} - F_{N1} - \tau' t dx = 0$$

$$\tau_1 = \tau' = \frac{F_Q \cdot S_z^*}{t \cdot I_z} \tag{4.19}$$

水平剪应力的计算公式与腹板上垂直剪应力的计算公式完全相同，式中 $S_z^* = \frac{h}{2}tu$，可见水平剪应力沿翼缘线性分布。同样可求出下翼缘上水平剪应力的方向与分布规律。由图 4.38(a)可以看出，剪应力沿截面中线形成"剪应力流"。

上翼缘水平剪应力的合力为 F_{Q1}，下翼缘水平剪应力的合力为 F_{Q2}，$F_{Q2}=F_{Q1}$但与 F_{Q1}的方向相反；腹板垂直剪应力的合力 $F_{Q3}=F_Q$（图 4.38b）。根据合力之矩定理，F_{Q1}、F_{Q2}和 F_{Q3}的合力

作用点应在距腹板中线为 e 的 A 点处，由平衡条件可以推导出 e 的计算公式

$$e=\frac{h^2b^2t}{4I_z}$$

图 4.38

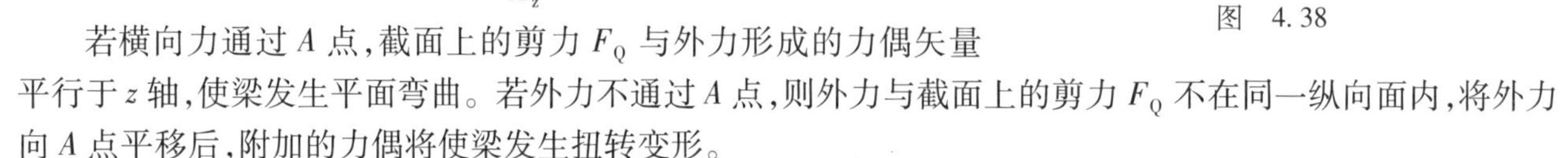

若横向力通过 A 点，截面上的剪力 F_Q 与外力形成的力偶矢量平行于 z 轴，使梁发生平面弯曲。若外力不通过 A 点，则外力与截面上的剪力 F_Q 不在同一纵向面内，将外力向 A 点平移后，附加的力偶将使梁发生扭转变形。

所以弯曲中心是平面弯曲时横截面上剪应力的合力作用点。由 e 的计算公式可以看出，弯曲中心的位置只取决于截面的形状和尺寸，而与外力无关。弯曲中心简称为弯心。

当截面有两个对称轴时，两个对称轴的交点即为弯曲中心，此时弯曲中心与形心重合，如工字形截面。当截面有一个对称轴时，可假定外力垂直于该对称轴，并产生平面弯曲，求得截面上剪应力合力的作用线，该作用线与对称轴的交点即为弯曲中心，此时弯曲中心一般与形心不重合，如槽形截面。对于没有对称轴的薄壁截面应这样求弯曲中心：

第一，确定形心主轴。

第二，设横向力平行于某一形心主轴，并使梁产生平面弯曲，求出截面上弯曲剪应力合力作用线的位置。

第三，设横向力平行于另一形心主轴，并使梁产生平面弯曲，求出对于此平面弯曲截面上剪应力合力作用线的位置。

第四，两合力作用线的交点即为弯曲中心的位置。

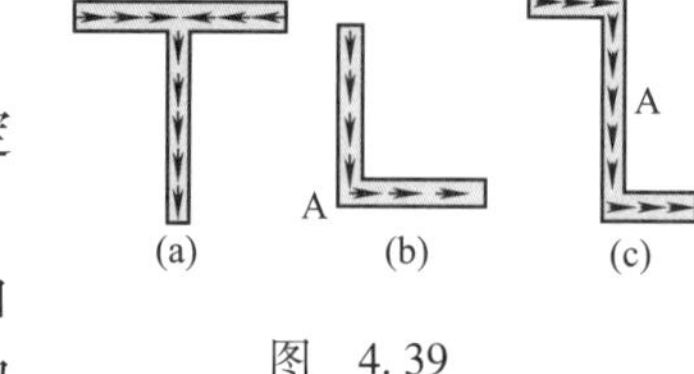

图 4.39

对于形状较简单的薄壁截面，根据弯心的概念和剪流的特点，可以很快定出弯心的位置，如图 4.39 所示。

对于实心截面杆，由于忽略剪应力的影响，故认为弯心与形心重合。开口薄壁截面杆的抗扭刚度较小，如横向力不通过弯曲中心，将引起比较严重的扭转变形，不但要产生扭转剪应力，有时还将因约束扭转而引起附加的正应力和剪应力。对这类杆件进行强度计算时，对弯曲中心的问题应予以足够的重视。

4.3 弯曲构件的刚度计算

4.3.1 计算弯曲构件的位移

1. 挠度和转角

弯曲构件梁的变形通常是用挠度和转角这两个位移量来度量的。

图4.40 为一矩形截面悬臂梁，力 F 作用在梁的纵向对称面内，梁在力 F 的作用下将发生平面弯曲。梁弯曲后，其轴线由直线变成一条连续光滑的平面曲线，此曲线称为梁的挠曲线或梁的弹性曲线。

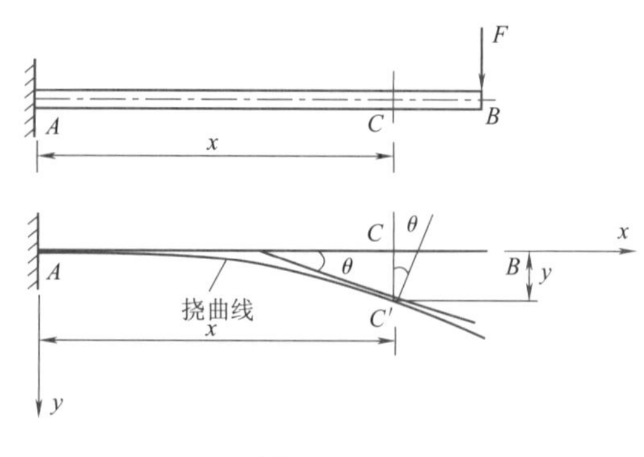

图 4.40

梁轴线上任一点 C 在梁变形后移到 C'点，CC'为 C 点的线位移。因所研究的都属"小变形"，梁变形后的挠曲线为一条很

平缓的曲线,所以。可认为 CC' 是 C 点沿竖直方向的位移。竖向位移 y_C 称为 C 截面的挠度。取图 4.40 中所示的坐标系,用 y 来表示挠度,显然,不同截面的挠度值是不同的,各截面的挠度值为 x 的函数。

梁的任意横截面在变形后绕中性轴转过一个角度见图 4.40,θ 角称为该截面的转角。不同截面的转角值也不相同,各截面的转角值也是关于横坐标 x 的函数,在图 4.40 所示坐标系中,挠度向下为正,向上为负;转角顺时转为正,逆时针为负。挠度的常用单位为米(m)或毫米(mm)转角的单位为弧度(rad)。

2. 挠度与转角间的关系

挠度 y 与转角 θ 之间存在着一定的关系。由图 4.40 看到,因横截面仍与变形后的轴线正交,故 θ 角又是挠曲线上 C 点的切线与 x 轴的夹角,而 $\tan\theta$ 则是挠曲线上 C 点切线的斜率,所以

$$\tan\theta = \frac{dy}{dx} = y'$$

在小变形情况下,梁的挠曲线为一条很平缓的曲线,因此 θ 角很小,则有

$$\tan\theta \approx \theta$$

从而得

$$\theta = \frac{dy}{dx} = y' \tag{4.20}$$

该式就是挠度 y 与转角 θ 间的关系式。

如果能找到挠曲线的方程 $y=f(x)$,不仅可求出任意横截面的挠度,依式(4.20)通过求导还可求出任意横截面的转角。

3. 挠曲线的近似微分方程

梁的挠曲线是一条平面曲线,它的曲率 $\frac{1}{\rho}$ 与横截面上的弯矩 M 及梁的抗弯刚度 EI 有关,它们之间的具体关系为

$$\frac{1}{\rho} = \frac{M}{EI_z}$$

此式是在纯弯曲的情况下求得的,即梁的弯曲是由弯矩 M 引起的,在横力弯曲情况下横截面上同时存在弯矩和剪力,此时剪力对梁的变形也有影响,但根据更精确的理论研究得知,当梁的长度 l 与截面高度 h 的比值比较大时,剪力对梁变形的影响很小,可忽略不计,所以也适用于横力弯曲,但这时弯矩 M 和曲率 $\frac{1}{\rho}$ 都不是常量,它们都随截面的位置而改变,都是 x 的函数,即弯矩 $M(x)$,曲率 $\frac{1}{\rho}(x)$,这样,横力弯曲时,上式可改写成为

$$\frac{1}{\rho(x)} = \frac{M(x)}{EI_z}$$

另一方面,由数学可知,曲线 $y=f(x)$ 上任意点的曲率公式为

$$\frac{1}{\rho(x)} = \pm\frac{y''}{[1+(y')^2]}$$

因此有

$$\pm\left[\frac{y''}{1+(y')^2}\right] = \frac{M(x)}{EI_z}$$

由式即为挠曲线的微分方程。由于梁的挠曲线是一条很平缓的曲线,所以 y' 远小于 1,因此 $(y')^2$ 与 1 相比就更小,$(y')^2$ 可忽略不计,则有

$$y'' = \pm\frac{M(x)}{EI_z} \tag{4.21}$$

式(4.21)称为挠曲线的近似微分方程,这是由于忽略了剪力对梁变形的影响;同时忽略了曲率公式中的 $(y')^2$ 项。

式(4.21)中的正、负号的选取,取决于坐标系的选取和弯矩的正负号规则。在选取 y 轴向下为正的情

况下：当弯矩 $M(x)$ 为正值时（$M>0$），梁的挠曲线为凹向上的曲线［见图 4.41（a）］，这时二阶导数 y'' 为负值；当弯矩 $M(x)$ 为负值时（$M<0$），梁的挠曲线为凹向下的曲线［见图 4.41（b）］，这时二阶导数 y'' 为正值，所以式（4.21）等号两边的正负号相反，即

$$y''=-\frac{M(x)}{EI_z} \tag{4.22}$$

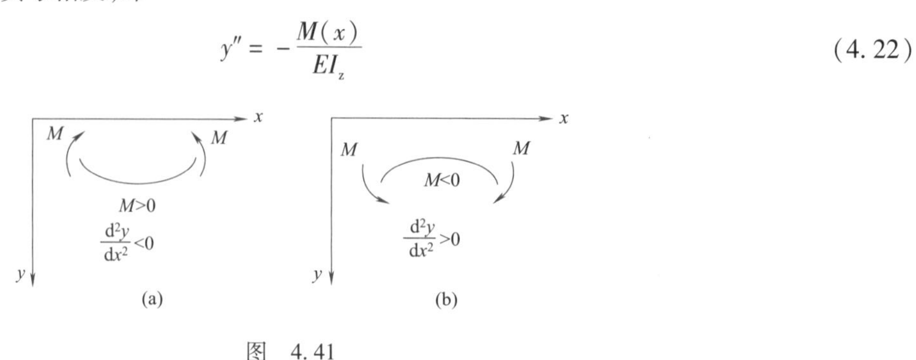

图 4.41

有了挠曲线的近似微分方程（4.42），通过积分便可求出转角方程和挠曲线方程。

4. 积分法计算梁的位移

【案例 4.13】 图 4.42 所示悬臂梁，已知 F、l、EI。求该梁的转角方程、挠曲线方程，以及自由端 B 截面的挠度 y_B 和转角 θ_B。

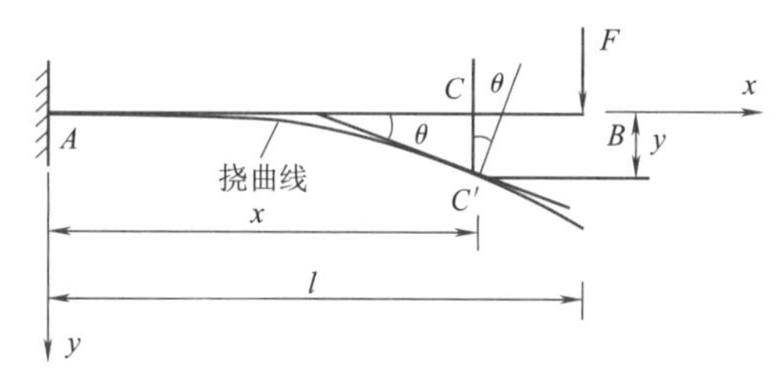

图 4.42

解：①根据挠曲线的近似微分方程可知，首先列出弯矩方程

$$M(x)=-F(l-x)$$

然后代入挠曲线的近似微分方程

$$y''=-\frac{M(x)}{EI}$$

然后代入挠曲线的近似微分方程

$$y''=-\frac{F(l-x)}{EI}$$

②积分求转角方程和挠曲线方程，可得

$$\theta=y'=-\frac{F(l-x)^2}{2EI}+C \tag{4.23}$$

$$y=\frac{F(l-x)^3}{6EI}-C(l-x)+D \tag{4.24}$$

C、D 是积分常量，由悬臂梁固定端的约束条件（称为边界条件）求出

$$x=0 \text{ 时}，\quad \theta_A=0,\quad y_A=0$$

有

$$\theta(0)=-\frac{F(l-0)^2}{2EI}+C=0,\qquad C=\frac{Fl^2}{2EI}$$

$$y=\frac{F(l-0)^3}{6EI}-\frac{Fl^2}{2EI}(l-0)+D=0,\qquad D=\frac{Fl^3}{3EI}$$

将 C、D 代入（4.23）、（4.24）式分别得到悬臂梁的转角方程和挠曲线方程

$$\theta=-\frac{F(l-x)^2}{2EI}+\frac{Fl^2}{2EI}$$

$$y=\frac{F(l-x)^3}{6EI}-\frac{Fl^2}{2EI}(l-x)+\frac{Fl^3}{3EI}$$

5. 求自由端 B 截面的挠度 y_B 和转角 θ_B

将 $x=l$ 代入悬臂梁的转角方程和挠曲线方程得

$$\theta_B=\frac{Fl^2}{2EI}\qquad y_B=\frac{Fl^3}{3EI}$$

由上述例题可以得出积分法求位移的解题步骤：

第一步，列出弯矩方程，并代入挠曲线近似微分方程。

第二步，积分求转角方程和挠曲线方程的不定积分式。

第三步，代入边界条件求出积分常量。

第四步，将积分常量代入转角方程和挠曲线方程的不定积分式求出转角方程和挠曲线方程。

第五步，求出指定截面的转角和挠度。

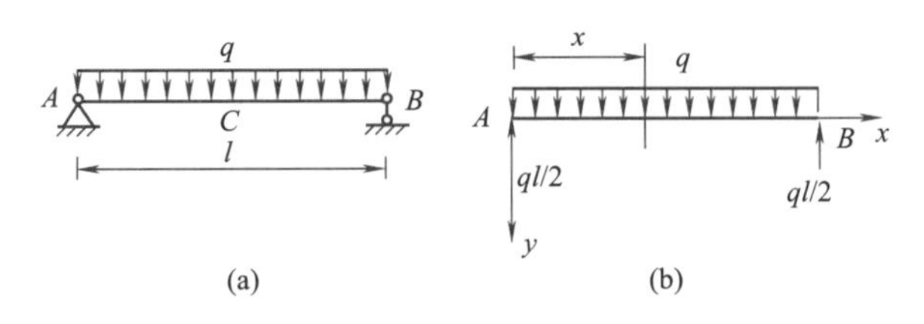

图 4.43

【案例 4.14】 图4.43(a)所示简支梁，已知 q、l、EI。求该梁的转角方程、挠曲线方程，以及跨中最大挠度 y_c 和转角 θ_A、θ_B。

解：①列出弯矩方程[见图4.43(b)]

$$M(x)=\frac{ql}{2}\cdot x-\frac{q}{2}\cdot x^2$$

代入挠曲线的近似微分方程得

$$y''=-\frac{M(x)}{EI}$$

$$=-\frac{qlx}{2EI}+\frac{qx^2}{2EI}$$

②积分求转角方程和挠曲线方程

$$\theta=y'=\frac{qx^3}{6EI}-\frac{qlx^2}{4EI}+C \tag{4.25}$$

$$y=\frac{qx^4}{24EI}-\frac{qlx^3}{12EI}+Cx+D \tag{4.26}$$

C、D 是积分常量，由简支梁的约束条件求出

$x=0$ 时，$y_A=0$，代入(4.26)式得 $D=0$

$x=l$ 时，$y_B=0$，代入(4.26)式得

$$y(l)=\frac{ql^4}{24EI}-\frac{ql^4}{12EI}+Cl=0$$

$$C=\frac{ql^3}{24EI}$$

将 C、D 代入式分别得到简支梁的转角方程和挠曲线方程

$$\theta=\frac{qx^3}{6EI}-\frac{qlx^2}{4EI}+\frac{ql^3}{24EI}$$

$$y=\frac{qx^4}{24EI}-\frac{qlx^3}{12EI}+\frac{ql^3x}{24EI}$$

③跨中最大挠度 y_C 和转角 θ_A、θ_B

$$y\left(\frac{l}{2}\right)=\frac{q\left(\frac{l}{2}\right)^4}{24EI}-\frac{ql\left(\frac{l}{2}\right)^3}{12EI}+\frac{ql^3\left(\frac{l}{2}\right)}{24EI}=\frac{5ql^4}{384EI}$$

当 $x_A=0$ 时，可得

$$\theta_A=\frac{ql^3}{24EI}$$

当 $x_B=l$ 时，可得

$$\theta_B=-\frac{ql^3}{24EI}$$

当梁上有集中力、集中力偶作用，以及荷载变化时，要分段列弯矩方程，然后分段计算。

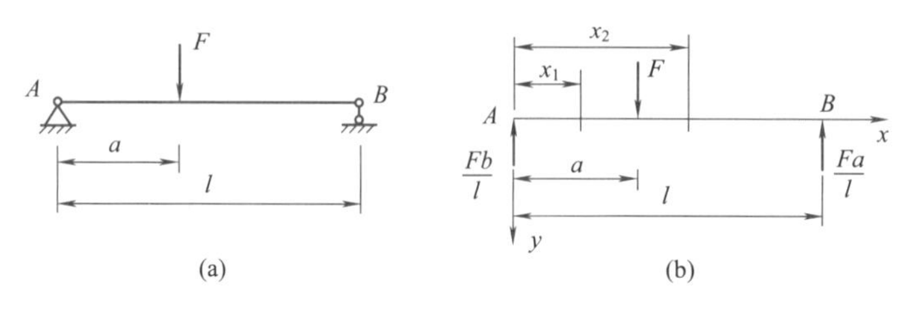

图 4.44

【案例 4.15】 图 4.44(a)所示简支梁，已知 F、a、l、EI。求该梁的转角方程、挠曲线方程，当 $a=\frac{l}{2}$时，求跨中挠度 y_c 和转角 θ_A、θ_B。

解：①分段列弯矩方程[见图 4.44(b)]

令 $b=l-a$

$$M(x_1)=\frac{Fb}{l}x_1$$

$$M(x_2)=\frac{Fb}{l}x_2-F(x_2-a)$$

代入挠曲线的近似微分方程得

$$y''(x_1)=-\frac{M(x_1)}{EI}=-\frac{Fbx_1}{lEI}$$

$$y''(x_2)=-\frac{M(x_2)}{EI}=-\frac{Fbx_2}{lEI}+\frac{F(x_2-a)}{EI}$$

②积分求转角方程和挠曲线方程

$$\theta(x_1)=y'(x_1)=-\frac{Fbx_1^{\ 2}}{2lEI}+C_1 \tag{4.27}$$

$$\theta(x_2)=y'(x_2)=-\frac{Fbx_2^{\ 2}}{2lEI}+\frac{F(x_2-a)^2}{2EI}+C_2 \tag{4.28}$$

$$y(x_1)=-\frac{Fbx_1^{\ 3}}{6lEI}+C_1x_1+D_1 \tag{4.29}$$

$$y(x_2)=-\frac{Fbx_2^{\ 3}}{6lEI}+\frac{F(x_2-a)^3}{6EI}+C_2x_2+D_2 \tag{4.30}$$

C_1、C_2、D_1、D_2 是积分常量，由简支梁的约束条件求出：

$x_1=0$ 时，$y_A=0$，代入式(4.29)得 $D_1=0$；

当 $x_1=x_2=a$ 时， $\theta_1=\theta_2$，$y_1=y_2$ 即

$$-\frac{Fba^2}{2lEI}+C_1=-\frac{Fba^2}{2lEI}+C_2$$

可得 $C_1=C_2$

$$-\frac{Fba^3}{6lEI}+C_1a+D_1=-\frac{Fba^3}{6lEI}+C_2a+D_2$$

可得 $D_2=D_1=0$。

$x_2 = l$ 时,$y_B = 0$,代入(4.29)式得

$$y(l) = -\frac{Fbl^2}{6EI} + \frac{Fb^3}{6EI} + C_2 l = 0$$

可得

$$C_1 = C_2 = \frac{Fb}{6lEI}(l^2 = b^2)$$

将 C_1、C_2、D_1、D_2 代入(4.27)、(4.28)、(4.29)、(4.30)式分别得到简支梁的转角方程和挠曲线方程

$$\theta(x_1) = -\frac{Fbx_1^2}{2lEI} + \frac{Fb}{6lEI}(l^2 - b^2)$$

$$\theta(x_2) = -\frac{Fbx_2^2}{2lEI} + \frac{F(x_2 - a)^2}{2EI} + \frac{Fb}{6lEI}(l^2 - b^2)$$

$$y(x_1) = -\frac{Fbx_1^{\ 3}}{6lEI} + \frac{Fb}{6lEI}(l^2 - b^2)x_1$$

$$= \frac{Fbx}{6EIl}(l^2 - b^2 - x_1^{\ 2})$$

$$y(x_2) = -\frac{Fbx_2^{\ 3}}{6lEI} + \frac{F(x_2 - a)^3}{6EI} + \frac{Fb}{6lEI}(l^2 - b^2)x_2$$

$$= \frac{Fb}{6lEI}\left[\frac{l}{b}(x_2 - a)^3 + (l^2 - b^2)x_2 - x_2^{\ 3}\right]$$

③当 $a = \dfrac{l}{2}$时,求跨中挠度 y_C 和转角 θ_A、θ_B

$$y_C = y\left(\frac{l}{2}\right) = -\frac{F\left(\frac{l}{2}\right)^4}{6lEI} + \frac{F\left(\frac{l}{2}\right)^2}{6lEI} \cdot \frac{3l^3}{4} = \frac{Fl^3}{48EI}$$

$$\theta_A = \theta(0) = \frac{F\left(\frac{l}{2}\right)}{6lEI} \cdot \frac{3l^2}{4} = \frac{Fl^2}{16EI}$$

由于对称,则

$$\theta_B = -\theta_A = -\frac{Fl^2}{16EI}$$

6. 叠加法求梁的位移

用积分法求梁某一截面的位移,其计算过程比较繁琐,特别是当梁上荷载较多需分段列梁的挠曲线近似微分方程时,确定积分常数的工作量很大,实用上不便。下面介绍一种求梁指定截面位移的比较简便的方法——叠加法。

叠加法就是先分别计算梁在每项荷载单独作用下某截面产生的位移,然后再将这些位移代数相加,即得各项荷载共同作用下该截面的位移。由于梁在各种简单荷载作用下计算位移的公式均有表可查,因而用叠加法计算梁的位移就比较简便。例如,求图 4.45 所示的 q、P 共同作用下梁的 C 截面的挠度 y_c时,可先分别计算 q 与 F 单独作用下 C 截面的挠度 y_{C1}、y_{C2},然后再代数相加。由表 4.1 查得均布荷载 q 作用下梁的跨中挠度为

$$y_{C1} = \frac{5ql^4}{384EI}$$

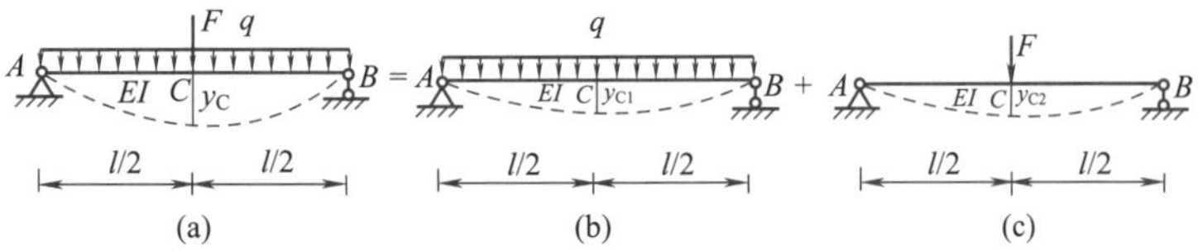

(a)　(b)　(c)

图 4.45

集中力 F 作用下梁的跨中饶度为

$$y_{C2}=\frac{Fl^3}{48EI}$$

则 q、F 共同作用下 C 截面的挠度则为

$$y_C=y_{C1}+y_{C2}=\frac{5ql^4}{384EI}+\frac{Fl^3}{48EI}$$

用同样的办法,可求得 q、F 共同作用下 A 截面的转角,即

$$\theta_A=\theta_{A1}+\theta_{A2}=\frac{ql^3}{24EI}+\frac{Fl^2}{16EI}$$

用叠加法求位移是有一定条件的,这些条件是梁在荷载作用下产生的变形是微小的;材料在线弹性范围内工作。此时梁的位移(转角和挠度)与荷载成线性关系,梁上每个荷载引起的位移将不受其他荷载的影响。

用叠加法计算位移时,需利用表 4.2 中的公式。有时会出现要求的位移从形式上看图表中没有可直接利用的公式,但一些情况下,经过分析和作某些处理后,仍可利用图表中的有关公式。

表 4.2 几种常见梁在简单荷载作用下的转角和挠度

支撑及荷载情况	挠曲线方程	梁端转角	最大挠度
F; A; B; x; l; y	$y=\frac{Fx^2}{6EI}(3l-x)$	$\theta_B=\frac{Fl^2}{2EI}$	$y_B=\frac{Fl^3}{3EI}$
q; A; B; x; l; y	$y=\frac{qx^2}{24EI}(x^2+6l^2-4lx)$	$\theta_B=\frac{ql^3}{6EI}$	$y_B=\frac{ql^4}{8EI}$
m; A; x; l; y	$y=\frac{mx^2}{2EI}$	$\theta_B=\frac{ml}{EI}$	$y_B=\frac{ml^2}{2EI}$
F; A; C; B; x; l/2; l/2; y	$y=\frac{Fx}{48EI}(3l^2+-4x^2)$ $(0\leqslant x\leqslant l/2)$	$\theta_A=-\theta_B=\frac{Fl^2}{16EI}$	$y_C=\frac{Fl^3}{48EI}$
q; A; B; x; l; y	$y=\frac{qx}{24EI}(l^3-2lx^2+x^3)$	$\theta_A=-\theta_B=\frac{ql^3}{24EI}$	在 $x=l/2$ 处, $y_{max}=\frac{5ql^4}{384EI}$
A; m; B; x; l; y	$y=\frac{mx}{6EIl}(l^2-x^2)$	$\theta_A=\frac{ml}{6EI}$ $\theta_B=-\frac{ml}{3EI}$	在 $x=l/\sqrt{3}$ 处, $y_{max}=\frac{ml^2}{9\sqrt{3}EI}$

4.3.2 弯曲构件的刚度计算

工程中的梁除满足强度要求外,还应满足刚度要求。所谓刚度要求就是控制梁的变形,使梁在荷载作用下产生的变形不致太大,否则将会影响其正常使用。例如,建筑物中承受楼板荷载的楼板梁,当它变形过大时,下面的灰层就会开裂、脱落。尽管这时梁没有破坏但由于灰层的开裂、脱落,却影响了正常使用,显然,这是工程中所不允许的。因此在工程中:还需要对梁进行刚度校核。刚度校核是检查梁在荷载作用下产生的位移是否超过规定的允许值。在土建工程中,通常是以允许的挠度与梁跨长的比值不超过允许的比值作为校核的标准,即梁在荷载作用下产生的最大挠度 y_{max} 与跨长 l 的比值不能超过 $\left[\frac{f}{l}\right]$ 值

$$\frac{y_{max}}{l} \leqslant \left[\frac{f}{l}\right] \tag{4.31}$$

式(4.31)即为梁的刚度条件。

$\left[\frac{f}{l}\right]$值随梁的工程用途而不同,在有关规范中均有具体规定。强度条件和刚度条件都是梁必须满足的。在建筑工程中,强度条件一般起控制作用,在设计梁时,通常是用梁的强度条件选择梁的截面,然后再进行刚度校核。

在对梁进行刚度校核后,若梁的挠度过大不能满足刚度要求时,就要设法减小梁的挠度。以承受均布荷载的简支梁为例,梁跨中的最大挠度为$\frac{5ql^4}{384EI}$,由此可见当荷载和弹性模量E一定时,梁的最大挠度y_{max}决定于截面的惯性矩I和跨长l。挠度与截面的惯性矩I成反比,I值越大,梁产生的挠度越小,因此,采用惯性矩值比较大的工字形、槽形等形状的截面,不仅从强度角度看是合理的,从刚度角度看也是合理的。从上式看出,挠度与跨长l的四次方成正比,这说明跨长l对挠度的影响很大,因而,减小梁的跨长或在梁的中间增加支座,将是减小挠度的有效措施。

【案例 4.16】 承受均布荷载的工字型钢梁如图 4.46 所示,已知$l=5$ m,$q=8$ kN/m、钢材的容许应力$[\sigma]=160$ MPa,弹性模量$E=2\times10^5$ MPa,$\left[\frac{f}{l}\right]=\frac{1}{250}$。试选择工字钢的型号。

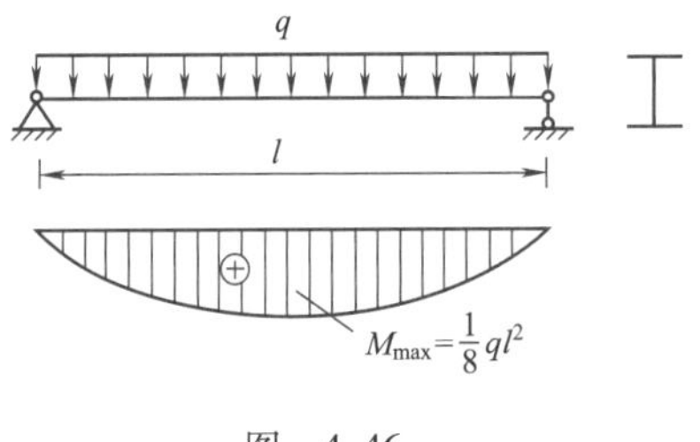

图 4.46

解:先由梁的正应力强度条件选择工字钢型号,然后,再按刚度条件校核梁的刚度。

依正应力强度条件$\sigma_{max}=\frac{M_{max}}{W_z}\leqslant[\sigma]$得

$$W_z \geqslant \frac{M_{max}}{[\sigma]} = \frac{8\times5^2}{8\times160\times10^3} = 0.156\times10^{-3}(\text{m}^3) = 156(\text{cm}^3)$$

可选 18 号工字钢,其$W_z=185$ cm^3,$I=1\ 660$ cm^4。

校核刚度。梁跨中最大挠度为$\frac{5ql^4}{384EI}$,即

$$\frac{y_{max}}{l} = \frac{5ql^3}{384EI} = \frac{5\times8\times5^3}{384\times2\times10^8\times1\ 660\times10^{-8}} = \frac{1}{255} < \left[\frac{f}{l}\right] = \frac{1}{250}$$

该梁满足刚度条件,故选 18 号工字钢。

计 划 单

<table>
<tr><td>学习领域</td><td colspan="5">土建工程力学应用</td></tr>
<tr><td>学习情境</td><td colspan="5">简单构件的内力及变形计算</td></tr>
<tr><td>工作任务</td><td colspan="5">计算梁的强度及刚度</td></tr>
<tr><td>计划方式</td><td colspan="5">小组讨论、团结协作共同制订计划</td></tr>
<tr><td>计划学时</td><td colspan="5">0.5 学 时</td></tr>
<tr><td>序　　号</td><td colspan="2">实 施 步 骤</td><td colspan="3">具体工作内容描述</td></tr>
<tr><td>1</td><td colspan="2"></td><td colspan="3"></td></tr>
<tr><td>2</td><td colspan="2"></td><td colspan="3"></td></tr>
<tr><td>3</td><td colspan="2"></td><td colspan="3"></td></tr>
<tr><td>4</td><td colspan="2"></td><td colspan="3"></td></tr>
<tr><td>5</td><td colspan="2"></td><td colspan="3"></td></tr>
<tr><td>6</td><td colspan="2"></td><td colspan="3"></td></tr>
<tr><td>7</td><td colspan="2"></td><td colspan="3"></td></tr>
<tr><td>8</td><td colspan="2"></td><td colspan="3"></td></tr>
<tr><td>9</td><td colspan="2"></td><td colspan="3"></td></tr>
<tr><td>制订计划
说明</td><td colspan="5">（写出制订计划中人员为完成任务的主要建议或可以借鉴的建议、需要解释的某一方面）</td></tr>
<tr><td rowspan="3">计划评价</td><td>班　　级</td><td></td><td>第　　组</td><td>组长签字</td><td></td></tr>
<tr><td>教师签字</td><td colspan="2"></td><td>日　　期</td><td></td></tr>
<tr><td colspan="5">评语：</td></tr>
</table>

决 策 单

学习领域	土建工程力学应用				
学习情境	简单构件的内力及变形计算				
工作任务	计算梁的强度及刚度				
决策学时	0.5 学 时				
方案对比	序 号	方案的可行性	方案的先进性	实 施 难 度	综 合 评 价
	1				
	2				
	3				
	4				
	5				
	6				
	7				
	8				
	9				
	10				
决策或分工评价	班 级		第 组	组长签字	
	教师签字			日 期	
	评语：				

实　施　单

<table>
<tr><td>学习领域</td><td colspan="4">土建工程力学应用</td></tr>
<tr><td>学习情境</td><td colspan="4">简单构件的内力及变形计算</td></tr>
<tr><td>工作任务</td><td colspan="4">计算梁的强度及刚度</td></tr>
<tr><td>实施方式</td><td colspan="4">小组成员合作共同研讨确定实施步骤，每人均填写实施单</td></tr>
<tr><td>实施学时</td><td colspan="4">8 学 时</td></tr>
<tr><td>序　　号</td><td colspan="2">实 施 步 骤</td><td colspan="2">使 用 资 源</td></tr>
<tr><td>1</td><td colspan="2"></td><td colspan="2"></td></tr>
<tr><td>2</td><td colspan="2"></td><td colspan="2"></td></tr>
<tr><td>3</td><td colspan="2"></td><td colspan="2"></td></tr>
<tr><td>4</td><td colspan="2"></td><td colspan="2"></td></tr>
<tr><td>5</td><td colspan="2"></td><td colspan="2"></td></tr>
<tr><td>6</td><td colspan="2"></td><td colspan="2"></td></tr>
<tr><td>7</td><td colspan="2"></td><td colspan="2"></td></tr>
<tr><td>8</td><td colspan="2"></td><td colspan="2"></td></tr>
<tr><td colspan="5">实施说明：</td></tr>
<tr><td>班　　级</td><td></td><td>第　　组</td><td>组长签字</td><td></td></tr>
<tr><td>教师签字</td><td colspan="2"></td><td>日　　期</td><td></td></tr>
<tr><td>评　　语</td><td colspan="4"></td></tr>
</table>

作业单

<table>
<tr><td>学习领域</td><td colspan="4">土建工程力学应用</td></tr>
<tr><td>学习情境</td><td colspan="4">简单构件的内力及变形计算</td></tr>
<tr><td>工作任务</td><td colspan="4">计算梁的强度及刚度</td></tr>
<tr><td>实施方式</td><td colspan="4">小组成员动手实践，计算梁的强度及刚度</td></tr>
<tr><td colspan="5">（在此计算弯曲构件，不够可附页）</td></tr>
<tr><td>班　级</td><td></td><td>第　组</td><td>组长签字</td><td></td></tr>
<tr><td>教师签字</td><td colspan="2"></td><td>日　期</td><td></td></tr>
<tr><td>评　语</td><td colspan="4"></td></tr>
</table>

检 查 单

<table>
<tr><td>学习领域</td><td colspan="5">土建工程力学应用</td></tr>
<tr><td>学习情境</td><td colspan="5">简单构件的内力及变形计算</td></tr>
<tr><td>工作任务</td><td colspan="5">计算梁的强度及刚度</td></tr>
<tr><td>检查学时</td><td colspan="5">1 学 时</td></tr>
<tr><td>序　号</td><td>检 查 项 目</td><td colspan="2">检 查 标 准</td><td>组 内 互 查</td><td>教 师 检 查</td></tr>
<tr><td>1</td><td>剪力计算</td><td colspan="2">是否完整、正确</td><td></td><td></td></tr>
<tr><td>2</td><td>弯矩计算</td><td colspan="2">是否完整、正确</td><td></td><td></td></tr>
<tr><td>3</td><td>绘制剪力图和弯矩图</td><td colspan="2">是否完整、正确</td><td></td><td></td></tr>
<tr><td>4</td><td>强度计算</td><td colspan="2">是否完整、正确</td><td></td><td></td></tr>
<tr><td>5</td><td>刚度计算</td><td colspan="2">是否完整、正确</td><td></td><td></td></tr>
<tr><td>6</td><td>作业单</td><td colspan="2">是否正确、整洁</td><td></td><td></td></tr>
<tr><td>7</td><td>计算过程</td><td colspan="2">是否完整、正确</td><td></td><td></td></tr>
<tr><td rowspan="3">检查评价</td><td>班　级</td><td></td><td>第　组</td><td>组长签字</td><td></td></tr>
<tr><td>教师签字</td><td></td><td>日　期</td><td colspan="2"></td></tr>
<tr><td colspan="5">评语：</td></tr>
</table>

评 价 单

<table>
<tr><td>学习领域</td><td colspan="6">土建工程力学应用</td></tr>
<tr><td>学习情境</td><td colspan="6">简单构件的内力及变形计算</td></tr>
<tr><td>工作任务</td><td colspan="6">计算梁的强度及刚度</td></tr>
<tr><td>评价学时</td><td colspan="6">1 学 时</td></tr>
<tr><td>考核项目</td><td>考核内容及要求</td><td>分值</td><td>学生自评
（10%）</td><td>小组评分
（20%）</td><td>教师评分
（70%）</td><td>实得分</td></tr>
<tr><td>资讯
（10）</td><td>翔实准确</td><td>10</td><td></td><td></td><td></td><td></td></tr>
<tr><td rowspan="3">计划编制
及决策
（25）</td><td>工作程序的完整性</td><td>10</td><td></td><td></td><td></td><td></td></tr>
<tr><td>步骤内容描述</td><td>10</td><td></td><td></td><td></td><td></td></tr>
<tr><td>计划规范性</td><td>5</td><td></td><td></td><td></td><td></td></tr>
<tr><td rowspan="3">工作实施
检查过程
（40）</td><td>分析程序正确</td><td>10</td><td></td><td></td><td></td><td></td></tr>
<tr><td>计算步骤正确</td><td>10</td><td></td><td></td><td></td><td></td></tr>
<tr><td>计算结果正确</td><td>20</td><td></td><td></td><td></td><td></td></tr>
<tr><td>完成时间
（15）</td><td>在要求时间内完成</td><td>15</td><td></td><td></td><td></td><td></td></tr>
<tr><td>合作性
（10）</td><td>能够很好地团结协作</td><td>10</td><td></td><td></td><td></td><td></td></tr>
<tr><td colspan="2">总 分（∑）</td><td>100</td><td></td><td></td><td></td><td></td></tr>
</table>

<table>
<tr><td rowspan="4">评价评语</td><td>班 级</td><td colspan="3"></td><td>学 号</td><td colspan="2"></td></tr>
<tr><td>姓 名</td><td colspan="3"></td><td>第 组</td><td>组长签字</td><td></td></tr>
<tr><td>教师签字</td><td></td><td>日 期</td><td colspan="2"></td><td>总 评</td><td></td></tr>
<tr><td colspan="7">评语：</td></tr>
</table>

教学反馈单

学习领域	土建工程力学应用			
学习情境	简单构件的内力及变形计算			
工作任务	计算梁的强度及刚度			
任务学时	12 学 时			
序 号	调查内容	是	否	理由陈述
1	你是否喜欢这种上课方式？			
2	与传统教学方式比较你认为哪种方式学到的知识更适用？			
3	针对每个学习任务你是否学会如何进行资讯？			
4	计划和决策感到困难吗？			
5	你认为学习任务对你将来的工作有帮助吗？			
6	通过完成本工作任务，你学会如何计算弯曲构件的强度和刚度了吗？今后遇到实际的问题你可以解决吗？			
7	你能在日常的工作和生活中找到弯曲构件吗？			
8	你学会绘制剪力图和弯矩图了吗？			
9	通过几天来的工作和学习，你对自己的表现是否满意？			
10	你对小组成员之间的合作是否满意？			
11	你认为本任务还应学习哪些方面的内容？（请在下面空白处填写）			

你的意见对改进教学非常重要，请写出你的建议和意见。

被调查人签名		调查时间	

学习情境三 复杂构件的内力及变形计算

学习指南

学习目标

学生将完成本学习情境的2个任务计算斜弯曲构件的内力和变形、计算偏心压缩构件的内力，达到以下学习目标：

第一，能够对桥梁工程中的斜弯曲构件进行内力计算、强度计算和变形计算。

第二，能够对桥梁工程中的偏心压缩构件进行内力计算、强度计算和变形计算。

第三，能够解决桥梁工程中涉到斜弯曲和偏心压缩构件的承载力计算问题。

第四，提高资讯、计划、决策等综合能力，提高团结协作精神和组织沟通能力。

工作任务

(1)计算斜弯曲构件的内力和变形。

(2)计算偏心压缩构件的内力。

学习情境的描述

本学习情境是根据学生的就业岗位施工员、技术员、质检员和安全员的工作职责和职业要求创设的第三个学习情境，主要要求学生能够掌握解决桥梁结构中复杂构件的承载力计算问题，本情境包含2个工作任务计算斜弯曲构件的内力和变形、计算偏心压缩构件的内力。本学习情境的教学将采用任务驱动的教学做一体化教学模式，学生自行组成小组在教师的引导下通过资讯、计划、决策、实施、检查和评价等六个环节共同完成工作任务，达到本学习情境设定的学习目标。

任务5　计算斜弯曲构件的内力及变形

<table>
<tr><td>学习领域</td><td colspan="6">土建工程力学应用</td></tr>
<tr><td>学习情境</td><td colspan="6">复杂构件的内力及变形计算</td></tr>
<tr><td>工作任务</td><td colspan="6">计算斜弯曲构件的内力及变形</td></tr>
<tr><td>任务学时</td><td colspan="6">6 学 时</td></tr>
<tr><td colspan="7">布 置 任 务</td></tr>
<tr><td>工作目标</td><td colspan="6">在进行土建工程结构设计时，有很多构件是斜弯曲构件。本任务要求学生：
1. 能够对工程中的斜弯曲构件进行受力分析
2. 能够绘制出斜弯曲构件横截面上的应力分布图
3. 能够进行斜弯曲构件的强度计算和变形计算
4. 能够分析解决工程中的斜弯曲问题</td></tr>
<tr><td>任务描述</td><td colspan="6">1. 作用于如下图所示的悬臂木梁上的载荷：在水平平面内 $F_1 = 800$ N，在垂直平面内，$F_2 = 1\ 650$ N。木材的许用应力 $[\sigma] = 10$ MPa。若矩形截面 $h/b = 2$，试按照强度条件确定其截面尺寸
2. 悬臂梁的截面如图所示，C 为形心，小圆圈为弯心位置，虚线表示垂直于轴线的横向力作用线方向。试分析各梁发生什么变形
(a)　(b)　(c)　(d)　(e)</td></tr>
<tr><td rowspan="2">学时安排</td><td>资　讯</td><td>计　划</td><td>决策及分工</td><td>实　施</td><td>检　查</td><td>评　价</td></tr>
<tr><td>1 学时</td><td>0.5 学时</td><td>0.5 学时</td><td>3 学时</td><td>0.5 学时</td><td>0.5 学时</td></tr>
<tr><td>提供资料</td><td colspan="6">工程案例；工程规范；参考书；教材</td></tr>
<tr><td>学生知识与能力要求</td><td colspan="6">1. 具备物体受力分析的能力，能够正确的绘制物体的受力图
2. 具备识读土建结构施工图的能力
3. 具备一定的自学能力、数据计算能力、一定的沟通协调能力、语言表达能力和团队意识
4. 严格遵守课堂纪律，不迟到、不早退；学习态度认真、端正
5. 每位同学必须积极参与小组讨论，每组均需按规定计算斜弯曲构件的内力及变形</td></tr>
<tr><td>教师知识与能力要求</td><td colspan="6">1. 熟练掌握斜弯曲构件的内力、应力、强度计算
2. 熟练掌握斜弯曲构件的变形及刚度计算
3. 有组织学生按要求完成任务的驾驭能力
4. 对任务完成过程、结果进行点评，并为各小组进行综合打分</td></tr>
</table>

资　讯　单

<table>
<tr><td>学习领域</td><td colspan="4">土建工程力学应用</td></tr>
<tr><td>学习情境</td><td colspan="4">复杂构件的内力及变形计算</td></tr>
<tr><td>工作任务</td><td colspan="4">计算斜弯曲构件的内力及变形</td></tr>
<tr><td>资讯学时</td><td colspan="4">1 学 时</td></tr>
<tr><td>资讯方式</td><td colspan="4">在图书馆、互联网及教材中进行查询，或向任课教师请教</td></tr>
<tr><td rowspan="9">资讯内容</td><td colspan="4">1. 什么是斜弯曲？</td></tr>
<tr><td colspan="4">2. 斜弯曲构件的工程实例有哪些？</td></tr>
<tr><td colspan="4">3. 斜弯曲构件横截面上的内力是什么？</td></tr>
<tr><td colspan="4">4. 斜弯曲变形的内力计算方法有哪些？</td></tr>
<tr><td colspan="4">5. 斜弯曲构件应力的计算方法有哪些？</td></tr>
<tr><td colspan="4">6. 绘制斜弯曲构件内力图的步骤有哪些？</td></tr>
<tr><td colspan="4">7. 计算斜弯曲构件横截面上的应力公式是什么？</td></tr>
<tr><td colspan="4">8. 计算斜弯曲构件的强度公式是什么？</td></tr>
<tr><td colspan="4">9. 计算斜弯曲构件的变形公式是什么？</td></tr>
<tr><td>资讯要求</td><td colspan="4">1. 根据工作目标和任务描述正确理解完成任务需要的资讯内容
2. 按照上述资讯内容进行资询
3. 写出资讯报告</td></tr>
<tr><td rowspan="3">资讯评价</td><td>班　　级</td><td></td><td>学生姓名</td><td></td></tr>
<tr><td>教师签字</td><td></td><td>日　　期</td><td></td></tr>
<tr><td colspan="4">评语：</td></tr>
</table>

信 息 单

5.1 土建工程中斜弯曲的实例及内力计算

前面几个任务是计算简单构件,但工程中有很多复杂构件,即受力复杂的构件,这些构件的变形是由两种及两种以上基本变形组成的,所以称为组合变形。如桥梁桥墩受力,既有竖向荷载,又有水流冲击荷载,如图 5.1(a)所示,属于弯压组合变形;建筑房屋屋顶的檩条受到的是斜弯曲变形,如图 5.1(b)所示。

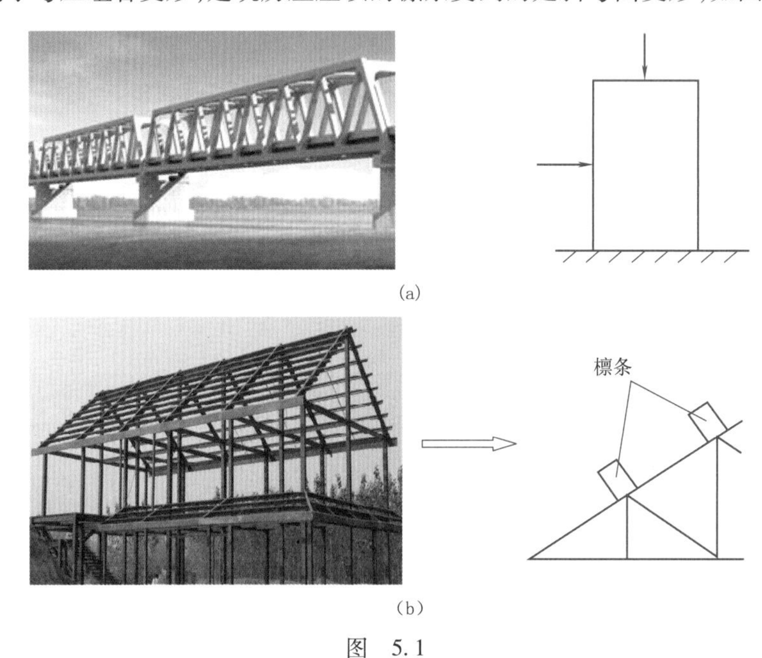

图 5.1

当构件在外力作用下发生组合变形时,如果其中只有一种基本变形是主要的,我们可以略去其他的次要变形,在计算杆强度时,通过适当地降低许用应力,从而把各种次要变形的影响考虑进去;如果构件在受力后所产生的几种基本变形都是比较重要的,那么就必须考虑变形的组合影响。

计算组合变形的强度问题,一般采用叠加原理。就是说当构件承受复杂作用而产生几种变形时,只要将荷载分解,使构件在分解后的荷载作用下发生简单变形,分别计算各简单变形所引起的结构应力,然后将计算结果叠加,就可得到总的应力。实践证明,在变形比较小的情况下,用叠加原理所得到的结果与实际情况是相当符合的。

5.1.1 斜弯曲构件

前面任务中已经介绍了构件受到平面弯曲时的内力计算方法,即当作用在构件上的横向力在纵对称面内时,变形后的轴线与变形前的轴线以及外力都在此纵对称面内,构件发生的弯曲变形称为平面弯曲。实际工程中,梁的横向力有时并不与横截面对称轴或形心主惯性轴重合,例如屋顶檩条倾斜地安置于桁架上如图 5.2 所示,檩条所受的荷载就不与截面对称轴重合。这时杆件将在两个形心主惯性平面内发生弯曲变形,变形后的轴线与外力不在同一平面内,这种弯曲变形称为斜弯曲。

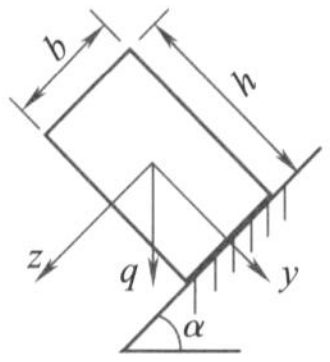

图 5.2

5.1.2 斜弯曲构件的内力计算

【案例 5.1】 如图 5.3(a)所示的矩形截面悬臂梁,当在 yz 平面内的外力 F 不与形心主轴 y、z 重合,而与 y 轴成一倾斜角 α 时,试计算该梁横截面上的最大应力。

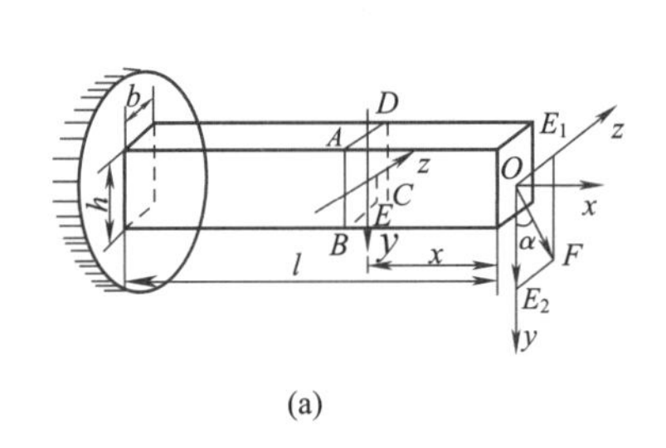

(a)

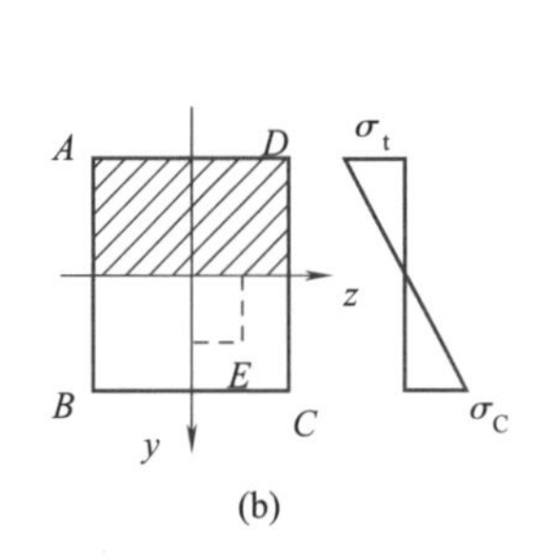

(b)

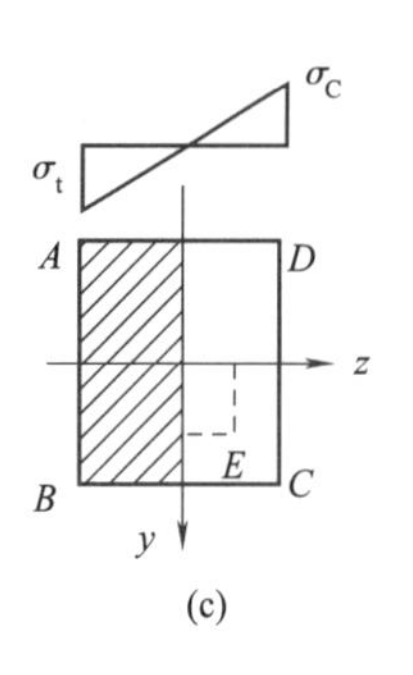

(c)

图 5.3

解:将力 F 沿主轴分解为

$$F_y = F\cos\alpha, \qquad F_z = F\sin\alpha$$

则梁在 F_y,F_z 作用下,将分别以 z、y 轴为中性轴发生平面弯曲。在空间问题中,梁横截面上的弯矩规定以第一象限受拉为正。故距自由端为距离为 x 的某一截面上,绕 z、y 轴的弯矩分别是

$$M_z = -F_y \cdot x = -F\cos\alpha \cdot x = -M\cos\alpha \tag{5.1}$$

$$M_y = -F_z \cdot x = -F\sin\alpha \cdot x = -M\sin\alpha \tag{5.2}$$

式中:M——总弯矩,$M = F \cdot x$。

梁的任一截面 m-m 上的任一点 $E(y,z)$ 处由弯矩 M_y、M_z 所引起的正应力分别为

$$\sigma' = \frac{M_y}{I_y}z, \qquad \sigma'' = \frac{M_z}{I_z}y$$

根据叠加原理,梁的截面 m-m 上的任一点 $E(y,z)$ 处的正应力为

$$\sigma = \sigma' + \sigma'' = \frac{M_z}{I_z}y + \frac{M_y}{I_y}z = \frac{-(F\cos\alpha)\cdot x}{I_z}y + \frac{-(F\sin\alpha)\cdot x}{I_y}z \tag{5.3}$$

式中:I_y,I_z——横截面对于两对称轴 y 和 z 轴的惯性矩;

M_y,M_z——截面上位于水平和竖直对称面内的弯矩。

式(5.3)称为斜弯曲的应力方程。在具体计算中,可以不先考虑弯矩 M_y、M_z 和坐标 y、z 的正负号,以其绝对值代入,然后根据梁的变形来确定正应力的正负号。

m-m 截面上的危险点可以通过以下办法来确定,根据变形的特点分别画出 M_y、M_z 作用下的应力分布图,如图 5.3(b)、(c)所示,为清楚起见将横截面上受拉的区域打上阴影,很容易看出 A 点产生最大拉应力 σ_{max}^{+},C 点产生最大压应力 σ_{max}^{-},并且数值相等为

$$\sigma_{max} = \frac{|M_y|}{W_y} + \frac{|M_z|}{W_z} = \frac{6Fl}{b^2h^2}(h\sin\alpha + b\cos\alpha) \tag{5.4}$$

很显然 $x = l$ 的截面为危险截面,弯矩的最大值分别为

$$M_{ymax} = -(F\sin\alpha)\cdot l \text{ 和 } M_{zmax} = -(F\cos\alpha)\cdot l$$

代入式(5.4)中,就可以求出全梁的最大应力值,然后再与材料的许用应力相比较就可以建立梁的强度条件,进而可以进行三类计算。其步骤与对称弯曲的梁类似。

横截面上的切应力,对于一般实体截面梁,因其数值较小,故在强度计算中可不必考虑。

5.2 斜弯曲构件的变形计算

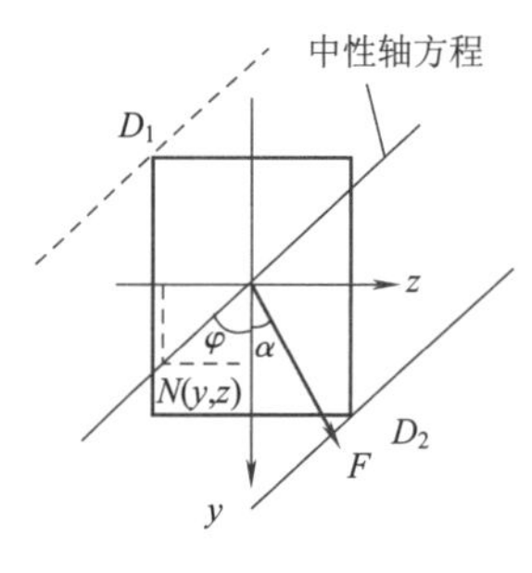

图 5.4

根据中性轴的定义,令式(5.3)等于零,可得

$$\frac{M_z}{I_z}y + \frac{M_y}{I_y}z = 0 \tag{5.5}$$

该式称为中性轴方程。由方程式可以看出中性轴是过原点的一条斜线,设中性轴与 y 轴的夹角为 φ,如图 5.4 所示,中性轴上任一点 N 的坐标为 y,z。故

$$\mathrm{tg}\varphi = \frac{z}{y} = \frac{I_y M_z}{I_z M_y} = \frac{I_z}{I_y}\cot\alpha = \frac{I_z}{I_y}\mathrm{tg}(90° - \alpha) \tag{5.6}$$

由式(5.6)可以看出,如果 $I_z=I_y$,中性轴与载荷作用线垂直,此时的弯曲属于平面弯曲。但在一般情况下,截面的 $I_z \neq I_y$,所以中性轴与载荷作用线一般情况下不垂直。

中性轴把截面划分成拉应力和压应力两个区域,为了确定的应力的最大值,可以作平行于中性轴的两条直线,分别与横截面相切于 D_1 和 D_2 两点(见图5.4),该两点分别为横截面上的最大拉应力和压应力的点,将两点的坐标代入式(5.4)或式(5.6),就可以得到横截面上的最大拉应力和最大压应力。由图5.4可见,顺着力的作用线方向上,截面的最外边缘点即为危险点。

下面来计算自由端截面形心 O 的挠度。利用表可以得到 O 点的沿 y 轴的位移为

$$f_y=\frac{F_y\cdot l^3}{3EI_z}=\frac{F\cos\alpha\cdot l^3}{3EI_z}$$

同理,查表可以得到 O 点的沿 Z 轴的位移为

$$f_z=\frac{F_z\cdot l^3}{3EI_y}=\frac{F\sin\alpha\cdot l^3}{3EI_y}$$

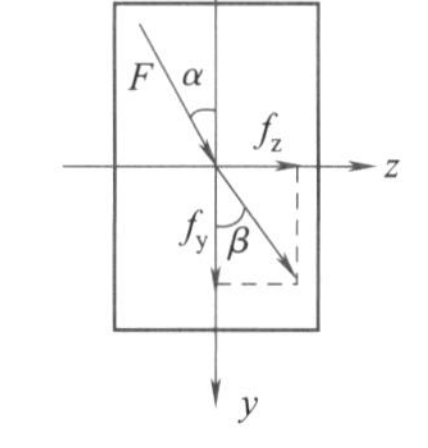

图 5.5

将两个方向的位移几何相加为

$$f=\sqrt{f_y+f_z}=\frac{Fl^3}{3E}\sqrt{\left(\frac{\cos\alpha}{I_z}\right)^2+\left(\frac{\sin\alpha}{I_y}\right)^2}$$

设挠度 f 的与 y 轴的夹角为 β,如图5.5所示,则

$$\mathrm{tg}\,\beta=\frac{f_z}{f_y}=\frac{I_z}{I_y}\tan\alpha$$

可以看出,当 $I_z \neq I_y$ 时,$\beta \neq \alpha$。说明一般情况下,荷载与挠曲线不在同一平面内,但是当 $I_z=I_y$ 时,例如圆形截面和正方形截面,只要荷载作用在截面的形心上,所发生的弯曲一定是平面弯曲。

【案例5.2】 图5.6所示为一个工字型钢简支梁,跨中受集中力作用 F 作用。工字钢型号22b。已知 $F=20$ kN,$E=2.0\times10^5$ MPa,$\varphi=15°$,$L=4$ m。试求:危险面上最大正应力、最大挠度及其方向。

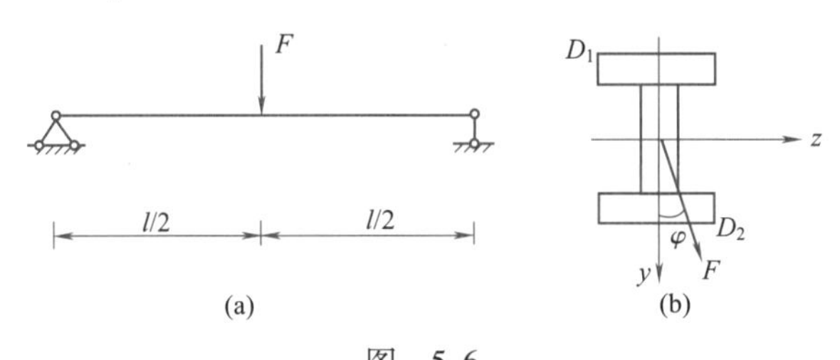

图 5.6

解:首先将外力 F 向 y,z 轴分解得

$$F_y=F\cdot\cos\varphi,\qquad F_z=F\cdot\sin\varphi$$

梁中点的截面上,两个外力分量所引起的弯矩为最大,故为危险截面,其弯矩值为

$$M_{y\max}=0.25F\cos\varphi\cdot l,\qquad M_{z\max}=0.25F\sin\varphi\cdot l$$

在力的方向上看,很容易看出 D_1 点为最大拉应力;D_2 为最大压应力,并且其数值相等。查附表A可知22b工字钢的 $W_z=309\ \mathrm{cm}^3$,$W_y=42.7\ \mathrm{cm}^3$,所以

$$\sigma_{\max}=\frac{M_{y\max}}{W_y}+\frac{M_{z\max}}{W_z}=181(\mathrm{MPa})$$

查表可知 F_y,F_z 分别在中点的所引起的挠度为

$$f_y=\frac{F_yl^3}{48EI_z},\qquad f_z=\frac{F_zl^3}{48EI_y}$$

则最终的位移为

$$f=\sqrt{f_y+f_z}=15(\mathrm{mm})$$

$$\mathrm{tg}\,\beta=\frac{f_z}{f_y}=\frac{I_z}{I_y}\tan\varphi=4.002$$

所以 $\beta=76°$

计 划 单

<table>
<tr><td>学习领域</td><td colspan="6">土建工程力学应用</td></tr>
<tr><td>学习情境</td><td colspan="6">复杂构件的内力及变形计算</td></tr>
<tr><td>工作任务</td><td colspan="6">计算斜弯曲构件的内力及变形</td></tr>
<tr><td>计划方式</td><td colspan="6">小组讨论、团结协作共同制订计划</td></tr>
<tr><td>计划学时</td><td colspan="6">0.5 学 时</td></tr>
<tr><td>序 号</td><td colspan="2">实 施 步 骤</td><td colspan="4">具体工作内容描述</td></tr>
<tr><td>1</td><td colspan="2"></td><td colspan="4"></td></tr>
<tr><td>2</td><td colspan="2"></td><td colspan="4"></td></tr>
<tr><td>3</td><td colspan="2"></td><td colspan="4"></td></tr>
<tr><td>4</td><td colspan="2"></td><td colspan="4"></td></tr>
<tr><td>5</td><td colspan="2"></td><td colspan="4"></td></tr>
<tr><td>6</td><td colspan="2"></td><td colspan="4"></td></tr>
<tr><td>7</td><td colspan="2"></td><td colspan="4"></td></tr>
<tr><td>8</td><td colspan="2"></td><td colspan="4"></td></tr>
<tr><td>9</td><td colspan="2"></td><td colspan="4"></td></tr>
<tr><td>制订计划说明</td><td colspan="6">（写出制订计划中人员为完成任务的主要建议或可以借鉴的建议、需要解释的某一方面）</td></tr>
<tr><td rowspan="3">计划评价</td><td>班 级</td><td></td><td>第 组</td><td>组长签字</td><td colspan="2"></td></tr>
<tr><td>教师签字</td><td colspan="2"></td><td>日 期</td><td colspan="2"></td></tr>
<tr><td colspan="6">评语：</td></tr>
</table>

决 策 单

<table>
<tr><td>学习领域</td><td colspan="5">土建工程力学应用</td></tr>
<tr><td>学习情境</td><td colspan="5">复杂构件的内力及变形计算</td></tr>
<tr><td>工作任务</td><td colspan="5">计算斜弯曲构件的内力及变形</td></tr>
<tr><td>决策学时</td><td colspan="5">0.5 学 时</td></tr>
<tr><td rowspan="11">方案对比</td><td>序　号</td><td>方案的可行性</td><td>方案的先进性</td><td>实 施 难 度</td><td>综 合 评 价</td></tr>
<tr><td>1</td><td></td><td></td><td></td><td></td></tr>
<tr><td>2</td><td></td><td></td><td></td><td></td></tr>
<tr><td>3</td><td></td><td></td><td></td><td></td></tr>
<tr><td>4</td><td></td><td></td><td></td><td></td></tr>
<tr><td>5</td><td></td><td></td><td></td><td></td></tr>
<tr><td>6</td><td></td><td></td><td></td><td></td></tr>
<tr><td>7</td><td></td><td></td><td></td><td></td></tr>
<tr><td>8</td><td></td><td></td><td></td><td></td></tr>
<tr><td>9</td><td></td><td></td><td></td><td></td></tr>
<tr><td>10</td><td></td><td></td><td></td><td></td></tr>
<tr><td rowspan="3">决策或分工评价</td><td>班　　级</td><td></td><td>第　　组</td><td>组长签字</td><td></td></tr>
<tr><td>教师签字</td><td colspan="2"></td><td>日　　期</td><td></td></tr>
<tr><td colspan="5">评语：</td></tr>
</table>

实 施 单

<table>
<tr><td>学习领域</td><td colspan="4">土建工程力学应用</td></tr>
<tr><td>学习情境</td><td colspan="4">复杂构件的内力及变形计算</td></tr>
<tr><td>工作任务</td><td colspan="4">计算斜弯曲构件的内力及变形</td></tr>
<tr><td>实施方式</td><td colspan="4">小组成员合作共同研讨确定实施步骤,每人均填写实施单</td></tr>
<tr><td>实施学时</td><td colspan="4">3 学 时</td></tr>
<tr><td>序 号</td><td colspan="2">实 施 步 骤</td><td colspan="2">使 用 资 源</td></tr>
<tr><td>1</td><td colspan="2"></td><td colspan="2"></td></tr>
<tr><td>2</td><td colspan="2"></td><td colspan="2"></td></tr>
<tr><td>3</td><td colspan="2"></td><td colspan="2"></td></tr>
<tr><td>4</td><td colspan="2"></td><td colspan="2"></td></tr>
<tr><td>5</td><td colspan="2"></td><td colspan="2"></td></tr>
<tr><td>6</td><td colspan="2"></td><td colspan="2"></td></tr>
<tr><td>7</td><td colspan="2"></td><td colspan="2"></td></tr>
<tr><td>8</td><td colspan="2"></td><td colspan="2"></td></tr>
<tr><td colspan="5">实施说明:</td></tr>
<tr><td>班 级</td><td></td><td>第 组</td><td>组长签字</td><td></td></tr>
<tr><td>教师签字</td><td colspan="2"></td><td>日 期</td><td></td></tr>
<tr><td>评 语</td><td colspan="4"></td></tr>
</table>

作 业 单

学习领域	土建工程力学应用		
学习情境	复杂构件的内力及变形计算		
工作任务	计算斜弯曲构件的内力及变形		
实施方式	小组成员动手实践，计算斜弯曲构件的内力及变形		
（在此计算斜弯曲构件，不够可附页）			
班　　级		第　　组	组长签字	
教师签字		日　　期	
评　　语			

检　查　单

<table>
<tr><td>学习领域</td><td colspan="5">土建工程力学应用</td></tr>
<tr><td>学习情境</td><td colspan="5">复杂构件的内力及变形计算</td></tr>
<tr><td>工作任务</td><td colspan="5">计算斜弯曲构件的内力及变形</td></tr>
<tr><td>检查学时</td><td colspan="5">0.5 学 时</td></tr>
<tr><td>序　　号</td><td>检 查 项 目</td><td colspan="2">检 查 标 准</td><td>组 内 互 查</td><td>教 师 检 查</td></tr>
<tr><td>1</td><td>内力分析</td><td colspan="2">是否完整、正确</td><td></td><td></td></tr>
<tr><td>2</td><td>内力计算</td><td colspan="2">是否完整、正确</td><td></td><td></td></tr>
<tr><td>3</td><td>绘制的内力图</td><td colspan="2">是否完整、正确</td><td></td><td></td></tr>
<tr><td>4</td><td>强度计算</td><td colspan="2">是否完整、正确</td><td></td><td></td></tr>
<tr><td>5</td><td>作业单</td><td colspan="2">是否正确、整洁</td><td></td><td></td></tr>
<tr><td>6</td><td>计算过程</td><td colspan="2">是否完整、正确</td><td></td><td></td></tr>
<tr><td rowspan="3">检查评价</td><td>班　　级</td><td></td><td>第　　组</td><td>组长签字</td><td></td></tr>
<tr><td>教师签字</td><td></td><td>日　　期</td><td colspan="2"></td></tr>
<tr><td colspan="5">评语：</td></tr>
</table>

评 价 单

<table>
<tr><td>学习领域</td><td colspan="6">土建工程力学应用</td></tr>
<tr><td>学习情境</td><td colspan="6">复杂构件的内力及变形计算</td></tr>
<tr><td>工作任务</td><td colspan="6">计算斜弯曲构件的内力及变形</td></tr>
<tr><td>评价学时</td><td colspan="6">0.5 学 时</td></tr>
<tr><td>考核项目</td><td>考核内容及要求</td><td>分值</td><td>学生自评（10%）</td><td>小组评分（20%）</td><td>教师评分（70%）</td><td>实得分</td></tr>
<tr><td>资讯（10）</td><td>翔实准确</td><td>10</td><td></td><td></td><td></td><td></td></tr>
<tr><td rowspan="3">计划编制及决策（25）</td><td>工作程序的完整性</td><td>10</td><td></td><td></td><td></td><td></td></tr>
<tr><td>步骤内容描述</td><td>10</td><td></td><td></td><td></td><td></td></tr>
<tr><td>计划规范性</td><td>5</td><td></td><td></td><td></td><td></td></tr>
<tr><td rowspan="3">工作实施检查过程（40）</td><td>分析程序正确</td><td>10</td><td></td><td></td><td></td><td></td></tr>
<tr><td>计算步骤正确</td><td>10</td><td></td><td></td><td></td><td></td></tr>
<tr><td>计算结果正确</td><td>20</td><td></td><td></td><td></td><td></td></tr>
<tr><td>完成时间（15）</td><td>在要求时间内完成</td><td>15</td><td></td><td></td><td></td><td></td></tr>
<tr><td>合作性（10）</td><td>能够很好地团结协作</td><td>10</td><td></td><td></td><td></td><td></td></tr>
<tr><td colspan="2">总 分（∑）</td><td>100</td><td></td><td></td><td></td><td></td></tr>
</table>

<table>
<tr><td rowspan="4">评价评语</td><td>班 级</td><td colspan="3"></td><td>学 号</td><td colspan="2"></td></tr>
<tr><td>姓 名</td><td colspan="3"></td><td>第 组</td><td>组长签字</td><td></td></tr>
<tr><td>教师签字</td><td></td><td>日 期</td><td colspan="2"></td><td>总 评</td><td></td></tr>
<tr><td colspan="7">评语：</td></tr>
</table>

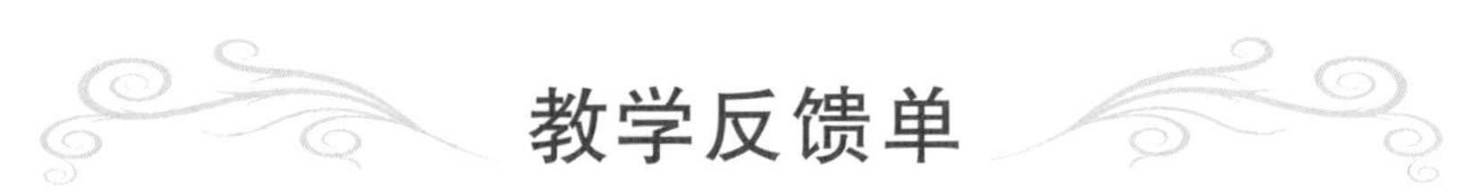

教学反馈单

学习领域	土建工程力学应用			
学习情境	复杂构件的内力及变形计算			
工作任务	计算斜弯曲构件的内力及变形			
任务学时	6 学 时			
序　号	调查内容	是	否	理由陈述
1	你是否喜欢这种上课方式?			
2	与传统教学方式比较你认为哪种方式学到的知识更适用?			
3	针对每个学习任务你是否学会如何进行资讯?			
4	计划和决策感到困难吗?			
5	你认为学习任务对你将来的工作有帮助吗?			
6	通过完成本工作任务,你学会如何计算斜弯曲构件的强度了吗? 今后遇到实际的问题你可以解决吗?			
7	你能在日常的工作和生活中找到斜弯曲构件吗?			
8	学会绘制内力图了吗?			
9	通过几天来的工作和学习,你对自己的表现是否满意?			
10	你对小组成员之间的合作是否满意?			
11	你认为本任务还应学习哪些方面的内容?（请在下面空白处填写）			
你的意见对改进教学非常重要,请写出你的建议和意见。				
被调查人签名		调查时间		

任务6　计算偏心压缩构件的内力

任　务　单

<table>
<tr><td>学习领域</td><td colspan="6">土建工程力学应用</td></tr>
<tr><td>学习情境</td><td colspan="6">复杂构件的内力及变形计算</td></tr>
<tr><td>工作任务</td><td colspan="6">计算偏心压缩构件的内力</td></tr>
<tr><td>任务学时</td><td colspan="6">6 学 时</td></tr>
<tr><td colspan="7">布 置 任 务</td></tr>
<tr><td>工作目标</td><td colspan="6">在进行土建工程结构设计时，有很多构件是偏心压缩构件。本任务要求学生：
1. 能够对工程中的偏心压缩构件进行受力分析
2. 能够绘制出偏心压缩构件横截面上的应力分布图
3. 能够进行偏心压缩构件的强度计算和变形计算
4. 能够分析解决工程中的偏心压缩问题</td></tr>
<tr><td>任务描述</td><td colspan="6">根据图示某桥梁施工情况：钢筋混凝土桥墩的一侧已安装梁，另一侧未安装梁，假设上部传来的力为 F，偏心距为 e，且 F 力的作用线在横截面的另一个对称轴线上，桥墩高为 l，桥墩横截面假设为矩形截面，横截面尺寸如图所示，钢筋混凝土的比重为 γ。要求学生：
(1)绘制该桥墩此时的计算简图
(2)绘制该桥墩此时的内力图
(3)绘制该桥墩底部横截面的应力分布图
(4)求该桥墩底部横截面上的最大应力
a
b</td></tr>
<tr><td rowspan="2">学时安排</td><td>资　讯</td><td>计　划</td><td>决策及分工</td><td>实　施</td><td>检　查</td><td>评　价</td></tr>
<tr><td>0.5 学时</td><td>0.5 学时</td><td>0.5 学时</td><td>3.5 学时</td><td>0.5 学时</td><td>0.5 学时</td></tr>
<tr><td>提供资料</td><td colspan="6">工程案例、工程规范、参考书、教材</td></tr>
<tr><td>学生知识与能力要求</td><td colspan="6">1. 具备绘制结构计算简图和受力图的能力，具备识读土建结构施工图的能力
2. 熟练掌握杆件基本变形的内力及变形计算
3. 具备一定的数据计算能力、一定的沟通协调能力、语言表达能力和团队意识
4. 严格遵守课堂纪律，不迟到、不早退；学习态度认真、端正
5. 每位同学必须积极参与小组讨论，每组均需按规定完成偏心压缩件内力及变形计算</td></tr>
<tr><td>教师知识与能力要求</td><td colspan="6">1. 熟练掌握偏心压缩构件的内力计算方法
2. 熟练掌握偏心压缩构件的变形及刚度计算
3. 有组织学生按要求完成任务的驾驭能力
4. 对任务完成过程、结果进行点评，并为各小组进行综合打分</td></tr>
</table>

资　讯　单

<table>
<tr><td>学习领域</td><td colspan="4">土建工程力学应用</td></tr>
<tr><td>学习情境</td><td colspan="4">复杂构件的内力及变形计算</td></tr>
<tr><td>工作任务</td><td colspan="4">计算偏心压缩构件的内力</td></tr>
<tr><td>资讯学时</td><td colspan="4">0.5 学 时</td></tr>
<tr><td>资讯方式</td><td colspan="4">在图书馆、互联网及教材中进行查询，或向任课教师请教</td></tr>
<tr><td rowspan="8">资讯内容</td><td colspan="4">1. 什么是偏心压缩？</td></tr>
<tr><td colspan="4">2. 偏心压缩构件的工程实例有哪些？</td></tr>
<tr><td colspan="4">3. 偏心压缩构件横截面上的内力有哪些？</td></tr>
<tr><td colspan="4">4. 偏心压缩变形的内力计算方法有哪些？</td></tr>
<tr><td colspan="4">5. 偏心压缩构件应力的计算方法有哪些？</td></tr>
<tr><td colspan="4">6. 绘制偏心压缩构件横截面应力分部图的方法有哪些？</td></tr>
<tr><td colspan="4">7. 计算偏心压缩构件横截面上的应力公式是什么？</td></tr>
<tr><td colspan="4">8. 计算偏心压缩构件的强度公式是什么？</td></tr>
<tr><td>资讯要求</td><td colspan="4">1. 根据工作目标和任务描述正确理解完成任务需要的资讯内容
2. 按照上述资讯内容进行资讯
3. 写出资讯报告</td></tr>
<tr><td rowspan="3">资讯评价</td><td>班　　级</td><td></td><td>学生姓名</td><td></td></tr>
<tr><td>教师签字</td><td></td><td>日　　期</td><td></td></tr>
<tr><td colspan="4">评语：</td></tr>
</table>

信 息 单

6.1 土建工程中偏心压缩构件的实例及强度计算

作用在直杆上的外力，当其作用线与杆的轴线平行但不重合时，将引起偏心拉伸或偏心压缩。例如厂房中支承吊车梁的柱子即为偏心压缩（见图 6.1）。

今以矩形截面等直杆承受偏心压力 F（见图 6.2）为例，来说明偏心压缩杆件的强度计算问题。偏心力 F 的作用点的坐标为(y_F, z_F)，将偏心压力 F 向形心 O 简化，得到一压力 F、在 xy 面内的力偶 M_{ez}以及在 xz 面的力偶 M_{ey}，其值为

$$M_{ey} = F \cdot z_F, \qquad M_{ez} = F \cdot y_F$$

经静力等效简化后，得到了一个轴向压力，和两个在纵对称面内的力偶如图 6.2(b)，将使杆件分别发生轴向压缩和斜弯曲。当杆的弯曲刚度较大时，同样可按照叠加原理进行求解。

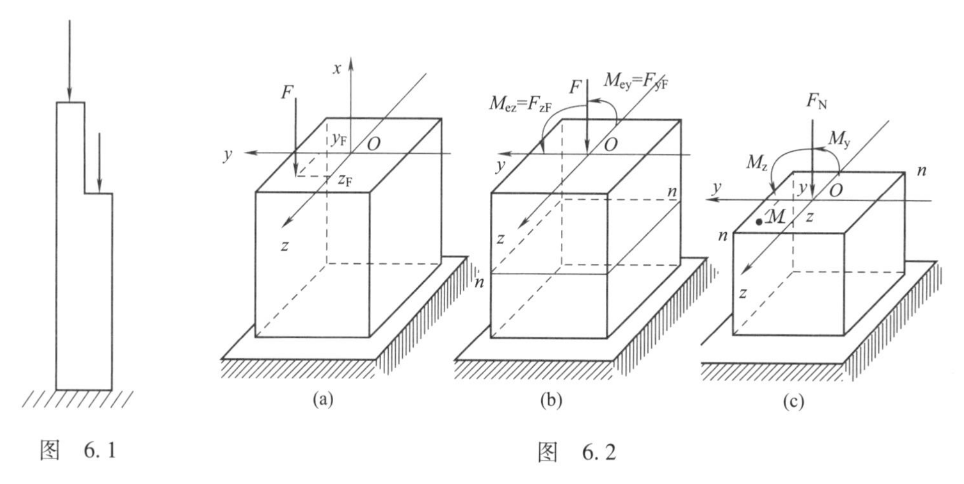

图 6.1　　图 6.2

在上述力系作用下的任一截面 n-n（图 6.2b）上的内力为

$$F_N = -F, M_y = M_{ey} = -F \cdot Z_F, \qquad M_z = M_{ez} = -F \cdot y_F$$

在截面上 n-n 任一点 $M(y,z)$处，对应于轴力和两个弯矩所产生的正应力分别为

$$\sigma' = \frac{F_N}{A}, \sigma'' = \frac{M_y \cdot z}{I_y}, \sigma''' = \frac{M_z \cdot y}{I_z}$$

式中的轴力以拉为正；弯矩以使第一象限受拉为正。依据叠加原理可得 M 点的正应力为

$$\sigma = \frac{F_N}{A} + \frac{M_y \cdot Z}{I_y} + \frac{M_z \cdot y}{I_z} = \frac{-F}{A} + \frac{-F \cdot Z_F \cdot z}{I_y} + \frac{-F \cdot y_F \cdot y}{I_z} \tag{6.1}$$

式中：A——横截面的面积；

I_y 和 I_z——横截面对 y 轴和 z 轴的惯性矩。

利用惯性矩与惯性半径之间的关系有

$$I_y = A \cdot i_y^2; \qquad I_z = A \cdot i_z^2$$

式(6.1)可以改写为

$$\sigma = -\frac{F}{A}\left(1 + \frac{z_P z}{i_y^2} + \frac{y_P y}{i_z^2}\right) \tag{6.2}$$

该式称为偏心压缩的应力方程，画出各内力作用下的应力分布示意图（见图 6.3），阴影部分表示受拉，很明显图 6.3 所示的 a 点，应力达到最大负值为

$$\sigma_a = \sigma^-_{\max} = -\frac{F}{A} - \frac{FZ_F}{W_y} - \frac{Fy_F}{W_z}$$

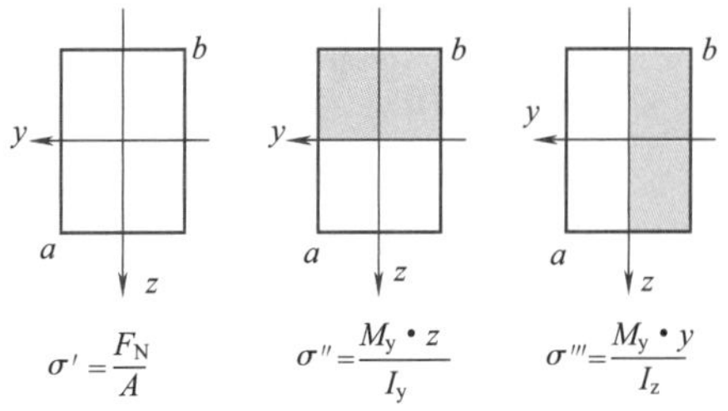

b 点的应力值为

$$\sigma_b = -\frac{F}{A} + \frac{FZ_F}{W_y} + \frac{Fy_F}{W_z}$$

其中，$W_y = \dfrac{I_y}{Z_{\max}}$，$W_z = \dfrac{I_z}{y_{\max}}$。

$\sigma' = \dfrac{F_N}{A}$　　$\sigma'' = \dfrac{M_y \cdot z}{I_y}$　　$\sigma''' = \dfrac{M_y \cdot y}{I_z}$

图　6.3

在上述力系作用下的任一截面 n-n[见图 6.3(b)]上的内力为

$$F_N = -F, M_y = M_{ey} = -F \cdot Z_F, M_z = M_{ez} = -F \cdot y_F$$

在截面上 n-n 任一点 $M(y,z)$ 处，对应于轴力和两个弯矩所产生的正应力分别为

$$\sigma' = \frac{F_N}{A}, \sigma'' = \frac{M_y \cdot Z}{I_y}, \sigma''' = \frac{M_z \cdot y}{I_z}$$

式中的轴力以拉为正；弯矩以使第一象限受拉为正。依据叠加原理可得 M 点的正应力为

$$\sigma = \frac{F_N}{A} + \frac{M_y \cdot Z}{I_y} + \frac{M_z \cdot y}{I_z} = \frac{-F}{A} + \frac{-F \cdot Z_F \cdot z}{I_y} + \frac{-F \cdot y_F \cdot y}{I_z} \tag{6.3}$$

式中：A——横截面的面积；

I_y 和 I_z——横截面对 y 轴和 z 轴的惯性矩。

利用惯性矩与惯性半径之间的关系有

$$I_y = A \cdot i_y^2; \qquad I_z = A \cdot i_z^2$$

式(6.3)可以改写为

$$\sigma = -\frac{F}{A}\left(1 + \frac{z_P z}{i_y^2} + \frac{y_P y}{i_z^2}\right) \tag{6.4}$$

该式称为偏心压缩的应力方程，画出各内力作用下的应力分布示意图(见图 6.3)，阴影部分表示受拉，很明显图 6.3 所示的 a 点，应力达到最大负值为

$$\sigma_a = \sigma^-_{\max} = -\frac{F}{A} - \frac{FZ_F}{W_y} - \frac{Fy_F}{W_z}$$

b 点的应力值为

$$\sigma_b = -\frac{F}{A} + \frac{FZ_F}{W_y} + \frac{Fy_F}{W_z}$$

其中，$W_y = \dfrac{I_y}{Z_{\max}}$，$W_z = \dfrac{I_z}{y_{\max}}$。

6.2　截面核心

根据中性轴的定义，令式(6.4)等于零，可得

$$1 + \frac{z_F z}{i_y^2} + \frac{y_F y}{i_z^2} = 0 \tag{6.5}$$

该方程即为中性轴方程，可见中性轴是不过截面形心的直线。为了确定中性轴的位置，可以先确定中性轴在 y，z 两轴上的截距 y_{ot} 和 z_{ot}(见图 6.4)，为此将中性轴方程改写成截距式方程

$$\frac{z}{-\dfrac{i_y^2}{z_F}} + \frac{y}{-\dfrac{i_z^2}{y_F}} = 1$$

由上式可以看出

$$y_{ot} = \frac{-i_z^2}{y_F}, z_{ot} = \frac{-i_y^2}{z_F}$$

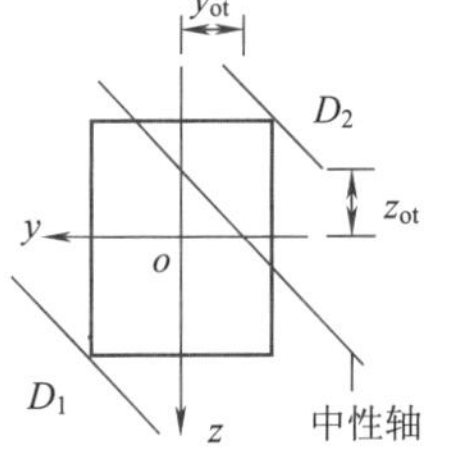

图　6.4

因为 C 点在第一象限内，坐标 y_F，z_F 都为正值，故 y_{ot} 和 z_{ot} 都是负值。也就是说中性轴与外力的作用点分别处于截面形心的相对两侧，如图 6.4 所示。

对混凝土、大理石等材料，设计时不希望偏心压缩在构件中产生拉应力。这就要求偏心力的作用在一定范围内（使中性轴不会与截面相割，最多只能与截面周线相切或重合），这一定的范围就是截面核心。指包含截面形心在内的一个区域，当压力作用在该区域内时，构件的横截面上只产生压应力。当外力的作用点作用在截面核心上时，中性轴正好与边界相切，利用这种关系可以确定截面核心的边界。

为确定任意形状截面的截面核心边界，可将与截面周边相切的任一直线看作是中性轴，该中性轴对应着一个偏心压力的作用点；同样，依次再作其他的中性轴。每一个中性轴都对应着一个压力作用点，这样就形成了一个区域。这个区域就是截面核心。

【案例 6.1】 短柱的截面为矩形，尺寸为 $b\times h$（见图 6.5），试确定截面核心。

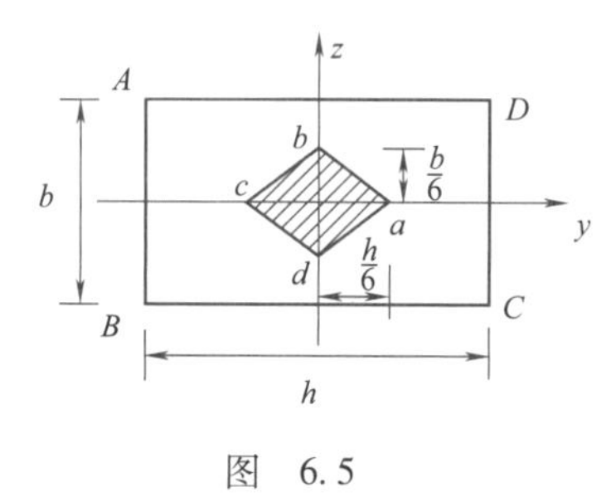

图 6.5

解：对称轴 y、z 即为截面图形的形心主惯性轴，$i_y^2=\dfrac{b^2}{12}$，$i_z^2=\dfrac{h^2}{12}$。设中性轴与 AB 边重合，则它在坐标轴上截距为

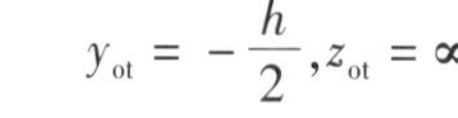

$$y_{ot}=-\frac{h}{2},z_{ot}=\infty$$

于是偏心压力的偏心距为

$$y_p=-\frac{i_z^2}{y_{ot}}=\frac{h}{6},\qquad z_p=\frac{-i_y^2}{z_{ot}}=0$$

即图 6.5 中的 a 点。同理若中性轴为 BC 边，相应为 b 点，$b(0,\dfrac{b}{6})$。其余以此类推，由于中性轴方程为直线方程，最后可得图 6.5 中矩形截面的截面核心为 $abcd$（阴影线所示）。

【案例 6.2】 如图 6.6 所示半径为 r 的圆截面短柱，试确定截面核心。

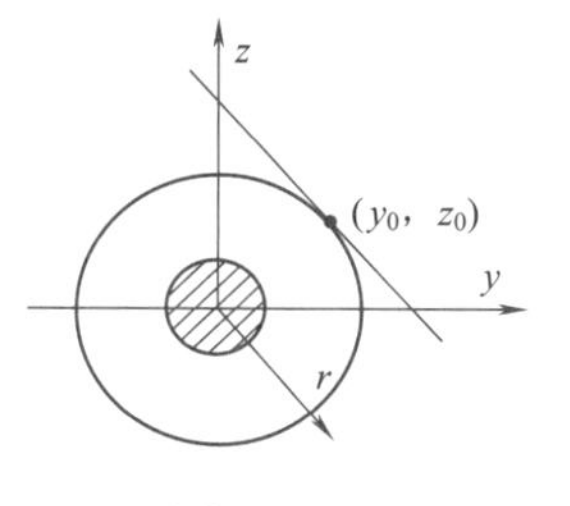

图 6.6

解：$i_y^2=i_z^2=\dfrac{\pi D^4/64}{\pi D^2/4}=\dfrac{r^2}{4}$，设圆方程为 $z^2+y^2=r^2$，则过一点 (y_0,z_0) 圆的切线的斜率为 $k=-\dfrac{y_0}{z_0}$，切线方程为 $z-z_0=-\dfrac{y_0}{z_0}(y-y_0)$

当 $z=0$ 时，中性轴在 y 轴上的截距 $y_{0t}=\dfrac{r^2}{y_0}$；当 $y=0$ 时，中性轴在 z 轴上的截距 $z_{0t}=\dfrac{r^2}{z_0}$。

而中性轴在坐标轴的截距：$y_{ot}=-\dfrac{i_z^2}{y_{ot}}=-\dfrac{r^2}{4y_p}$，$z_{ot}=-\dfrac{i_y^2}{z_{ot}}=-\dfrac{r^2}{4z_p}$

经比较知 $y_0=-4y_p$，$z_0=-4z_p$，代入圆的方程可得 $z_p^2+y_p^2=\left(\dfrac{r}{4}\right)^2$，此轨迹是半径为 $\dfrac{r}{4}$ 的圆形。

计　划　单

<table>
<tr><td>学习领域</td><td colspan="5">土建工程力学应用</td></tr>
<tr><td>学习情境</td><td colspan="5">复杂构件的内力及变形计算</td></tr>
<tr><td>工作任务</td><td colspan="5">计算偏心压缩构件的内力</td></tr>
<tr><td>计划方式</td><td colspan="5">小组讨论、团结协作共同制订计划</td></tr>
<tr><td>计划学时</td><td colspan="5">0.5 学 时</td></tr>
<tr><td>序　号</td><td colspan="2">实 施 步 骤</td><td colspan="3">具体工作内容描述</td></tr>
<tr><td>1</td><td colspan="2"></td><td colspan="3"></td></tr>
<tr><td>2</td><td colspan="2"></td><td colspan="3"></td></tr>
<tr><td>3</td><td colspan="2"></td><td colspan="3"></td></tr>
<tr><td>4</td><td colspan="2"></td><td colspan="3"></td></tr>
<tr><td>5</td><td colspan="2"></td><td colspan="3"></td></tr>
<tr><td>6</td><td colspan="2"></td><td colspan="3"></td></tr>
<tr><td>7</td><td colspan="2"></td><td colspan="3"></td></tr>
<tr><td>8</td><td colspan="2"></td><td colspan="3"></td></tr>
<tr><td>9</td><td colspan="2"></td><td colspan="3"></td></tr>
<tr><td>制订计划说明</td><td colspan="5">（写出制订计划中人员为完成任务的主要建议或可以借鉴的建议、需要解释的某一方面）</td></tr>
<tr><td rowspan="3">计划评价</td><td>班　级</td><td></td><td>第　组</td><td>组长签字</td><td></td></tr>
<tr><td>教师签字</td><td colspan="2"></td><td>日　期</td><td></td></tr>
<tr><td colspan="5">评语：</td></tr>
</table>

决 策 单

<table>
<tr><td>学习领域</td><td colspan="5">土建工程力学应用</td></tr>
<tr><td>学习情境</td><td colspan="5">复杂构件的内力及变形计算</td></tr>
<tr><td>工作任务</td><td colspan="5">计算偏心压缩构件的内力</td></tr>
<tr><td>决策学时</td><td colspan="5">0.5 学 时</td></tr>
<tr><td rowspan="11">方案对比</td><td>序 号</td><td>方案的可行性</td><td>方案的先进性</td><td>实 施 难 度</td><td>综 合 评 价</td></tr>
<tr><td>1</td><td></td><td></td><td></td><td></td></tr>
<tr><td>2</td><td></td><td></td><td></td><td></td></tr>
<tr><td>3</td><td></td><td></td><td></td><td></td></tr>
<tr><td>4</td><td></td><td></td><td></td><td></td></tr>
<tr><td>5</td><td></td><td></td><td></td><td></td></tr>
<tr><td>6</td><td></td><td></td><td></td><td></td></tr>
<tr><td>7</td><td></td><td></td><td></td><td></td></tr>
<tr><td>8</td><td></td><td></td><td></td><td></td></tr>
<tr><td>9</td><td></td><td></td><td></td><td></td></tr>
<tr><td>10</td><td></td><td></td><td></td><td></td></tr>
<tr><td rowspan="3">决策或分工评价</td><td>班 级</td><td></td><td>第 组</td><td>组长签字</td><td></td></tr>
<tr><td>教师签字</td><td colspan="2"></td><td>日 期</td><td></td></tr>
<tr><td colspan="5">评语：</td></tr>
</table>

实　施　单

学习领域	土建工程力学应用	
学习情境	复杂构件的内力及变形计算	
工作任务	计算偏心压缩构件的内力	
实施方式	小组成员合作共同研讨确定实施步骤,每人均填写实施单	
实施学时	3.5 学 时	
序　　号	实 施 步 骤	使 用 资 源
1		
2		
3		
4		
5		
6		
7		
8		

实施说明:

班　　级		第　　组	组长签字	
教师签字			日　　期	
评　　语				

作 业 单

<table>
<tr><td>学习领域</td><td colspan="4">土建工程力学应用</td></tr>
<tr><td>学习情境</td><td colspan="4">复杂构件的内力及变形计算</td></tr>
<tr><td>工作任务</td><td colspan="4">计算偏心压缩构件的内力</td></tr>
<tr><td>实施方式</td><td colspan="4">小组成员动手实践，进行偏心压缩构件的计算</td></tr>
<tr><td colspan="5">（在此计算偏心压缩构件，不够可附页）</td></tr>
<tr><td>班　　级</td><td></td><td>第　　组</td><td>组长签字</td><td></td></tr>
<tr><td>教师签字</td><td colspan="2"></td><td>日　　期</td><td></td></tr>
<tr><td>评　　语</td><td colspan="4"></td></tr>
</table>

检　查　单

<table>
<tr><td>学习领域</td><td colspan="5">土建工程力学应用</td></tr>
<tr><td>学习情境</td><td colspan="5">复杂构件的内力及变形计算</td></tr>
<tr><td>工作任务</td><td colspan="5">计算偏心压缩构件的内力</td></tr>
<tr><td>检查学时</td><td colspan="5">0.5 学 时</td></tr>
<tr><td>序　　号</td><td>检 查 项 目</td><td colspan="2">检 查 标 准</td><td>组 内 互 查</td><td>教 师 检 查</td></tr>
<tr><td>1</td><td>内力分析</td><td colspan="2">是否完整、正确</td><td></td><td></td></tr>
<tr><td>2</td><td>内力计算</td><td colspan="2">是否完整、正确</td><td></td><td></td></tr>
<tr><td>3</td><td>绘制应力图</td><td colspan="2">是否完整、正确</td><td></td><td></td></tr>
<tr><td>4</td><td>强度计算</td><td colspan="2">是否完整、正确</td><td></td><td></td></tr>
<tr><td>5</td><td>作业单</td><td colspan="2">是否正确、整洁</td><td></td><td></td></tr>
<tr><td>6</td><td>计算过程</td><td colspan="2">是否完整、正确</td><td></td><td></td></tr>
<tr><td rowspan="3">检查评价</td><td>班　　级</td><td></td><td>第　　组</td><td>组长签字</td><td></td></tr>
<tr><td>教师签字</td><td></td><td>日　　期</td><td colspan="2"></td></tr>
<tr><td colspan="5">评语：</td></tr>
</table>

评 价 单

学习领域	土建工程力学应用					
学习情境	复杂构件的内力及变形计算					
工作任务	计算偏心压缩构件的内力					
评价学时	0.5 学 时					
考核项目	考核内容及要求	分值	学生自评（10%）	小组评分（20%）	教师评分（70%）	实得分
资讯（10）	翔实准确	10				
计划编制及决策（25）	工作程序的完整性	10				
	步骤内容描述	10				
	计划规范性	5				
工作实施检查过程（40）	分析程序正确	10				
	计算步骤正确	10				
	计算结果正确	20				
完成时间（15）	在要求时间内完成	15				
合作性（10）	能够很好地团结协作	10				
总 分（∑）		100				

评价评语	班 级			学 号		
	姓 名			第 组	组长签字	
	教师签字		日 期		总 评	
	评语：					

教学反馈单

学习领域	土建工程力学应用			
学习情境	复杂构件的内力及变形计算			
工作任务	计算偏心压缩构件的内力			
任务学时	6 学 时			
序　　号	调查内容	是	否	理由陈述
1	你是否喜欢这种循序渐进的做任务的上课方式?			
2	你认为这种上课方式是否适合你?			
3	针对本次计算偏心受压构件的内力,你是否进一步学会了如何进行资讯?			
4	本次的计划和决策感到困难吗?			
5	你认为本次任务对你认识桥梁结构复杂受力状况有帮助吗?			
6	通过完成本工作任务,你学会如何计算偏心压缩构件了吗?今后遇到实际的问题你可以解决吗?			
7	你能在日常的工作和生活中找到偏心压缩构件吗?			
8	学会绘制应力分布图了吗?			
9	通过几天来的工作和学习,你对自己的表现是否满意?			
10	你对小组成员之间的合作是否满意?			
11	你认为本任务还应学习哪些方面的内容?(请在下面空白处填写)			
你的意见对改进教学非常重要,请写出你的建议和意见。				
被调查人签名		调查时间		

学习情境 四

简单结构的内力及变形计算

学习指南

学习目标

学生将完成本学习情境的2个任务计算斜弯曲构件的内力和变形、计算偏心压缩构件的内力，达到以下学习目标：

第一，能够对桥梁工程中的多跨静定梁进行内力计算。

第二，能够对桥梁工程中的静定刚架进行内力计算。

第三，能够对桥梁工程中的静定桁架进行内力计算。

第四，能够对桥梁工程中的简单结构进行位移计算。

第五，能够解决桥梁工程中涉到简单结构的承载力计算问题。

第六，提高团结协作和组织沟通能力，掌握多种学习方法。

工作任务

(1)计算静定结构的内力。

(2)计算静定结构的位移。

学习情境的描述

本学习情境是根据学生的就业岗位施工员、技术员、质检员和安全员的工作职责和职业要求创设的第四个学习情境，主要要求学生能够掌握解决桥梁结构中简单结构的承载力计算问题，本情境包含2个工作任务计算静定结构的内力、计算静定结构的位移。本学习情境的教学将采用任务驱动的教学做一体化教学模式，学生自行组成小组在教师的引导下通过资讯、计划、决策、实施、检查和评价等六个环节共同完成工作任务，达到本学习情境设定的学习目标。

任务7 计算静定结构的内力

任 务 单

<table>
<tr><td>学习领域</td><td colspan="6">土建工程力学应用</td></tr>
<tr><td>学习情境</td><td colspan="6">简单结构的内力及变形计算</td></tr>
<tr><td>工作任务</td><td colspan="6">计算静定结构的内力</td></tr>
<tr><td>任务学时</td><td colspan="6">6 学 时</td></tr>
<tr><td colspan="7">布 置 任 务</td></tr>
<tr><td>工作目标</td><td colspan="6">1. 能够绘制多跨静定梁的内力图
2. 能够绘制平面静定刚架的内力图
3. 能够计算平面静定桁架的内力</td></tr>
<tr><td>任务描述</td><td colspan="6">1. 绘制多跨静定梁的内力图
2. 绘制平面静定刚架的内力图
3. 计算图示平面静定桁架中1、2、3杆的内力</td></tr>
<tr><td rowspan="2">学时安排</td><td>资 讯</td><td>计 划</td><td>决策或分工</td><td>实 施</td><td>检 查</td><td>评 价</td></tr>
<tr><td>1 学时</td><td>0.5 学时</td><td>0.5 学时</td><td>3 学时</td><td>0.5 学时</td><td>0.5 学时</td></tr>
<tr><td>提供资料</td><td colspan="6">工程案例;工程规范;参考书;教材</td></tr>
<tr><td>学生知识与能力要求</td><td colspan="6">1. 具备构件的内力计算能力和绘制构件内力图的能力
2. 具备自学能力、数据计算能力、沟通协调能力、语言表达能力和团队意识
3. 每位同学须积极参与小组讨论,按规定完成静定结构的内力计算,绘制出内力图</td></tr>
<tr><td>教师知识与能力要求</td><td colspan="6">1. 熟练掌握多跨静定梁、刚架、桁架的内力计算方法
2. 熟练绘制各种形式结构的内力图
3. 有组织学生按要求完成任务的驾驭能力
4. 对任务完成过程、结果进行点评,并为各小组进行综合打分</td></tr>
</table>

资 讯 单

<table>
<tr><td>学习领域</td><td colspan="4">土建工程力学应用</td></tr>
<tr><td>学习情境</td><td colspan="4">简单结构的内力及变形计算</td></tr>
<tr><td>工作任务</td><td colspan="4">计算静定结构的内力</td></tr>
<tr><td>资讯学时</td><td colspan="4">1 学 时</td></tr>
<tr><td>资讯方式</td><td colspan="4">在图书馆、互联网及教材中进行查询,或向任课教师请教</td></tr>
<tr><td rowspan="10">资讯内容</td><td colspan="4">1. 什么是几何可变体系和瞬变体系?</td></tr>
<tr><td colspan="4">2. 什么是静定结构和超静定结构?</td></tr>
<tr><td colspan="4">3. 什么是多跨静定梁、静定刚架、平面静定桁架?</td></tr>
<tr><td colspan="4">4. 多跨静定梁的基本部分是否能够独立承担其上作用的荷载?为什么?</td></tr>
<tr><td colspan="4">5. 多跨静定梁的附属部分是否能够独立承担其上作用的荷载?为什么?</td></tr>
<tr><td colspan="4">6. 计算多跨静定梁内力的方法和步骤有哪些?</td></tr>
<tr><td colspan="4">7. 计算平面静定刚架内力的方法和步骤有哪些?</td></tr>
<tr><td colspan="4">8. 绘制多跨静定梁内力图的方法和步骤有哪些?</td></tr>
<tr><td colspan="4">9. 绘制平面静定刚架内力图的方法和步骤有哪些?</td></tr>
<tr><td colspan="4">10. 计算平面静定桁架内力的方法和步骤有哪些?</td></tr>
<tr><td>资讯要求</td><td colspan="4">1. 根据工作目标和任务描述正确理解完成任务需要的资讯内容
2. 按照上述资讯内容进行资询
3. 写出资讯报告</td></tr>
<tr><td rowspan="3">资讯评价</td><td>班 级</td><td></td><td>学生姓名</td><td></td></tr>
<tr><td>教师签字</td><td></td><td>日 期</td><td></td></tr>
<tr><td colspan="4">评语:</td></tr>
</table>

信 息 单

7.1 土建工程中静定结构的实例

在以前的任务中，我们进行了构件的内力计算、强度计算和刚度计算，从本任务开始，我们将进行结构的计算，即结构的内力计算和位移计算。

7.1.1 静定结构与超静定结构

1. 几何不变体系

在某一个物体系统(简称体系)中，当受到任意荷载作用后，物体将产生应变，因而物体系统也将产生变形，但是，这种变形一般是很小的。如果不考虑这种由荷载引起的微小变形，而体系能够维持其几何形状和位置不发生改变，则这样的体系称为几何不变体系。如图 7.1(a)所示的体系就是一个几何不变体系，因为在所示荷载作用下，只要不发生破坏，并忽略荷载引起的系统变形时，它的形状和位置是不会发生改变的。

(1)静定结构。没有多余约束的几何不变体系称作静定结构，即必要的约束反力的个数等于可以列出独立方程的个数。

(2)超静定结构。有多余约束的几何不变体系称作超静定结构，即必要的约束反力的个数超出可以列出独立方程的个数。

2. 几何可变体系

有另外一类体系，由于缺少必要的约束或杆件布置得不合理，在任意荷载作用下，即使不考虑杆件在荷载作用下的变形，它的形状和位置也将发生改变，这样的体系称为几何可变体系。如图 7.1(b)所示的体系就是这样的一个体系，因为在所示荷载 F 的作用下，即使 F 的值极其微小，它也不能维持平衡。

3. 几何瞬变体系

有些体系虽然不缺少约束，但由于杆件布置得不合理，几何形状会瞬时改变，这种体系称为瞬变体系，如图 7.1(c)所示。在力的作用下，瞬变体系会由于瞬变而产生非常大的内力或不确定的因素导致体系破坏。因此，瞬变体系也不可以作为结构使用。

根据上述分析，由于结构是用来承受荷载的，故必须是几何不变体系，而不能是几何可变体系或瞬变体系。

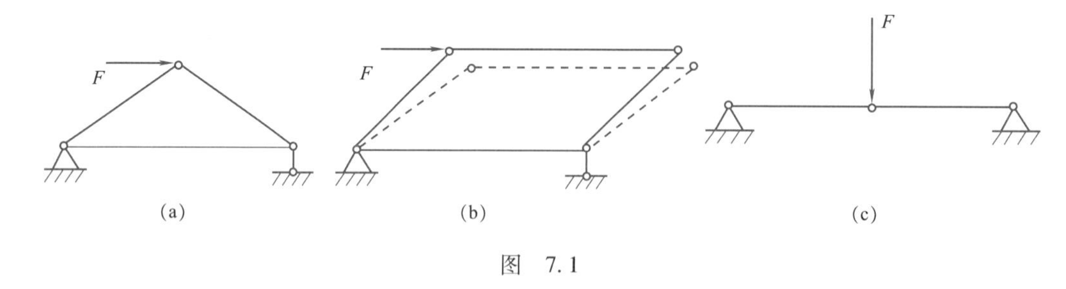

图 7.1

7.1.2 静定结构的基本组成规则

1. 两个刚片联结为几何不变体系的几何组成规则

(1)用一个铰及一个链杆联结。用一个铰及一个链杆将两个刚片联结起来，且链杆不通过该铰，则两个刚片组成新刚片，即组成新的几何不变体系(以后均简称为新刚片)，如图 7.2 所示。

(2)用三个链杆联结。用三个不平行也不汇交的链杆将两个刚片联结起来，则两个刚片组成为新刚片。如图 7.3 所示，将大地看成一个刚片，杆件是一个刚片。简支梁和伸臂梁也属于这种联结。

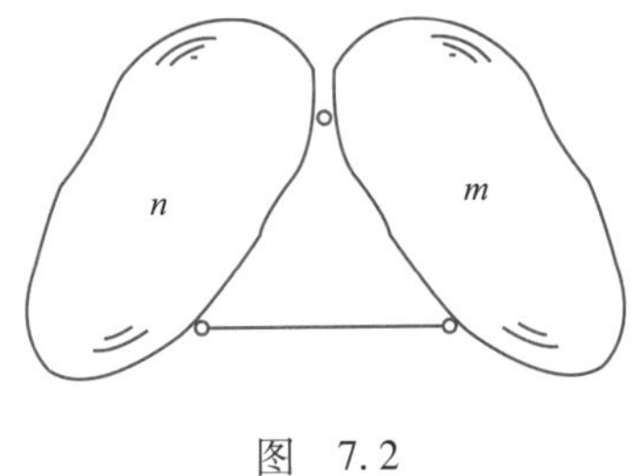

图　7.2

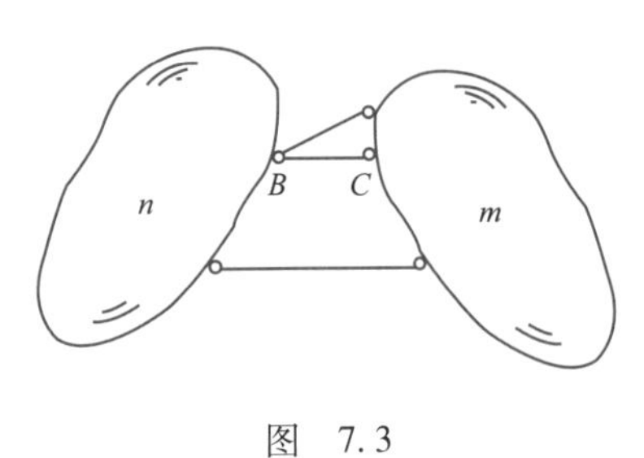

图　7.3

2. 三个刚片联结为几何不变体系的几何组成规则

(1)用三个铰联结。将三个刚片用不在同一直线上的三个铰两两相联,则组成新的刚片。如图7.2所示,将链杆看成一个刚片就是这种联结。

(2)用三对链杆联结。将三个刚片用三对链杆两两相联,且三对链杆的虚铰不在同一直线上,则三个刚片组成新的刚片。如图7.4所示,虚铰 A、B、C 不在同一直线上。

3. 二元体规则

在刚片上用两个链杆联结一个结点,则组成新的刚片,将两个链杆联结的结点称为二元体。在一个体系上加上或减去一个二元体,并不影响原体系的几何性质,这就是二元体组成规则,如图7.5所示。

综上所述,当对体系进行几何组成分析时,可以根据上述几何不变组成规则对体系进行逐步分析,就能够分析出体系是否几何可变,是否可以作为结构使用。

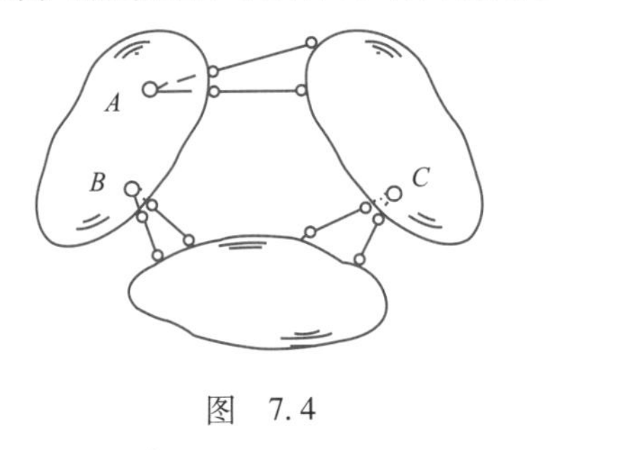

图　7.4

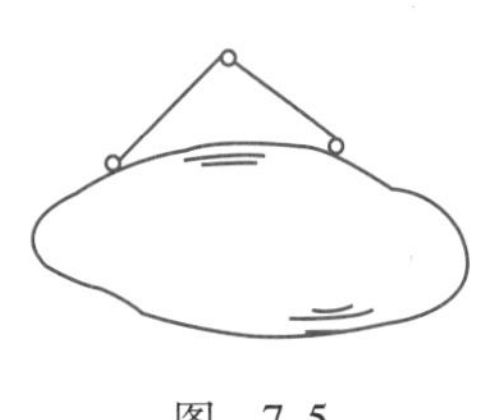

图　7.5

7.1.3　土建工程中主要静定结构的工程实例

1. 多跨静定梁

梁的轴线通常为直线,一般受到竖直向下的荷载,因此其内力为剪力和弯矩。在前面的任务中,我们了解了单跨静定梁,如简支梁、伸臂梁、悬臂梁,如图7.6所示。现在我们将要了解的是多跨静定梁,如图7.7所示。我们知道梁的内力主要是剪力和弯矩。

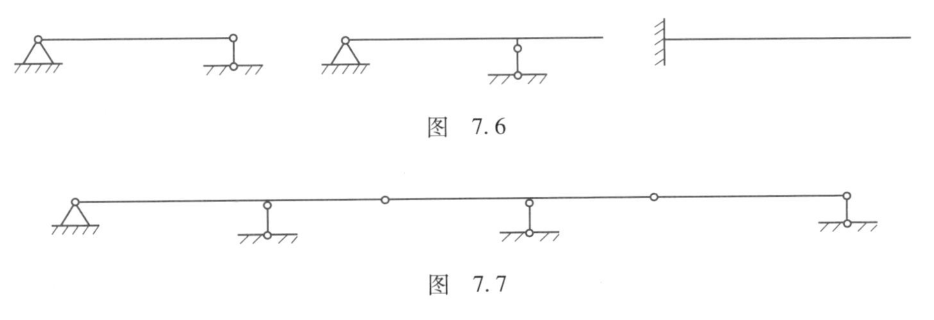

图　7.6

图　7.7

2. 静定刚架

多跨单层厂房结构,当屋架与柱的连接是刚接点,柱子底端是固定铰支座或固定端时,这样的结构称为刚架,图7.8(a)所示为静定三铰刚架,图7.8(b)所示为两跨静定刚架。

3. 静定桁架

各杆均为杆端铰接的直杆,各杆自重忽略不计或简化作用在铰结点上,外部荷载均作用在铰结点上,各杆只受轴力作用,如图7.9所示。

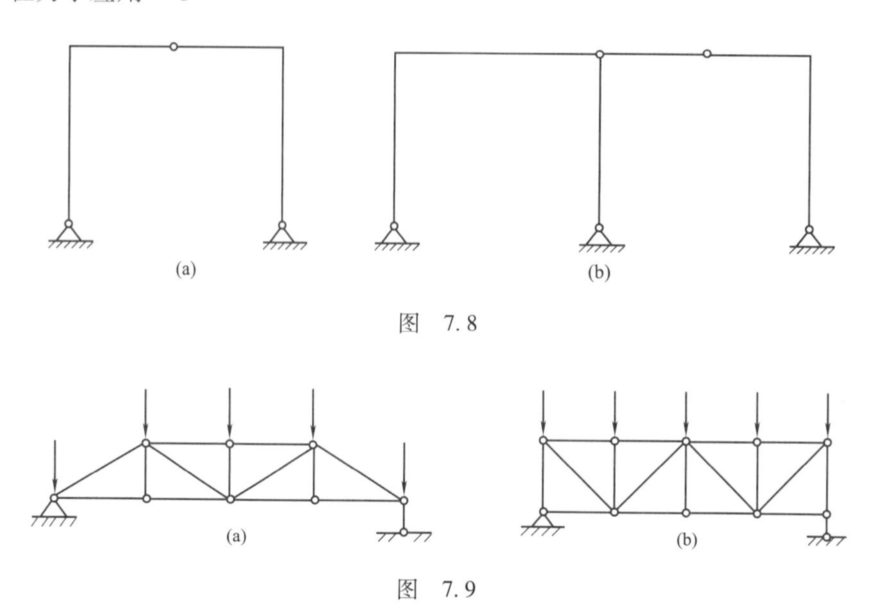

图 7.8

图 7.9

7.2 计算多跨静定梁的内力

静定结构是指没有多余约束的几何不变体系。它有如下特征：

第一，静定结构的约束反力及内力均可由静力平衡方程求出。

第二，静定结构的内力与材料性质、结构中各杆件的截面形状和尺寸无关。

第三，支座位移、温度变化、制造误差不会引起结构的支座反力和结构内力。

多跨静定梁，是指若干个梁由铰、支座联结而成的静定结构。如图 7.10(a)所示为桥梁中的梁，图 7.10(b)所示为其计算简图。

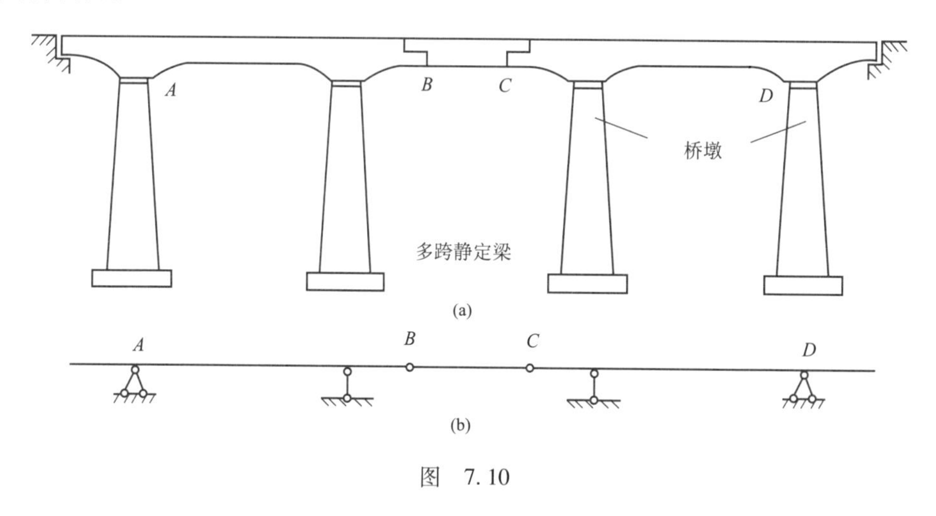

图 7.10

从几何组成分析来看，梁 AB、CD 部分分别由固定铰支座及链杆与桥墩相连，为几何不变体系，可以独立地承担荷载，称其为基本部分(俗称老梁)，而 BC 梁是依靠 AB、CD 部分才能承受荷载，我们称其为附属部分(俗称小梁)。从受力分析看，基本部分可以独立地承担荷载而保持平衡，作用在其上的荷载不会影响附属部分；而附属部分不能独立地承担荷载，作用在附属部分上的荷载将影响基本部分。因此，在计算多跨静定梁时，一般都是先计算附属部分，后计算基本部分。

7.2.1 绘制多跨静定梁内力图的简便方法

绘制多跨静定梁的内力图时，先求出支座反力，再根据简便方法由坐向右画出内力图。同单个梁一样，简便方法如下：

1. 根据如下规律得出各杆段的剪力图和弯矩图的大致图形

(1)$q(x)=0$ 时,剪力图为平行于轴线的直线,弯矩图为斜直线。

(2)$q(x)=$ 常量时,剪力图为斜直线,弯矩图为二次抛物线,二次抛物线凹口对着荷载。

(3)在集中力作用处,剪力图发生突变,突变值等于该集中力的数值,弯矩图有折点。

(4)在集中力偶作用处,剪力图无变化,弯矩图发生突变,突变值等于该集中力偶的数值。

(5)$F_Q(x)=0$ 处,$M(x)$ 在该处有极值。

2. 用简便方法求出各段控制截面的剪力和弯矩值

各段的两端为控制截面,有均布荷载时,若该段有剪力等于零的截面,则该截面也为控制截面。

3. 绘制内力图

连接各控制截面的内力值即得内力图。

7.2.2 计算及绘制多跨静定梁内力图的步骤

【案例 7.1】 试绘制图 7.11(a)所示多跨静定梁的内力图。

解:①求支座反力。

由于没有水平外力,因此各支座反力均为铅垂方向,故梁无轴力。

先取附属部分 CD 梁为研究对象,由于对称,支座反力如图 7.11(b)所示。再取 AC 梁为研究对象,支座反力如图 7.11(b)所示。

②绘制内力图。

将梁看成一根梁,然后按照单根梁内力图的绘制方法即得到图 7.11 所示内力图。

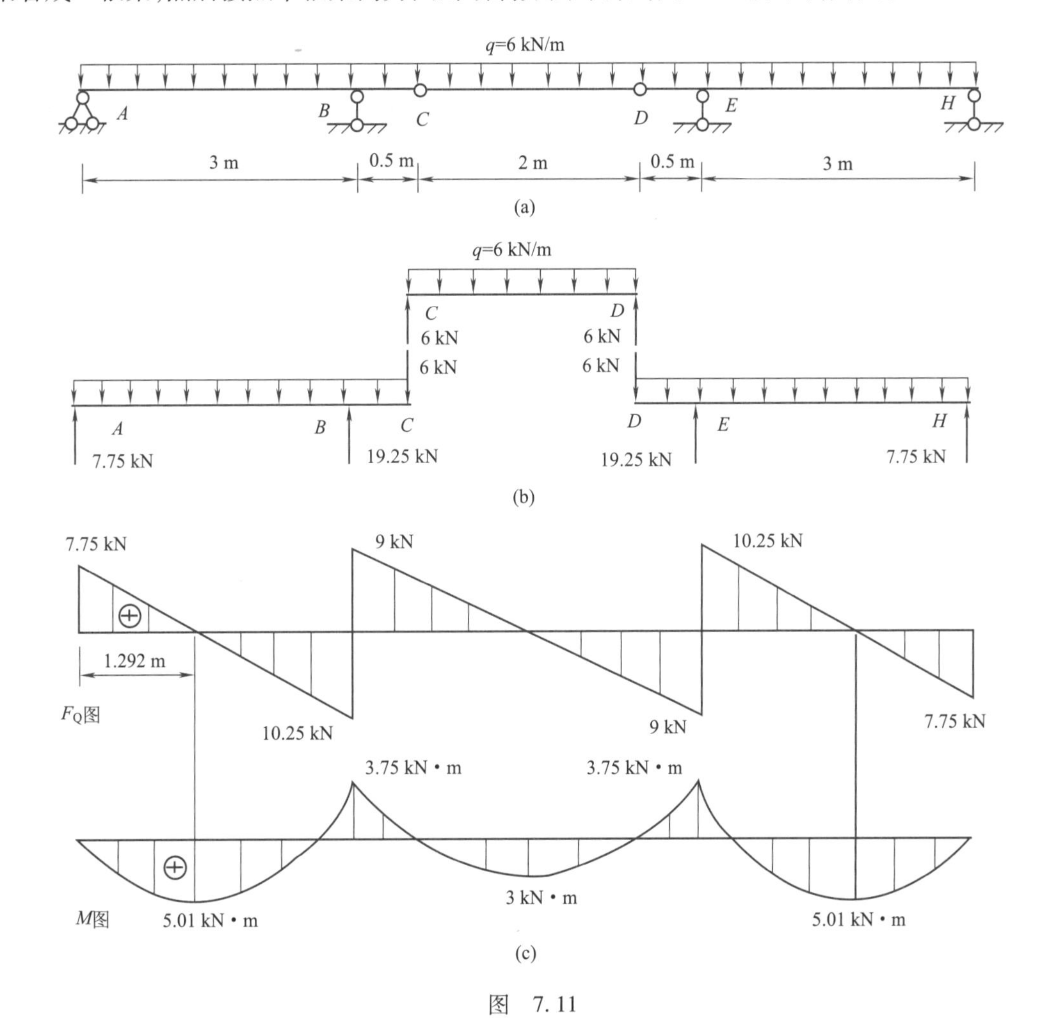

图 7.11

【案例 7.2】 试绘制图 7.12(a)所示多跨静定梁的内力图。

解:①求支座反力。由于没有水平外力,因此各支座反力均为铅垂方向,故梁无轴力。

先取附属部分 *CD* 梁为研究对象,由于对称,支座反力如图 7.12(b)所示。再取 *AC* 梁为研究对象,支座反力如图 7.12(b)所示。

②绘制内力图。将梁看成一根梁,然后按照单根梁内力图的绘制方法即得到图 7.12(c)所示内力图。

由前面的例题可以看出,解多跨静定梁的关键是求出支座反力,在求支座反力时,主要是先选取附属部分为研究对象,然后取基本部分为研究对象即可求出支座反力;求出支座反力后,就把整体看成一根梁来绘制内力图。

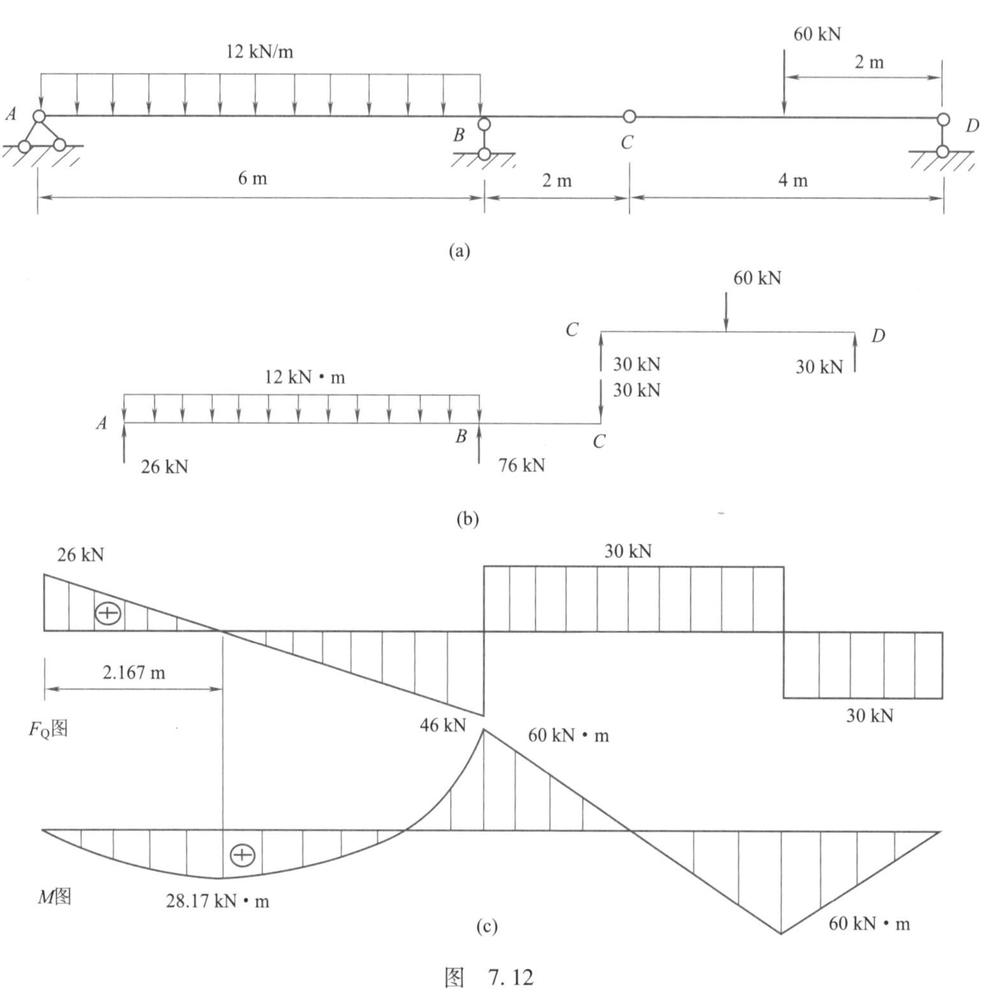

图 7.12

7.3 计算静定刚架的内力

静定刚架是指体系中的横杆与竖杆的杆端联结是刚结点的几何不变体系,且无多余约束。

7.3.1 绘制静定刚架内力图的方法及步骤

绘制梁的内力图的方法同样适用于静定刚架,以杆件的轴线为基线,分别绘制出各杆内力图,然后叠加。只是弯矩图没有正负号,画在受拉的一侧。

1. 求支座反力

根据静力平衡方程求出各支座反力,并画出结构受力图。

2. 分段求各控制截面的内力

杆件轴线方位不同就要分段,有集中力、集中力偶及荷载变化的地方都要分段。然后用简便方法求出各控制截面的内力。

3. 根据各段图形形式绘制内力图

根据各段的图形形式，将控制截面的数值依次连接即为内力图。

7.3.2 静定刚架的实例

【案例 7.3】 绘制如图 7.13(a)所示刚架的绘制内力图。

解：①求支座反力，可得

$\sum F_x = 0, F_{Ax} = F$　　　　(←)

$\sum m = 0, F_{Ay} = F_B = F/2$

如图 7.13(b)所示。

②绘制轴力图。按简便方法可知，只有竖杆有轴力，为 $F/2$ 的拉力，如图 7.13(c)所示。

③绘制剪力图。按简便方法可知，AC 段剪力为 F，是常量；CD 段剪力为 0；DB 段剪力为 $-F/2$，是常量，如图 7.13(d)所示。

④绘制弯矩图。按简便方法可知，AC 段弯矩图为斜直线，A 截面为 0，C 截面为 $Fa/2$(右侧受拉)；CD 段弯矩为 $Fa/2$ 的常量(右侧受拉)；DB 段弯矩图为斜直线，D 截面为 $Fa/2$(下面受拉)，B 截面为 0，如图 7.13(e)所示。

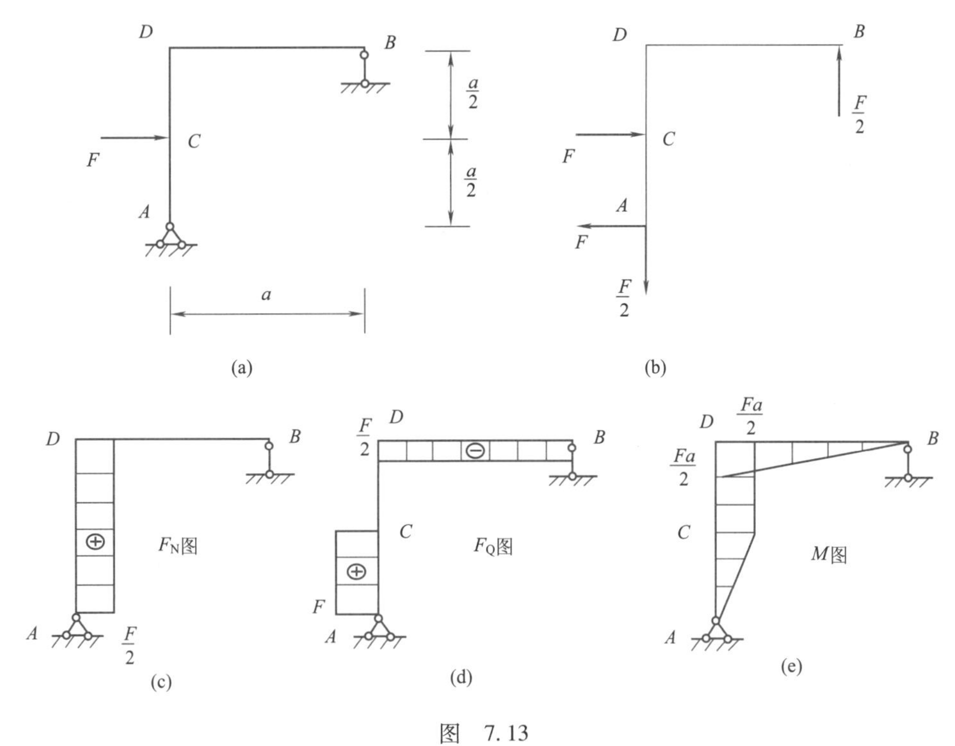

图 7.13

【案例 7.4】 绘制如图 7.14(a)所示刚架的内力图。

解：①求支座反力，可得

$\sum F_x = 0, F_{Ax} = ql$　　　　(←)

$\sum M_A = 0, F_B \cdot l - ql^2/2 = 0$

$F_B = ql/2$　　　　(↑)

$\sum F_y = 0, F_{Ay} = F_B = ql/2$　　　　(↓)

如图 7.14(b)所示。

②绘制轴力图。按简便方法可知，只有竖杆有轴力，左边杆轴力为 $ql/2$ 的拉力，右边杆轴力为 $ql/2$ 的压力，如图 7.14(c)所示。

③绘制剪力图。按简便方法可知,左边杆剪力图为斜直线,底端为 ql,顶端为 0;梁段剪力为常量 $-ql/2$;右边杆剪力为 0,如图 7.14(d)所示。

④绘制弯矩图。按简便方法可知,左边杆弯矩图为二次抛物线,底端为 0,顶端最大为 $ql^2/2$(右侧受拉);梁段弯矩图为斜直线,左端弯矩为 $ql^2/2$(下面受拉);右端弯矩为 0,如图 7.14(e)所示。

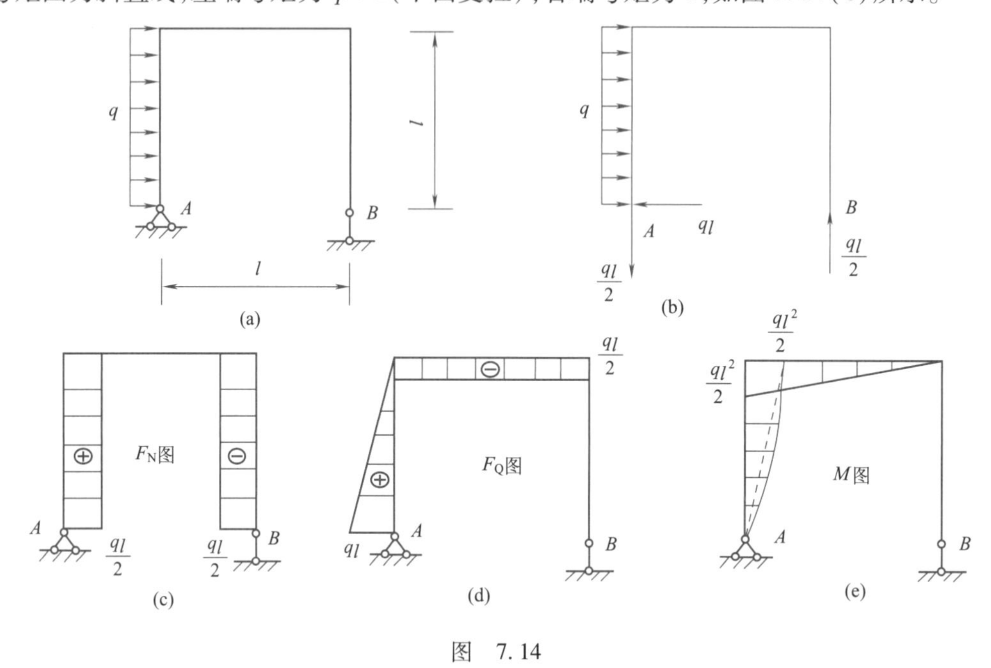

图 7.14

【案例 7.5】 绘制如图 7.15(a)所示刚架的剪力图、弯矩图。

解:①求支座反力。取 CD 刚架为分离体,得

$\sum M_C = 0, F_D \times 3 - 12 \times 3 \times 1.5 = 0$

$F_D = 18(\text{kN}) \qquad (\uparrow)$

取整体为分离体,得

$\sum M_A = 0, F_B \times 6 - 30 \times 6 - 12 \times 3 \times 7.5 + 18 \times 9 = 0$

$F_B = 48(\text{kN}) \qquad (\uparrow)$

$\sum F_y = 0, F_A + F_B + F_D - 12 \times 3 = 0$

$F_A = 30(\text{kN}) \qquad (\downarrow)$

如图 7.15(b)所示。

②绘制剪力图。按简便方法可知,左边杆剪力为常量 30 kN;大梁段剪力为常量 -30 kN,右边杆剪力为 0;小刚架上,只有梁上有剪力,左端剪力为 18 kN,右端剪力为 -18 kN,如图 7.15(c)所示。

③绘制弯矩图。按简便方法可知,左边杆弯矩图为斜直线,底端为 0,顶端为 180 kN · m(右侧受拉);梁段弯矩图为斜直线,左端弯矩为 180 kN · m(下面受拉),右端弯矩为 0;小刚架上弯矩图为二次抛物线,跨中弯矩为 13.5 kN · m,如图 7.15(d)所示。

由上述刚架的求解可知,解题的关键是求出各控制截面的内力,因此简便方法求内力一定要熟练掌握。现将求内力的简便方法归纳如下:

横截面上的轴力等于截面一侧所有外力在杆件轴线方向上的投影的代数和,外力使杆受拉为正、受压为负。

横截面上的剪力等于截面一侧所有外力在截面切线方向上的投影的代数和,外力使杆顺时针转为正,逆时针转为负。

横截面上的弯矩等于截面一侧所有外力对截面中心的矩的代数和,外力使杆哪侧受拉弯矩图就画在哪一侧。

横截面上的扭矩等于截面一侧所有外力对杆件轴线的矩的代数和,用右手螺旋定则判断正负,四指指向力矩转动方向,大拇指指向外法线方向为正,反之为负。

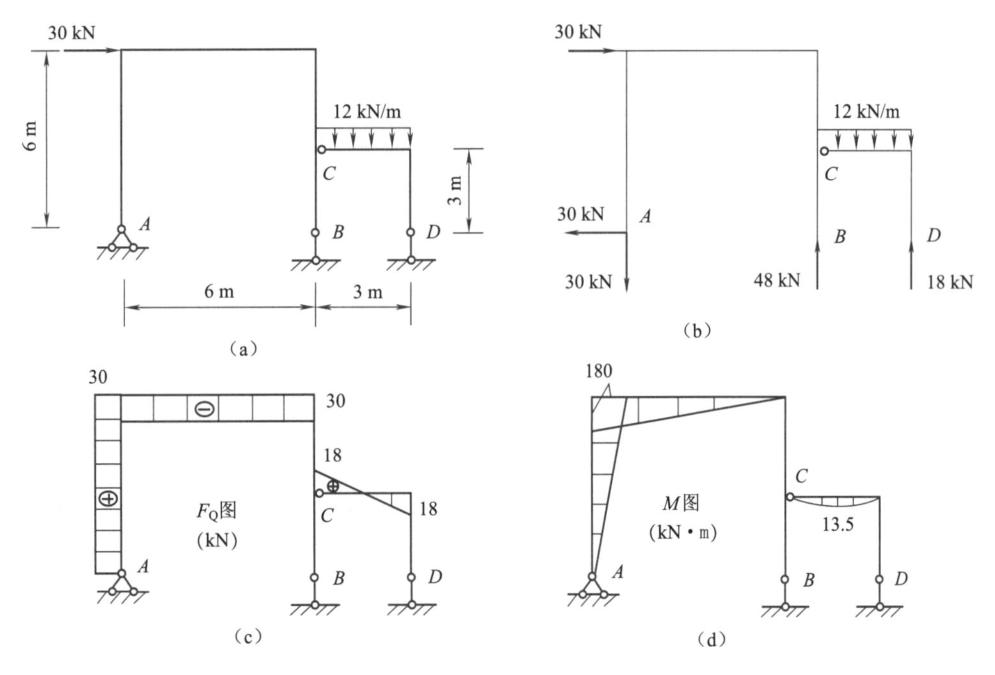

图 7.15

7.4 计算静定桁架的内力

静定桁架是指若干个直杆在杆端用铰、铰支座联结而成的几何不变体系。由于桁架的自重忽略不计或简化作用到结点上,所有荷载也作用在结点上,因此,桁架中的每个杆件都是二力杆,即内力均为轴力。若各杆均在同一平面内,荷载的作用线也在该平面内,我们就称其为平面静定桁架。本节主要介绍平面静定桁架的求解方法。由于桁架自重比较轻,因此多用于大跨度的桥梁和厂房中的屋架。如图 7.16 所示,这是一个简支桁架,上、下杆件相当于梁的上下边缘,称为上弦杆和下弦杆,承担弯曲时引起的正应力,而斜杆和竖杆是承受剪力的,所以将桁架比喻为掏空了的梁。

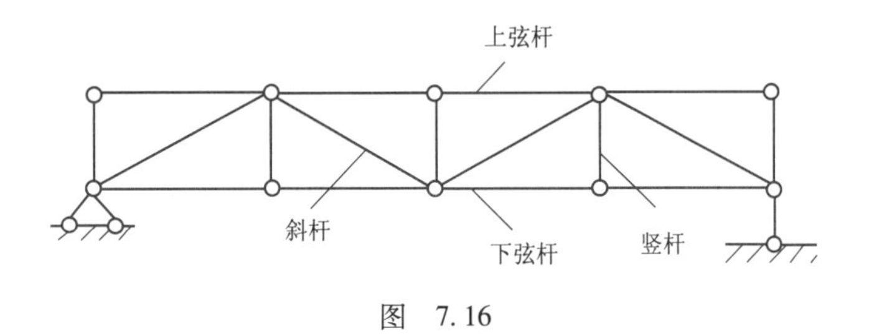

图 7.16

7.4.1 平面静定桁架的实例

1. 简单桁架

由基础或由一个基本铰接三角形开始,依次增加二元体而组成的桁架,如图 7.17 所示。

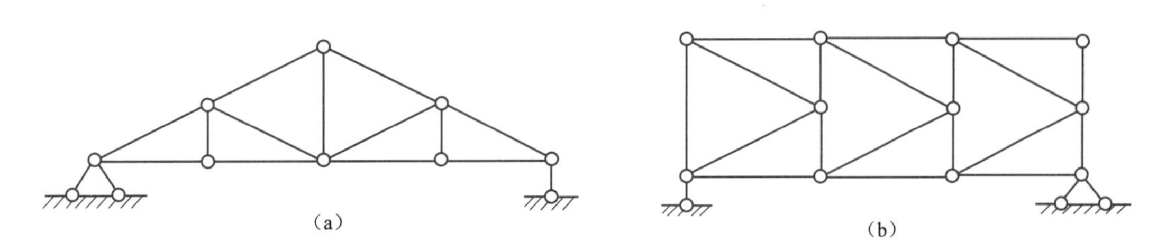

图 7.17

2. 联合桁架

由几个简单桁架按几何不变体系组成规则联合组成的桁架,如图 7.18 所示。

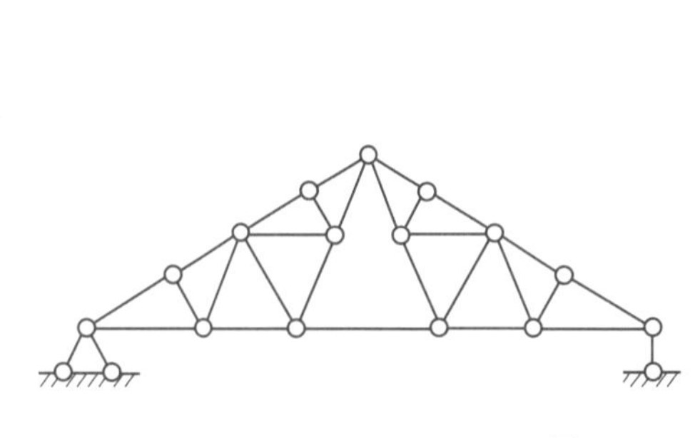

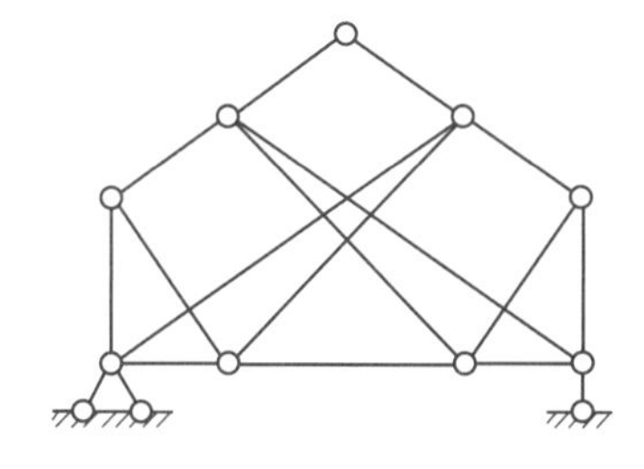

图 7.18

3. 复杂桁架

没有一定规则,任意组成的静定桁架,如图 7.19 所示。

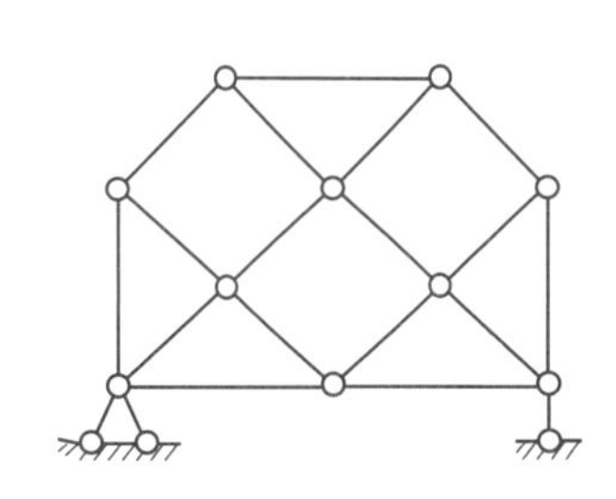

图 7.19

7.4.2 平面静定桁架的计算

计算平面静定桁架有两种基本方法,一种是结点法,一种是截面法。若两种方法联合应用,就称为联合法。

1. 结点法

结点法是先截取只有两个未知力的结点,应用平面汇交力系的两个平衡方程求解出未知力,再逐个取只有两个未知力结点,再运用平面汇交力系的平衡方程求解出未知力。依此类推,即能求出所有未知力。

结点法的实质是求解平面汇交力系的平衡问题。

(1)结点法的解题步骤:

①求支座反力。

②逐个取结点,画受力图(均设各杆受拉,求出是负值时,说明杆受压),列平衡方程求出内力。

(2)取结点的原则:

①含有支座的结点,必须先求出支座反力。

②结点上的未知力不能多于两个。

(3)零杆的判断。所谓零杆是指内力为零的杆件。零杆的判断方法如下:

①若结点只有两个不共线的杆件,且无结点荷载,则这两个杆件是零杆,如图 7.10(a)所示。

②若结点只有两个不共线的杆件,且结点荷载作用线与某杆件重合,则另外的杆件是零杆,如图 7.20(b)所示。

③若结点只有三个杆件,且无结点荷载,若有两个杆件在一条直线上,则第三个杆件是零杆,如图 7.20(c)所示。

为了简化计算，我们一般在计算前先找出零杆，这样可使计算简化。但是，零杆不能随意取消、撤出，因为这样会影响结构的体系组成，影响到结构的几何不变性。

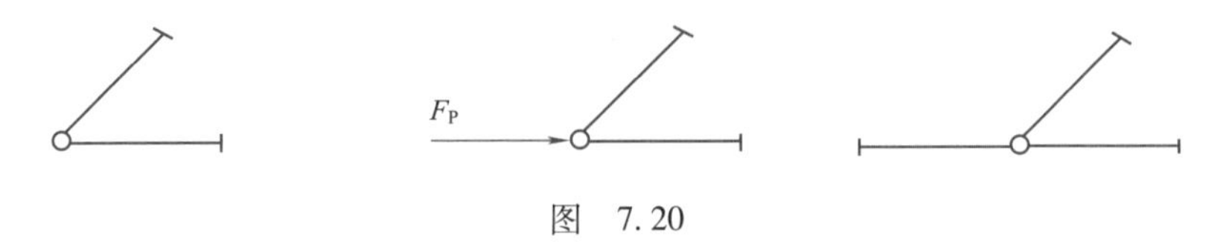

图 7.20

【案例 7.6】 找出图 7.21(a)所示桁架的零杆，并求其余各杆内力。

解：(1)求支座反力。由于桁架上没有水平外力，因此两端支座反力均为铅垂的，又由于对称，所以支座反力相等，如图 7.21(b)所示。为了便于表示各杆内力，我们将各杆编号如图 7.21(b)所示。

(2)找零杆。由图 7.21(b)的 D、I 点可以看出，3 和 11 杆是零杆，即 $F_{N3}=0$、$F_{N11}=0$。

(3)逐个取结点求内力。

①取 A 点为分离体，并列解平衡方程[见图 7.21(c)]，可得

$\sum F_y=0$, $F_{N1}\cdot\sin\alpha-0.5F+2F=0$

$F_{N1}=-1.5\times5F/3=-2.5F$

$\sum F_x=0$, $F_{N2}+F_{N1}=0$

$F_{N2}=-F_{N1}\cdot\cos\alpha=2F$

由于 $F_{N3}=0$，从 D 点可以看出，$F_{N6}=F_{N2}=2F$

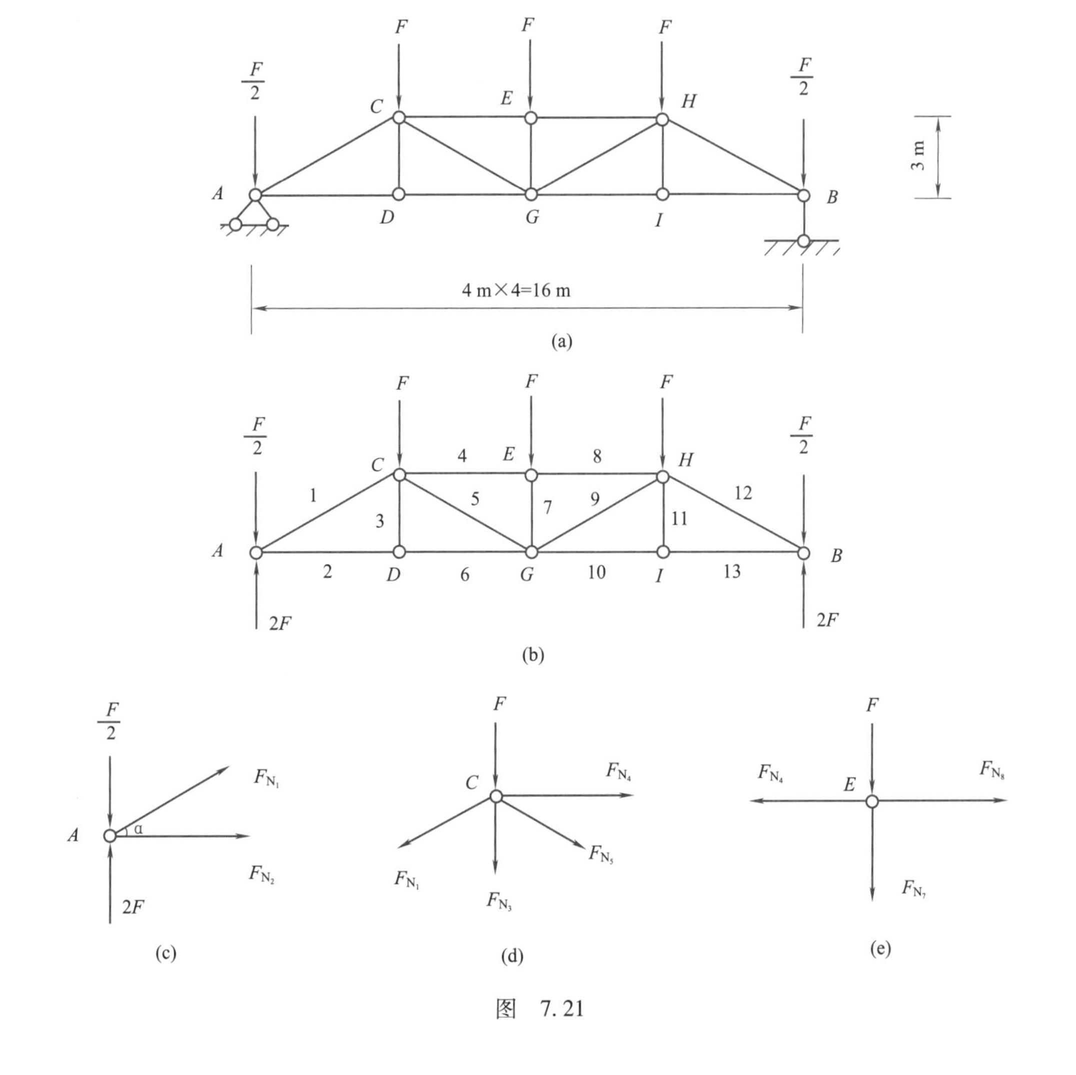

图 7.21

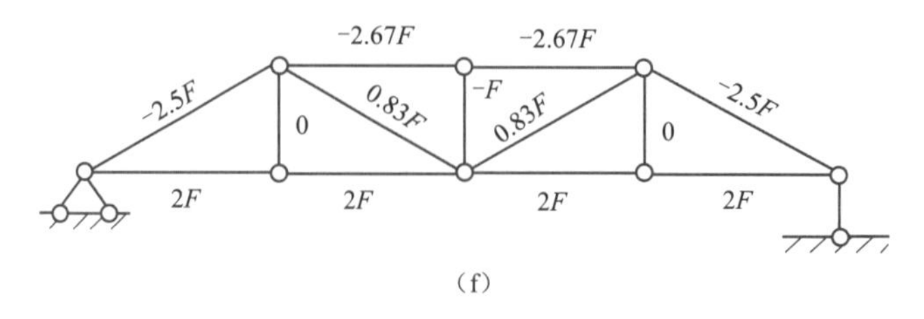

(f)

图 7.21

②取 C 点为分离体,并列平衡方程[见图 7.21(d)],可得

$$\sum F_y=0,\qquad -F_{N1}\cdot\sin\alpha-F_{N5}\cdot\sin\alpha-F_{N3}-F=0$$

$$F_{N5}=0.83F$$

$$\sum F_x=0,\qquad F_{N4}+F_{N5}\cdot\cos\alpha-F_{N1}\cdot\cos\alpha=0$$

$$F_{N4}=-0.67F-2F=-2.67F$$

从 E 点可以看出,$F_{N7}=-F$

(3)取 E 点为分离体,并列平衡方程[见图 7.21(e)],可得

$$\sum F_y=0,\qquad -F_{N7}-F=0$$

$$F_{N7}=-F$$

(4)将计算结果表示在结构图中。根据结构的对称性可知,对称杆内力相等,如图 7.21(f)所示,带负号的是受压杆件。

2. 截面法

截面法是指用假想的截面将结构截开,对其中任意部分应用平面一般力系的平衡方程求解出未知力的方法。截面法的实质是求解一般力系的平衡问题。

(1)截面法的解题步骤。

①求支座反力。

②用假想的截面将结构截开,去掉一部分,留下一部分,去掉部分对留下部分的作用用内力来代替,对留下部分画受力图(均设各杆受拉,求出是负值时,说明杆受压),并列平衡方程求出内力。

(2)选取截面的原则。

①截面必须通过所求杆件。

②截面截得的杆件一般不能多于三个。

③结构假想被截开后任意部分的结点数不能少于两个。

【案例 7.7】 如图 7.22(a)所示桁架,求 1、2、3 杆的内力。

解:①求支座反力。由于对称,支座反力相等,如图 7.22(b)所示。

②取 *I-I* 截面左部分为分离体,如图 7.22(c)所示,并列平衡方程可得

$$\sum F_y=0,\qquad -F_{N2}\cdot\frac{\sqrt{2}}{2}-0.5F-F+2F=0$$

$$F_{N2}=\frac{\sqrt{2}}{2}F$$

$$\sum M_k=0,\qquad F_{N3}\cdot a-(2F-0.5F)\cdot a=0$$

$$F_{N3}=1.5F$$

$$\sum F_x=0,\qquad F_{N1}+F_{N3}+F_{N2}\cdot\frac{\sqrt{2}}{2}=0$$

$$F_{N3}=-1.5F-0.5F=-2F$$

由该题的求解方法可看出,截面法求指定截面的内力比较方便。

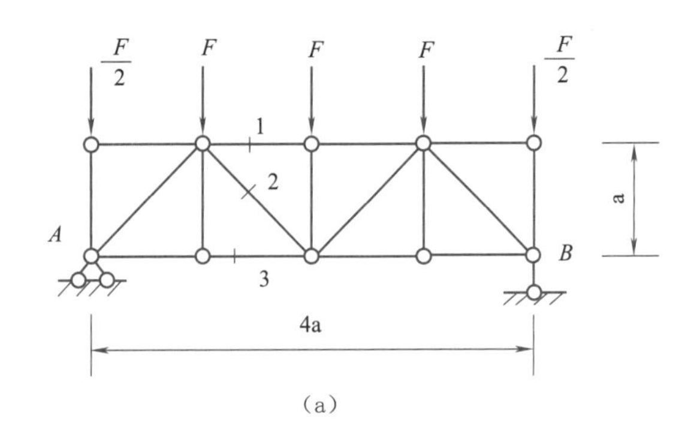

(a)

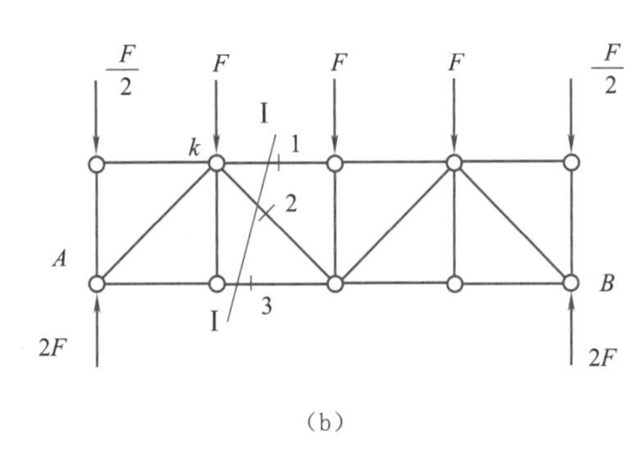

(b)

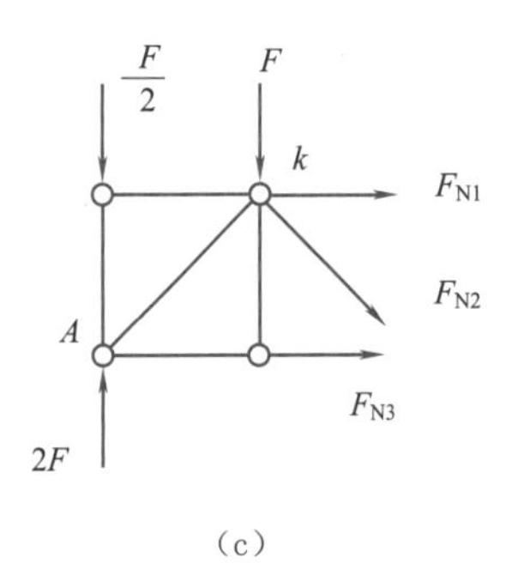

(c)

图 7.22

3. 联合法

联合法是指结点法和截面法的联合应用。

【案例 7.8】 如图 7.23(a)所示桁架,求 1、2、3 杆的内力。

解:①求支座反力,可得

$\sum M_A=0,\quad F_B=1.5F$

$\sum F_y=0,\quad F_A=F_B=1.5F$

如图 7.23(b)所示。

②找零杆。如图 7.23(b)所示。

③取Ⅰ-Ⅰ截面左部分为分离体,如图 7.23(c)所示,列平衡方程可得

$\sum M_D=0,\quad -F_{N1}\times 3-(2F-0.5F)\times 3=0$

$F_{N1}=-1.5F$

④取结点 C 为分离体,列平衡方程可得

$$\sum F_x=0,\quad F_{N1}-F_{N2}\cdot\frac{2}{\sqrt{5}}=0$$

$$F_{N2}=\frac{3\sqrt{5}F}{4}$$

$$\sum F_y=0,\quad -F_{N3}-F_{N2}\cdot\frac{1}{\sqrt{5}}-F=0$$

$$F_{N3}=\frac{7F}{4}$$

由该题的求解方法可看出,截面法与结点法的联合运用是求截面内力的好方法。由该题也可以看出,选取的截面可以是曲面。当截面通过四个杆时,有三个杆汇交于一点,只有所求杆不通过汇交点时,可以对汇交点列矩的平衡方程,即可求出所求未知力。

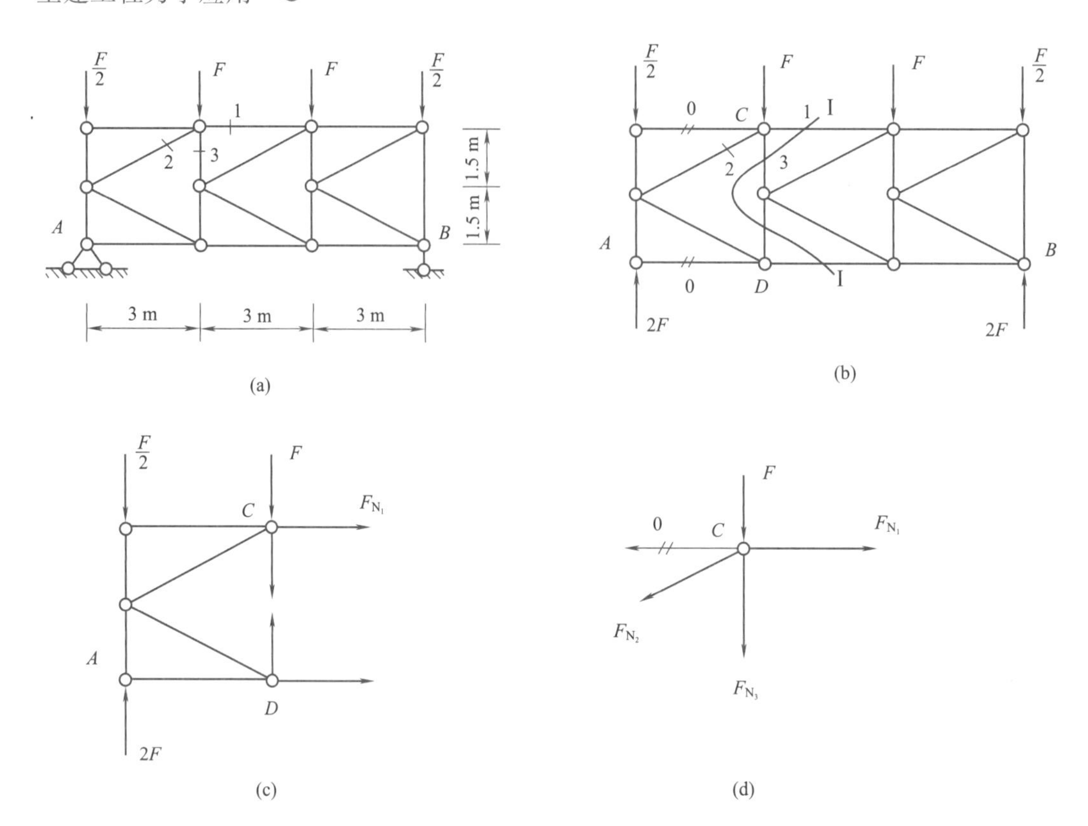

图 7.23

如图 7.24 所示的铁路跨江桥上部就是桁架结构。

图 7.24

计 划 单

<table>
<tr><td>学习领域</td><td colspan="5">土建工程力学应用</td></tr>
<tr><td>学习情境</td><td colspan="5">简单结构的内力及变形计算</td></tr>
<tr><td>工作任务</td><td colspan="5">计算静定结构的内力</td></tr>
<tr><td>计划学时</td><td colspan="5">0.5 学 时</td></tr>
<tr><td>计划方式</td><td colspan="5">小组讨论、团结协作共同制订计划</td></tr>
<tr><td>序　　号</td><td colspan="2">实 施 步 骤</td><td colspan="3">具体工作内容描述</td></tr>
<tr><td>1</td><td colspan="2"></td><td colspan="3"></td></tr>
<tr><td>2</td><td colspan="2"></td><td colspan="3"></td></tr>
<tr><td>3</td><td colspan="2"></td><td colspan="3"></td></tr>
<tr><td>4</td><td colspan="2"></td><td colspan="3"></td></tr>
<tr><td>5</td><td colspan="2"></td><td colspan="3"></td></tr>
<tr><td>6</td><td colspan="2"></td><td colspan="3"></td></tr>
<tr><td>7</td><td colspan="2"></td><td colspan="3"></td></tr>
<tr><td>8</td><td colspan="2"></td><td colspan="3"></td></tr>
<tr><td>9</td><td colspan="2"></td><td colspan="3"></td></tr>
<tr><td>制订计划说明</td><td colspan="5">（写出制订计划中人员为完成任务的主要建议或可以借鉴的建议、需要解释的某一方面）</td></tr>
<tr><td rowspan="3">计划评价</td><td>班　　级</td><td></td><td>第　　组</td><td>组长签字</td><td></td></tr>
<tr><td>教师签字</td><td colspan="2"></td><td>日　　期</td><td></td></tr>
<tr><td colspan="5">评语：</td></tr>
</table>

决 策 单

<table>
<tr><td>学习领域</td><td colspan="5">土建工程力学应用</td></tr>
<tr><td>学习情境</td><td colspan="5">简单结构的内力及变形计算</td></tr>
<tr><td>工作任务</td><td colspan="5">计算静定结构的内力</td></tr>
<tr><td>决策学时</td><td colspan="5">0.5 学 时</td></tr>
<tr><td rowspan="11">方案对比</td><td>序 号</td><td>方案的可行性</td><td>方案的先进性</td><td>实 施 难 度</td><td>综 合 评 价</td></tr>
<tr><td>1</td><td></td><td></td><td></td><td></td></tr>
<tr><td>2</td><td></td><td></td><td></td><td></td></tr>
<tr><td>3</td><td></td><td></td><td></td><td></td></tr>
<tr><td>4</td><td></td><td></td><td></td><td></td></tr>
<tr><td>5</td><td></td><td></td><td></td><td></td></tr>
<tr><td>6</td><td></td><td></td><td></td><td></td></tr>
<tr><td>7</td><td></td><td></td><td></td><td></td></tr>
<tr><td>8</td><td></td><td></td><td></td><td></td></tr>
<tr><td>9</td><td></td><td></td><td></td><td></td></tr>
<tr><td>10</td><td></td><td></td><td></td><td></td></tr>
<tr><td rowspan="3">决策或分工评价</td><td>班 级</td><td></td><td>第 组</td><td>组长签字</td><td></td></tr>
<tr><td>教师签字</td><td colspan="2"></td><td>日 期</td><td></td></tr>
<tr><td colspan="5">评语：</td></tr>
</table>

实 施 单

<table>
<tr><td>学习领域</td><td colspan="4">土建工程力学应用</td></tr>
<tr><td>学习情境</td><td colspan="4">简单结构的内力及变形计算</td></tr>
<tr><td>工作任务</td><td colspan="4">计算静定结构的内力</td></tr>
<tr><td>实施方式</td><td colspan="4">小组成员合作共同研讨确定实施步骤，每人均填写实施单</td></tr>
<tr><td>实施学时</td><td colspan="4">3 学 时</td></tr>
<tr><td>序 号</td><td colspan="2">实 施 步 骤</td><td colspan="2">使 用 资 源</td></tr>
<tr><td>1</td><td colspan="2"></td><td colspan="2"></td></tr>
<tr><td>2</td><td colspan="2"></td><td colspan="2"></td></tr>
<tr><td>3</td><td colspan="2"></td><td colspan="2"></td></tr>
<tr><td>4</td><td colspan="2"></td><td colspan="2"></td></tr>
<tr><td>5</td><td colspan="2"></td><td colspan="2"></td></tr>
<tr><td>6</td><td colspan="2"></td><td colspan="2"></td></tr>
<tr><td>7</td><td colspan="2"></td><td colspan="2"></td></tr>
<tr><td>8</td><td colspan="2"></td><td colspan="2"></td></tr>
<tr><td colspan="5">实施说明：</td></tr>
<tr><td>班 级</td><td></td><td>第 组</td><td>组长签字</td><td></td></tr>
<tr><td>教师签字</td><td colspan="2"></td><td>日 期</td><td></td></tr>
<tr><td>评 语</td><td colspan="4"></td></tr>
</table>

作 业 单

学习领域	土建工程力学应用		
学习情境	简单结构的内力及变形计算		
工作任务	计算静定结构的内力		
实施方式	小组成员动手实践,计算静定结构的内力		
(在此计算静定结构的内力,不够可附页)			
班 级		第 组	组长签字
教师签字		日 期	
评 语			

检 查 单

<table>
<tr><td>学习领域</td><td colspan="5">土建工程力学应用</td></tr>
<tr><td>学习情境</td><td colspan="5">简单结构的内力及变形计算</td></tr>
<tr><td>工作任务</td><td colspan="5">计算静定结构的内力</td></tr>
<tr><td>检查学时</td><td colspan="5">0.5 学 时</td></tr>
<tr><td>序 号</td><td>检 查 项 目</td><td colspan="2">检 查 标 准</td><td>组 内 互 查</td><td>教 师 检 查</td></tr>
<tr><td>1</td><td>多跨静定梁内力图的绘制</td><td colspan="2">是否完整、正确</td><td></td><td></td></tr>
<tr><td>2</td><td>静定刚架内力图的绘制</td><td colspan="2">是否完整、正确</td><td></td><td></td></tr>
<tr><td>3</td><td>平面静定桁架的内力计算</td><td colspan="2">是否完整、正确</td><td></td><td></td></tr>
<tr><td>4</td><td>作业单</td><td colspan="2">是否完整、整洁</td><td></td><td></td></tr>
<tr><td>5</td><td>计算过程和方法</td><td colspan="2">是否完整、适用</td><td></td><td></td></tr>
<tr><td rowspan="3">检查评价</td><td>班 级</td><td></td><td>第 组</td><td>组长签字</td><td></td></tr>
<tr><td>教师签字</td><td></td><td>日 期</td><td colspan="2"></td></tr>
<tr><td colspan="5">评语：</td></tr>
</table>

评 价 单

<table>
<tr><td>学习领域</td><td colspan="6">土建工程力学应用</td></tr>
<tr><td>学习情境</td><td colspan="6">简单结构的内力及变形计算</td></tr>
<tr><td>工作任务</td><td colspan="6">计算静定结构的内力</td></tr>
<tr><td>评价学时</td><td colspan="6">0.5 学 时</td></tr>
<tr><td>考核项目</td><td>考核内容及要求</td><td>分值</td><td>学生自评
（10%）</td><td>小组评分
（20%）</td><td>教师评分
（70%）</td><td>实得分</td></tr>
<tr><td>资讯
（10）</td><td>翔实准确</td><td>10</td><td></td><td></td><td></td><td></td></tr>
<tr><td rowspan="3">计划及决策
（25）</td><td>工作程序的规范性</td><td>10</td><td></td><td></td><td></td><td></td></tr>
<tr><td>步骤内容描述</td><td>10</td><td></td><td></td><td></td><td></td></tr>
<tr><td>计划规范性</td><td>5</td><td></td><td></td><td></td><td></td></tr>
<tr><td rowspan="3">工作过程
（40）</td><td>分析程序正确</td><td>10</td><td></td><td></td><td></td><td></td></tr>
<tr><td>步骤正确</td><td>10</td><td></td><td></td><td></td><td></td></tr>
<tr><td>结果正确</td><td>20</td><td></td><td></td><td></td><td></td></tr>
<tr><td>完成时间
（15）</td><td>在要求时间内完成</td><td>15</td><td></td><td></td><td></td><td></td></tr>
<tr><td>合作性
（10）</td><td>能够很好地团结协作</td><td>10</td><td></td><td></td><td></td><td></td></tr>
<tr><td colspan="2">总 分（∑）</td><td>100</td><td></td><td></td><td></td><td></td></tr>
<tr><td rowspan="4">评价评语</td><td>班 级</td><td colspan="2"></td><td>学 号</td><td colspan="2"></td></tr>
<tr><td>姓 名</td><td colspan="2"></td><td>第 组</td><td>组长签字</td><td></td></tr>
<tr><td>教师签字</td><td></td><td>日 期</td><td></td><td>总 评</td><td></td></tr>
<tr><td colspan="6">评语：</td></tr>
</table>

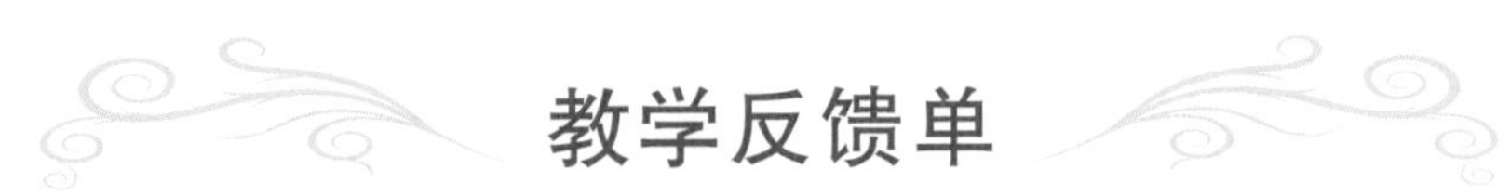

教学反馈单

学习领域	土建工程力学应用			
学习情境	简单结构的内力及变形计算			
工作任务	计算静定结构的内力			
任务学时	6 学 时			
序　号	调查内容	是	否	理由陈述
1	进入到结构内力计算环节,感到有压力吗?			
2	通过完成本工作任务,感觉到有自信了吗?			
3	针对这次任务,你又掌握了哪些知识?			
4	计划和决策感到困难吗?			
5	你认为本次工作任务对你将来的工作有帮助吗?			
6	通过完成本工作任务,你学会如何计算多跨静定梁、刚架和桁架的内力了吗?今后遇到实际的问题你可以解决吗?			
7	你能在日常的工作和生活中找到相关的工程案例吗?			
8	通过几天来的工作和学习,你对自己的表现是否满意?			
9	你对小组成员之间的合作是否满意?			
10	你认为本任务还应学习哪些方面的内容?(请在下面空白处填写)			
你的意见对改进教学非常重要,请写出你的建议和意见。				
被调查人签名		调查时间		

任务8 计算静定结构的位移

任 务 单

<table>
<tr><td>学习领域</td><td colspan="6">土建工程力学应用</td></tr>
<tr><td>学习情境</td><td colspan="6">简单结构的内力及变形计算</td></tr>
<tr><td>工作任务</td><td colspan="6">计算静定结构的位移</td></tr>
<tr><td>任务学时</td><td colspan="6">6 学 时</td></tr>
<tr><td colspan="7">布 置 任 务</td></tr>
<tr><td>工作目标</td><td colspan="6">1. 掌握计算结构位移的单位荷载法
2. 掌握计算结构位移的图乘法
3. 能够应用图乘法计算静定结构的位移</td></tr>
<tr><td>任务描述</td><td colspan="6">1. 图示一辆大型货车停在桥梁的某梁跨中，货车重量为 F，该梁的自重沿着梁长均匀分布，荷载集度为 q，梁长为 l，梁的抗弯刚度为 EI
(1)绘制梁的计算简图
(2)绘制梁的弯矩图
(3)用图乘法计算该梁的最大挠度(竖向位移)
(4)与任务 4 计算的位移进行比较，并说明两种方法的优缺点

2. 计算图示伸臂梁 C 截面的竖向位移和 B 截面的转角位移，已知杆的抗弯刚度为 EI
6 kN/m
A B C
6 m 2 m</td></tr>
<tr><td rowspan="2">学时安排</td><td>资　讯</td><td>计　划</td><td>决策或分工</td><td>实　施</td><td>检　查</td><td>评　价</td></tr>
<tr><td>1 学时</td><td>0.5 学时</td><td>0.5 学时</td><td>3 学时</td><td>0.5 学时</td><td>0.5 学时</td></tr>
<tr><td>提供资料</td><td colspan="6">工程案例；工程规范；参考书；教材</td></tr>
<tr><td>学生知识与能力要求</td><td colspan="6">1. 具备结构受力分析和绘制结构计算简图的能力
2. 具备杆件的内力计算能力和绘制杆件内力图的能力
3. 具备一定的自学能力、数据计算能力、一定的沟通协调能力、语言表达能力和团队意识
4. 严格遵守课堂纪律，不迟到、不早退；学习态度认真、端正
5. 每位同学必须积极参与小组讨论
6. 每组均需按规定完成静定结构的位移计算</td></tr>
<tr><td>教师知识与能力要求</td><td colspan="6">1. 熟练掌握静定结构的位移计算方法
2. 熟练掌握图乘法
3. 有组织学生按要求完成任务的驾驭能力
4. 对任务完成过程、结果进行点评，并为各小组进行综合打分</td></tr>
</table>

资　讯　单

<table>
<tr><td>学习领域</td><td colspan="4">土建工程力学应用</td></tr>
<tr><td>学习情境</td><td colspan="4">简单结构的内力及变形计算</td></tr>
<tr><td>工作任务</td><td colspan="4">计算静定结构的位移</td></tr>
<tr><td>资讯学时</td><td colspan="4">1 学 时</td></tr>
<tr><td>资讯方式</td><td colspan="4">在图书馆、互联网及教材中进行查询，或向任课教师请教</td></tr>
<tr><td rowspan="8">资讯内容</td><td colspan="4">1. 为什么要计算结构的位移?</td></tr>
<tr><td colspan="4">2. 什么是广义力、广义位移、实功、虚功?</td></tr>
<tr><td colspan="4">3. 单位力法计算结构位移的思路是什么?</td></tr>
<tr><td colspan="4">4. 图乘法计算结构位移的思路是什么?</td></tr>
<tr><td colspan="4">5. 单位力法计算结构位移的公式是什么?</td></tr>
<tr><td colspan="4">6. 图乘法计算结构位移的方法及步骤有哪些?</td></tr>
<tr><td colspan="4">7. 计算梁位移的方法和步骤有哪些?</td></tr>
<tr><td colspan="4">8. 计算刚架位移的方法和步骤有哪些?</td></tr>
<tr><td>资讯要求</td><td colspan="4">1. 根据工作目标和任务描述正确理解完成任务需要的资讯内容
2. 按照上述资讯内容进行资询
3. 写出资讯报告</td></tr>
<tr><td rowspan="3">资讯评价</td><td>班　　级</td><td></td><td>学生姓名</td><td></td></tr>
<tr><td>教师签字</td><td></td><td>日　　期</td><td></td></tr>
<tr><td colspan="4">评语：</td></tr>
</table>

信 息 单

8.1 计算结构位移的单位荷载法

结构在荷载或其他因素(温度变化、材料收缩、支座移动、制造误差等)作用下,原有的位置会发生改变,称为结构的位移。平面结构的位移分为水平线位移、竖向线位移和转角位移。

位移计算是结构设计的主要内容之一,因为它是结构刚度校核的基础,也是计算超静定结构的基础。我们在任务4中已经应用二次积分法计算了构件的位移,方法比较复杂。本次任务我们将采用比较简单的方法计算结构的位移。

8.1.1 虚功原理

1. 广义力

在做功过程中,凡是与力有关的因素称为广义力。如集中力、分布力、集中力偶、分布力偶等均为广义力。

2. 广义位移

在做功过程中,凡是与位移有关的因素称为广义位移。如水平线位移、竖向线位移、角位移等均为广义位移。

3. 实功

力在其本身引起的位移上所做的功称为实功。如图8.1所示,$F_1 \cdot \Delta_{11}$、$F_2 \cdot \Delta_{22}$为实功。

4. 虚功

力在非本身因素引起的位移上所做的功称为虚功。如图8.1(b)所示,$F_1 \cdot \Delta_{12}$、$F_2 \cdot \Delta_{21}$为虚功。

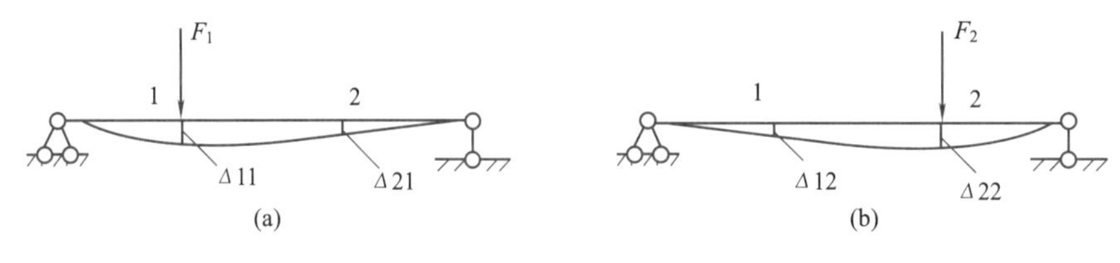

图 8.1

5. 虚功原理

体系在任意平衡力系作用下,给体系以几何可能的位移和变形,体系上所有外力所做的虚功总和恒等于体系各截面所有内力在微段变形上所做的虚功总和。即

$$W_e = W_i \tag{8.1}$$

式中:W_e——体系上所有外力所做的虚功总和;

W_i——体系各截面所有内力在微段变形上所做的虚功总和。

$$W_e = \sum F_{Pi} \cdot \Delta_i + \sum F_R \cdot C_R \tag{8.2}$$

$$W_i = \sum \int (F_{Ni}\varepsilon + F_{Qi}\gamma + M_i k)\,ds \tag{8.3}$$

将式(8.2)、(8.3)代入式(8.1)得:

$$\sum F_{Pi} \cdot \Delta_i + \sum F_R \cdot C_R = \sum \int (F_{Ni}\varepsilon + F_{Qi}\gamma + M_i k)\,ds \tag{8.4}$$

式中: F_{Pi}——平衡力系中的荷载;

F_R——平衡力系中的约束反力;

Δ_i——与F_P对应但无关的位移;

C_R——与F_R对应但无关的支座位移;

F_{Ni}、F_{Qi}、M_i——F_{Pi}引起的截面轴力、剪力、弯矩；

ε、γ、k——与Δ_i、C_R协调的体系几何可能的轴向线应变、剪应变、曲率；

ds——杆件的微分段。

8.1.2　计算结构位移的单位荷载法

1. 单位荷载法的位移计算公式

在结构的欲求位移处施加一个与位移相对应的单位荷载(或称单位力)，与该力引起的支座反力构成平衡力系；而结构原荷载作用下引起的位移设为给体系以几何可能的位移和变形。则由式(8.4)可得

$$\Delta_i = \sum\int\left(\frac{\bar{F}_{Ni}F_{NP}}{EA} + \frac{\alpha\bar{F}_{Qi}F_{QP}}{GA} + \frac{\bar{M}_iM_P}{EI}\right)ds - \sum F_R \cdot C_R \tag{8.5}$$

若没有支座位移，由式(8.5)可得

$$\Delta_i = \sum\int\left(\frac{\bar{F}_{Ni}F_{NP}}{EA} + \frac{\alpha\bar{F}_{Qi}F_{QP}}{GA} + \frac{\bar{M}_iM_P}{EI}\right)ds \tag{8.6}$$

式中：　Δ_i——欲求位移；

$\bar{F}_{Ni}$、$\bar{F}_{Qi}$、$\bar{M}_i$——单位荷载引起截面的轴力、剪力、弯矩；

F_{NP}、F_{QP}、M_P——作用在结构上的实际荷载引起截面的轴力、剪力、弯矩；

EA、GA、EI——截面的抗拉刚度、抗剪刚度、抗弯刚度；

α——剪应力在截面不均匀分布的修正系数，与截面形状有关，矩形截面 $\alpha=1.2$，圆形截面 $\alpha=\frac{10}{9}$。

式中内力符号规定不变，在非水平杆中，$\bar{M}_i$与M_P凹向一致其乘积符号为正值，否则为负值。计算时可先设一个弯矩凹向的正负号。

2. 不同结构的位移计算公式

(1)桁架。由于桁架各杆内力只有轴力，因此由式(8.6)可得

$$\Delta_i = \sum\frac{\bar{F}_{Ni}F_{NP}l}{EA} \tag{8.7}$$

(2)梁和刚架。由于梁的内力只有剪力和弯矩，而剪力对变形影响非常微小，可忽略不计，则由式(8.6)可得：

$$\Delta_i = \sum\int\frac{\bar{M}_iM_Pl}{EI}ds \tag{8.8}$$

对于刚架，若杆件截面两个方向的尺寸远远小于杆件的长度，一般也用式(8.8)计算位移。

(3)组合结构。由于组合结构主要是由梁和链杆组成，则由式(8.6)可得：

$$\Delta_i = \sum\int\left(\frac{\bar{F}_{Ni}F_{NP}}{EA} + \frac{\bar{M}_iM_P}{EI}\right)ds \tag{8.9}$$

3. 单位荷载法的位移计算步骤

(1)分别画出沿所求位移方向的单位荷载作用下的结构受力图和已知荷载作用下的结构受力图。

(2)根据结构类型分别求相应的内力方程。

(3)将内力方程代入相应的位移计算公式，并积分求出位移。

4. 单位荷载法的实际应用

【案例 8.1】 求图 8.2(a)所示桁架 C 点的竖向位移，已知各杆 EA 相同。

解：①加单位荷载，求其作用下的内力。在图 8.2(a)所示桁架 C 点加一个竖向单位荷载，并求出其各杆内力，如图 8.2(b)所示。

②已知荷载作用下的内力，如图 8.2(c)所示。

③计算位移。将上述各内力值代入式(8.7)得

$$\Delta_{cv} = \sum\frac{\bar{F}_{Ni}F_{NP}l}{EA}$$

$$=\frac{1}{EA}\left[\left(-\frac{\sqrt{2}}{2}\right)\times\left(-\frac{\sqrt{2}F}{2}\right)\times\sqrt{2}\alpha\times2+\frac{1}{2}\times\frac{F}{2}\times\alpha\times2\right.$$

$$=\frac{F\alpha}{2EA}(2\sqrt{2}+1)$$

求出正值，说明位移与所设方向一致，即方向向下。

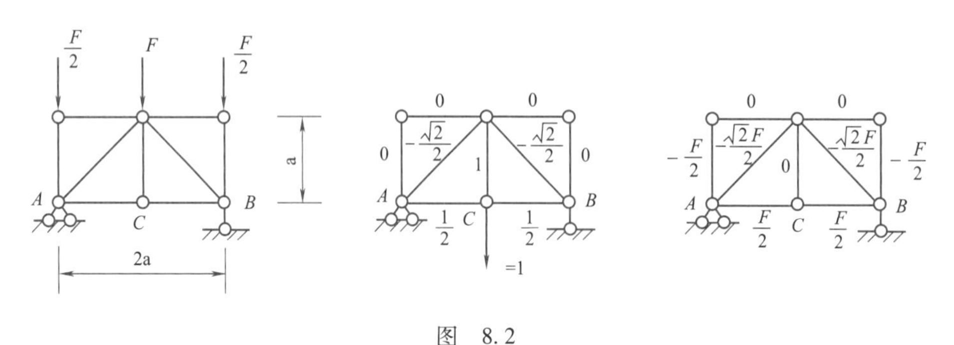

图 8.2

【案例 8.2】 求图 8.3(a)所示梁 B 点的竖向位移，已知各杆 EI 相同。

图 8.3

解：①在梁的 B 点加一个竖向单位荷载，并求出其弯矩方程[见图 8.3(b)]

$$\overline{M}=-x$$

②已知荷载作用下的弯矩方程为

$$M_{\mathrm{P}}=-\frac{qx^2}{2}$$

③计算位移。将上述各内力值代入式(8.8)得

$$\Delta_{\mathrm{cv}}=\sum\int\frac{\overline{M}_{\mathrm{i}}M_{\mathrm{P}}}{EI}\mathrm{d}s$$

$$=\frac{1}{EI}\int_0^l\left[(-x)\times\left(-\frac{qx^2}{2}\right)\mathrm{d}s\right.$$

$$=\frac{ql^4}{8EI}$$

求出正值，说明位移与所设方向一致，即方向向下，这与我们在任务 4 的工程案例中求得的结果是一样的。

【案例 8.3】 求图 8.4(a)所示刚架 B 点的竖向位移和水平位移，已知各杆 EI 相同。

解：(1)加单位荷载，求其作用下的弯矩方程。

①在刚架的 B 点加一个竖向单位荷载，并分段求出其作用下的弯矩方程[见图 8.4(b)]

$$\overline{M}_1=-x_1,\qquad \overline{M}_2=-l$$

②在刚架的 B 点加一个水平单位荷载，并分段求出其作用下的弯矩方程[见图 8.4(c)]

$$\overline{M}_1=0,\qquad \overline{M}_2=-x^2$$

(2)已知荷载作用下的弯矩方程为

$$M_{\mathrm{P1}}=-\frac{qx_1^2}{2},\qquad M_{\mathrm{P2}}=-\frac{ql_1^2}{2}$$

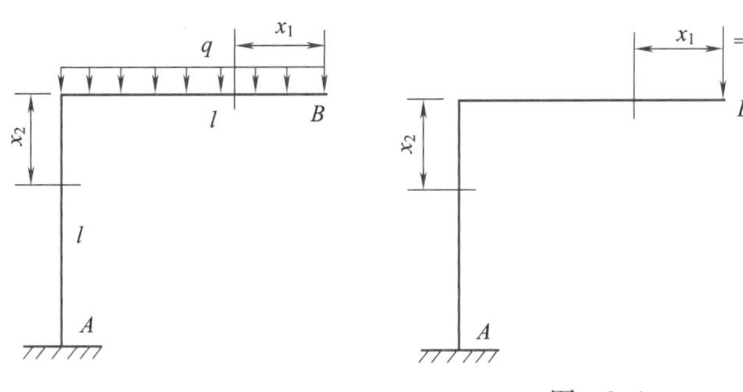

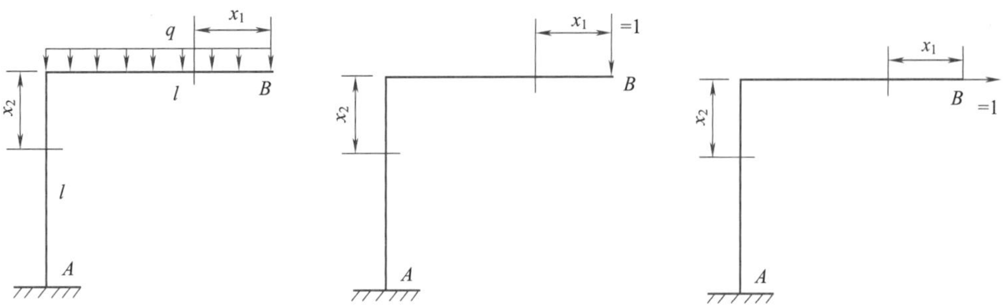

图　8.4

(3)计算位移。将上述各内力值代入式(8.8)得

$$\Delta_{BV} = \sum \int \frac{\overline{M}_i M_P}{EI} ds$$

$$= \frac{1}{EI}\int_0^l \left[(-x) \times \left(-\frac{qx^2}{2}\right)\right] ds + \frac{1}{EI}\int_0^l \left[(-l) \times \left(-\frac{ql^2}{2}\right)\right] ds$$

$$= \frac{ql^4}{8EI} + \frac{ql^4}{2EI}$$

$$= \frac{5ql^4}{8EI}$$

求出正值,说明位移与所设方向一致,即方向向下。

$$\Delta_{BH} = \sum \int \frac{\overline{M}_i M_P}{EI} ds$$

$$= \frac{1}{EI}\int_0^l \left[(-x_2) \times \left(-\frac{ql^2}{2}\right)\right] ds$$

$$= \frac{ql^4}{4EI}$$

求出正值,说明位移与所设方向一致,即方向水平向右。

从上述梁和刚架的例题中可以看出,求位移时首先要列出结构在单位荷载和实际荷载分别作用下的弯矩方程,若有外力变化或杆件变化时都要分段列弯矩方程,然后代入求位移的公式中进行积分,很烦琐、很复杂。下面介绍一种由位移计算公式演变出的计算位移的新方法——图乘法。这种方法能很方便地计算出梁和刚架的位移。

8.2　计算结构位移的图乘法

8.2.1　图乘法公式

由公式(8.8)可推导出图乘法公式。

$$\Delta_i = \sum \int \frac{\overline{M}_i M_P}{EI} ds$$

$$= \sum \frac{1}{EI} \int \overline{M}_i M_P ds$$

由于$\overline{M}_i$是单位荷载引起的弯矩方程,是线性方程,弯矩图形是直线(见图8.5),因此将$\overline{M}_i$由$x\tan\alpha$代替,则

$$\int \overline{M}_i M_P ds = \tan\alpha \int x M_P dx$$

$$= \tan\alpha \cdot x_0 A_P$$

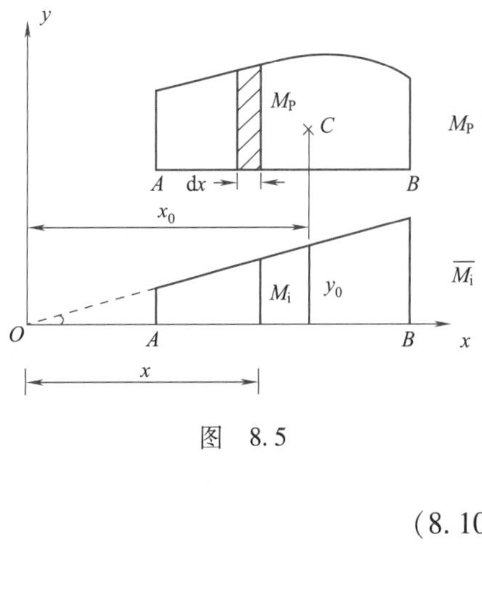

图　8.5

将$y_0 = x_0 \tan\alpha$代入上式得图乘法公式

$$\Delta_i = \sum \frac{A_P \cdot y_0}{EI} \tag{8.10}$$

式中：A_P——荷载作用下某段弯矩图的面积；

y_0——与 A_P 弯矩图形心相对应的单位荷载图的弯矩值；

EI——该段杆件的抗弯刚度；

$\sum\frac{A_P \cdot y_0}{EI}$——结构上各杆段$\frac{A_P \cdot y_0}{EI}$的代数和。

8.2.2 图乘法求结构位移的步骤

1. 画单位荷载作用下的弯矩图

在结构的所求位移处加上与所求位移相对应的单位荷载，并画出弯矩图，即 $\overline{M}_i$ 图。

2. 画实际荷载作用下的弯矩图

求出实际荷载作用下的支座约束反力，并画出弯矩图，即 M_P图。

3. 分段图乘计算位移

分段进行利用图乘法公式进行计算，并代数相加求出位移。

8.2.3 图乘法中图形的面积及形心位置

在图乘法中要进行图形面积的计算，还要知道图形形心的位置，表 8.1 给出了结构设计中常用的图形面积计算公式及形心位置。

表 8.1 图形面积计算公式及形心位置

图形形状	图形面积	形心位置(距左端)
a；b	$A_P = ab$	$x_0 = \frac{a}{2}$
a；b	$A_P = \frac{1}{2} \cdot ab$	$x_0 = \frac{a}{3}$
二次抛物线；相切；a；b	$A_P = \frac{1}{3} \cdot ab$	$x_0 = \frac{a}{4}$
三次抛物线；相切；a；b	$A_P = \frac{1}{4} \cdot ab$	$x_0 = \frac{a}{5}$
二次抛物线；相切；a；b	$A_P = \frac{2}{3} \cdot ab$	$x_0 = \frac{5a}{8}$

8.2.4 图乘法求结构位移的案例

【案例 8.4】 应用图乘法求案例 8.3 题刚架 B 点的竖向位移，已知各杆 EI 相同，如图 8.6(a)所示。

解：(1)画出 M_1、M_P 图，如图 8.6(b)、(c)所示。

①在 B 点的竖直方向加上一个单位荷载，并画出弯矩图，即 $\overline{M}_1$图。

②画出结构在实际荷载作用下的弯矩图，即 M_P图。

(2)应用图乘法公式求位移，可得

$$\Delta_{BV}=\sum\frac{A_P\cdot y_0}{EI}=\frac{1}{EI}\cdot\frac{1}{3}\cdot\frac{ql^2}{2}\cdot l\cdot\frac{3l}{4}+\frac{1}{EI}\cdot\frac{ql^2}{2}\cdot l\cdot l=\frac{5ql^4}{8EI}$$

可见计算结果与案例 8.3 是一样的，但计算却很简单，只用到四则运算。

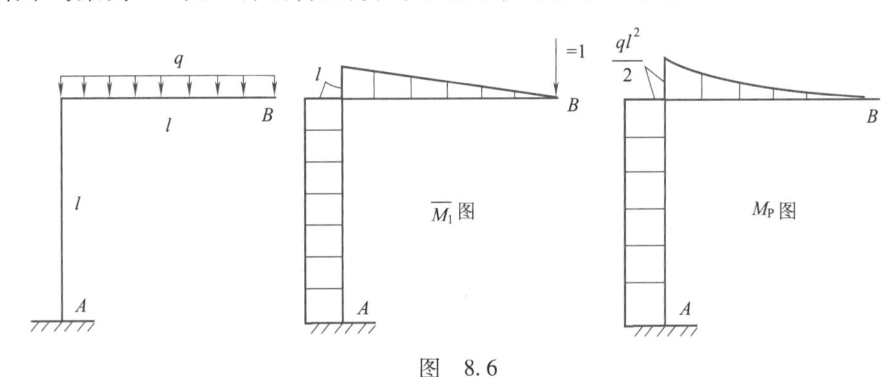

图　8.6

【案例 8.5】 应用图乘法求图 8.7(a)所示简支梁在均布荷载作用下跨中 C 截面的挠度和 A 支座的转角，已知 q、l、EI。

解：(1)画出 $\overline{M}_1$、$\overline{M}_2$、M_P 图，如图 8.7(b)、(c)、(d) 所示。

①在 C 点的竖直方向加上一个单位荷载，并画出弯矩图，即 $\overline{M}_1$ 图。

②在 A 点加一个单位力偶，并画出弯矩图，即 $\overline{M}_2$ 图。

③画出结构在实际荷载作用下的弯矩图，即 M_P图。

(2)应用图乘法公式求位移，可得

$$\Delta_{CV}=\sum\frac{A_P\cdot y_0}{EI}=\frac{1}{EI}\times\frac{2}{3}\times\frac{ql^2}{8}\times\frac{l}{2}\times\frac{5}{8}\times\frac{1}{4}\times 2=\frac{5ql^4}{384EI}$$

$$\Delta_{A\theta}=\sum\frac{A_P\cdot y_0}{EI}=\frac{1}{EI}\times\frac{2}{3}\times\frac{ql^2}{8}\times l\times\frac{1}{2}=\frac{ql^3}{24EI}$$

需要指出的是，在进行图乘计算时，$\overline{M}_1$ 图有拐点处，一定要分段计算。因为推导图乘法公式时，$\overline{M}_1$ 图是直线。

【案例 8.6】 应用图乘法求图 8.8(a)所示悬臂梁 B 截面的挠度，已知 q、F_P、l、EI。

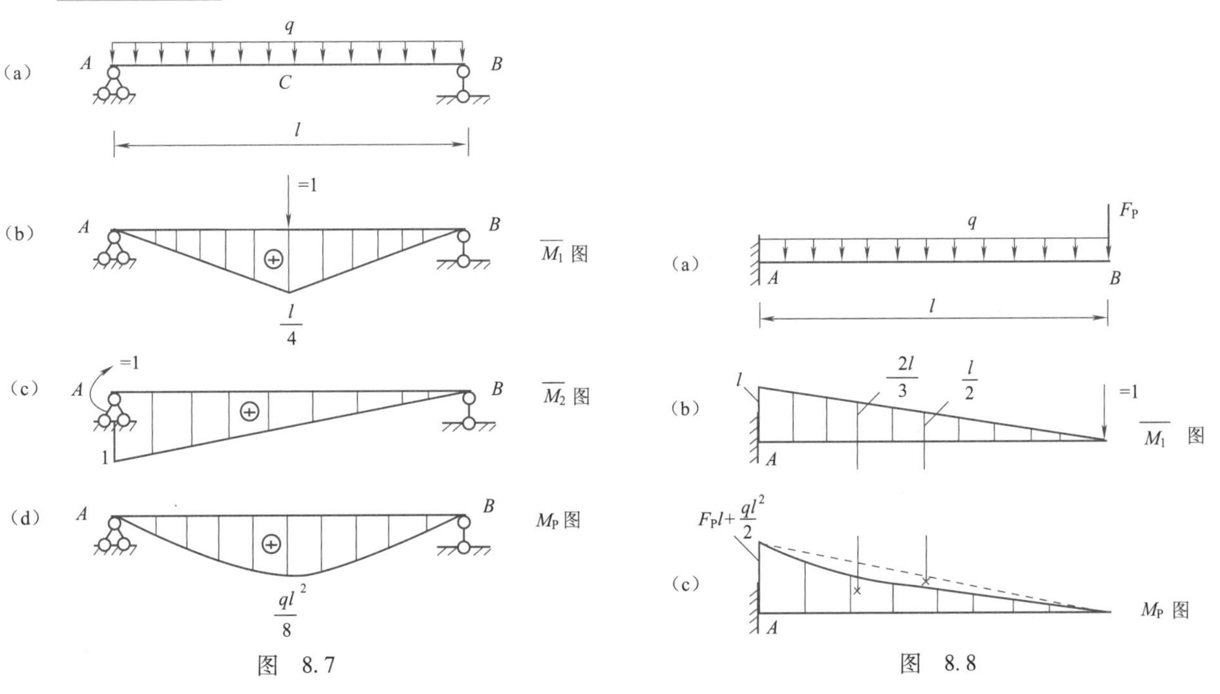

图　8.7

图　8.8

解:(1)画出 $\overline{M}_1$、M_P图,如图 8.8(b)、(c)所示。

①在 B 点的竖直方向加上一个单位荷载,并画出弯矩图,即 $\overline{M}_1$ 图。

②画出结构在实际荷载作用下的弯矩图,即 M_P图。

(2)应用图乘法公式求位移,可得

$$\Delta_{BL}=\sum\frac{A_P\cdot y_0}{EI}=\frac{1}{EI}\times\frac{1}{2}\times\left(\frac{ql^2}{2}+F_Pl\right)\cdot l\times\frac{2l}{3}-\frac{1}{EI}\times\frac{2}{3}\times\frac{ql^2}{8}\times l\times\frac{l}{2}=\frac{l^3}{24EI}(3ql+8F_P)$$

需要指出的是,在进行图乘计算时,$\overline{M}_1$ 图 B 截面弯矩虽然等于 0,但与基线不相切,因此要分开计算,可将其分成一个三角形和二次抛物线,然后分别计算。

【案例 8.7】 应用图乘法求图 8.9(a)所示悬臂梁 C 截面的挠度,已知 q、F_P、l、EI。

解:(1)画出 $\overline{M}_1$、M_P图,如图 8.9(b)、(c)所示。

①在 C 点的竖直方向加上一个单位荷载,并画出弯矩图,即 $\overline{M}_1$ 图。

②画出结构在实际荷载作用下的弯矩图,即 M_P图。

(2)应用图乘法公式求位移,可得

$$\Delta_{CV}=\frac{1}{EI}\times\frac{1}{2}\times\frac{F_Pl}{2}\times\frac{1}{2}\times\frac{l}{3}+\frac{1}{EI}\times\frac{1}{2}\times\frac{F_Pl}{2}\times l\times\frac{2}{3}\times\frac{l}{2}-\frac{1}{EI}\times\frac{2}{3}\times\frac{ql^2}{8}\times l\times\frac{l}{4}$$
$$=\frac{l^3}{48EI}(6F_P+ql)$$

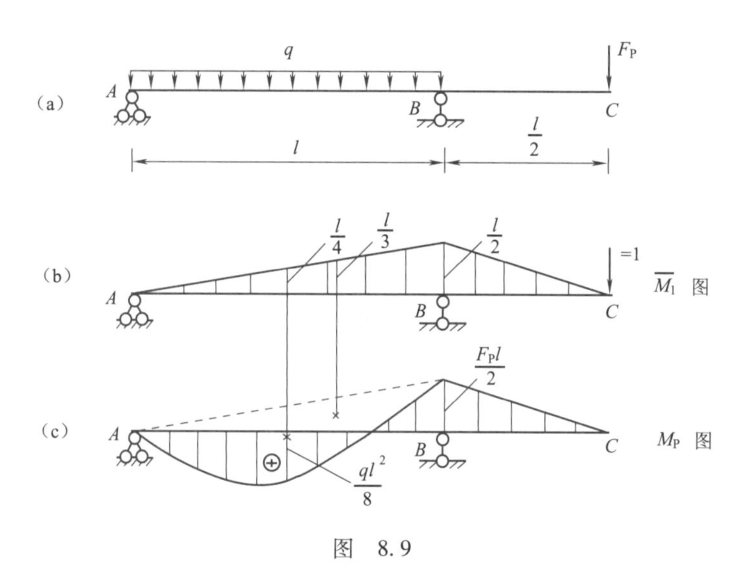

图 8.9

从上述计算中可以看出,对于复杂图形,只要将其分解成简单图形分别计算,然后再代数相加,就可以计算出位移。

计　划　单

<table>
<tr><td>学习领域</td><td colspan="5">土建工程力学应用</td></tr>
<tr><td>学习情境</td><td colspan="5">简单结构的内力及变形计算</td></tr>
<tr><td>工作任务</td><td colspan="5">计算静定结构的位移</td></tr>
<tr><td>计划方式</td><td colspan="5">小组讨论、团结协作共同制订计划</td></tr>
<tr><td>计划学时</td><td colspan="5">0.5 学 时</td></tr>
<tr><td>序　　号</td><td colspan="2">实 施 步 骤</td><td colspan="3">具体工作内容描述</td></tr>
<tr><td>1</td><td colspan="2"></td><td colspan="3"></td></tr>
<tr><td>2</td><td colspan="2"></td><td colspan="3"></td></tr>
<tr><td>3</td><td colspan="2"></td><td colspan="3"></td></tr>
<tr><td>4</td><td colspan="2"></td><td colspan="3"></td></tr>
<tr><td>5</td><td colspan="2"></td><td colspan="3"></td></tr>
<tr><td>6</td><td colspan="2"></td><td colspan="3"></td></tr>
<tr><td>7</td><td colspan="2"></td><td colspan="3"></td></tr>
<tr><td>8</td><td colspan="2"></td><td colspan="3"></td></tr>
<tr><td>9</td><td colspan="2"></td><td colspan="3"></td></tr>
<tr><td>制订计划
说明</td><td colspan="5">（写出制订计划中人员为完成任务的主要建议或可以借鉴的建议、需要解释的某一方面）</td></tr>
<tr><td rowspan="3">计划评价</td><td>班　　级</td><td></td><td>第　　组</td><td>组长签字</td><td></td></tr>
<tr><td>教师签字</td><td colspan="2"></td><td>日　　期</td><td></td></tr>
<tr><td colspan="5">评语：</td></tr>
</table>

决　策　单

<table>
<tr><td>学习领域</td><td colspan="5">土建工程力学应用</td></tr>
<tr><td>学习情境</td><td colspan="5">简单结构的内力及变形计算</td></tr>
<tr><td>工作任务</td><td colspan="5">计算静定结构的位移</td></tr>
<tr><td>决策学时</td><td colspan="5">0.5 学 时</td></tr>
<tr><td rowspan="11">方案对比</td><td>序　号</td><td>方案的可行性</td><td>方案的先进性</td><td>实 施 难 度</td><td>综 合 评 价</td></tr>
<tr><td>1</td><td></td><td></td><td></td><td></td></tr>
<tr><td>2</td><td></td><td></td><td></td><td></td></tr>
<tr><td>3</td><td></td><td></td><td></td><td></td></tr>
<tr><td>4</td><td></td><td></td><td></td><td></td></tr>
<tr><td>5</td><td></td><td></td><td></td><td></td></tr>
<tr><td>6</td><td></td><td></td><td></td><td></td></tr>
<tr><td>7</td><td></td><td></td><td></td><td></td></tr>
<tr><td>8</td><td></td><td></td><td></td><td></td></tr>
<tr><td>9</td><td></td><td></td><td></td><td></td></tr>
<tr><td>10</td><td></td><td></td><td></td><td></td></tr>
<tr><td rowspan="3">决策或分工评价</td><td>班　　级</td><td></td><td>第　　组</td><td>组长签字</td><td></td></tr>
<tr><td>教师签字</td><td colspan="2"></td><td>日　　期</td><td></td></tr>
<tr><td colspan="5">评语：</td></tr>
</table>

实 施 单

<table>
<tr><td>学习领域</td><td colspan="4">土建工程力学应用</td></tr>
<tr><td>学习情境</td><td colspan="4">简单结构的内力及变形计算</td></tr>
<tr><td>工作任务</td><td colspan="4">计算静定结构的位移</td></tr>
<tr><td>实施方式</td><td colspan="4">小组成员合作共同研讨确定实施步骤,每人均填写实施单</td></tr>
<tr><td>实施学时</td><td colspan="4">3 学 时</td></tr>
<tr><td>序 号</td><td colspan="2">实 施 步 骤</td><td colspan="2">使 用 资 源</td></tr>
<tr><td>1</td><td colspan="2"></td><td colspan="2"></td></tr>
<tr><td>2</td><td colspan="2"></td><td colspan="2"></td></tr>
<tr><td>3</td><td colspan="2"></td><td colspan="2"></td></tr>
<tr><td>4</td><td colspan="2"></td><td colspan="2"></td></tr>
<tr><td>5</td><td colspan="2"></td><td colspan="2"></td></tr>
<tr><td>6</td><td colspan="2"></td><td colspan="2"></td></tr>
<tr><td>7</td><td colspan="2"></td><td colspan="2"></td></tr>
<tr><td>8</td><td colspan="2"></td><td colspan="2"></td></tr>
<tr><td colspan="5">实施说明:</td></tr>
<tr><td>班 级</td><td></td><td>第 组</td><td>组长签字</td><td></td></tr>
<tr><td>教师签字</td><td colspan="2"></td><td>日 期</td><td></td></tr>
<tr><td>评 语</td><td colspan="4"></td></tr>
</table>

作　业　单

<table>
<tr><td>学习领域</td><td colspan="4">土建工程力学应用</td></tr>
<tr><td>学习情境</td><td colspan="4">简单结构的内力及变形计算</td></tr>
<tr><td>工作任务</td><td colspan="4">计算静定结构的位移</td></tr>
<tr><td>实施方式</td><td colspan="4">小组成员动手实践,绘制结构的弯矩图、计算结构位移</td></tr>
<tr><td colspan="5">(在此计算静定结构的位移,不够可附页)</td></tr>
<tr><td>班　级</td><td></td><td>第　组</td><td>组长签字</td><td></td></tr>
<tr><td>教师签字</td><td colspan="2"></td><td>日　期</td><td></td></tr>
<tr><td>评　语</td><td colspan="4"></td></tr>
</table>

检　查　单

<table>
<tr><td>学习领域</td><td colspan="5">土建工程力学应用</td></tr>
<tr><td>学习情境</td><td colspan="5">简单结构的内力及变形计算</td></tr>
<tr><td>工作任务</td><td colspan="5">计算静定结构的位移</td></tr>
<tr><td>检查学时</td><td colspan="5">0.5 学 时</td></tr>
<tr><td>序　号</td><td>检 查 项 目</td><td colspan="2">检 查 标 准</td><td>组 内 互 查</td><td>教 师 检 查</td></tr>
<tr><td>1</td><td>结构弯矩图的绘制</td><td colspan="2">是否正确</td><td></td><td></td></tr>
<tr><td>2</td><td>结构位移方法步骤</td><td colspan="2">是否完整、正确</td><td></td><td></td></tr>
<tr><td>3</td><td>作业单</td><td colspan="2">是否完整、整洁</td><td></td><td></td></tr>
<tr><td>4</td><td>位移计算过程</td><td colspan="2">是否完整、正确</td><td></td><td></td></tr>
<tr><td rowspan="3">检查评价</td><td>班　级</td><td></td><td>第　组</td><td>组长签字</td><td></td></tr>
<tr><td>教师签字</td><td></td><td>日　期</td><td colspan="2"></td></tr>
<tr><td colspan="5">评语：</td></tr>
</table>

评 价 单

学习领域	土建工程力学应用					
学习情境	简单结构的内力及变形计算					
工作任务	计算静定结构的位移					
评价学时	0.5 学 时					
考核项目	考核内容及要求	分值	学生自评（10%）	小组评分（20%）	教师评分（70%）	实得分
资讯（10）	翔实准确	10				
计划及决策（25）	工作程序的规范性	10				
	步骤内容描述	10				
	计划规范性	5				
工作过程（40）	分析程序正确	10				
	步骤正确	10				
	结果正确	20				
完成时间（15）	在要求时间内完成	15				
合作性（10）	能够很好地团结协作	10				
总　分（∑）		100				
评价评语	班　级			学　号		
	姓　名			第　组	组长签字	
	教师签字	日　期			总　评	
	评语：					

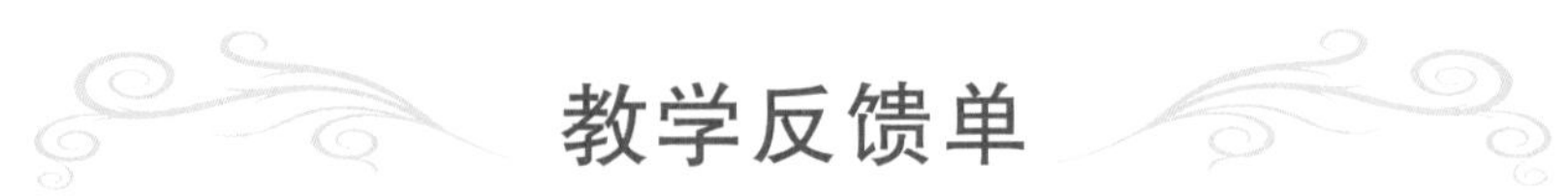

教学反馈单

学习领域	土建工程力学应用			
学习情境	简单结构的内力及变形计算			
工作任务	计算静定结构的位移			
任务学时	6 学 时			
序 号	调查内容	是	否	理由陈述
1	你感觉本次任务是否容易完成？			
2	与任务 4 计算位移的方法比较，是否这次任务计算位移的方法更简单些？			
3	针对本次学习任务你是否学会如何进行结构的单元分解？			
4	计划和决策感到困难吗？			
5	你认为本次任务对提高你的自主学习能力有帮助吗？			
6	通过完成本次工作任务，你学会如何计算结构位移了吗？今后遇到实际的问题你可以解决吗？			
7	你能在日常的工作和生活中找到有关结构位移的现象吗？			
8	通过几天来的工作和学习，你对自己的表现是否满意？			
9	你对小组成员之间的合作是否满意？			
10	你认为本次任务还应学习哪些方面的内容？（请在下面空白处填写）			
你的意见对改进教学非常重要，请写出你的建议和意见。				
被调查人签名		调查时间		

学习情境五 复杂结构的内力及变形计算

学习指南

学习目标

学生将完成本学习情境的3个任务应用力法计算超静定结构的内力、应用位移法计算超静定结构的内力、应用力矩分配法计算超静定结构的内力,达到以下学习目标:

第一,能够应用力法对桥梁工程中的超静定结构进行内力计算。

第二,能够应用位移法对桥梁工程中的超静定结构进行内力计算。

第三,能够应用力矩分配法对桥梁工程中的超静定结构进行内力计算。

第四,能够根据复杂桥梁结构的特点正确选择适用的方法,包括力法、位移法和力矩分配法等对结构进行承载力计算。

第五,提高资讯、计划、决策、实施控制检查等综合能力,提高团结协作和组织沟通能力。

工作任务

(1)应用力法计算超静定结构的内力。

(2)应用位移法计算超静定结构的。

(3)应用力矩分配法计算超静定结构的内力。

学习情境的描述

本学习情境是根据学生的就业岗位施工员、技术员、质检员和安全员的工作职责和职业要求创设的第五个学习情境,主要要求学生能够掌握解决桥梁复杂结构的承载力计算问题,本情境包含3个工作任务应用力法计算超静定结构的内力、应用位移法计算超静定结构的内力、应用力矩分配法计算超静定结构。本学习情境的教学将采用任务驱动的教学做一体化教学模式,学生自行组成小组在教师的引导下通过资讯、计划、决策、实施、检查和评价等六个环节共同完成工作任务,达到本学习情境设定的学习目标。

任务9 应用力法计算超静定结构的内力

任 务 单

<table>
<tr><td>学习领域</td><td colspan="6">土建工程力学应用</td></tr>
<tr><td>学习情境</td><td colspan="6">复杂结构的内力及变形计算</td></tr>
<tr><td>工作任务</td><td colspan="6">应用力法计算超静定结构的内力</td></tr>
<tr><td>任务学时</td><td colspan="6">6 学 时</td></tr>
<tr><td colspan="7">布 置 任 务</td></tr>
<tr><td>工作目标</td><td colspan="6">在进行土建工程结构设计时，有一些结构是超静定结构。本任务要求学生：
1. 能够进行平面体系的几何组成分析。
2. 能够判断出结构的类型。
3. 能够应用力法计算超静定结构。</td></tr>
<tr><td>任务描述</td><td colspan="6">1. 图示上承式拱桥，若假设拱桥上部梁是连续梁，上部荷载为均匀分布，荷载集度为 q，跨度相同，且为 l
(1)绘制出三跨连续梁的计算简图。
(2)用力法计算该连续梁，并绘制弯矩图

2. 用力法求解图示超静定刚架，绘制弯矩图</td></tr>
<tr><td rowspan="2">学时安排</td><td>资　讯</td><td>计　划</td><td>决策或分工</td><td>实　施</td><td>检　查</td><td>评　价</td></tr>
<tr><td>1 学时</td><td>0.5 学时</td><td>0.5 学时</td><td>3 学时</td><td>0.5 学时</td><td>0.5 学时</td></tr>
<tr><td>提供资料</td><td colspan="6">工程案例；工程规范；参考书；教材</td></tr>
<tr><td>学生知识与能力要求</td><td colspan="6">1. 具备杆件的内力计算能力和绘制杆件内力图的能力
2. 具备计算构件和结构位移的能力
3. 具备一定的自学能力、数据计算、沟通协调、语言表达能力和团队意识
4. 严格遵守课堂纪律，不迟到、不早退；学习态度认真、端正
5. 每位同学必须积极参与小组讨论，需按规定应用力法计算超静定结构的内力</td></tr>
<tr><td>教师知识与能力要求</td><td colspan="6">1. 熟练掌握力法
2. 熟练应用力法计算各种超静定结构
3. 有组织学生按要求完成任务的驾驭能力
4. 对任务完成过程、结果进行点评，并为各小组进行综合打分</td></tr>
</table>

资 讯 单

<table>
<tr><td>学习领域</td><td colspan="4">土建工程力学应用</td></tr>
<tr><td>学习情境</td><td colspan="4">复杂结构的内力及变形计算</td></tr>
<tr><td>工作任务</td><td colspan="4">应用力法计算超静定结构的内力</td></tr>
<tr><td>资讯学时</td><td colspan="4">1 学 时</td></tr>
<tr><td>资讯方式</td><td colspan="4">在图书馆、互联网及教材中进行查询，或向任课教师请教</td></tr>
<tr><td rowspan="7">资讯内容</td><td colspan="4">1. 什么是超静定结构?</td></tr>
<tr><td colspan="4">2. 计算超静定结构的主要方法是什么?</td></tr>
<tr><td colspan="4">3. 力法计算超静定结构的思路是什么?</td></tr>
<tr><td colspan="4">4. 力法的典型方程是什么?</td></tr>
<tr><td colspan="4">5. 力法计算超静定结构的步骤有哪些?</td></tr>
<tr><td colspan="4">6. 常见的单跨超静定梁的弯矩图有哪些?</td></tr>
<tr><td colspan="4">7. 常见的单跨超静定梁的位移引起的弯矩图有哪些?</td></tr>
<tr><td>资讯要求</td><td colspan="4">1. 根据工作目标和任务描述正确理解完成任务需要的资讯内容
2. 按照上述资讯内容进行资询
3. 写出资讯报告</td></tr>
<tr><td rowspan="3">资讯评价</td><td>班　　级</td><td></td><td>学生姓名</td><td></td></tr>
<tr><td>教师签字</td><td></td><td>日　　期</td><td></td></tr>
<tr><td colspan="4">评语：</td></tr>
</table>

信 息 单

9.1 土建工程中超静定结构的实例

在计算超静定结构之前,我们首先要对体系进行几何组成分析,然后才能针对结构的特点选择计算方法。

9.1.1 超静定结构

在平面体系的几何组成分析中,我们已经了解到只有几何不变体系能够作为结构使用。几何不变且无多余约束的体系称为静定结构,它的支座反力和各截面的内力都可以用静力平衡条件唯一确定,图 9.1(a)所示简支梁是静定结构的一个例子。几何不变且有多余约束的体系称为超静定结构。它的支座反力和各截面的内力不能完全由静力平衡条件唯一确定,图 9.1(b)所示连续梁是超静定结构的一个例子。

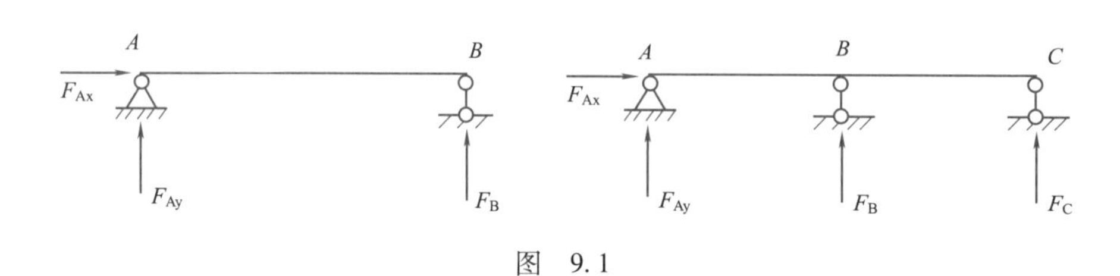

图 9.1

分析以上两种结构的几何组成,简支梁和连续梁都是几何不变的。如果从简支梁中撤去支杆 B,就变成了几何可变体系。反之,如果从连续梁中撤去支杆 C,则仍是几何不变体系。因此,支杆 C 是多余约束。所谓多余约束是对保持体系的几何不变性而言,它不是必要的。由此引出如下结论:静定结构是没有多余约束的几何不变体系,而超静定结构则是有多余约束的几何不变体系。

总之,有无多余约束,是超静定结构区别于静定结构的基本特征。

9.1.2 确定超静定的次数

从几何组成的角度看,超静定次数是指超静定结构中多余约束的个数。如果从原结构中去掉 n 个约束,结构就成为静定的,则原结构即为 n 次超静定。因此,超静定次数等于多余约束的个数,即等于把原结构变成静定结构时所需撤除的约束个数。

图 9.2(a) ~ (f)所示超静定结构,在撤去多余约束以后即变为图 9.3(a) ~ (f)中所示的静定结构。

可见撤去多余约束的数目就是超静定次数。因此,图 9.2(a) ~ (f)中结构的超静定次数分别为 2、3、2、2、3、1。

确定超静定次数的关键是要学会把原超静定结构拆成一个静定结构。通常有以下凡种基本方式:

(1)切断一根链杆、撤去一根链杆或撤去一个可动铰支座,等于拆掉一个约束,如图 9.3(a)、(b)所示。

(2)撤去一个固定铰支座或撤去一个单铰,等于拆掉两个约束,如图 9.3(c)、(d)所示。

(3)撤去一个固定端或切断一个梁式杆,等于拆掉三个约束,如图 9.3(e)所示。

(4)在连续杆上加一个单铰,等于拆掉一个约束,如图 9.3(f)所示。

在撤去多余约束时,应该注意两点:

(1)不要把原结构拆成一个几何可变体系。例如,如果把图 9.2(b)所示连续梁中的水平支杆拆掉,这样就变成了几何可变体系。

(2)要把全部多余约束都拆除。图 9.4(a)所示的结构,如果只拆去一根竖向支杆[见图 9.4(b)],则其中的闭合框仍然具有三个多余约束。因此，必须把闭合框再切开一个截面[见图9.4(c)]，这时才成为静定结构。所以，原结构总共有四个多余约束，是四次超静定结构。

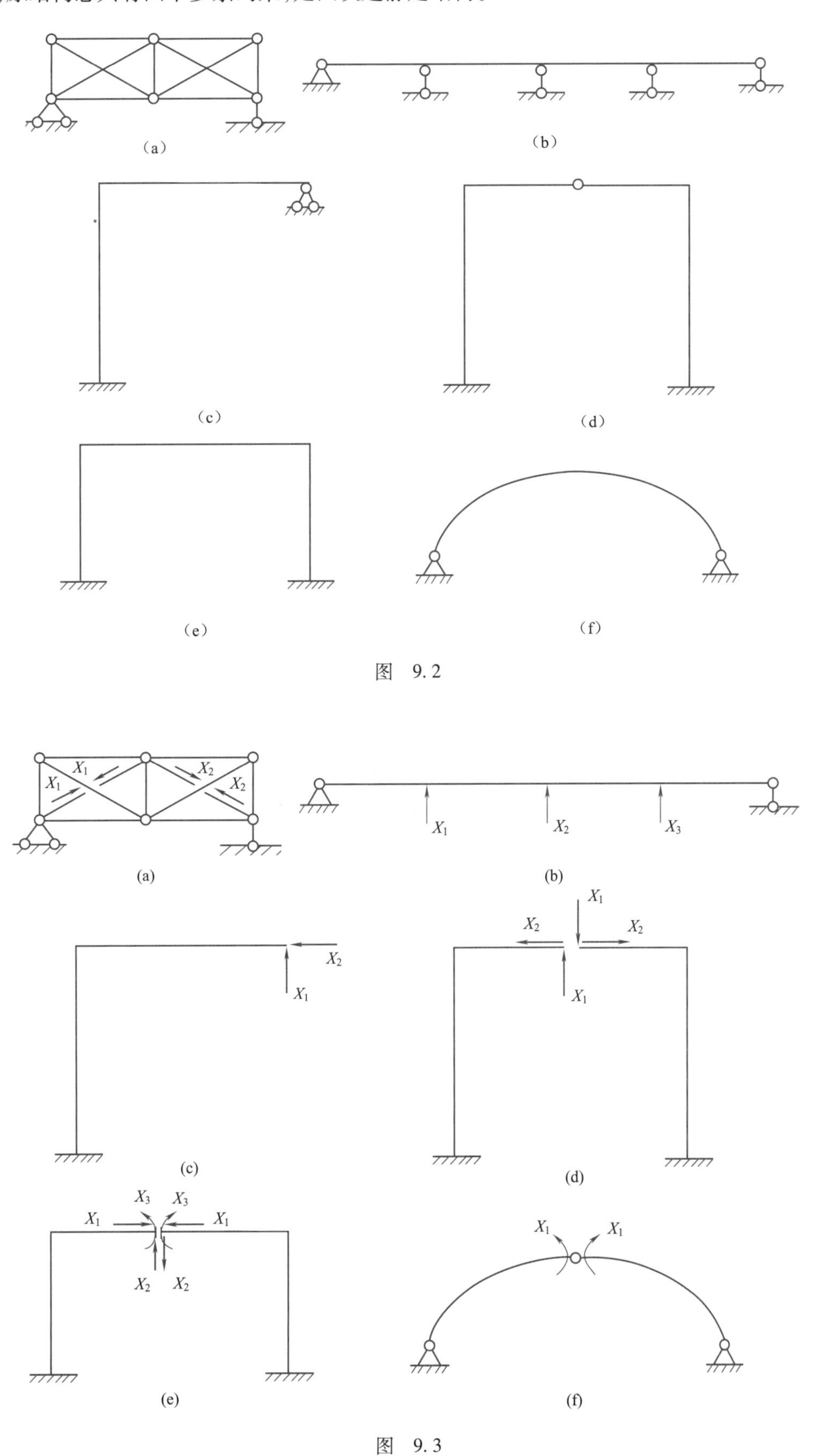

图　9.2

图　9.3

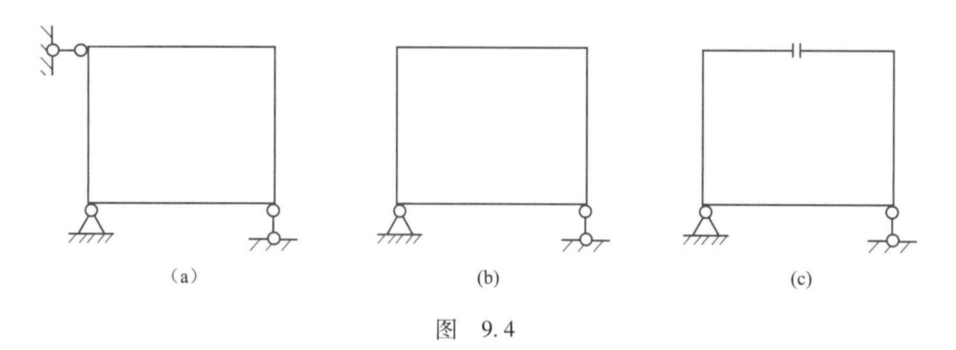

图 9.4

力法是计算超静定结构的基本方法，是位移法、力矩分配法的基础。

9.2 力法解超静定结构的思路

9.2.1 力法解超静定结构的基本思路

力法计算超静定结构的基本思路是把超静定结构的计算问题转化为静定结构的计算问题，即以多余约束的未知力作为基本未知量，以多余约束处的约束条件建立变形协调方程，求出未知力，再根据静力平衡条件求出其他支座反力及内力。也就是说，力法是利用多余约束的约束条件求出约束反力后，再利用已经熟悉的静定结构的计算方法来达到计算超静定结构的目的。

9.2.2 力法的基本未知量和基本体系

超静定结构由于多余约束的存在，相应的就有多余约束反力，故不能仅由平衡条件求出，而必须考虑变形条件才能求解。

1. 力法的基本未知量

图9.5(a)所示的一次超静定结构，共有四个支座反力 F_{Ax}、F_{Ay}、M_A、F_B，不能完全用三个静力平衡方程求出。若撤去支座 B，代以一个相应的多余未知力 F_B 的作用，如图9.5(b)所示。如设法将 F_B 解出，则原结构就转化为在荷载 q 和 F_B 共同作用下的静定结构的计算问题。而其他支座反力和内力则都能用平衡条件求出。

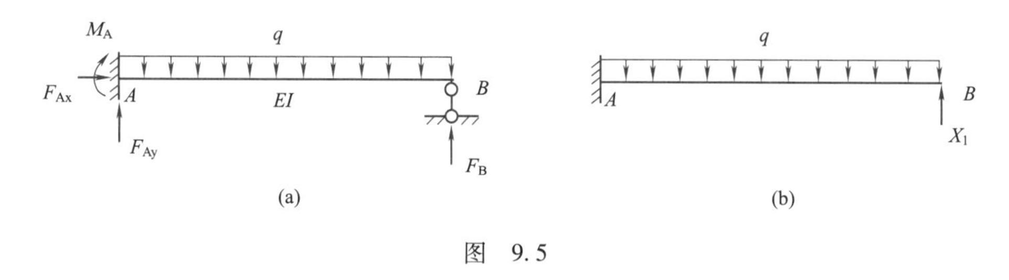

图 9.5

力法的主要特点：把多余未知力的计算问题当作解超静定结构的关键问题。处于关键地位的多余未知力称为力法的基本未知量。力法这个名称就是由此得来。

2. 力法的基本结构

在超静定结构中，去掉多余约束所得到的静定结构称为力法的基本结构，图9.6(b)所示的静定结构即为图9.6(a)的基本结构，基本结构反映了荷载和多余未知力共同作用下的静定结构与原结构受力及变形完全相同。

9.2.3 力法的基本方程

怎样才能求得图9.6(b)中的基本未知量 X_1 呢？很明显，不能由平衡条件求得，而必须考虑补充新的条件。

图9.6(b)所示的基本结构是在荷载 q 与 X_1 共同作用下的情形。当梁的 B 端位移等于原结构 B 端的约束情况，即等于零时，就可以列出变形协调方程，求出多余约束反力。可见力法的补充方程是变形协调方程。

下面只讨论线性变形体系的情形。根据叠加原理，图9.6(b)所示的状态应等于图9.6(c)所示状态和

图 9.6(d)所示状态的总和。这里的图 9.6(c)状态和图 9.6(d)状态分别表示基本结构在 q 和 X_1单独作用下的受力和变形状态。因此,变形条件式可表示为

$$\Delta_1 = \Delta_{11} + \Delta_{1P} = 0 \tag{9.1}$$

式中:Δ_1——基本体系(即基本结构在荷载与未知力 X_1共同作用下)沿 X_1方向的总位移,即图 9.6(a)中 B 点的竖向位移;

Δ_{1P}——基本结构在荷载单独作用下沿 X_1方向的位移[见图 9.6(c)];

Δ_{11}——基本结构在未知力 X_1单独作用下沿 X_1方向的位移[见图 9.6(d)]。

位移 Δ_{1P}、Δ_{11}的方向与所设 X_1的方向相同时,则规定为正,反之为负。

在线性变形体系中,位移 Δ_{11}与 X_1成正比,可表示为

$$\Delta_{11} = \delta_{11}X_1$$

式中:δ_{11}——位移系数,表示基本结构在单位力 $X_1 = 1$ 单独作用下沿 X_1方向产生的位移。

将式 $\Delta_{11} = \delta_{11}X_1$代入式(9.1),即得

$$\delta_{11}X_1 + \Delta_{1P} = 0 \tag{9.2}$$

这就是线性变形条件下一次超静定结构的力法基本方程,简称为力法方程。

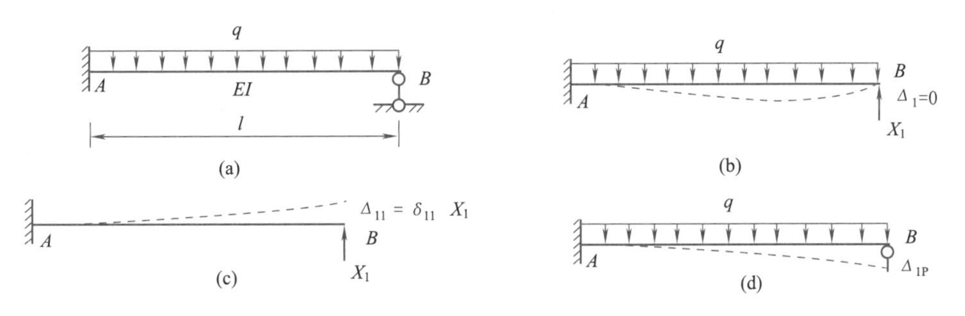

图　9.6

力法方程中的系数 δ_{11}和自由项 Δ_{1P}都是基本结构即静定结构的位移,可用图乘法求得位移 δ_{11}和 Δ_{1P}[见图 9.7(a)、(b)],即 $\overline{M}_1$ 图乘 $\overline{M}_1$ 图得 δ_{11},M_P 图乘 $\overline{M}_1$ 图得 Δ_{1P}:

$$\delta_{11} = \frac{1}{EI} \cdot \frac{1}{2} \cdot l \cdot l \cdot \frac{2l}{3} = \frac{l^3}{3EI}$$

$$\Delta_{1P} = -\frac{1}{EI} \cdot \frac{1}{3} \cdot \frac{ql^2}{2} \cdot l \cdot \frac{3l}{4} = -\frac{ql^4}{8EI}$$

根据式(9.2)求得基本未知量 X_1

$$X_1 = -\frac{\Delta_{1P}}{\delta_{11}} = \frac{\dfrac{ql^4}{8EI}}{\dfrac{l^3}{3EI}} = \frac{3ql}{8}$$

运用叠加原理画出内力图,如图 9.7(c)、(d)所示。

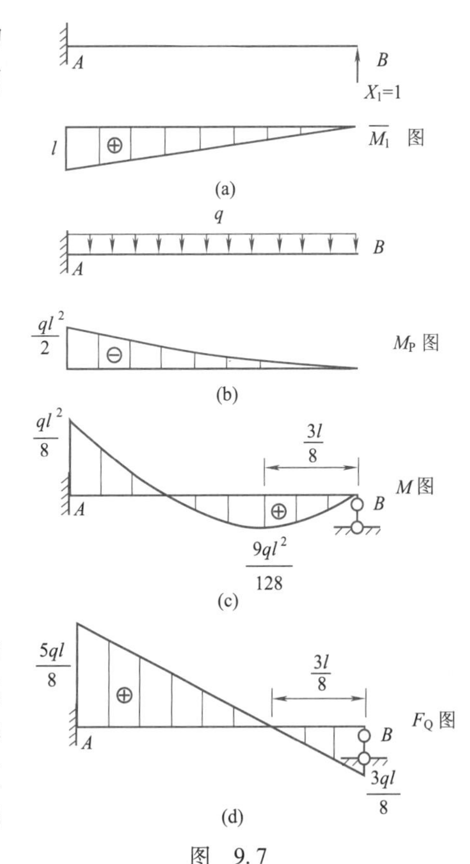

图　9.7

9.2.4　力法的典型方程

如前所述,用力法计算超静定结构,就是以多余约束的约束反力作为基本未知量,根据原结构的多余约束的变形条件建立基本体系在荷载和多余未知力共同作用下变形协调方程,即力法方程,求得多余未知力。在多余未知力求得后,即可按静定结构求解全部支座反力和内力。因此,用力法计算超静定结构的关键在于如何根据变形条件建立力法方程,求解基本未知量——多余未知力。

1. 两次超静定结构的力法方程

图9.8(a)所示为两次超静定结构，分析此结构时，必须去掉两个多余约束，若撤除铰支座 B，并以相应的多余未知力 X_1 和 X_2 代替所去约束的作用，则得图9.8(b)所示的基本体系(基本结构)。而 X_1 和 X_2 即为基本未知量。

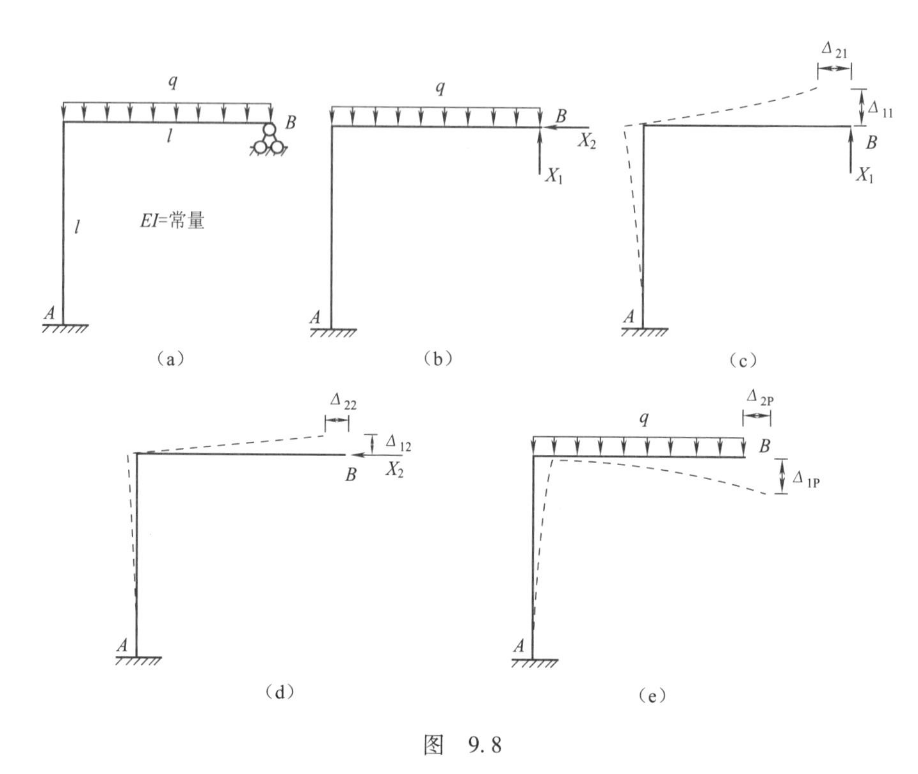

图 9.8

为确定基本未知量 X_1 和 X_2，可利用多余约束处的变形条件，即基本体系在荷载和多余未知力 X_1 和 X_2 共同作用下在 B 点沿 X_1 和 X_2 方向的位移与原结构在 B 点的位移相同，即都等于零。因此，变形条件可写为

$$\begin{aligned}\delta_{11}X_1+\delta_{12}X_2+\Delta_{1P}=0\\ \delta_{21}X_1+\delta_{22}X_2+\Delta_{2P}=0\end{aligned} \tag{9.3}$$

式中：$\delta_{11}X_1$——基本体系在 X_1 作用下沿 X_1 方向的位移[$\Delta_{11}=\delta_{11}X_1$，见图9.8(c)]；

$\delta_{12}X_2$——基本体系在 X_2 作用下沿 X_1 方向的位移[$\Delta_{12}=\delta_{12}X_2$，见图9.8(c)]；

Δ_{1P}——基本体系在荷载作用下沿 X_1 方向的位移[见图9.8(e)]；

$\delta_{21}X_1$——基本体系在 X_1 作用下沿 X_2 方向的位移[$\Delta_{21}=\delta_{21}X_1$，见图9.8(d)]；

$\delta_{22}X_2$——基本体系在 X_2 作用下沿 X_2 方向的位移[$\Delta_{22}=\delta_{22}X_2$，见图9.8(d)]；

Δ_{2P}——基本体系在荷载作用下沿 X_2 方向的位移[见图9.8(e)]。

根据式(9.3)求得多余未知力 X_1 和 X_2 后，便可应用静力平衡条件求出原结构的其他全部支座反力和杆件内力。此外，也可利用叠加原理求内力，如任一截面的弯矩 M 可用以下叠加公式计算

$$M=\overline{M}_1X_1+\overline{M}_2X_2+M_P \tag{9.4}$$

式中：M_P——荷载单独作用于基本结构时任一截面的弯矩；

$\overline{M}_1$、$\overline{M}_2$——分别是单位力 $X_1=1$ 和 $X_2=1$ 单独作用于基本结构时相应截面的弯矩。

同一结构可以按不同的方式选取基本结构和基本未知量。如图9.8(a)所示结构，也可用图9.9(a)所示的静定结构作为基本结构。这时，与所撤的多余约束相应的多余未知力也不同。力法方程在形式上仍与式(9.3)相同，但因 X_1 和 X_2 的含义不同，变形条件的含义也不同。如图9.9(a)中，X_2 为支座A的反力矩，而 $\delta_{21}X_1+\delta_{22}X_2+\Delta_{2P}=0$ 为原结构支座 A 的转角等于零。此外，还应注意，不能将几何瞬变体系作为基本结构。如图9.9(b)所示的体系是瞬变体系，不能作为基本结构。

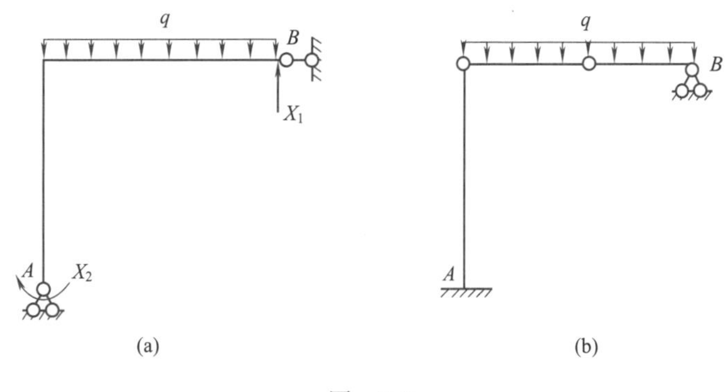

图　9.9

2. 力法的典型方程

对于n次超静定结构的一般情形,力法的基本未知量是n个多余未知力X_1、$X_2 \cdots X_n$,力法的基本体系是从原结构中去掉n个多余约束后所得到的一个静定结构。力法的基本方程是由n个多余约束处的n个变形条件组成,即基本体系在X_1、$X_2 \cdots X_n$和荷载共同作用下沿n个多余未知力方向的位移应与原结构相应的位移相等。在线性变形体系中,根据叠加原理n个变形条件可写为:

$$
\begin{aligned}
&\delta_{11}X_1+\delta_{12}X_2+\cdots+\delta_{1j}X_j+\cdots+\delta_{1n}X_n+\Delta_{1P}=0\\
&\delta_{21}X_1+\delta_{22}X_2+\cdots+\delta_{2j}X_j+\cdots+\delta_{2n}X_n+\Delta_{2P}=0\\
&\vdots\\
&\delta_{i1}X_1+\delta_{i2}X_2+\cdots+\delta_{ij}X_j+\cdots+\delta_{in}X_n+\Delta_{iP}=0\\
&\vdots\\
&\delta_{n1}X_1+\delta_{n2}X+\cdots+\delta_{nj}X_j+\cdots+\delta_{nn}X_n+\Delta_{nP}=0
\end{aligned}
\tag{9.5}
$$

式中:δ_{ij}——第j个未知反力等于1时,引起的与第i个未知力相对应的位移,也称为柔度系数;

Δ_{iP}——荷载引起的与第i个未知力相对应的位移。

位移正负号规则为:当位移方向与未知力方向相同时,则位移为正。

式(9.5)为n次超静定结构在荷载作用下力法方程的一般形式,称为力法的典型方程。

在式(9.5)中,系数δ_{ij}和自由项Δ_{iP}分别表示基本结构在单位力和荷载作用下的位移。位移符号中采用两个下标:第一个下标表示位移的位置,第二个下标表示产生位移的原因。

在式(9.5)中,主对角线上的系数δ_{ii}称为主系数。主系数均为正值且不为零。不在主对角线上的系数δ_{ij}(i与j不相等时称为副系数)。副系数可以是正值,也可以是负值,也可以为零。

根据位移互等定理,副系数δ_{ij}与δ_{ji}是相等的,即

$$\delta_{ij}=\delta_{ji} \tag{9.6}$$

式(9.6)称为位移互等定理。

9.3　力法解超静定结构的工程案例

9.3.1　应用力法解超静定结构的工程案例

【案例9.1】　绘制图9.10(a)所示超静定梁的弯矩图。

解:①选取基本结构,如图9.10(b)所示。

②绘制$\overline{M}_1$、$\overline{M}_P$图,如图9.10(c)、(d)所示。

③列力法典型方程为

$$\delta_{11}X_1+\Delta_{1P}=0$$

④求位移系数及自由项,可得

$$\delta_{11}=\frac{1}{EI}\cdot\frac{1}{2}\cdot l\cdot l\cdot\frac{2l}{3}=\frac{L^3}{3EI}$$

$$\Delta_{1P}=-\frac{1}{EI}\cdot\frac{1}{2}\cdot\frac{F_P l}{2}\cdot\frac{l}{2}\cdot\frac{5l}{6}=-\frac{5F_P l^3}{48EI}$$

⑤求 X_1 得

$$X_1=-\frac{\Delta_{1P}}{\delta_{11}}=\frac{5F_P}{16}$$

⑥绘制最后弯矩图,如图 9.10(e)所示。

$$M=\overline{M}_1X_1+M_P$$

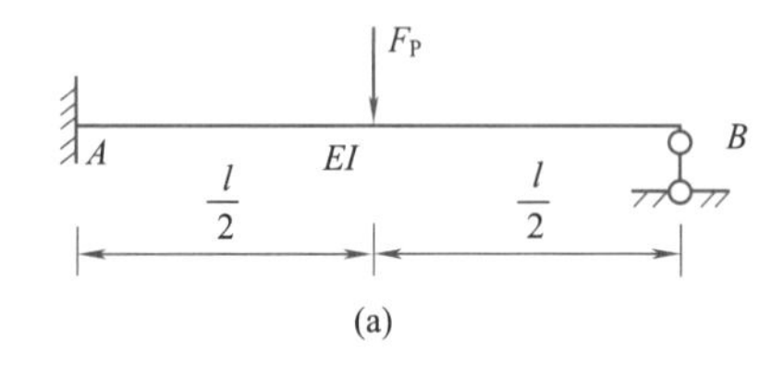

(a)

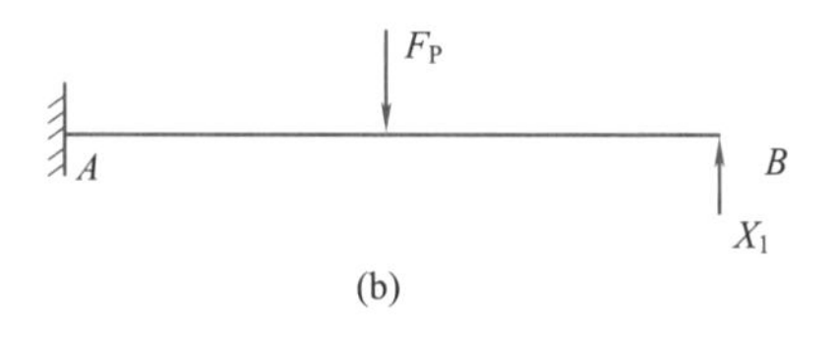

(b)

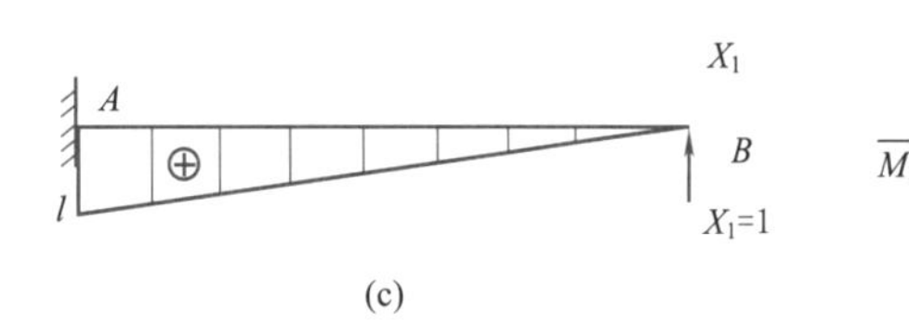

(c)

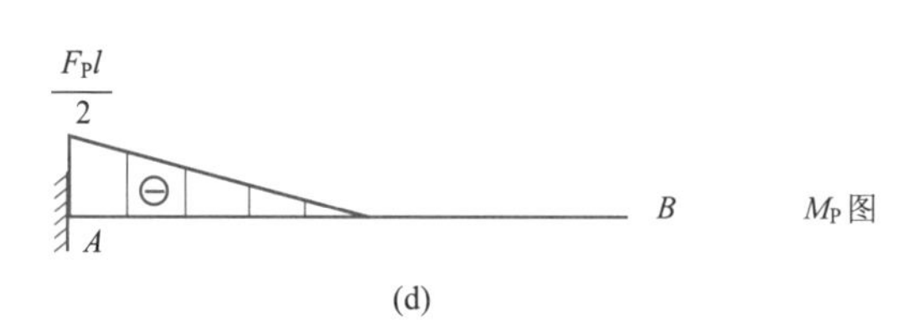

(d)

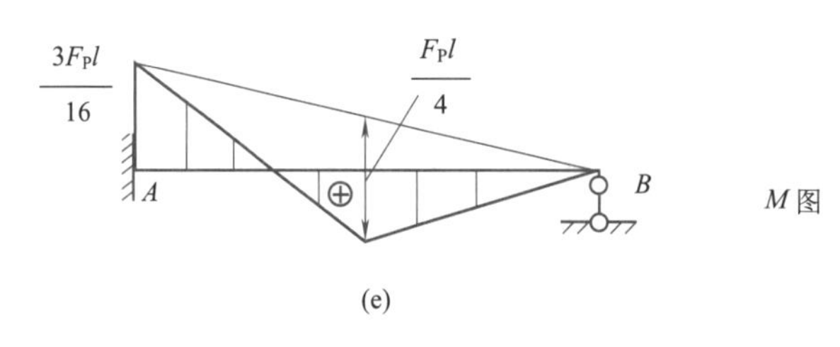

(e)

图 9.10

【案例 9.2】 绘制图 9.11(a)所示超静定刚架的弯矩图。

解:①选取基本结构,如图 9.11(b)所示。

②绘制 $\overline{M}_1$、M_P 图,如图 9.11(c)、(d)所示。

③列力法典型方程有

$$\delta_{11}X_1+\Delta_{1P}=0$$

④求位移系数及自由项得

$$\delta_{11}=\frac{1}{EI}\cdot\frac{1}{2}\cdot l\cdot l\cdot\frac{2l}{3}+\frac{1}{EI}\cdot l\cdot l\cdot l=\frac{4l^3}{3EI}$$

$$\Delta_{1P}=-\frac{1}{EI}\cdot\frac{1}{3}\cdot\frac{ql^2}{2}\cdot l\cdot\frac{3l}{6}-\frac{1}{EI}\cdot\frac{ql^2}{2}\cdot l\cdot l\cdot=-\frac{5ql^3}{8EI}$$

⑤求 X_1 可得

$$X_1=\frac{\Delta_{1P}}{\delta_{11}}=\frac{15ql}{32}$$

⑥绘制最后弯矩图,如图 9.11(e)所示。

$$M=\overline{M}_1X_1+M_P$$

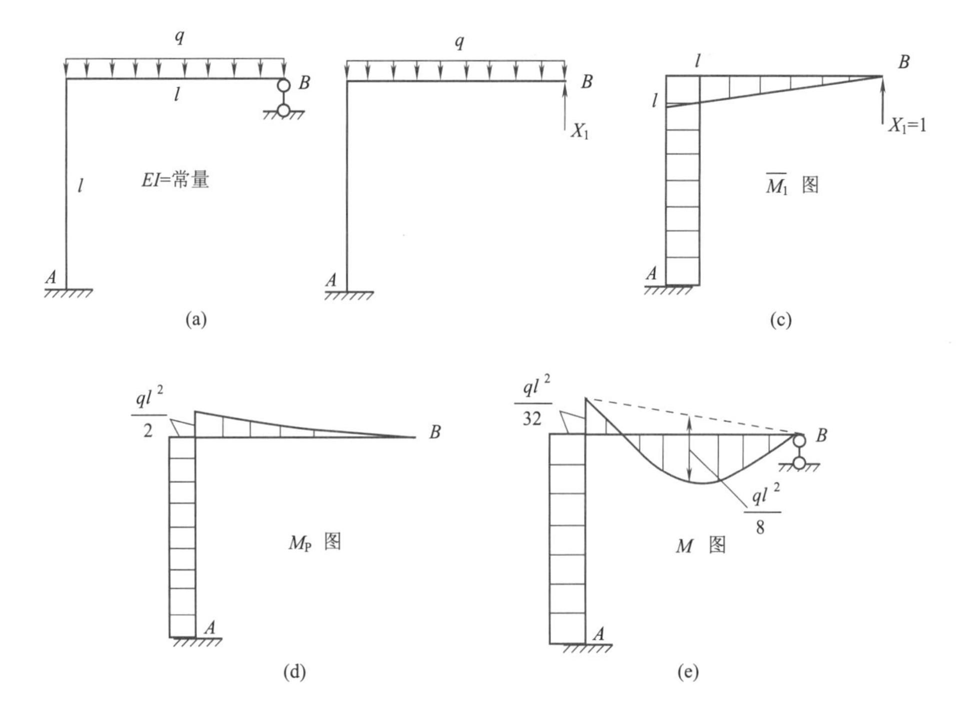

(a)　(c)

(d)　(e)

图　9.11

【案例 9.3】 绘制图 9.12(a)所示超静定刚架的弯矩图。

解:①选取基本结构,如图 9.12(b)所示。

②绘制 $\overline{M}_1$、$\overline{M}_2$、M_P 图,如图 9.12(c)、(d)、(e)所示。

③列力法典型方程得

$\delta_{11}X_1+\delta_{12}X_2+\Delta_{1P}=0$

$\delta_{21}X_1+\delta_{22}X_2+\Delta_{2P}=0$

④求位移系数及自由项可得

$$\delta_{11}=\frac{1}{EI}\cdot\frac{1}{2}\cdot l\cdot l\cdot\frac{2l}{3}+\frac{1}{EI}\cdot l\cdot l\cdot l=\frac{4l^3}{3EI}$$

$$\delta_{12}=\delta_{21}=\frac{1}{EI}\cdot l\cdot l\cdot\frac{l}{2}=\frac{l^3}{2EI}$$

$$\delta_{22}=\frac{1}{EI}\cdot\frac{l}{2}\cdot l\cdot l\cdot\frac{2l}{3}=\frac{l^3}{3EI}$$

$$\Delta_{1P}=-\frac{1}{EI}\cdot\frac{1}{2}\cdot\frac{F_Pl}{2}\cdot\frac{l}{2}\cdot\frac{5l}{6}-\frac{1}{EI}\cdot\frac{F_Pl}{2}\cdot l\cdot l=-\frac{29F_Pl^3}{48EI}$$

$$\Delta_{2P}=-\frac{1}{EI}\cdot\frac{1}{2}\cdot\frac{F_Pl}{2}\cdot l\cdot\frac{1}{2}=-\frac{F_Pl^3}{4EI}$$

⑤求 X_1、X_2。将上述系数及自由项代入力法典型方程得

$$\frac{4l^3}{3EI}X_1+\frac{l^3}{2EI}X_2-\frac{29F_Pl^3}{48EI}=0$$

$$\frac{l^3}{2EI}X_1+\frac{l^3}{3EI}X_2-\frac{F_Pl^3}{4EI}=0$$

解上述方程组得

$$X_1=\frac{11F_P}{28},X_2=\frac{9F_P}{56}$$

⑥绘制最后弯矩图,如图 9.12(f)所示。

$M=\overline{M}_1X_1+\overline{M}_2X_2+M_P$

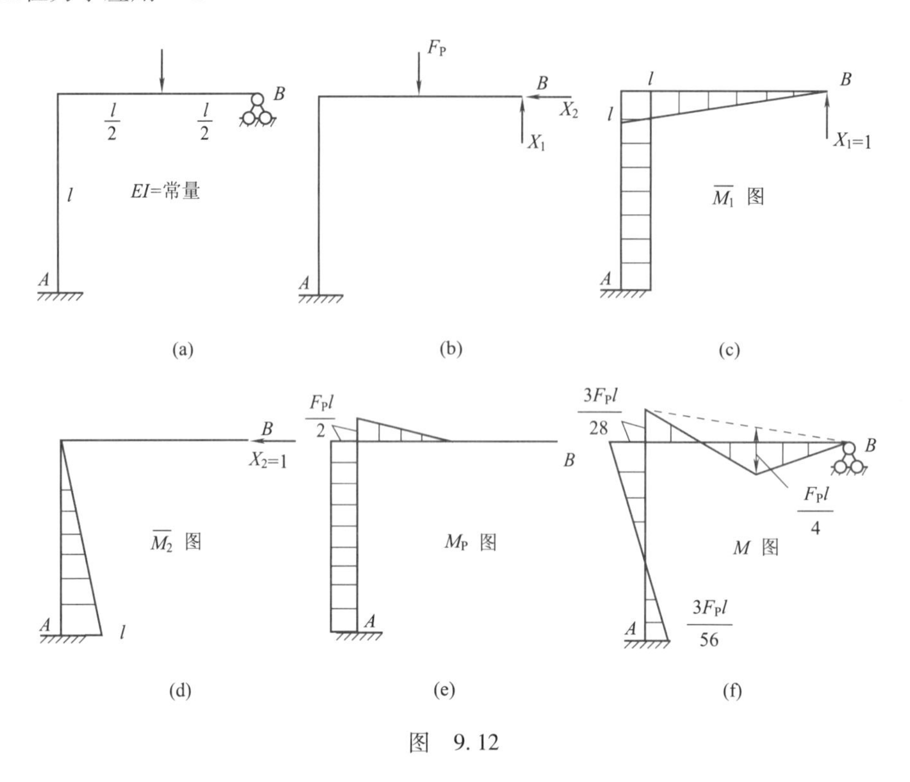

图 9.12

9.3.2 结构对称性的利用

1. 对称结构的概念

结构沿某轴线两侧杆件的材料相同,约束相同,截面尺寸对称,则称该结构为对称结构,如图 9.13(a)、(b)所示。

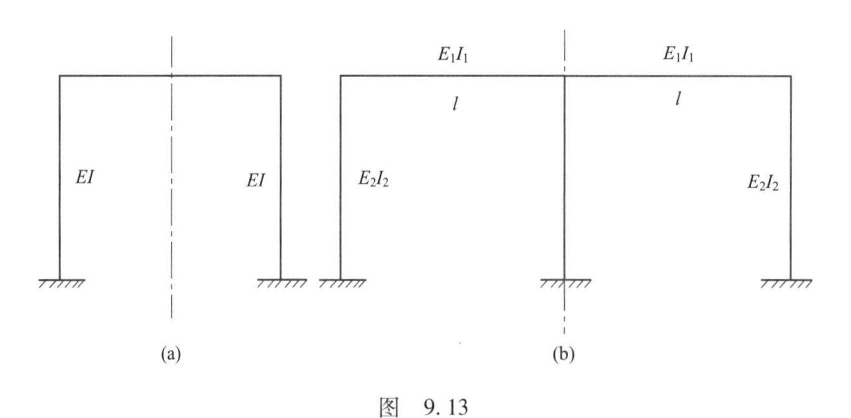

图 9.13

2. 对称结构在对称荷载作用下的特性

(1)对称结构在对称荷载作用下支座反力对称。

(2)对称结构在对称荷载作用下轴力图、弯矩图对称,剪力图反对称。

(3)对称结构在对称荷载作用下截面位移对称。

3. 对称结构在反对称荷载作用下的特性

(1)对称结构在反对称荷载作用下支座反力反对称。

(2)对称结构在对称荷载作用下轴力图、弯矩图反对称,剪力图对称。

(3)对称结构在对称荷载作用下截面位移反对称。

4. 对称结构的等代结构

(1)对称结构在对称荷载作用下的等代结构有如下两种情况:

①无中柱的情况[见图 9.13(a)]。无中柱的对称结构在对称荷载作用下,若将其断开,根据内力和位

移特性，对称轴处内力应该如图 9.14(a)所示，而根据作用与反作用定理，内力应该如图 9.14(b)所示，要想两个都满足，剪力必须等于零，另外从对称轴处的位移分析水平没有移动，且没有转动，因此该结构一半的等代结构如图 9.14(c)所示，求解后再根据对称特性求出另一半。

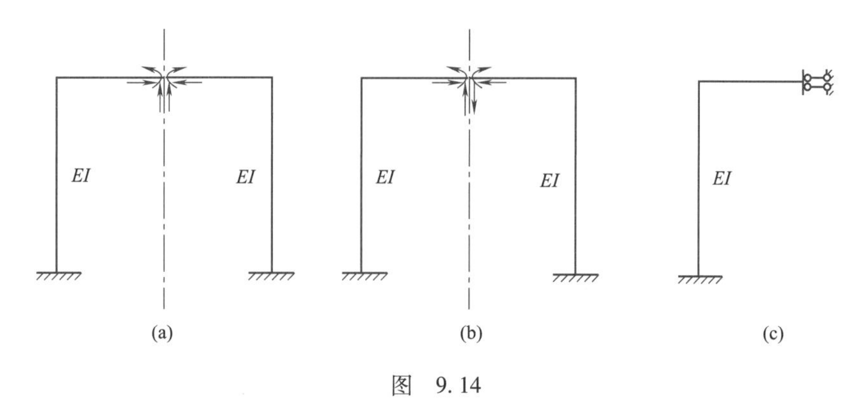

图　9.14

②有中柱的情况[见图 9.15(a)]。有中柱的对称结构在对称荷载作用下，根据位移特性，水平没有移动，且没有转动，由于有竖杆，竖向也没有移动，因此该结构一半的等代结构如图 9.15(b)所示，求解后再根据对称特性求出另一半。

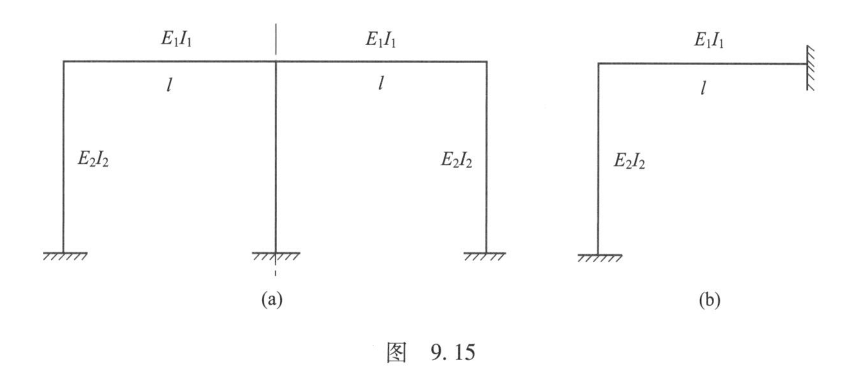

图　9.15

(2)对称结构在反对称荷载作用下的等代结构有如下两种情况：

①无中柱的情况[见图 9.16(a)]。无中柱的对称结构在反对称荷载作用下，若将断开，根据内力和位移特性，对称轴处内力应该如图 9.16(a)所示，而根据作用与反作用定理内力应该如图 9.16(b)所示，要想两个都满足，轴力、弯矩必须等于零，另外从对称轴处的位移分析竖向没有移动，因此该结构一半的等代结构如图 9.16(c)所示，求解后再根据对称特性求出另一半。

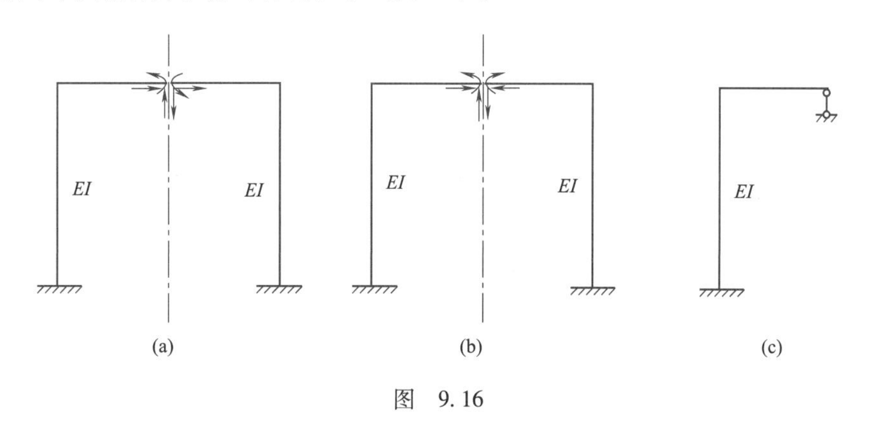

图　9.16

②有中柱的情况[见图 9.17(a)]。有中柱的对称结构在反对称荷载作用下，根据位移特性，由于有竖杆，因此该结构一半的等代结构如图 9.17(b)所示，求解后再根据对称特性求出另一半。

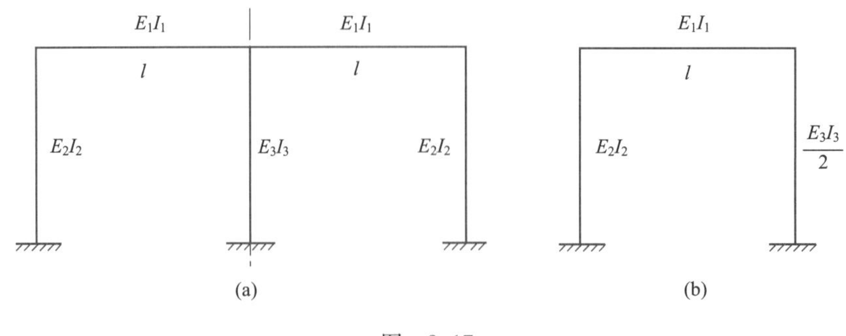

图 9.17

9.3.3 结点力作用下的无弯矩情况

当结构受结点力作用,且不考虑轴力引起的变形时,若该结点不产生位移,则结构无弯矩,如图9.18所示。

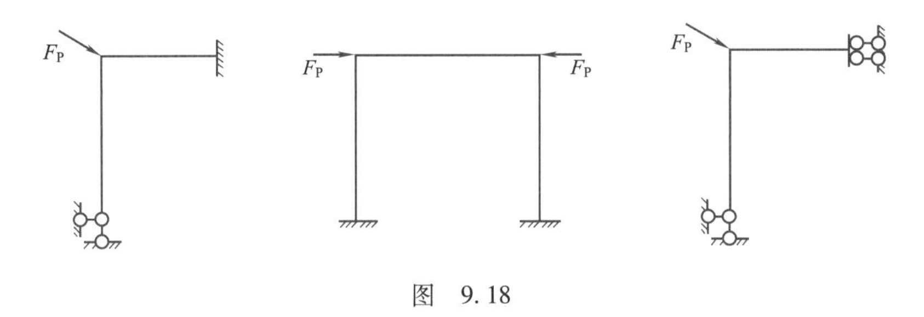

图 9.18

【案例9.4】 绘制图9.19(a)所示超静定刚架的弯矩图,各杆EI相同。

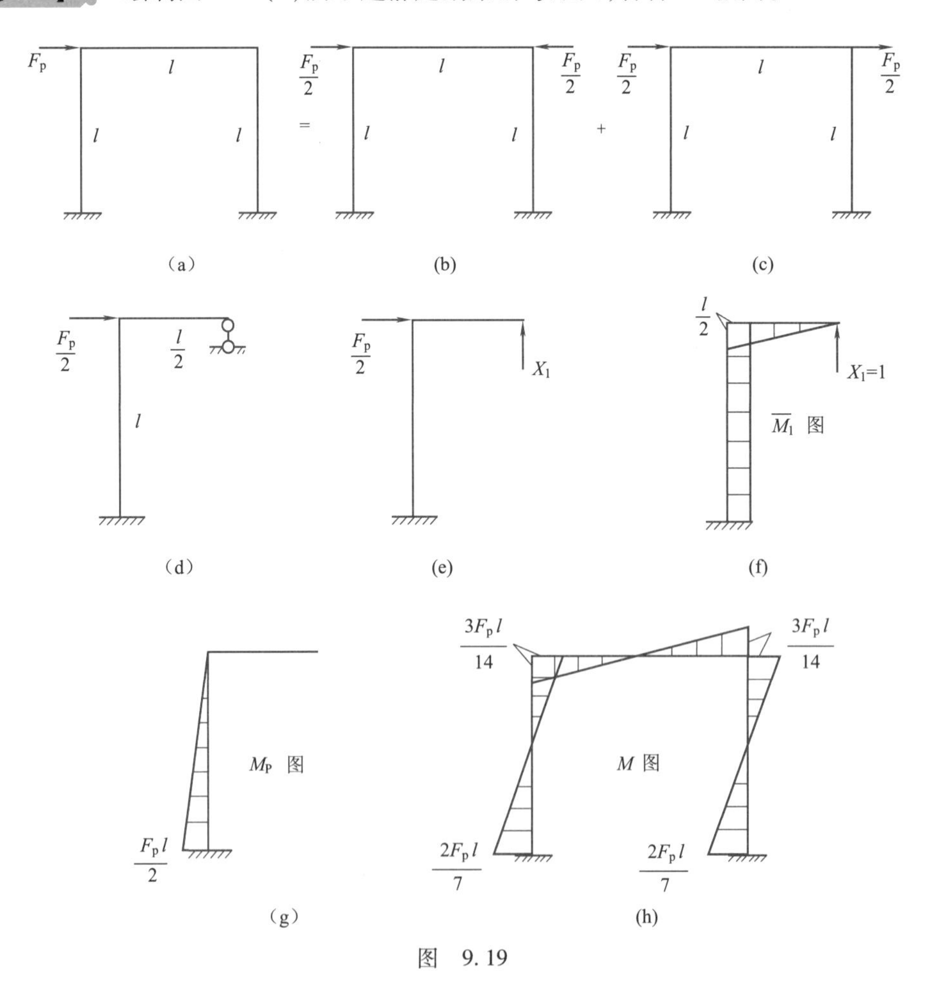

图 9.19

解:(1)将力分解并取其等代结构。

①将力分解成图 9.19(b)和图 9.19(c)所示情况,图 9.19(b)是无弯矩情况。

②取图 9.19(c)所示情况得等代结构,如图 9.19(d)所示。

(2)选取等代结构的基本结构,如图 9.19(e)所示。

(3)绘制 $\overline{M}_1$、M_P 图,如图 9.19(f)、(g)所示。

(4)列力法典型方程得

$$\delta_{11}X_1+\Delta_{1P}=0$$

(5)求位移系数及自由项可得

$$\delta_{11}=\frac{1}{EI}\cdot\frac{1}{2}\cdot\frac{l}{2}\cdot\frac{l}{2}\cdot\frac{2}{3}\cdot\frac{l}{2}+\frac{1}{EI}\cdot\frac{l}{2}\cdot l\cdot\frac{l}{2}=\frac{7l^3}{24EI}$$

$$\Delta_{1P}=-\frac{1}{EI}\cdot\frac{1}{2}\cdot\frac{F_Pl}{2}\cdot l\cdot\frac{l}{2}=-\frac{F_Pl^3}{8EI}$$

(6)求 X_1得

$$X_1=\frac{\Delta_{1P}}{\delta_{11}}=\frac{3F_P}{7}$$

(7)绘制最后弯矩图。

$$M=\overline{M}_1X_1+M_P$$

根据对称结构在反对称荷载作用下的内力特性画出另一半的弯矩图,如图 9.19(h)所示。

【案例 9.5】 绘制图 9.20(a)所示超静定刚架的弯矩图。

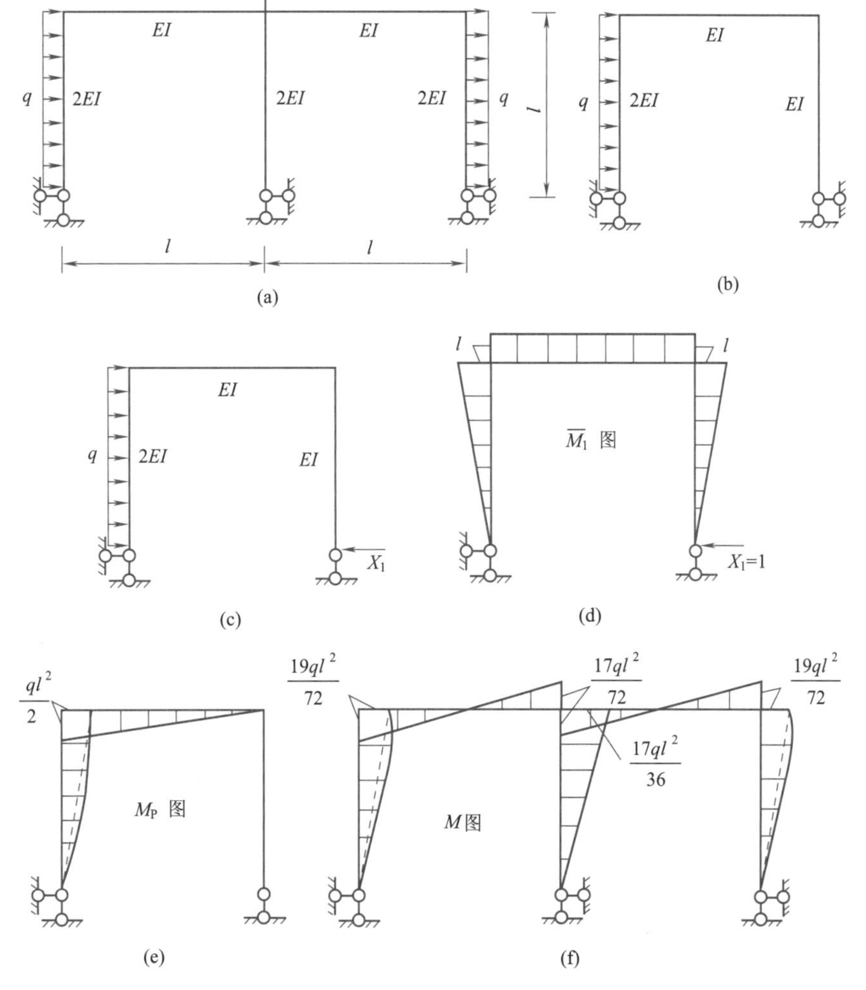

图 9.20

解:①取等代结构,如图 9.20(b)所示。

②选取等代结构的基本结构,如图 9.20(c)所示。

③绘制 $\overline{M}_1$、M_P图,如图 9.20(d)、(e)所示。

④列力法典型方程得

$$\delta_{11}X_1+\Delta_{1P}=0$$

⑤求位移系数及自由项可得

$$\delta_{11}=\frac{1}{2EI}\cdot\frac{1}{2}\cdot l\cdot l\cdot\frac{2l}{3}+\frac{1}{EI}\cdot l\cdot l\cdot l+\frac{1}{EI}\cdot\frac{1}{2}\cdot l\cdot l\frac{2l}{3}=\frac{3l^3}{2EI}$$

$$\Delta_{1P}=-\frac{1}{2EI}\cdot\frac{1}{2}\cdot\frac{ql^2}{2}\cdot l\cdot\frac{2l}{2}-\frac{1}{2EI}\cdot\frac{2}{3}\cdot\frac{ql^2}{8}\cdot l\cdot\frac{1}{2}-\frac{1}{EI}\cdot\frac{1}{2}\cdot\frac{ql^2}{2}\cdot l\cdot l=-\frac{17ql^4}{48EI}$$

⑥求 X_1得

$$X_1=\frac{\Delta_{1P}}{\delta_{11}}=\frac{17ql}{72}$$

⑦绘制最后弯矩图。

$$M=\overline{M}_1X_1+M_P$$

根据对称结构在反对称荷载作用下的内力特性画出另一半的弯矩图,如图 9.20(f)所示。

9.3.4 支座位移引起超静定结构的内力计算

若有支座位移时,式(9.5)的力法典型方程可改成

$$\begin{aligned}
&\delta_{11}X_1+\delta_{12}X_2+\cdots+\delta_{1j}X_j+\cdots+\delta_{1n}X_n=\Delta_1\\
&\delta_{21}X_1+\delta_{22}X_2+\cdots+\delta_{2j}X_j+\cdots+\delta_{2n}X_n=\Delta_2\\
&\vdots\\
&\delta_{i1}X_1+\delta_{i2}X_2+\cdots+\delta_{ij}X_j+\cdots+\delta_{in}X_n=\Delta_i\\
&\vdots\\
&\delta_{n1}X_1+\delta_{n2}X+\cdots+\delta_{nj}X_j+\cdots+\delta_{nn}X_n=\Delta_n
\end{aligned}\tag{9.7}$$

式中:Δ_i——第 i 个支座的位移。

【案例 9.6】 绘制图 9.21(a)所示超静定梁在固定端发生单位转角时的弯矩图。

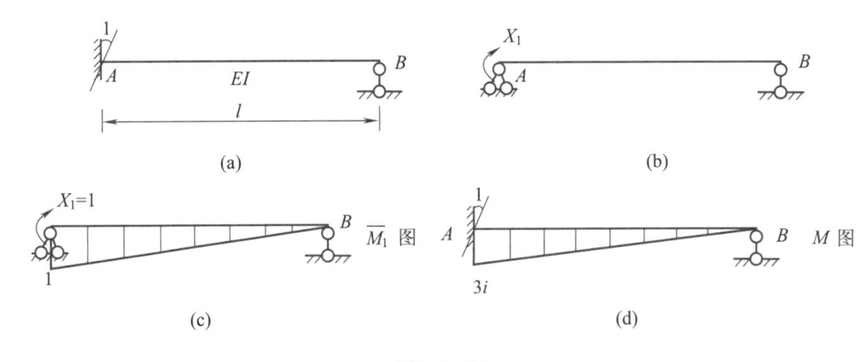

图 9.21

解:①选取基本结构,如图 9.21(b)所示。

②绘制 $\overline{M}_1$ 图,如图 9.21(c)所示。

③列力法典型方程得

$$\delta_{11}X_1=1$$

④求位移系数及自由项可得

$$\delta_{11}=\frac{1}{EI}\cdot\frac{1}{2}\times1\times l\cdot\frac{2}{3}=\frac{l}{3EI}$$

⑤求 X_1 得

$$X_1=\frac{1}{\delta_{11}}=\frac{3EI}{l}$$

令 $i=\frac{EI}{l}$，为杆件的线刚度。

由此可得：$X_1=3i$

⑥绘制最后弯矩图，如图 9.21（d）所示。

$$M=\overline{M}_1X_1$$

【案例 9.7】 绘制图 9.22（a）所示超静定梁在链杆发生单位位移时的弯矩图。

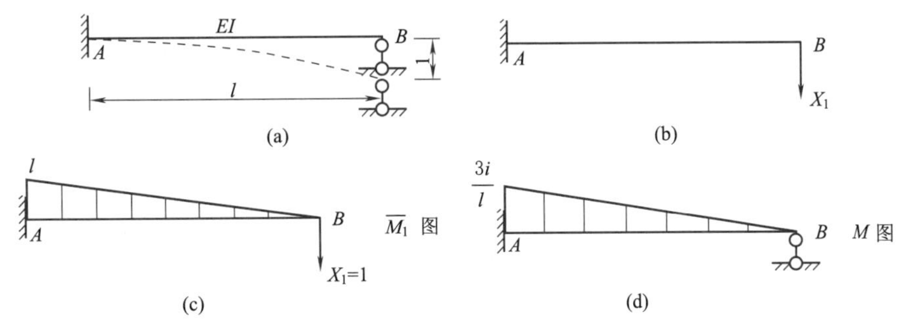

图　9.22

解：①选取基本结构，如图 9.22（b）所示。

②绘制 $\overline{M}_1$ 图，如图 9.22（c）所示。

③列力法典型方程得

$\delta_{11}X_1=1$

④求位移系数及自由项可得

$\delta_{11}=\frac{1}{EI}\cdot\frac{1}{2}\times l\times l\cdot\frac{2l}{3}=\frac{l^3}{3EI}$

⑤求 X_1 得

$X_1=\frac{1}{\delta_{11}}=\frac{3EI}{l^3}=\frac{3i}{l^2}$

⑥绘制最后弯矩图，如图 9.22（d）所示。

$M=\overline{M}_1X_1$

计 划 单

<table>
<tr><td>学习领域</td><td colspan="4">土建工程力学应用</td></tr>
<tr><td>学习情境</td><td colspan="4">复杂结构的内力及变形计算</td></tr>
<tr><td>工作任务</td><td colspan="4">应用力法计算超静定结构的内力</td></tr>
<tr><td>计划学时</td><td colspan="4">0.5 学 时</td></tr>
<tr><td>计划方式</td><td colspan="4">小组讨论、团结协作共同制订计划</td></tr>
<tr><td>序　号</td><td colspan="2">实 施 步 骤</td><td colspan="2">具体工作内容描述</td></tr>
<tr><td>1</td><td colspan="2"></td><td colspan="2"></td></tr>
<tr><td>2</td><td colspan="2"></td><td colspan="2"></td></tr>
<tr><td>3</td><td colspan="2"></td><td colspan="2"></td></tr>
<tr><td>4</td><td colspan="2"></td><td colspan="2"></td></tr>
<tr><td>5</td><td colspan="2"></td><td colspan="2"></td></tr>
<tr><td>6</td><td colspan="2"></td><td colspan="2"></td></tr>
<tr><td>7</td><td colspan="2"></td><td colspan="2"></td></tr>
<tr><td>8</td><td colspan="2"></td><td colspan="2"></td></tr>
<tr><td>9</td><td colspan="2"></td><td colspan="2"></td></tr>
<tr><td>制订计划说明</td><td colspan="4">（写出制订计划中人员为完成任务的主要建议或可以借鉴的建议、需要解释的某一方面）</td></tr>
<tr><td rowspan="3">计划评价</td><td>班　级</td><td></td><td>第　组</td><td>组长签字</td></tr>
<tr><td>教师签字</td><td colspan="2"></td><td>日　期</td></tr>
<tr><td colspan="4">评语：</td></tr>
</table>

决　策　单

学习领域	土建工程力学应用				
学习情境	复杂结构的内力及变形计算				
工作任务	应用力法计算超静定结构的内力				
决策学时	0.5 学 时				
方案对比	序　号	方案的可行性	方案的先进性	实 施 难 度	综 合 评 价
	1				
	2				
	3				
	4				
	5				
	6				
	7				
	8				
	9				
	10				
决策或分工评价	班　　级		第　　组	组长签字	
	教师签字			日　　期	
	评语：				

实 施 单

<table>
<tr><td>学习领域</td><td colspan="4">土建工程力学应用</td></tr>
<tr><td>学习情境</td><td colspan="4">复杂结构的内力及变形计算</td></tr>
<tr><td>工作任务</td><td colspan="4">应用力法计算超静定结构的内力</td></tr>
<tr><td>实施方式</td><td colspan="4">小组成员合作共同研讨确定实施步骤,每人均填写实施单</td></tr>
<tr><td>实施学时</td><td colspan="4">3 学 时</td></tr>
<tr><td>序　　号</td><td colspan="2">实 施 步 骤</td><td colspan="2">使 用 资 源</td></tr>
<tr><td>1</td><td colspan="2"></td><td colspan="2"></td></tr>
<tr><td>2</td><td colspan="2"></td><td colspan="2"></td></tr>
<tr><td>3</td><td colspan="2"></td><td colspan="2"></td></tr>
<tr><td>4</td><td colspan="2"></td><td colspan="2"></td></tr>
<tr><td>5</td><td colspan="2"></td><td colspan="2"></td></tr>
<tr><td>6</td><td colspan="2"></td><td colspan="2"></td></tr>
<tr><td>7</td><td colspan="2"></td><td colspan="2"></td></tr>
<tr><td>8</td><td colspan="2"></td><td colspan="2"></td></tr>
<tr><td colspan="5">实施说明:</td></tr>
<tr><td>班　　级</td><td></td><td>第　　组</td><td>组长签字</td><td></td></tr>
<tr><td>教师签字</td><td colspan="2"></td><td>日　　期</td><td></td></tr>
<tr><td>评　　语</td><td colspan="4"></td></tr>
</table>

作　业　单

<table>
<tr><td>学习领域</td><td colspan="4">土建工程力学应用</td></tr>
<tr><td>学习情境</td><td colspan="4">复杂结构的内力及变形计算</td></tr>
<tr><td>工作任务</td><td colspan="4">应用力法计算超静定结构的内力</td></tr>
<tr><td>实施方式</td><td colspan="4">小组成员动手实践,应用力法计算超静定结构的内力</td></tr>
<tr><td colspan="5">(在此计算超静定结构的内力,不够可附页)</td></tr>
<tr><td>班　　级</td><td></td><td>第　　组</td><td>组长签字</td><td></td></tr>
<tr><td>教师签字</td><td colspan="2"></td><td>日　　期</td><td></td></tr>
<tr><td>评　　语</td><td colspan="4"></td></tr>
</table>

检 查 单

<table>
<tr><td>学习领域</td><td colspan="5">土建工程力学应用</td></tr>
<tr><td>学习情境</td><td colspan="5">复杂结构的内力及变形计算</td></tr>
<tr><td>工作任务</td><td colspan="5">应用力法计算超静定结构的内力</td></tr>
<tr><td>检查学时</td><td colspan="5">0.5 学 时</td></tr>
<tr><td>序　　号</td><td>检 查 项 目</td><td colspan="2">检 查 标 准</td><td>组 内 互 查</td><td>教 师 检 查</td></tr>
<tr><td>1</td><td>结构弯矩图的绘制</td><td colspan="2">是否正确</td><td></td><td></td></tr>
<tr><td>2</td><td>力法的思路及步骤</td><td colspan="2">是否完整、正确</td><td></td><td></td></tr>
<tr><td>3</td><td>作业单</td><td colspan="2">是否正确、整洁</td><td></td><td></td></tr>
<tr><td>4</td><td>求解过程</td><td colspan="2">是否完整、正确</td><td></td><td></td></tr>
<tr><td rowspan="3">检查评价</td><td>班　　级</td><td></td><td>第　　组</td><td>组长签字</td><td></td></tr>
<tr><td>教师签字</td><td></td><td>日　　期</td><td colspan="2"></td></tr>
<tr><td colspan="5">评语：</td></tr>
</table>

评　价　单

学习领域	土建工程力学应用					
学习情境	复杂结构的内力及变形计算					
工作任务	应用力法计算超静定结构的内力					
评价学时	0.5 学 时					
考核项目	考核内容及要求	分值	学生自评（10%）	小组评分（20%）	教师评分（70%）	实得分
资讯（10）	翔实准确	10				
计划及决策（25）	工作程序的完整性	10				
	步骤内容描述	10				
	计划规范性	5				
工作过程（40）	分析程序正确	10				
	步骤正确	10				
	结果正确	20				
完成时间（15）	在要求时间内完成	15				
合作性（10）	能够很好地团结协作	10				
总　　分（Σ）		100				
评价评语	班　　级			学　　号		
	姓　　名			第　　组	组长签字	
	教师签字	日　　期			总　　评	
	评语：					

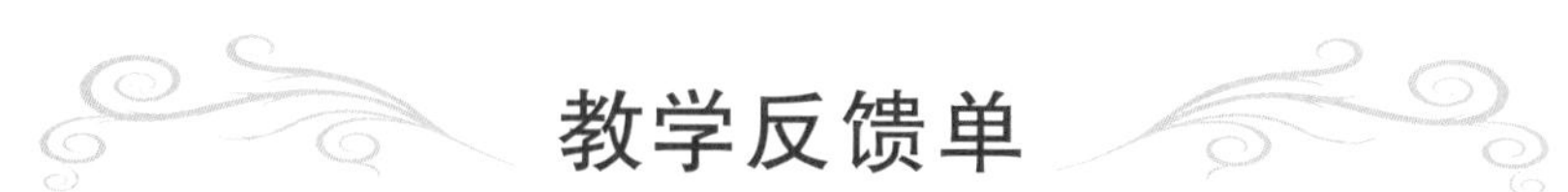

教学反馈单

学习领域	土建工程力学应用			
学习情境	复杂结构的内力及变形计算			
工作任务	应用力法计算超静定结构的内力			
任务学时	6 学 时			
序　号	调 查 内 容	是	否	理由陈述
1	你感觉本次任务是否容易完成?			
2	你的自主学习能力是否又有提高?			
3	针对本次学习任务是否进一步提高了你的资讯能力?			
4	计划和决策感到困难吗?			
5	你认为本次学习任务的完成,对你将来的工作有帮助吗?			
6	通过完成本工作任务,你学会应用力法计算超结构的内力了吗? 今后遇到实际的问题你可以解决吗?			
7	你能在日常的工作和生活中找到有关超静定结构的案例了吗?			
8	通过几天来的工作和学习,你对自己的表现是否满意?			
9	你对小组成员之间的合作是否满意?			
10	你认为本任务还应学习哪些方面的内容?(请在下面空白处填写)			

你的意见对改进教学非常重要,请写出你的建议和意见。

被调查人签名		调查时间	

任务10 应用位移法计算超静定结构的内力

任 务 单

<table>
<tr><td>学习领域</td><td colspan="6">土建工程力学应用</td></tr>
<tr><td>学习情境</td><td colspan="6">复杂结构的内力及变形计算</td></tr>
<tr><td>工作任务</td><td colspan="6">应用位移法计算超静定结构的内力</td></tr>
<tr><td>任务学时</td><td colspan="6">6 学 时</td></tr>
<tr><td colspan="7">布 置 任 务</td></tr>
<tr><td>工作目标</td><td colspan="6">在进行土建工程结构设计时，有一些结构是超静定结构。而计算超静定结构有很多方法，本任务要求学生
1. 能够正确列出位移法典型方程
2. 能够绘制出单位位移作用下和荷载作用下基本结构的计算简图
3. 能够应用位移法计算超静定结构</td></tr>
<tr><td>任务描述</td><td colspan="6">1. 图示上承式拱桥，假设拱桥上部的梁是连续梁，上部荷载为均匀分布，荷载集度为 q，跨度相同，且为 l。
(1)绘制出三跨连续梁的计算简图
(2)用位移法计算该连续梁，绘制弯矩图
2. 用位移法求解图示三跨超静定刚架，绘制弯矩图(EI 为常量)</td></tr>
<tr><td rowspan="2">学时安排</td><td>资　讯</td><td>计　划</td><td>决策或分工</td><td>实　施</td><td>检　查</td><td>评　价</td></tr>
<tr><td>1 学时</td><td>0.5 学时</td><td>0.5 学时</td><td>3 学时</td><td>0.5 学时</td><td>0.5 学时</td></tr>
<tr><td>提供资料</td><td colspan="6">工程案例;工程规范;参考书;教材</td></tr>
<tr><td>学生知识与能力要求</td><td colspan="6">1. 具备杆件的内力计算能力和绘制杆件内力图的能力
2. 具备计算构件和结构位移的能力
3. 具备一定的自学能力、数据计算、沟通协调、语言表达能力和团队意识
4. 严格遵守课堂纪律，不迟到、不早退;学习态度认真、端正
5. 每位同学必须积极参与小组讨论，需按规定应用位移法计算超静定结构的内力</td></tr>
<tr><td>教师知识与能力要求</td><td colspan="6">1. 熟练掌握位移法;
2. 熟练应用位移法计算各种超静定结构;
3. 有组织学生按要求完成任务的驾驭能力;
4. 对任务完成过程、结果进行点评，并为各小组进行综合打分</td></tr>
</table>

资 讯 单

<table>
<tr><td>学习领域</td><td colspan="4">土建工程力学应用</td></tr>
<tr><td>学习情境</td><td colspan="4">复杂结构的内力及变形计算</td></tr>
<tr><td>工作任务</td><td colspan="4">应用位移法计算超静定结构的内力</td></tr>
<tr><td>资讯学时</td><td colspan="4">1 学 时</td></tr>
<tr><td>资讯方式</td><td colspan="4">在图书馆、互联网及教材中进行查询，或向任课教师请教</td></tr>
<tr><td rowspan="7">资讯内容</td><td colspan="4">1. 什么是超静定结构?</td></tr>
<tr><td colspan="4">2. 计算超静定结构的主要方法是什么?</td></tr>
<tr><td colspan="4">3. 位移法计算超静定结构的思路是什么?</td></tr>
<tr><td colspan="4">4. 位移法的典型方程是什么?</td></tr>
<tr><td colspan="4">5. 位移法计算超静定结构的步骤有哪些?</td></tr>
<tr><td colspan="4">6. 常见的单跨超静定梁的弯矩图有哪些?</td></tr>
<tr><td colspan="4">7. 常见的单跨超静定梁的位移引起的弯矩图有哪些?</td></tr>
<tr><td>资讯要求</td><td colspan="4">1. 根据工作目标和任务描述正确理解完成任务需要的资讯内容
2. 按照上述资讯内容进行资询
3. 写出资讯报告</td></tr>
<tr><td rowspan="3">资讯评价</td><td>班　级</td><td></td><td>学生姓名</td><td></td></tr>
<tr><td>教师签字</td><td></td><td>日　期</td><td></td></tr>
<tr><td colspan="4">评语：</td></tr>
</table>

信　息　单

10.1　位移法解超静定结构的思路

从前面的任务了解到力法是求解超静定结构最基本的方法，是在19世纪末就已在各种超静定结构的计算中得到应用，随着钢筋混凝土结构的问世，大量高次超静定刚架出现，用力法计算时由于其基本未知量的增多，计算起来就十分繁琐。于是，20世纪初在力法的基础上建立了位移法。即由力法计算出各种单跨超静定杆件在荷载作用下的内力及由支座位移引起的内力，再根据位移与内力之间的关系求解超静定结构。

10.1.1　位移法解超静定结构的基本思路

在力法的计算中，我们以结构的多余约束反力作为基本未知量，并根据多余约束的变形协调条件建立起力法的典型方程，求解未知力。而位移法与力法相反，它是加约束，目的是将结构的各等截面直杆变成事先求好的单个超静定杆件，再根据附加约束处的静力平衡条件求出其原有位移，再根据其内力与位移之间的恒定关系求出内力。因此，位移法计算超静定结构时，是以结构中的某些位移作为基本未知量的，首先将这些位移求解出来，然后，再据此计算结构的内力。这也是位移法名字的由来。

下面先用一个简单的实例来说明位移法的基本概念与解题要点。如图10.1(a)所示的超静定刚架，在荷载F_P的作用下，刚架将发生图中虚线所示的变形，刚结点1处联结的两个杆件在1点端部均发生相同的转角位移Z_1。虽然在结点1处还有微小的线位移，但是对于受弯杆件来说，通常都略去了轴向变形和剪切变形的影响，且认为弯曲变形是微小的，因而可假定结构中各杆两端之的距离在变形前后仍保持不变，因而结点l处没有线位移（结构分析中常常引用这一假设)，在图示刚架中，由于固定支座2和固定铰支座3处都不能产生线位移，而1结点与2、3两点之间的距离又保持不变，因此，1结点处没有线位移而只有角位移Z_1。

图10.1(a)中所示刚架是由两根杆件组成的，现在我们对每根杆件进行研究。如果将刚结点1看作为固定端支座，则1－2杆可视为是一个两端固定的单跨超静定梁，其上除了受到荷载F_P的作用外，在固定端支座1处还发生了转角位移Z_1，如图10.1(b)所示；同理，1-3杆可视为是一端固定一端铰支的单跨超静定梁，而在固定端1处发生了转角Z_1，如图10.1(c)所示。根据表10.1、表10.2可写出各杆的杆端弯矩

$$M_{13}=4iZ_1,\qquad M_{12}=3iZ_1,\qquad M_{1P}=-\frac{3F_Pl}{16}$$

将上述叠加成1结点附加约束处的反力偶，即

$$(4i+3i)\cdot Z_1+\left(-\frac{3F_Pl}{16}\right)=0 \tag{10.1}$$

式(10.1)表示等截面直杆杆端力与杆端位移之间的关系，即用结点l处的铰位移Z_1表示的杆端弯矩方程。由于Z_1是未知量，$4i+3i$是$Z_1=1$时引起的附加约束处的反力偶，用r_{11}表示；$-\frac{3F_Pl}{16}$是荷载F_P引起的附加约束处的反力偶，用R_{1P}表示。而结点1处原来没有转动约束，因此附加约束反力偶总和等于零，由式(10.1)得出有一个未知位移时的位移法方程

$$r_{11}\cdot Z_1+R_{1P}=0 \tag{10.2}$$

式中：Z_1——未知位移；

r_{11}——未知位移$Z_1=1$时引起的附加约束处的反力偶；

R_{1P}——荷载引起的附加约束处的反力偶。

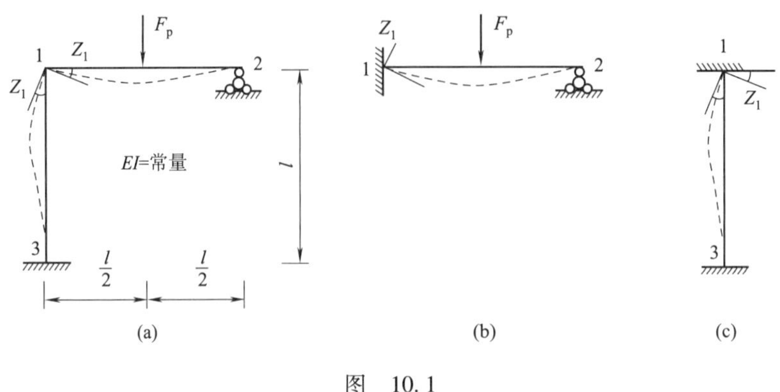

图 10.1

为了方便记忆和计算，将结构中凡是能产生角位移的刚结点处加上刚性臂，并给其实际转动的转角位移 Z_1，如图 10.2(a)所示，称为位移法的基本结构，然后画出 $Z_1=1$ 时的弯矩图，称为 $\overline{M}_1$ 图，如图 10.2(b)所示，再画出荷载作用基本结构上，基本结构的弯矩图，称为 M_P 图，如图 10.2(c)所示。

由 $\overline{M}_1$ 图可知 $r_{11}=4i+3i=7i$，由 M_P 图可知 $R_{1P}=-\dfrac{3F_Pl}{16}$，代入式(10.2)得 $Z_1=\dfrac{3F_Pl}{112i}$，再用叠加法画出弯矩图。

$M=Z_1\overline{M}_1+M_P$

如图 10.2(d)所示，与用力法求解的结果一样。可以看出，用位移法解此题比力法方便快捷。

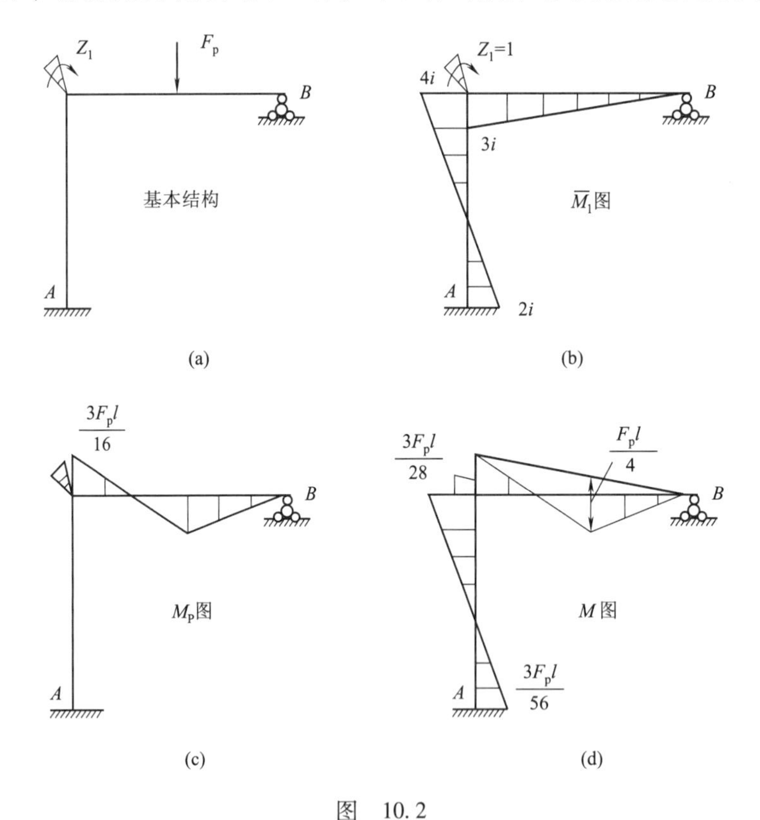

图 10.2

10.1.2 位移法典型方程

若位移数是 n 个时，则有 n 个附加约束，就有 n 个附加约束反力总和等于零的平衡方程，称为位移法典型方程，具有 n 个位移未知量的超静定结构的位移法典型方程为

$$
\begin{aligned}
r_{11}Z_1+r_{12}Z_2+\cdots+r_{1j}Z_j+\cdots+r_{1n}Z_n+R_{1P}&=0\\
r_{21}Z_1+r_{22}Z_2+\cdots+r_{2j}Z_j+\cdots+r_{2n}Z_n+R_{2P}&=0\\
&\vdots\\
r_{i1}Z_1+r_{i2}Z_2+\cdots+r_{ij}Z_j+\cdots\cdots+r_{in}Z_n+R_{iP}&=0\\
&\vdots\\
r_{n1}Z_1+r_{n2}Z_2+\cdots+r_{nj}Z_j+\cdots+r_{nn}Z_n+R_{nP}&=0
\end{aligned}
\tag{10.3}
$$

式中:r_{ij}——第 j 个位移 $Z_j=1$ 时引起的与第 i 个未知位移相对应约束反力,也称为刚度系数;

R_{iP}——荷载引起的与第 i 个未知位移相对应约束反力,也称为位移法典型方程的常数项。正负号规则为:当附加约束的反力方向与未知位移方向相同时,则为正。

表 10.1　简单超静定梁由荷载作用下的弯矩图

编号	简单超静定梁的计算简图	相应的弯矩图
1	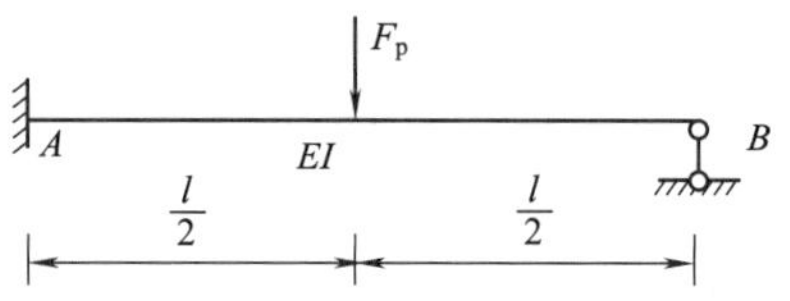 F_P；A；EI；B；$\frac{l}{2}$；$\frac{l}{2}$	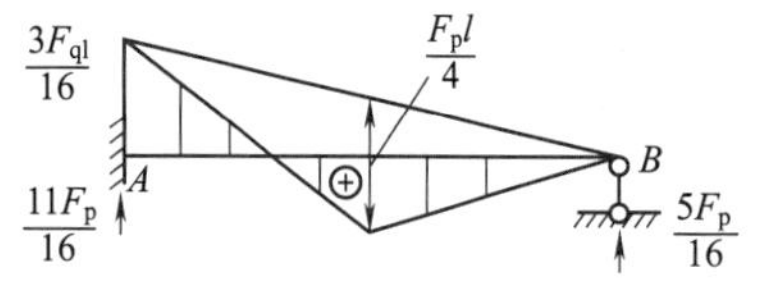 $\frac{3F_{P}l}{16}$；$\frac{F_Pl}{4}$；A；B；⊕；$\frac{11F_P}{16}$；$\frac{5F_P}{16}$
2	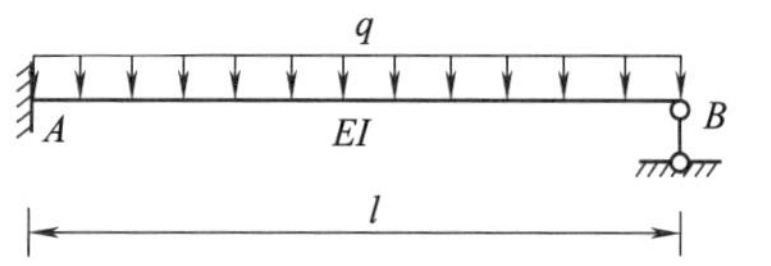 q；A；EI；B；l	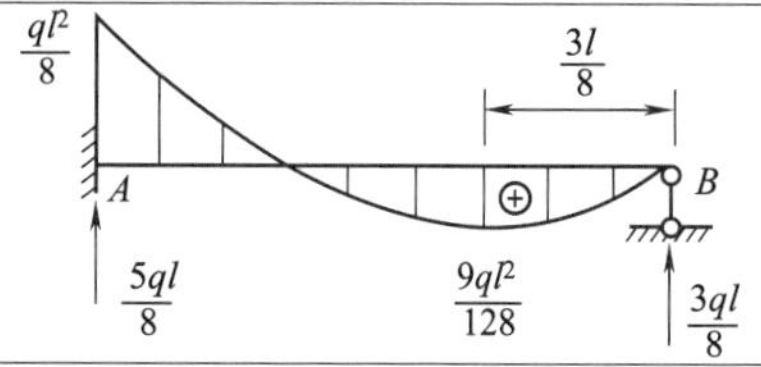 $\frac{ql^2}{8}$；$\frac{3l}{8}$；A；B；⊕；$\frac{5ql}{8}$；$\frac{9ql^2}{128}$；$\frac{3ql}{8}$
3	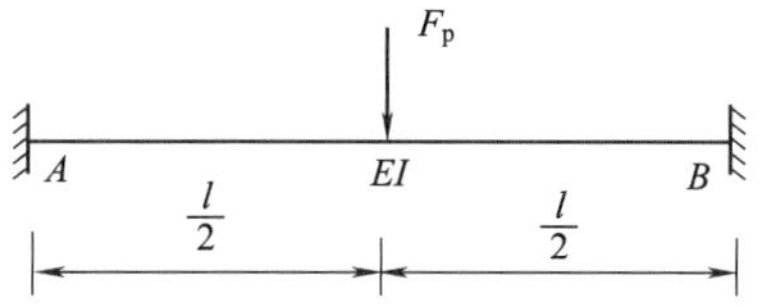 F_P；A；EI；B；$\frac{l}{2}$；$\frac{l}{2}$	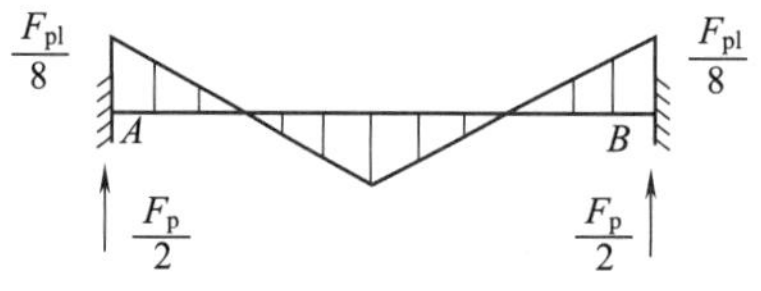 $\frac{F_Pl}{8}$；$\frac{F_Pl}{8}$；A；B；$\frac{F_P}{2}$；$\frac{F_P}{2}$
4	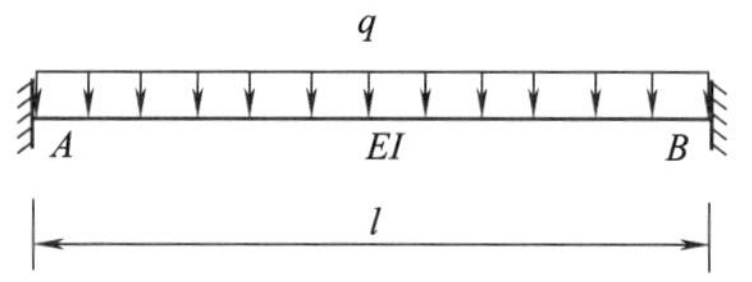 q；A；EI；B；l	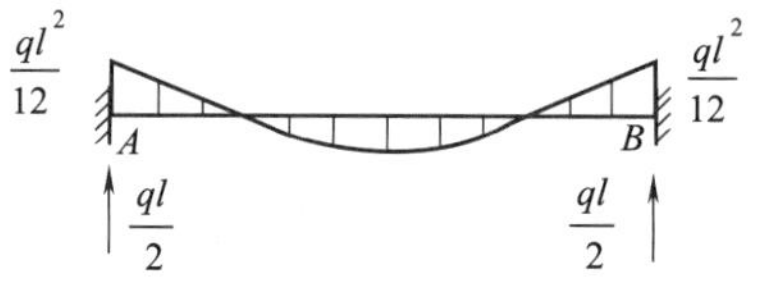 $\frac{ql^2}{12}$；$\frac{ql^2}{12}$；A；B；$\frac{ql}{2}$；$\frac{ql}{2}$
5	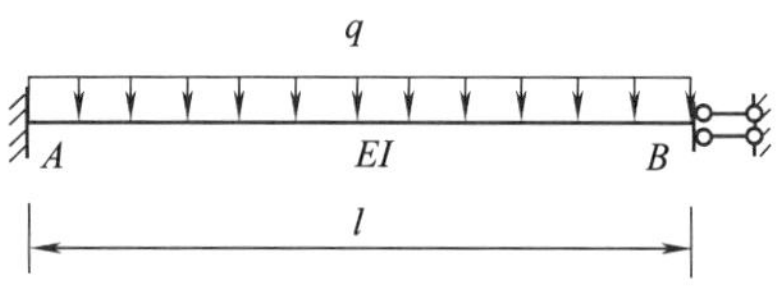 q；A；EI；B；l	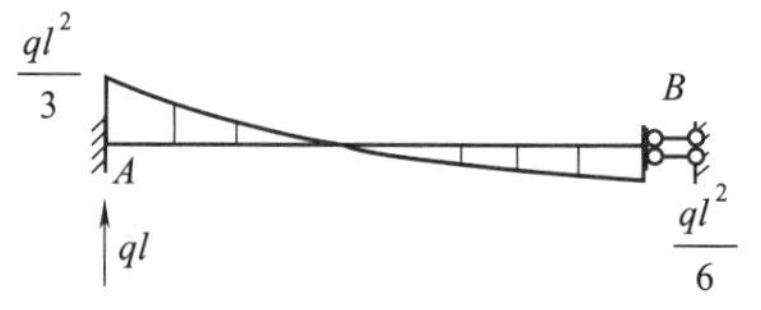 $\frac{ql^2}{3}$；B；A；ql；$\frac{ql^2}{6}$
6	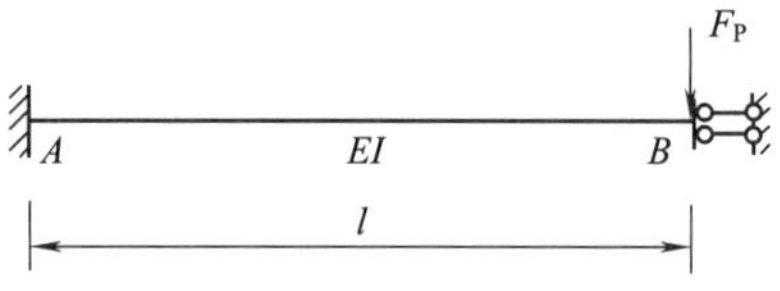 F_P；A；EI；B；l	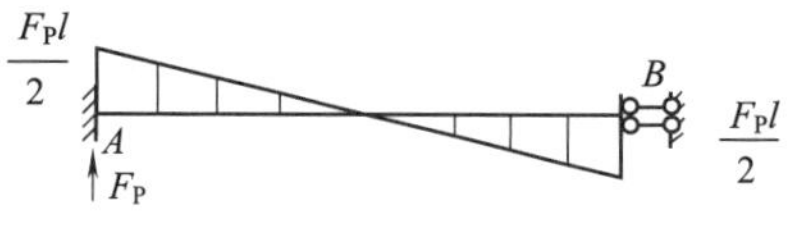 $\frac{F_Pl}{2}$；B；A；F_P；$\frac{F_Pl}{2}$
7	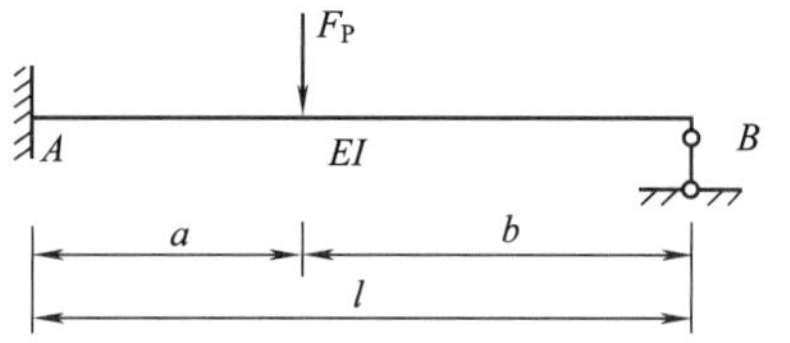 F_P；A；EI；B；a；b；l	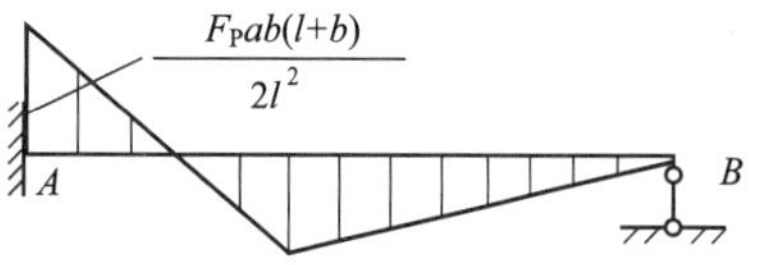 $\frac{F_Pab(l+b)}{2l^2}$；A；B

表 10.2　简单超静定梁由支座位移引起的弯矩图

简单超静定梁的计算简图	相应的弯矩图
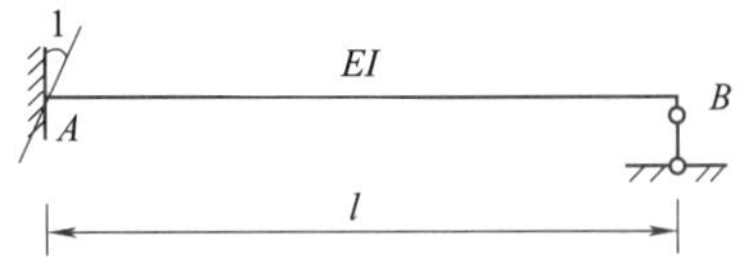 1　EI　A　B　l	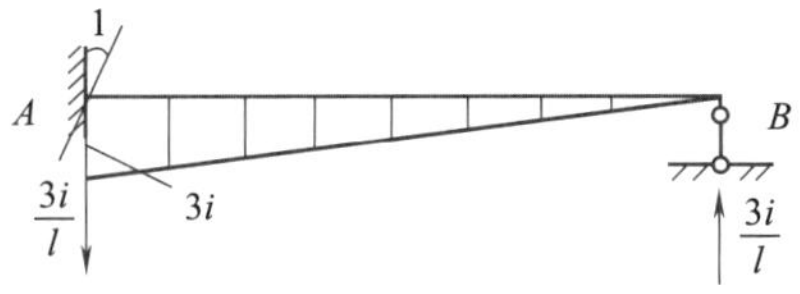 1　A　B　$\frac{3i}{l}$　$3i$　$\frac{3i}{l}$
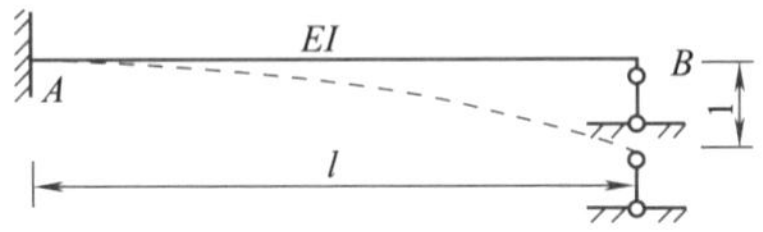 EI　A　B　1　l	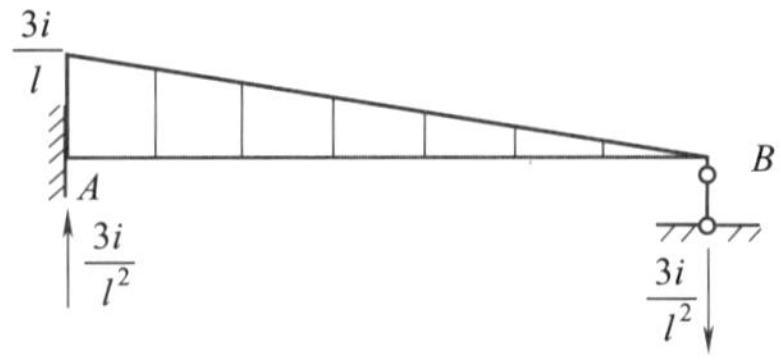 $\frac{3i}{l}$　A　B　$\frac{3i}{l^2}$　$\frac{3i}{l^2}$
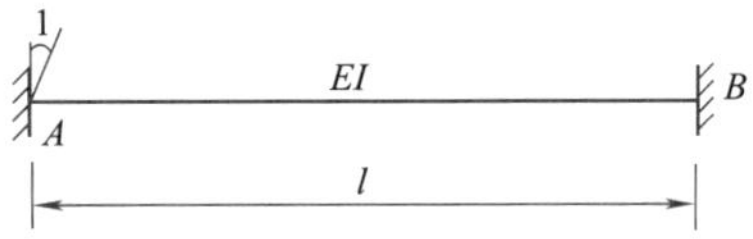 1　EI　A　B　l	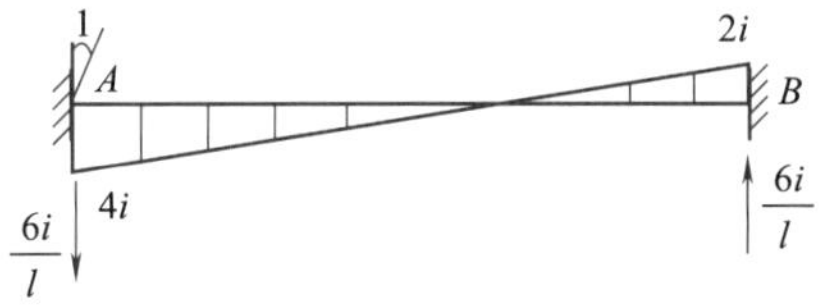 1　A　$2i$　B　$\frac{6i}{l}$　$4i$　$\frac{6i}{l}$
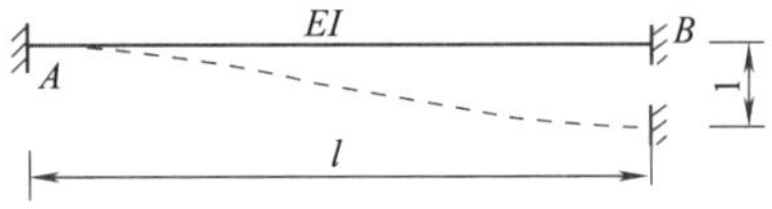 EI　A　B　1　l	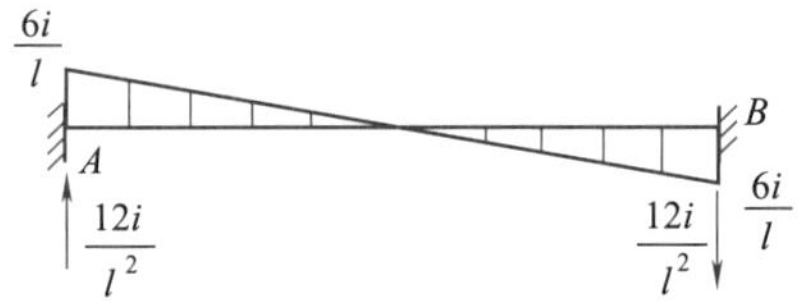 $\frac{6i}{l}$　B　A　$\frac{12i}{l^2}$　$\frac{12i}{l^2}$　$\frac{6i}{l}$
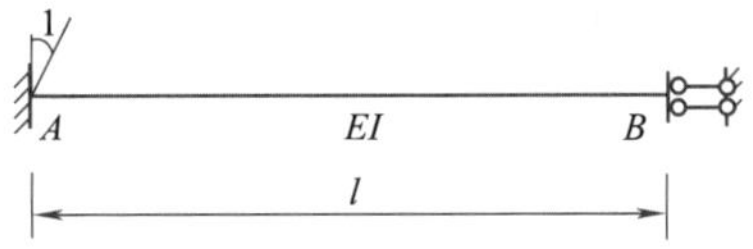 1　A　EI　B　l	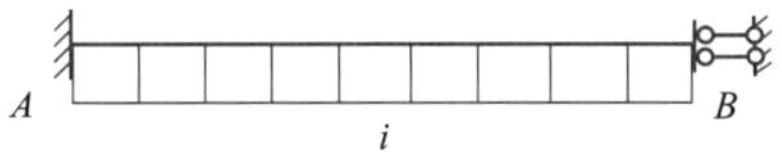 A　i　B

10.2　位移法解超静定结构的步骤

10.2.1　位移法解超静定结构的步骤

1. 取位移法的基本结构

即将有转角位移的刚结点处加上刚性臂,并给其实际转动的位移;将有线位移的结点处(刚结点和铰结点)加上链杆支撑,并给其实际的线位移。

2. 绘制 $\overline{M}_i$、M_{iP} 图

分别绘制出各结点位移等于 1 时引起的基本结构的弯矩图和荷载引起的基本结构的弯矩图。

3. 列位移法典型方程

根据未知位移的数目按照式(10.3)列出位移法典型方程。

4. 求刚度系数和常数项

求出位移法典型方程中的各刚度系数 r_{ij} 和常数项 R_{iP}。

5. 求出未知位移

将刚度系数 r_{ij} 和常数项 R_{iP} 代入位移法典型方程,求出各个未知位移。

6. 绘制最后弯矩图

用叠加法绘制弯矩图,即 $M=\overline{M}_1Z_1+\overline{M}_2Z_2+\cdots+\overline{M}_iZ_i+\cdots+\overline{M}_nZ_n+M_P$。

综上所述,位移法是以结点位移作为基本未知量,根据静力平衡条件建立位移法方程,首先求解出结点位移,然后应用叠加法绘制出弯矩图。

10.2.2 位移法基本未知量的确定

从位移法的解题步骤可知,位移法基本未知量的确定是关键,用位移法计算结构时,是以结构内部结点的独立角位移和线位移作为基本未知量的,因此,必须先确定位移法的基本未知量的数目。

1. 结点角位移数目的确定

位移法计算超静定刚架时,是以单跨超静定梁的转角位移方程作为计算基础的。由于刚架内部每个刚性结点都有可能发生角位移,并且汇交于同一刚性结点处的各杆端的转角就等于该刚结点的转角。所以,结构中角位移基本未知量的数目就等于结构内部刚性结点的数目,即只要确定了刚性结点的个数,也就确定了结点角位移的数目。如图 10.3(a)所示刚架,结构内部只有 B、C 两个刚性结点,因此也就只有两个角位移未知量,基本结构如图 10.3(b)所示。

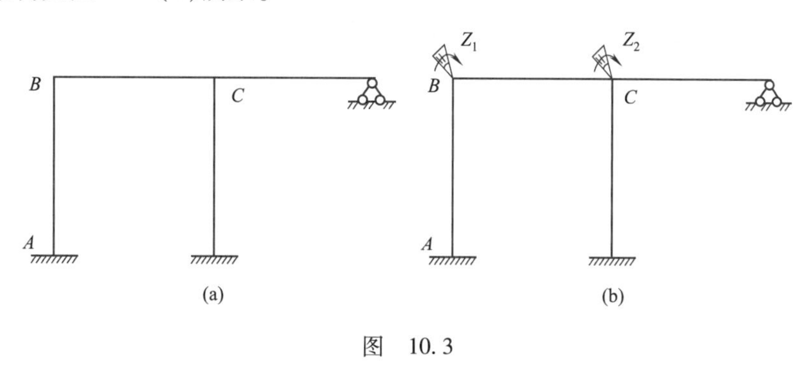

图 10.3

2. 结点线位移数目的确定

前面我们已经了解到,一个点在平面内有两个可移动的自由度,所以,平面刚架中每个结点处若不受约束,则必有两个线位移。为了简化计算,通常假定结构的变形是微小的,对于受弯构件则可以忽略剪切变形与轴向变形对结构变形的影响,即认为杆件在变形前后的长度保持不变。这样就可以将每根受弯构件先当作一根刚性链杆,因此,在确定结构的结点线位移数目时,只要有独立线位移处就要加链杆支撑,即有一个线位移。如图 10.4(a)所示刚架,结点 B 为刚结点,故有一个角位移未知量,由于水平方向没有约束,将有水平位移,因此需要加水平支撑,故有一个水平位移未知量,如图 10.4(b)所示。

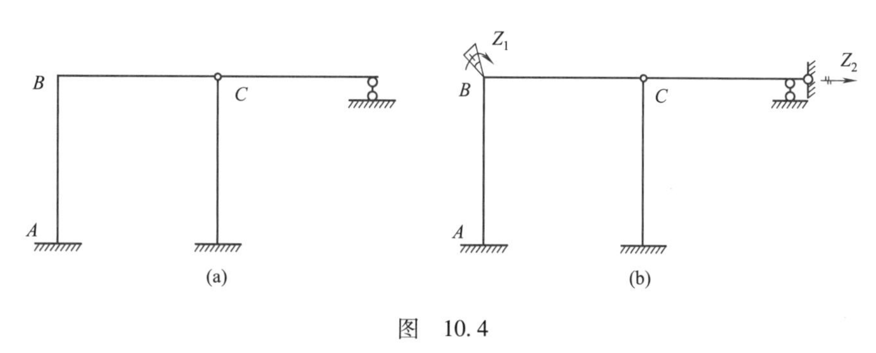

图 10.4

3. 位移法基本未知量数目的确定

综上所述,位移法基本未知量的数目等于结构中结点角位移和结点独立线位移的数目之和。

如图 10.5(a)所示刚架,结构中共有 4 个刚性结点,则有 4 个结点角位移,结构又有 2 个独立的结点线位移,故结构共有 6 个位移法基本未知量,见图 10.5 (b)。

值得注意的是,上面所介绍的确定独立结点线位移数目的方法是以不计杆件的轴向变形为前提的。如果需要考虑杆件的轴向变形的影响时,上述的方法就不适用了。当考虑杆件的轴向变形的影响时,“杆件变形前后的长度保持不变”的假设被否定,因此就不能再把受弯构件当作刚性链杆来确定独立结点线位移的数目。本教材只介绍弯曲变形的影响。

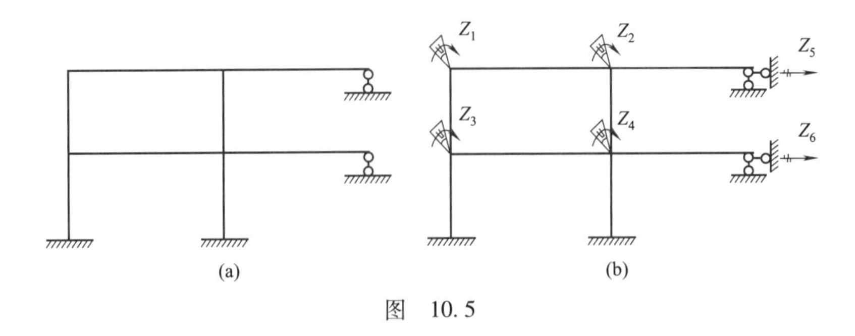

图 10.5

10.2.3 位移法的实际工程案例

【案例 10.1】 用位移法绘制图 10.6(a)所示的超静定刚架的弯矩图。

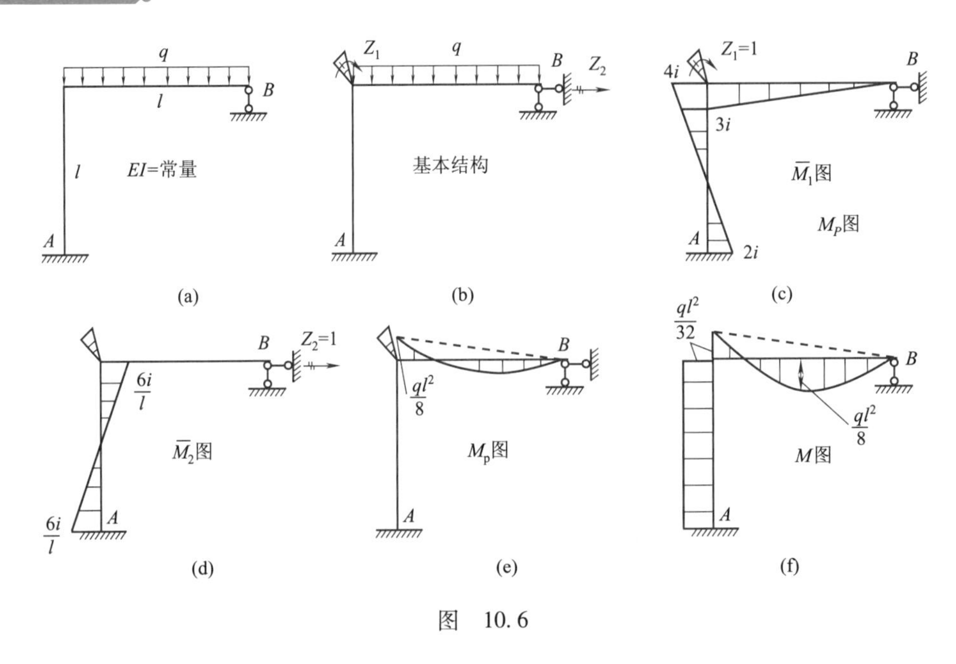

图 10.6

解:①选位移法基本结构,如图 10.6(b)所示。

②绘制 $\overline{M}_1$、$\overline{M}_2$、M_P 图,如图 10.6(c)、(d)、(e)所示。

③列位移法典型方程得

$$r_{11}Z_1 + r_{12}Z_2 + R_{1P} = 0$$

$$r_{21}Z_1 + r_{22}Z_2 + R_{2P} = 0$$

④求刚度系数和常数项可得

$r_{11} = 7i$, $r_{12} = r_{21} = -6i/l$, $r_{22} = 12i/l^2$, $R_{1P} = -ql^2/8$, $R_{2P} = 0$。

⑤求出未知位移

$$7iZ_1 - \frac{6i}{l}Z_2 - \frac{ql^2}{8} = 0$$

$$-\frac{6i}{l}Z_1 + \frac{12i}{l^2}Z_2 = 0$$

解得

$$Z_1 = \frac{ql^2}{32i}, \qquad Z_2 = \frac{ql^2}{64i}$$

⑥绘制最后弯矩图,如图 10.6(f)所示。

$$M = \overline{M}_1 Z_1 + \overline{M}_2 Z_2 + M_P$$

由上题可以看出,所得弯矩图与用力法求出的相同[见图 10.11(e)]。

【案例10.2】用位移法绘制图10.7(a)所示的超静定结构的弯矩图。

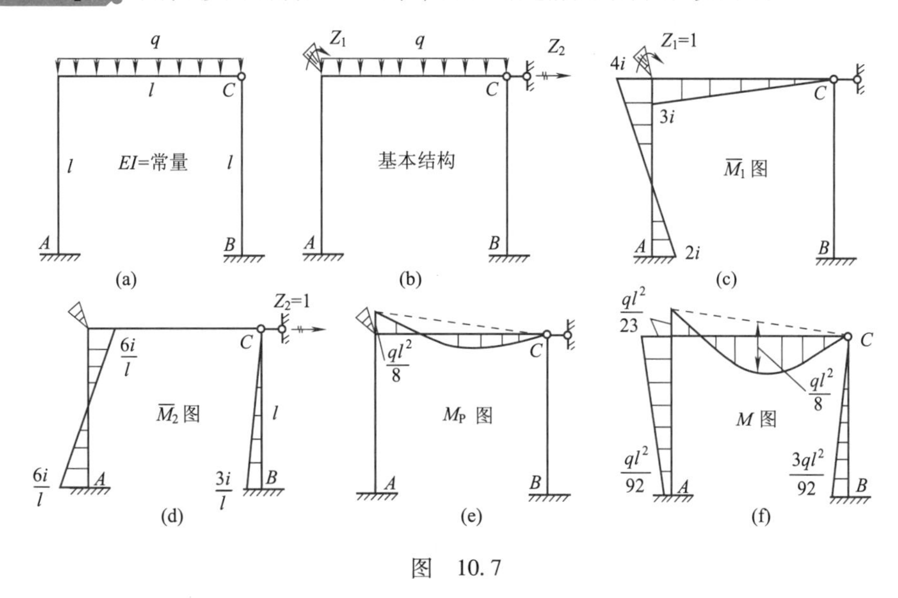

图　10.7

解:①选位移法基本结构,如图10.7(b)所示。

②绘制$\overline{M}_1$、$\overline{M}_2$、M_P图,如图10.7(c)、(d)、(e)所示。

③列位移法典型方程

$r_{11}Z_1+r_{12}Z_2+R_{1P}=0$

$r_{21}Z_1+r_{22}Z_2+R_{2P}=0$

④求刚度系数和常数项

$r_{11}=7i$ ，　$r_{12}=r_{21}=-6i/l$ ，　$r_{22}=15i/l^2$，　$R_{1P}=-ql^2/8$ ，　$R_{2P}=0$ 。

⑤求出未知位移

$$7iZ_1-\frac{6i}{l}Z_2-\frac{ql^2}{8}=0$$

$$-\frac{6i}{l}Z_1+\frac{15i}{l^2}Z_2=0$$

解得

$$Z_1=\frac{5ql^2}{184i},Z_2=\frac{ql^3}{92i}$$

⑥绘制最后弯矩图,如图10.7(f)所示。

$M=\overline{M}_1Z_1+\overline{M}_2Z_2+M_P$

由上述两个案例可以看出,支座越少,所加的刚性臂和链杆支座就越多,相应的位移未知量也就越多,可见位移法的未知量数目与超静定次数无关,超静定次数越少,反而位移未知量的数目越多,用位移法求解就越繁琐。因此,应根据结构情况合理选择计算方法求解超静定结构。

10.2.4　对称结构的计算

计算对称结构时,若等代结构约束较多,可用位移法计算。

【案例10.3】绘制图10.8(a)所示超静定刚架的弯矩图,各杆EI相同。

解:①选取结构的等代结构,如图10.8(b)所示。由于结构是无中柱的对称结构在对称荷载作用下,因此对称轴线处简化成定向支撑。

②选取等代结构位移法的基本结构,如图10.8(c)所示。等代结构有两个刚结点,应该附加两个刚性臂。

③绘制$\overline{M}_1$、$\overline{M}_2$、M_P图,如图10.9(a)、(b)、(c)所示。由于与定向支撑连接的杆长度为$l/2$,所以其线刚度为$2i$。

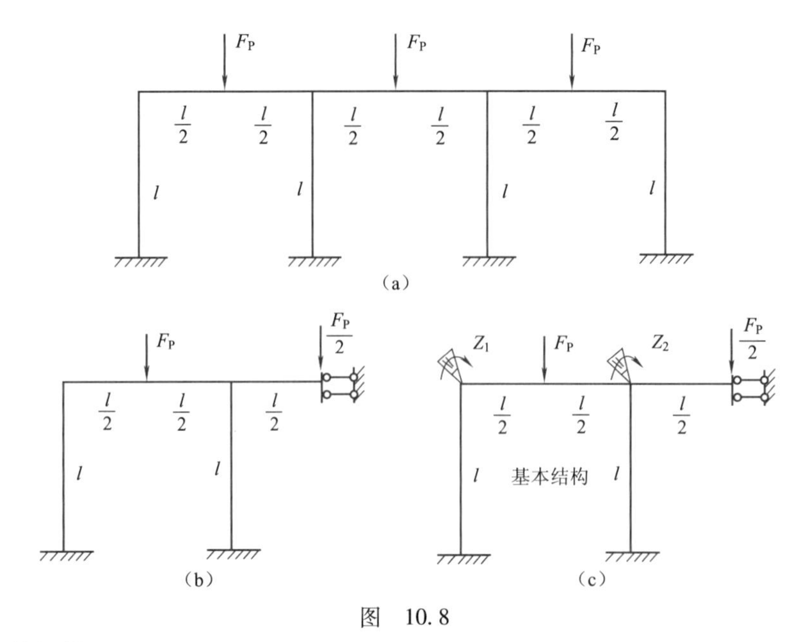

图 10.8

④列位移法典型方程

$$r_{11}Z_1 + r_{12}Z_2 + R_{1P} = 0$$
$$r_{21}Z_1 + r_{22}Z_2 + R_{2P} = 0$$

⑤求刚度系数和常数项

$r_{11} = 8i$，　$r_{12} = r_{21} = 2i$，　$r_{22} = 10i$，　$R_{1P} = -F_P/8$，　$R_{2P} = 0$。

⑥求出未知位移

$$8iZ_1 + 2iZ_2 - \frac{F_P l}{8} = 0$$
$$-2iZ_1 + 10iZ_2 = 0$$

解得

$$Z_1 = \frac{5F_P l}{304i},\qquad Z_2 = \frac{F_P l}{304i}$$

⑦绘制最后弯矩图

$$M = \overline{M}_1 Z_1 + \overline{M}_2 Z_2 + M_P$$

根据对称结构在对称荷载作用下的内力特性画出另一半的弯矩图，如图 10.19(g)所示。

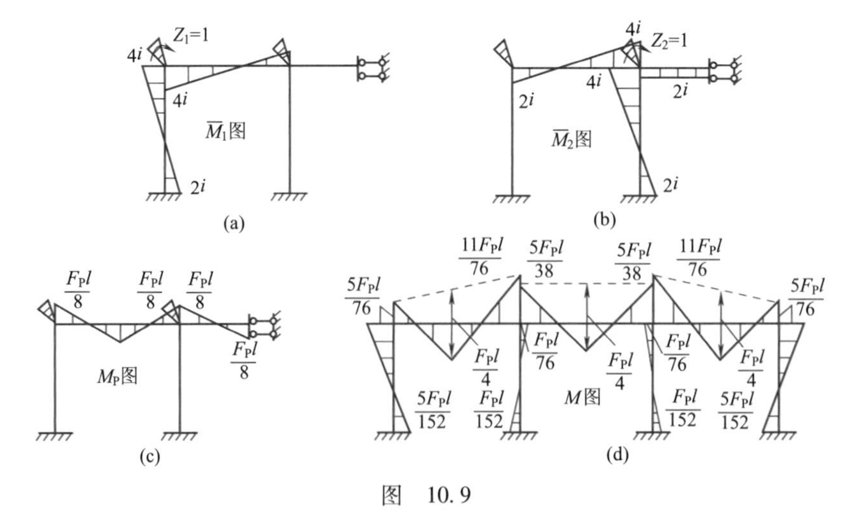

图 10.9

从上题可知，应用位移法求解多跨超静定刚架是非常实用的。随着计算机科学技术的飞速发展，对于框架结构的设计，已经广泛应用由位移法与计算机程序设计完美结合而成的结构计算软件。

计 划 单

<table>
<tr><td>学习领域</td><td colspan="5">土建工程力学应用</td></tr>
<tr><td>学习情境</td><td colspan="5">复杂结构的内力及变形计算</td></tr>
<tr><td>工作任务</td><td colspan="5">应用位移法计算超静定结构的内力</td></tr>
<tr><td>计划方式</td><td colspan="5">小组讨论、团结协作共同制定计划</td></tr>
<tr><td>计划学时</td><td colspan="5">0.5 学 时</td></tr>
<tr><td>序 号</td><td colspan="2">实 施 步 骤</td><td colspan="3">具体工作内容描述</td></tr>
<tr><td>1</td><td colspan="2"></td><td colspan="3"></td></tr>
<tr><td>2</td><td colspan="2"></td><td colspan="3"></td></tr>
<tr><td>3</td><td colspan="2"></td><td colspan="3"></td></tr>
<tr><td>4</td><td colspan="2"></td><td colspan="3"></td></tr>
<tr><td>5</td><td colspan="2"></td><td colspan="3"></td></tr>
<tr><td>6</td><td colspan="2"></td><td colspan="3"></td></tr>
<tr><td>7</td><td colspan="2"></td><td colspan="3"></td></tr>
<tr><td>8</td><td colspan="2"></td><td colspan="3"></td></tr>
<tr><td>9</td><td colspan="2"></td><td colspan="3"></td></tr>
<tr><td>制订计划
说明</td><td colspan="5">（写出制订计划中人员为完成任务的主要建议或可以借鉴的建议、需要解释的某一方面）</td></tr>
<tr><td rowspan="3">计划评价</td><td>班 级</td><td></td><td>第 组</td><td>组长签字</td><td></td></tr>
<tr><td>教师签字</td><td colspan="2"></td><td>日 期</td><td></td></tr>
<tr><td colspan="5">评语：</td></tr>
</table>

决 策 单

学习领域	土建工程力学应用				
学习情境	复杂结构的内力及变形计算				
工作任务	应用位移法计算超静定结构的内力				
决策学时	0.5 学 时				
方案对比	序 号	方案的可行性	方案的先进性	实 施 难 度	综 合 评 价
	1				
	2				
	3				
	4				
	5				
	6				
	7				
	8				
	9				
	10				
决策或分工评价	班 级		第 组	组长签字	
	教师签字			日 期	
	评语：				

实 施 单

<table>
<tr><td>学习领域</td><td colspan="4">土建工程力学应用</td></tr>
<tr><td>学习情境</td><td colspan="4">复杂结构的内力及变形计算</td></tr>
<tr><td>工作任务</td><td colspan="4">应用位移法计算超静定结构的内力</td></tr>
<tr><td>实施方式</td><td colspan="4">小组成员合作共同研讨确定实施步骤,每人均填写实施单</td></tr>
<tr><td>实施学时</td><td colspan="4">3 学 时</td></tr>
<tr><td>序　　号</td><td colspan="2">实 施 步 骤</td><td colspan="2">使 用 资 源</td></tr>
<tr><td>1</td><td colspan="2"></td><td colspan="2"></td></tr>
<tr><td>2</td><td colspan="2"></td><td colspan="2"></td></tr>
<tr><td>3</td><td colspan="2"></td><td colspan="2"></td></tr>
<tr><td>4</td><td colspan="2"></td><td colspan="2"></td></tr>
<tr><td>5</td><td colspan="2"></td><td colspan="2"></td></tr>
<tr><td>6</td><td colspan="2"></td><td colspan="2"></td></tr>
<tr><td>7</td><td colspan="2"></td><td colspan="2"></td></tr>
<tr><td>8</td><td colspan="2"></td><td colspan="2"></td></tr>
<tr><td colspan="5">实施说明:</td></tr>
<tr><td>班　　级</td><td></td><td>第　　组</td><td>组长签字</td><td></td></tr>
<tr><td>教师签字</td><td colspan="2"></td><td>日　　期</td><td></td></tr>
<tr><td>评　　语</td><td colspan="4"></td></tr>
</table>

作 业 单

学习领域	土建工程力学应用		
学习情境	复杂结构的内力及变形计算		
工作任务	应用位移法计算超静定结构的内力		
实施方式	小组成员动手实践,应用应用位移法计算超静定结构的内力		
(在此计算超静定结构的内力,不够可附页)			
班 级		第 组	组长签字	
教师签字		日 期	
评 语			

检 查 单

<table>
<tr><td>学习领域</td><td colspan="5">土建工程力学应用</td></tr>
<tr><td>学习情境</td><td colspan="5">复杂结构的内力及变形计算</td></tr>
<tr><td>工作任务</td><td colspan="5">应用位移法计算超静定结构的内力</td></tr>
<tr><td>检查学时</td><td colspan="5">0.5 学 时</td></tr>
<tr><td>序 号</td><td>检 查 项 目</td><td colspan="2">检 查 标 准</td><td>组 内 互 查</td><td>教 师 检 查</td></tr>
<tr><td>1</td><td>结构弯矩图的绘制</td><td colspan="2">是否正确</td><td></td><td></td></tr>
<tr><td>2</td><td>力法的思路及步骤</td><td colspan="2">是否完整、正确</td><td></td><td></td></tr>
<tr><td>3</td><td>作业单</td><td colspan="2">是否正确、整洁</td><td></td><td></td></tr>
<tr><td>4</td><td>求解过程</td><td colspan="2">是否完整、正确</td><td></td><td></td></tr>
<tr><td rowspan="3">检查评价</td><td>班 级</td><td></td><td>第 组</td><td>组长签字</td><td></td></tr>
<tr><td>教师签字</td><td></td><td>日 期</td><td colspan="2"></td></tr>
<tr><td colspan="5">评语：</td></tr>
</table>

评 价 单

学习领域	土建工程力学应用					
学习情境	复杂结构的内力及变形计算					
工作任务	应用位移法计算超静定结构的内力					
评价学时	0.5 学 时					
考核项目	考核内容及要求	分值	学生自评（10%）	小组评分（20%）	教师评分（70%）	实得分
资讯（10）	翔实准确	10				
计划及决策（25）	工作程序的完整性	10				
	步骤内容描述	10				
	计划规范性	5				
工作过程（40）	分析程序正确	10				
	步骤正确	10				
	结果正确	20				
完成时间（15）	在要求时间内完成	15				
合作性（10）	能够很好地团结协作	10				
总 分（Σ）		100				
评价评语	班 级			学 号		
	姓 名			第 组	组长签字	
	教师签字		日 期		总 评	
	评语：					

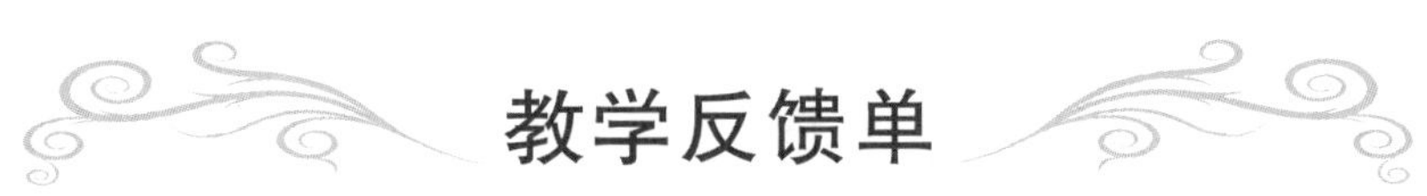

教学反馈单

学习领域	土建工程力学应用			
学习情境	复杂结构的内力及变形计算			
工作任务	应用位移法计算超静定结构的内力			
任务学时	6 学 时			
序　　号	调 查 内 容	是	否	理由陈述
1	你感觉本次任务是否容易完成?			
2	你的自主学习能力是否又有提高?			
3	针对本次学习任务是否进一步提高了你的资讯能力?			
4	计划和决策感到困难吗?			
5	你认为本次学习任务的完成,对你将来的工作有帮助吗?			
6	通过完成本工作任务,你学会应用位移法计算超结构的内力了吗?今后遇到实际的问题你可以解决吗?			
7	你能在日常的工作和生活中找到有关超静定结构的案例了吗?			
8	通过几天来的工作和学习,你对自己的表现是否满意?			
9	你对小组成员之间的合作是否满意?			
10	你认为本任务还应学习哪些方面的内容?(请在下面空白处填写)			

你的意见对改进教学非常重要,请写出你的建议和意见。

被调查人签名		调查时间	

任务11 应用力矩分配法计算超静定结构的内力

任 务 单

<table>
<tr><td>学习领域</td><td colspan="6">土建工程力学应用</td></tr>
<tr><td>学习情境</td><td colspan="6">复杂结构的内力及变形计算</td></tr>
<tr><td>工作任务</td><td colspan="6">应用力矩分配法计算超静定结构的内力</td></tr>
<tr><td>任务学时</td><td colspan="6">6 学 时</td></tr>
<tr><td colspan="7">布 置 任 务</td></tr>
<tr><td>工作目标</td><td colspan="6">在进行土建工程结构设计时,有一些结构是超静定结构。本任务要求学生:
1. 能够正确的计算出结构各杆件的力矩分配系数
2. 能够正确的计算出结构各杆固端弯矩
3. 能够应用力矩分配法计算超静定结构</td></tr>
<tr><td>任务描述</td><td colspan="6">1. 图示上承式拱桥,假设拱桥上部的梁是连续梁,上部荷载为均匀分布,荷载集度为 q,跨度相同,且为 l
(1)绘制出三跨连续梁的计算简图
(2)用力矩分配法计算该连续梁,并绘制弯矩图
2. 用力矩分配法求解图示三跨超静定刚架,绘制弯矩图(EI 为常量)
q l l l l l l l</td></tr>
<tr><td rowspan="2">学时安排</td><td>资 讯</td><td>计 划</td><td>决策或分工</td><td>实 施</td><td>检 查</td><td>评 价</td></tr>
<tr><td>1 学时</td><td>0.5 学时</td><td>0.5 学时</td><td>3 学时</td><td>0.5 学时</td><td>0.5 学时</td></tr>
<tr><td>提供资料</td><td colspan="6">工程案例;工程规范;参考书;教材</td></tr>
<tr><td>学生知识与能力要求</td><td colspan="6">1. 具备杆件的内力计算能力和绘制杆件内力图的能力、具备计算杆件位移能力
2. 具备应用力法、位移法计算超静定结构的能力
3. 具备自学能力、数据计算能力、沟通协调能力、语言表达能力和团队意识
4. 严格遵守课堂纪律,不迟到、不早退;学习态度认真、端正
5. 每位同学必须积极参与小组讨论
6. 每组均需按规定应用力矩分配法计算超静定结构的内力,并能够绘制弯矩图</td></tr>
<tr><td>教师知识与能力要求</td><td colspan="6">1. 熟练掌握力矩分配法的计算方法
2. 熟练应用力矩分配法计算超静定结构
3. 有组织学生按要求完成任务的驾驭能力
4. 对任务完成过程、结果进行点评,并为各小组进行综合打分</td></tr>
</table>

资 讯 单

<table>
<tr><td>学习领域</td><td colspan="4">土建工程力学应用</td></tr>
<tr><td>学习情境</td><td colspan="4">复杂结构的内力及变形计算</td></tr>
<tr><td>工作任务</td><td colspan="4">应用力矩分配法计算超静定结构的内力</td></tr>
<tr><td>资讯学时</td><td colspan="4">1 学 时</td></tr>
<tr><td>资讯方式</td><td colspan="4">在图书馆、互联网及教材中进行查询，或向任课教师请教</td></tr>
<tr><td rowspan="7">资讯内容</td><td colspan="4">1. 什么是超静定结构？</td></tr>
<tr><td colspan="4">2. 计算超静定结构的主要方法有哪些？</td></tr>
<tr><td colspan="4">3. 力矩分配法计算超静定结构的思路有哪些？</td></tr>
<tr><td colspan="4">4. 力矩分配法的相关参数有哪些？</td></tr>
<tr><td colspan="4">5. 力矩分配法计算超静定结构的步骤有哪些？</td></tr>
<tr><td colspan="4">6. 常见的单跨超静定梁的弯矩图有哪些？</td></tr>
<tr><td colspan="4">7. 常见的单跨超静定梁的位移引起的弯矩图有哪些？</td></tr>
<tr><td>资讯要求</td><td colspan="4">1. 根据工作目标和任务描述正确理解完成任务需要的资讯内容
2. 按照上述资讯内容进行资询
3. 写出资讯报告</td></tr>
<tr><td rowspan="3">资讯评价</td><td>班 级</td><td></td><td>学生姓名</td><td></td></tr>
<tr><td>教师签字</td><td></td><td>日 期</td><td></td></tr>
<tr><td colspan="4">评语：</td></tr>
</table>

信 息 单

11.1 力矩分配法解超静定结构的思路

随着计算工具的不断更新,小型计算功能齐全携带方便、经济实用的计算器已经成为工程技术人员不可缺少的计算工具。这也给施工现场对主要构件的验算带来方便,而力矩分配法正是施工现场验算主要超静定结构的最便捷的方法,力矩分配法是以位移法为基础的。

11.1.1 力矩分配法解超静定结构的思路

力矩分配法是将位移法中各刚结点上附加刚性臂上的约束反力偶按刚结点联结的各杆的相对刚度及约束情况反向分配给各杆端,以达到该刚结点的平衡,象没有附加刚性臂一样,再按规律传递给各杆件的另一端,而另一端的刚结点处用传来的弯矩加上本结点的附加刚性臂上的约束反力偶按本刚结点联结的各杆的相对刚度及约束情况分配给各杆端,各刚结点分配、传递循环往复,使得传递弯矩达到精度要求值,最后叠加出的各杆端弯矩即为超静定结构的各杆端弯矩。

11.1.2 力矩分配法的基本要素

1. 转动刚度

(1)杆端转动刚度。转动附加刚性臂单位转角时需要在本杆端(简称近端)施加的力偶,用 S_{ij} 表示。杆端转动刚度与该杆的另一端(简称远端)的约束有关,远端不同约束情况的杆端转动刚度如下(i 为杆的线刚度):

①远端为链杆或固定铰支座时,杆端转动刚度 $S_{AB}=3i$(由表 10-2 中查出,如图 11.1(a)所示。

②远端为固定端时,杆端转动刚度 $S_{AB}=4i$(由表 10-2 中查出),如图 11.1(b)所示。

③远端为定向支撑时,杆端转动刚度 $S_{AB}=i$(由表 10-2 中查出),如图 11.1(c)所示。

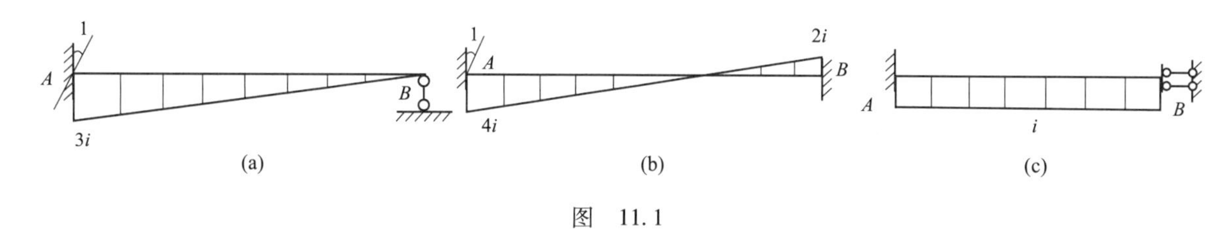

图 11.1

(2)结点转动刚度。结点转动刚度等于本结点的各杆的杆端转动刚度之和,即 $S_i=\sum S_{ij}$(i 为近端结点符号,j 为远端结点符号)。

(3)正负号规定。转角、转动刚度以顺时针转动为正,逆时针转动为负。

2. 杆端分配系数

杆端分配系数(用 μ_{ij} 表示)等于本杆端转动刚度比上该结点转动刚度,即 $\mu_{ij}=\dfrac{S_{ij}}{\sum S_{ij}}=\dfrac{S_{ij}}{S_i}$。

由于各杆端转动刚度之和等于结点转动刚度,因此 $\sum\mu_{ij}=1$。

3. 传递系数

当附加刚性臂转动单位转角时,杆件的远端弯矩比上近端弯矩就称为该杆的传递系数(用 C_{ij} 表示),远端不同约束情况的杆件传递系数如下:

(1)远端为链杆或固定铰支座时,杆件的传递系数 $C_{ij}=0$(见表 11.2);

(2)远端为固定端时,杆件的传递系数 $C_{ij}=0.5$(见表 11.2);

(3)远端为定向支撑时,杆件的传递系数 $C_{ij}=-1$(见表 11.2)。

4. 固端弯矩

(1)固端弯矩的概念。当刚结点附加刚性臂后,结点联结的杆件在荷载作用下引起的附加刚性臂处的杆端弯矩称为固端弯矩,用 M_{ij}^{g}表示。

(2)固端弯矩的正负号规定。与转动刚度的规定相同,以顺时针转动为正,逆时针转动为负。固端弯矩可查表 11.1 得出。

5. 结点不平衡弯矩

结点不平衡弯矩等于该结点各杆端固端弯矩之和加上结点力偶的力偶矩(用 M_i 表示),即

$$M_i=\sum M_{ij}+m \tag{11.1}$$

式中 m 按力偶符号规定,逆时针为正,顺时针为负。

6. 杆端分配弯矩

杆端分配弯矩(用 M_{ij}^{μ}表示)等于杆端分配系数与结点不平衡弯矩的乘积,并冠以负号,即

$$M_{ij}^{\mu}=-\mu_{ij}M_i \tag{11.2}$$

7. 传递弯矩

传递弯矩等于传递系数与分配弯矩的乘积(用 M_{ij}^{C}表示),即

$$M_{ji}^{C}=C_{ij}M_{ij}^{\mu} \tag{11.3}$$

8. 杆端弯矩

杆端弯矩为超静定结构在荷载作用下各杆端的弯矩,它等于杆件的固端弯矩与该杆端的所有分配弯矩及传递弯矩之和(用 M_{ij}表示),即

$$M_{ij}=\sum(M_{ij}^{g}+M_{ij}^{\mu}+M_{ji}^{C}) \tag{11.4}$$

11.2　力矩分配法解超静定结构的步骤

11.2.1　力矩分配法的解题步骤

1. 求各杆线刚度

若各杆的抗弯刚度、杆件长度不同,需要考虑各杆线刚度之间的关系,以便后续计算。

2. 求各杆转动刚度及结点转动刚度

根据结点处各杆的约束情况和线刚度查表 11.2 求出各杆转动刚度及结点转动刚度。

3. 求各杆端分配系数及传递系数

根据分配系数及传递系数计算公式求出各杆端分配系数及传递系数。

4. 求各杆端固端弯矩

根据结点处各杆的约束情况查表 11.1 求出各杆端固端弯矩。

5. 分配与传递

进行分配与传递,分配与传递次数由问题要求精度来确定。

6. 求杆端弯矩

根据公式(11.4)求出各杆端弯矩。

7. 绘制弯矩图

根据各杆端弯矩,应用叠加法绘制结构的弯矩图。

上述力矩分配法的步骤可以通过列表形式计算完成。

11.2.2　工程实际应用

【案例 11.1】 用力矩分配法绘制图 11.2 所示连续梁的弯矩图(小数点保留 1 位),各杆 EI 相同。

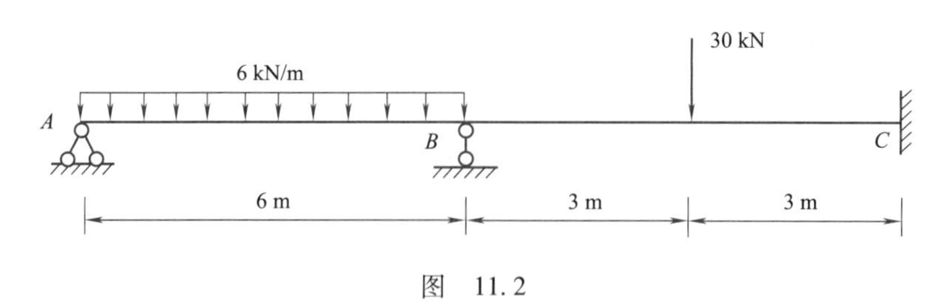

图 11.2

解:①求各杆线刚度。由于各杆 EI 相同、跨长相同,所以线刚度相同,均为 i。

②求转动刚度 S_{ij} 及结点刚度。

$$S_{BA}=3i,\quad S_{BC}=4i,\quad S_{B}=3i+4i=7i$$

③求分配系数及传递系数。

$$\mu_{BA}=3i/7i=3/7,\quad \mu_{BC}=4i/7i=4/7$$

$$C_{BA}=0,\quad C_{BC}=0.5$$

④求固端弯矩 M_{ij}^{g} 及结点不平衡弯矩 M_{B}

$$M_{BA}^{g}=\frac{ql^2}{8}=27(\text{kN}\cdot\text{m}),\quad M_{BC}^{g}=-\frac{F_{P}l}{8}=-22.5(\text{kN}\cdot\text{m})$$

$$M_{B}=M_{BA}^{g}+M_{BC}^{g}=4.5(\text{kN}\cdot\text{m})$$

⑤分配与传递。

$$M_{BA}^{\mu}=-\mu_{BA}\cdot M_{B}=-1.9(\text{kN}\cdot\text{m}),\quad M_{BC}^{\mu}=-\mu_{BC}\cdot M_{B}=-2.6(\text{kN}\cdot\text{m})$$

$$M_{AB}^{C}=C_{BA}\cdot M_{BA}^{F}=0,\quad M_{CB}^{C}=C_{BC}\cdot M_{BC}^{F}=-1.3(\text{kN}\cdot\text{m})$$

⑥求杆端弯矩 M_{ij}。

$$M_{BA}=27-1.9=25.1(\text{kN}\cdot\text{m}),\quad M_{BC}=-22.5-2.6=-25.1(\text{kN}\cdot\text{m}),$$

$$M_{CB}=22.5-1.3=21.2(\text{kN}\cdot\text{m})$$

上述计算可直接填表计算完成(见表 11.1)。

⑦绘制弯矩图(见图 11.3)。

表 11.1

求转动刚度 S_{ij}		3i	4i		
求分配系数 μ_{ij} 传递系数 C_{ij}	0 ←	3/7	4/7	0.5 →	
求固端弯矩 M_{ij}^{g}(kN·m)	0	27	−22.5		22.5
分配与传递 M_{ij}^{μ}、M_{ij}^{C}	0 ←	−1.9	−2.6	→	−1.3
求杆端弯矩 M_{ij}(kN·m)	0	25.1	−25.1		21.2

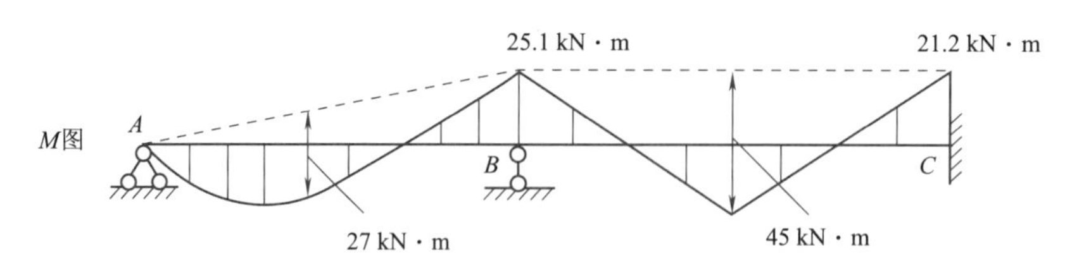

图 11.3

【案例 11.2】 用力矩分配法绘制图 11.4 所示连续梁的弯矩图(小数点保留 2 位),各杆 EI 相同。

解:①求各杆线刚度 i_{ij}。由于各杆长度不同,EI 相同,因此设 $EI=24$,则 $i_{AB}=4$,$i_{BC}=3$。

②其余计算由列表计算完成(见表 11.2)。

③根据杆端弯矩,应用叠加原理绘制弯矩图(见图 11.5)。

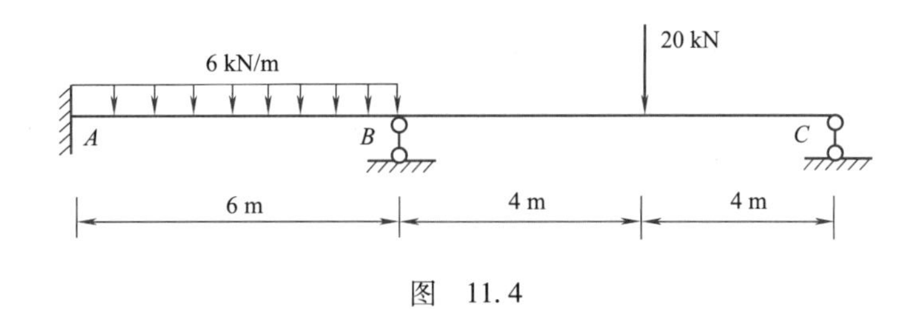

图 11.4

表 11.2

求各杆线刚度 i_{ij}		4			3	
求转动刚度 S_{ij}			16	9		
求分配系数 μ_{ij}		0.5			0	
传递系数 C_{ij}		←	16/25	9/25	→	
求固端弯矩 M_{ij}^{g}(kN·m)	−18		18	−30		0
分配与传递 M_{ij}^{μ}、M_{ji}^{C}	3.84	←	7.68	4.32	→	0
求杆端弯矩 M_{ij}(kN·m)	−14.16		25.68	−25.68		0

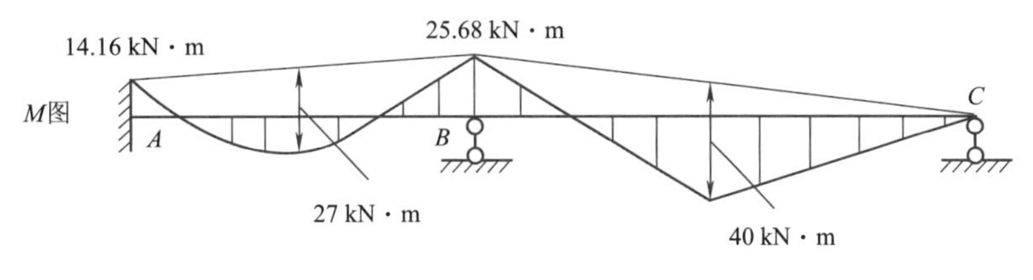

图 11.5

【案例 11.3】 用力矩分配法绘制图 11.6 所示连续梁的弯矩图(小数点保留 1 位),各杆 EI 相同。

解:①求各杆线刚度 i_{ij}。由于各杆长度不同,抗弯刚度也不相同,因此设 $EI=12$,则 $i_{AB}=4$,$i_{BC}=3$,$i_{CD}=3$。

②其余计算由列表(见表 11.3)计算完成:分配与传递时,先从不平衡弯矩值大的结点开始分配与传递。

③绘制弯矩图:根据杆端弯矩,应用叠加原理绘制弯矩图(见图 11.7)。

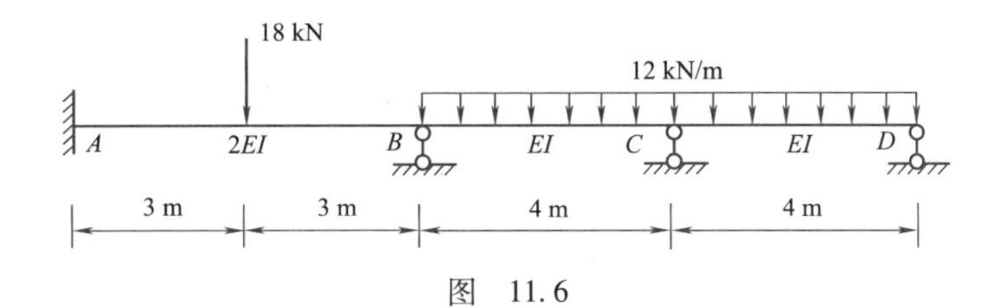

图 11.6

表 11.3

求各杆线刚度 i_{ij}		4			3			3	
求转动刚度 S_{ij}			16	12	12		9		
求分配系数 μ_{ij}		0.5			0.5			0	
传递系数 C_{ij}			4/7	3/7	←→	4/7	3/7	→	
求固端弯矩 M_{ij}^{g}(kN·m)	−13.5		13.5	−16	16		−24		
分配与传递 M_{ij}^{μ}、M_{ij}^{C}				2.3	←	4.6	3.4	→	0
	0.1	←	0.1	0.1					
求杆端弯矩 M_{ij}(kN·m)	−13.4		13.6	−13.6		20.6	−20.6		0

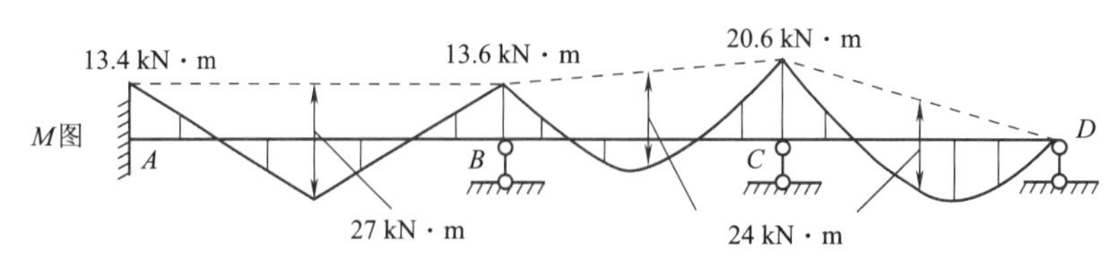

图 11.7

需要指出的是,力矩分配法只能计算连续梁和无侧移刚架,有侧移刚架可应用力法和位移法求解。

【案例 11.4】 用力矩分配法绘制图 11.8(a)所示无侧移刚架的弯矩图(小数点保留 2 位),刚架中各杆 EI 相同,$F_P=20$ kN、$l=6$ m。

解:①选取结构的等代结构,如图 11.8(b)所示。

②求等代结构各杆线刚度 i_{ij}。设 $i=EI/l$,则 $i_{AB}=i_{BC}=i_{CD}=i$,$i_{CI}=2i$ 。

③其余计算由列表(见表 11.4)计算完成。由于本结构是刚架,有些结点联结三个杆,列表时需要标明各杆端位置。

④绘制弯矩图(见图 11.9)。根据杆端弯矩,应用叠加原理绘制弯矩图,再根据对称性绘制出另一侧弯矩图。

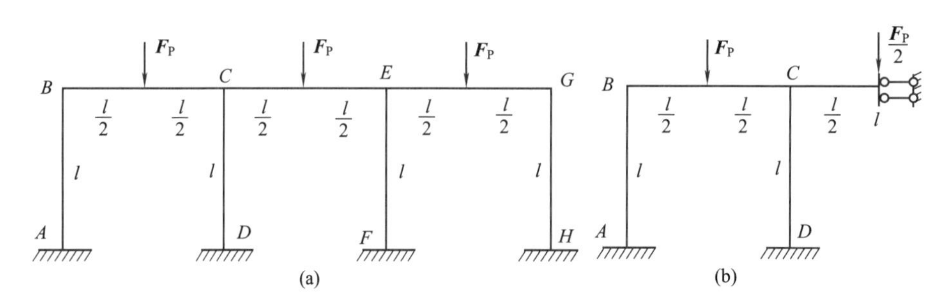

图 11.8

表 11.4

结点	A	B		C			I	D
杆端名称	AB	BA	BC	CB	CI	CD	IC	DC
转动刚度		4i	4i	4i	2i	4i		
分配系数		0.5	0.5	0.4	0.2	0.4		
传递系数		0.5	0.5	0.5	-1	0.5		
固端弯矩(kN · m)	0	0	-15	15	-15	0	-15	
分配与传递(kN · m)	3.75	7.50	7.50	3.75				
			-0.75	-1.50	-0.75	-1.50	0.75	-0.75
	0.19	0.38	0.38	0.19				
			-0.04	-0.08	-0.04	-0.08	0	-0.04
	0.01	0.02	0.02	0.01				
杆端弯矩(kN · m)	3.95	7.90	-7.89	17.37	-15.79	-1.58	-14.25	-0.79

从计算结果可以看出,与位移法计算的结果比较,个别结果只差 0.01,其原因是分配、传递时,四舍五入引起的误差,也是在规定范围内,而且计算精度是完全可以控制的。

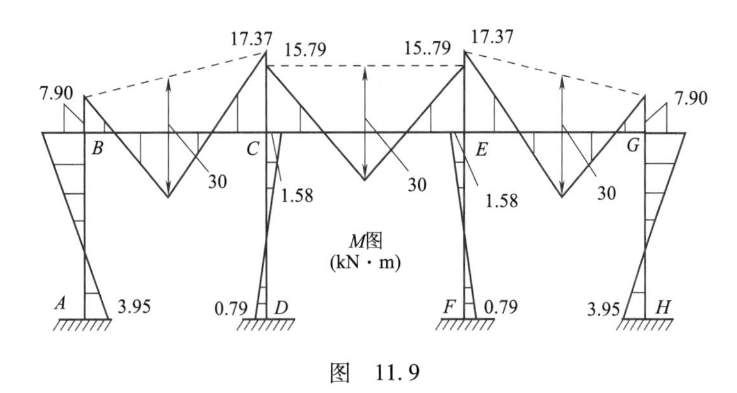

图　11.9

由于力矩分配法不需要列方程及解联立方程，只需要查表及加减乘除计算，因此在工程实际中得到了广泛的应用，它也是计算简单框架结构的基础。

计 划 单

<table>
<tr><td>学习领域</td><td colspan="6">土建工程力学应用</td></tr>
<tr><td>学习情境</td><td colspan="6">复杂结构的内力及变形计算</td></tr>
<tr><td>工作任务</td><td colspan="6">应用力矩分配法计算超静定结构的内力</td></tr>
<tr><td>计划方式</td><td colspan="6">小组讨论、团结协作共同制订计划</td></tr>
<tr><td>计划学时</td><td colspan="6">0.5 学 时</td></tr>
<tr><td>序 号</td><td colspan="2">实 施 步 骤</td><td colspan="4">具体工作内容描述</td></tr>
<tr><td>1</td><td colspan="2"></td><td colspan="4"></td></tr>
<tr><td>2</td><td colspan="2"></td><td colspan="4"></td></tr>
<tr><td>3</td><td colspan="2"></td><td colspan="4"></td></tr>
<tr><td>4</td><td colspan="2"></td><td colspan="4"></td></tr>
<tr><td>5</td><td colspan="2"></td><td colspan="4"></td></tr>
<tr><td>6</td><td colspan="2"></td><td colspan="4"></td></tr>
<tr><td>7</td><td colspan="2"></td><td colspan="4"></td></tr>
<tr><td>8</td><td colspan="2"></td><td colspan="4"></td></tr>
<tr><td>9</td><td colspan="2"></td><td colspan="4"></td></tr>
<tr><td>制订计划说明</td><td colspan="6">（写出制订计划中人员为完成任务的主要建议或可以借鉴的建议、需要解释的某一方面）</td></tr>
<tr><td rowspan="3">计划评价</td><td>班 级</td><td></td><td>第 组</td><td>组长签字</td><td colspan="2"></td></tr>
<tr><td>教师签字</td><td colspan="2"></td><td>日 期</td><td colspan="2"></td></tr>
<tr><td colspan="6">评语：</td></tr>
</table>

决 策 单

学习领域	土建工程力学应用				
学习情境	复杂结构的内力及变形计算				
工作任务	应用力矩分配法计算超静定结构的内力				
决策学时	0.5 学 时				
方案对比	序 号	方案的可行性	方案的先进性	实 施 难 度	综 合 评 价
	1				
	2				
	3				
	4				
	5				
	6				
	7				
	8				
	9				
	10				
决策或分工评价	班 级		第 组	组长签字	
	教师签字			日 期	
	评语：				

实 施 单

<table>
<tr><td>学习领域</td><td colspan="4">土建工程力学应用</td></tr>
<tr><td>学习情境</td><td colspan="4">复杂结构的内力及变形计算</td></tr>
<tr><td>工作任务</td><td colspan="4">应用力矩分配法计算超静定结构的内力</td></tr>
<tr><td>实施方式</td><td colspan="4">小组成员合作共同研讨确定实施步骤,每人均填写实施单</td></tr>
<tr><td>实施学时</td><td colspan="4">3 学 时</td></tr>
<tr><td>序　　号</td><td colspan="2">实 施 步 骤</td><td colspan="2">使 用 资 源</td></tr>
<tr><td>1</td><td colspan="2"></td><td colspan="2"></td></tr>
<tr><td>2</td><td colspan="2"></td><td colspan="2"></td></tr>
<tr><td>3</td><td colspan="2"></td><td colspan="2"></td></tr>
<tr><td>4</td><td colspan="2"></td><td colspan="2"></td></tr>
<tr><td>5</td><td colspan="2"></td><td colspan="2"></td></tr>
<tr><td>6</td><td colspan="2"></td><td colspan="2"></td></tr>
<tr><td>7</td><td colspan="2"></td><td colspan="2"></td></tr>
<tr><td>8</td><td colspan="2"></td><td colspan="2"></td></tr>
<tr><td colspan="5">实施说明:</td></tr>
<tr><td>班　　级</td><td></td><td>第　　组</td><td>组长签字</td><td></td></tr>
<tr><td>教师签字</td><td colspan="2"></td><td>日　　期</td><td></td></tr>
<tr><td>评　　语</td><td colspan="4"></td></tr>
</table>

作 业 单

<table>
<tr><td>学习领域</td><td colspan="4">土建工程力学应用</td></tr>
<tr><td>学习情境</td><td colspan="4">复杂结构的内力及变形计算</td></tr>
<tr><td>工作任务</td><td colspan="4">应用力矩分配法计算超静定结构的内力</td></tr>
<tr><td>实施方式</td><td colspan="4">小组成员动手实践，应用力矩分配法计算超静定结构的内力</td></tr>
<tr><td colspan="5">（在此计算超静定结构的内力，不够可附页）</td></tr>
<tr><td>班　　级</td><td></td><td>第　　组</td><td>组长签字</td><td></td></tr>
<tr><td>教师签字</td><td colspan="2"></td><td>日　　期</td><td></td></tr>
<tr><td>评　　语</td><td colspan="4"></td></tr>
</table>

检　查　单

<table>
<tr><td>学习领域</td><td colspan="5">土建工程力学应用</td></tr>
<tr><td>学习情境</td><td colspan="5">复杂结构的内力及变形计算</td></tr>
<tr><td>工作任务</td><td colspan="5">应用力矩分配法计算超静定结构的内力</td></tr>
<tr><td>检查学时</td><td colspan="5">0.5 学 时</td></tr>
<tr><td>序　　号</td><td>检 查 项 目</td><td colspan="2">检 查 标 准</td><td>组 内 互 查</td><td>教 师 检 查</td></tr>
<tr><td>1</td><td>结构弯矩图的绘制</td><td colspan="2">是否正确</td><td></td><td></td></tr>
<tr><td>2</td><td>力矩分配法的思路及步骤</td><td colspan="2">是否完整、正确</td><td></td><td></td></tr>
<tr><td>3</td><td>作业单</td><td colspan="2">是否正确、整洁</td><td></td><td></td></tr>
<tr><td>4</td><td>求解过程</td><td colspan="2">是否完整、正确</td><td></td><td></td></tr>
<tr><td rowspan="3">检查评价</td><td>班　　级</td><td></td><td>第　　组</td><td>组长签字</td><td></td></tr>
<tr><td>教师签字</td><td></td><td>日　　期</td><td colspan="2"></td></tr>
<tr><td colspan="5">评语：</td></tr>
</table>

评 价 单

<table>
<tr><td>学习领域</td><td colspan="6">土建工程力学应用</td></tr>
<tr><td>学习情境</td><td colspan="6">复杂结构的内力及变形计算</td></tr>
<tr><td>工作任务</td><td colspan="6">应用力矩分配法计算超静定结构的内力</td></tr>
<tr><td>评价学时</td><td colspan="6">0.5 学 时</td></tr>
<tr><td>考核项目</td><td>考核内容及要求</td><td>分值</td><td>学生自评
（10%）</td><td>小组评分
（20%）</td><td>教师评分
（70%）</td><td>实得分</td></tr>
<tr><td>资讯
（10）</td><td>翔实准确</td><td>10</td><td></td><td></td><td></td><td></td></tr>
<tr><td rowspan="3">计划及决策
（25）</td><td>工作程序的完整性</td><td>10</td><td></td><td></td><td></td><td></td></tr>
<tr><td>步骤内容描述</td><td>10</td><td></td><td></td><td></td><td></td></tr>
<tr><td>计划规范性</td><td>5</td><td></td><td></td><td></td><td></td></tr>
<tr><td rowspan="3">工作过程
（40）</td><td>分析程序正确</td><td>10</td><td></td><td></td><td></td><td></td></tr>
<tr><td>步骤正确</td><td>10</td><td></td><td></td><td></td><td></td></tr>
<tr><td>结果正确</td><td>20</td><td></td><td></td><td></td><td></td></tr>
<tr><td>完成时间
（15）</td><td>在要求时间内完成</td><td>15</td><td></td><td></td><td></td><td></td></tr>
<tr><td>合作性
（10）</td><td>能够很好地团结协作</td><td>10</td><td></td><td></td><td></td><td></td></tr>
<tr><td colspan="2">总 分（∑）</td><td>100</td><td></td><td></td><td></td><td></td></tr>
<tr><td rowspan="4">评价评语</td><td>班 级</td><td colspan="2"></td><td>学 号</td><td colspan="2"></td></tr>
<tr><td>姓 名</td><td colspan="2"></td><td>第 组</td><td>组长签字</td><td></td></tr>
<tr><td>教师签字</td><td></td><td>日 期</td><td></td><td>总 评</td><td></td></tr>
<tr><td colspan="6">评语：</td></tr>
</table>

教学反馈单

学习领域	土建工程力学应用			
学习情境	复杂结构的内力及变形计算			
工作任务	应用力矩分配法计算超静定结构的内力			
任务学时	6 学 时			
序　号	调查内容	是	否	理由陈述
1	你感觉本次任务是否容易完成？			
2	你的自主学习能力是否又有提高？			
3	针对本次学习任务是否进一步提高了你的资讯能力？			
4	计划和决策感到困难吗？			
5	你认为本次学习任务的完成，对你将来的工作有帮助吗？			
6	通过完成本工作任务，你学会应用力矩分配法计算超结构的内力了吗？今后遇到实际的问题你可以解决吗？			
7	你能在日常的工作和生活中找到有关超静定结构的案例吗？			
8	通过几天来的工作和学习，你对自己的表现是否满意？			
9	你对小组成员之间的合作是否满意？			
10	你认为本任务还应学习哪些方面的内容？（请在下面空白处填写）			

你的意见对改进教学非常重要，请写出你的建议和意见。

被调查人签名		调查时间	

学习情境 六

移动荷载作用下的结构内力计算

学 习 指 南

学习目标

学生将完成本学习情境的2个任务计算移动荷载作用下静定结构的内力、绘制超静定结构的弯矩包络图，达到以下学习目标：

第一，能够计算移动荷载作用下静定结构的内力。

第二，能够绘制超静定结构的弯矩包络图。

第三，能够解决移动荷载作用桥梁结构的承载力计算问题。

第四，提高资讯、计划、决策、实施控制检查和评价等综合能力，提高团结协作和组织沟通能力，提高方法能力。

工作任务

(1)计算移动荷载作用下静定结构的内力。

(2)绘制超静定结构的弯矩包络图。

学习情境的描述

本学习情境是根据学生的就业岗位施工员、技术员、质检员和安全员的工作职责和职业要求创设的第六个学习情境，主要要求学生能够掌握解决桥梁结构在移动荷载作用下的承载力计算问题，本情境包含2个工作任务计算移动荷载作用下静定结构的内力、绘制超静定结构的弯矩包络图。本学习情境的教学将采用任务驱动的教学做一体化教学模式，学生自行组成小组在教师的引导下通过资讯、计划、决策、实施、检查和评价等六个环节共同完成工作任务，达到本学习情境设定的学习目标。

任务12　计算移动荷载作用下静定结构的内力

任　务　单

<table>
<tr><td>学习领域</td><td colspan="6">土建工程力学应用</td></tr>
<tr><td>学习情境</td><td colspan="6">移动荷载作用下的结构内力计算</td></tr>
<tr><td>工作任务</td><td colspan="6">计算移动荷载作用下静定结构的内力</td></tr>
<tr><td>任务学时</td><td colspan="6">6 学 时</td></tr>
<tr><td colspan="7">布 置 任 务</td></tr>
<tr><td>工作目标</td><td colspan="6">在进行土建工程结构设计时，有一些静定结构是在移动合作作用下的。本任务要求学生：
1. 能够应用静力法绘制结构支座反力影响线
2. 能够应用静力法绘制结构内力影响线
3. 能够熟练计算移动荷载作用下的静定结构</td></tr>
<tr><td>任务描述</td><td colspan="6">图示高架公路桥，假设该桥的梁是简支梁，上部有两辆货车前后通过，若两辆货车的重量均为200 kN，前轮承重为70 kN，后轮承重为130 kN，货车的前后轮间距为4 m，两货车前后轮之间的最短车距为15 m，桥梁跨度为30 m。
1. 绘制简支梁的支座反力影响线
2. 计算梁跨中最大弯矩
3. 计算梁的绝对最大弯矩 </td></tr>
<tr><td rowspan="2">学时安排</td><td>资　讯</td><td>计　划</td><td>决策或分工</td><td>实　施</td><td>检　查</td><td>评　价</td></tr>
<tr><td>1 学时</td><td>0.5 学时</td><td>0.5 学时</td><td>3 学时</td><td>0.5 学时</td><td>0.5 学时</td></tr>
<tr><td>提供资料</td><td colspan="6">工程案例；工程规范；参考书；教材</td></tr>
<tr><td>学生知识与能力要求</td><td colspan="6">1. 具备杆件的内力计算能力和绘制杆件内力图的能力、具备计算杆件位移能力
2. 具备应用力法、位移法、力矩分配法计算超静定结构的能力
3. 具备自学能力、数据计算能力、沟通协调能力、语言表达能力和团队意识
4. 严格遵守课堂纪律，不迟到、不早退；学习态度认真、端正
5. 每位同学必须积极参与小组讨论
6. 每组均需按规定完成移动荷载作用下结构的内力计算</td></tr>
<tr><td>教师知识与能力要求</td><td colspan="6">1. 熟练掌握静力法计算移动荷载作用下内力
2. 熟练应用静力法、机动法绘制影响线
3. 有组织学生按要求完成任务的驾驭能力
4. 对任务完成过程、结果进行点评，并为各小组进行综合打分</td></tr>
</table>

资　讯　单

学习领域	土建工程力学应用			
学习情境	移动荷载作用下的结构内力计算			
工作任务	计算移动荷载作用下静定结构的内力			
资讯学时	1 学 时			
资讯方式	在图书馆、互联网及教材中进行查询，或向任课教师请教			
资讯内容	1. 什么是影响线?			
	2. 计算移动荷载作用下的静定结构内力的方法有哪些?			
	3. 计算移动荷载作用下的静定结构内力的思路有哪些?			
	4. 怎样绘制影响线，有哪几种方法?			
	5. 内力影响线与内力图的区别有哪些?			
	6. 怎样计算影响量，方法与步骤有哪些?			
	7. 绘制几种常见的影响线。			
	8. 计算绝对最大弯矩的方法与步骤有哪些?			
资讯要求	1. 根据工作目标和任务描述正确理解完成任务需要的资讯内容 2. 按照上述资讯内容进行资询 3. 写出资讯报告			
资讯评价	班　　级		学生姓名	
	教师签字		日　　期	
	评语：			

信 息 单

12.1 静力法绘制支座反力和内力影响线

在前面的任务中，计算了构件和静定结构在静止荷载作用下的内力和变形。但工程上有很多移动荷载的作用情况，例如工厂中的吊车起吊重物在吊车梁上移动时，对吊车梁来说就是移动荷载、变化荷载，又如桥梁上行驶的车辆都属于移动荷载。从本任务开始，将介绍移动荷载对结构的影响。

12.1.1 绘制影响线的方法

1. 影响线

在前面介绍荷载的分类中，我们已经介绍了恒荷载和活荷载，这里我们又将其称为固定荷载和移动荷载，即当荷载是长久的作用在结构上，不发生变化，我们将这种荷载称为恒荷载或固定荷载，例如结构的自重；而当荷载是暂时作用或荷载的位置随时变化，我们将这种荷载称为活荷载或移动荷载，如吊车荷载、人群荷载、车辆荷载等。为了研究移动荷载对结构的影响，先研究一个单位移动荷载对结构的影响，即当作用在结构上的单位荷载在结构上移动时，将根据某个量值随单位荷载的位置变化而变化的规律所描绘出的图形称为该量值的影响线，图12.1所示为简支梁A、B支座的反力影响线。

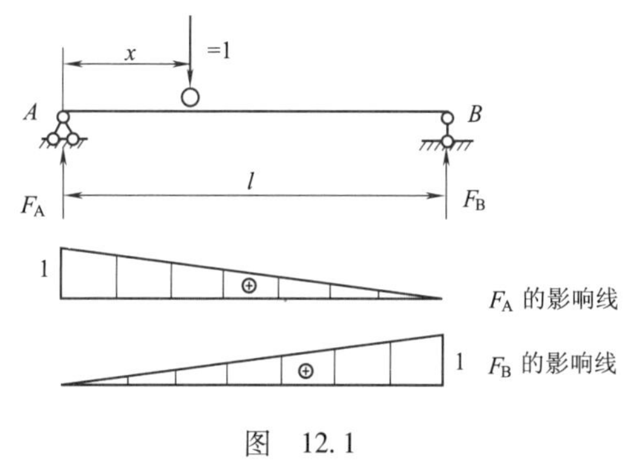

图 12.1

影响线分支座反力影响线和内力影响线两大类。一般情况下，是先绘制出支座反力影响线，再根据内力与反力的关系绘制出内力影响线。

2. 影响线的正负号规定

某量值影响线的正负号按照该量值相应的正负号规定确定，正值均绘制在基线的上方。

3. 影响量

将单位荷载移动到某一位置对结构的某个量值的影响称为该量值的影响量，影响量是根据影响线经过计算求出的。例如，当吊车移动到吊车梁的某个位置，它对支座A的影响，是通过影响量来计算的（见图12.2），即

$$F_A = F_{P1} \cdot y_1 + F_{P2} \cdot y_2 = F_{P1} \cdot \frac{l-a}{l} + F_{P2} \cdot \frac{l-a-b}{l}$$

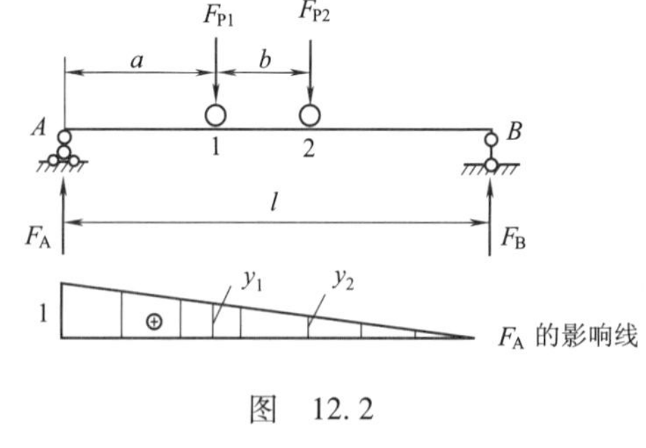

图 12.2

上式中 y_1、y_2就是当单位荷载分别移动到1、2位置对 A 支座反力的影响量。由上式可以看出，若 $F_P = F_{P2}$，$a=0$ 时，影响量最大，这也说明通过影响线和影响量，我们可以分析出移动荷载在移动过程中对支座、对结构内力的影响，找出荷载作用的最不利位置，为结构设计提供依据。

综上所述，我们要分析移动荷载对结构的影响，关键是绘制影响线，绘制影响线有两种方法，一种是静力法，一种是机动法。

12.1.2 静力法绘制影响线

静力法，是指将单位荷载作用在任意位置，然后根据静力平衡条件列出某量值的方程，再根据方程绘制

出该量值的影响线。影响线分为约束反力影响线和内力影响线两类，由于结构内力一般都与约束反力有关，因此，绘制内力影响线之前，一般需要先绘制出约束反力影响线。

1. 约束反力的影响线

(1)简支梁的支座反力影响线。如图 12.1 所示，将单位荷载作用在距 A 支座为 x 的任意位置，根据静力平衡条件列出平衡方程

$$\sum M_B=0,\qquad -F_A\cdot l+1\times(l-x)=0$$

$$F_A=\frac{l-x}{l}$$

上述支座反力方程是直线方程，两点确定一条直线，因此，选两个支座作为单位荷载的两个作用位置，即：$x=0$ 时，$F_A=1$；$x=l$ 时，$F_A=0$。因此，F_A 的影响线如图 12.1 所示，同理可绘制出 F_B 的影响线，见图 12.1。

(2)悬臂梁的支座反力影响线。如图 12.3 所示，将单位荷载作用在距 A 支座为 x 的任意位置，由于没有水平外力，A 支座反力是一个竖向力 F_A 和一个约束力偶 M_A，根据静力平衡条件列出平衡方程：

$$\sum F_y=0,\qquad F_A-1=0\rightarrow F_A=1$$

$$\sum M_A=0,\qquad M_A-1\times x=0\rightarrow M_A=x$$

由上述方程可绘制出 F_A 的影响线和 M_A 的影响线，如图 12.3 所示。

从上述支座反力影响线的绘制可以看出，支座反力影响线方程是关于 x 的一次函数，影响线都是直线，因此，也可以将单位荷载直接作用在两个特殊点，求出支座反力，然后连线即可绘制出影响线。

(3)伸臂梁的支座反力影响线。同简支梁的支座反力影响线绘制方法相同，我们仍然将坐标原点取在 A 支座，见图 12.4。A 支座的反力方程与简支梁的 A 支座的反力方程相同，因此 A 支座、B 支座的影响线如图 12.4所示。

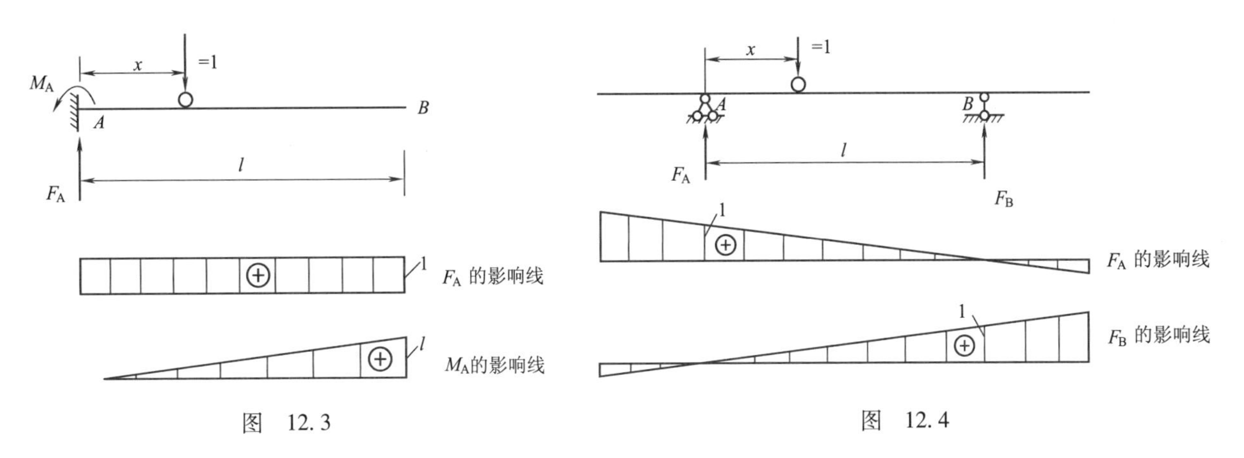

图　12.3　　　　　　　　　　　　图　12.4

2. 内力影响线

绘制内力影响线主要是找出内力与支座反力的关系，然后利用已知的支座反力影响线绘制出内力影响线。

(1)简支梁的内力影响线。在支座反力影响线的基础上，求简支梁任意截面(C 截面)的内力影响线是很方便的。其方法如下：

①首先绘制出 A、B 支座的反力影响线。

②用简便方法求内力及绘制影响线

当单位荷载作用在 C 截面左侧时，$F_{QC}=-F_B$(看右侧)，$M_C=F_B\cdot b$，分别绘制出 C 截面剪力、弯矩影响线的左侧图形。

当单位荷载作用在 C 截面右侧时，$F_{QC}=F_A$(看左侧)，$M_C=F_A\cdot a$，分别绘制出 C 截面剪力、弯矩影响线的右侧图形，如图 12.5 所示。

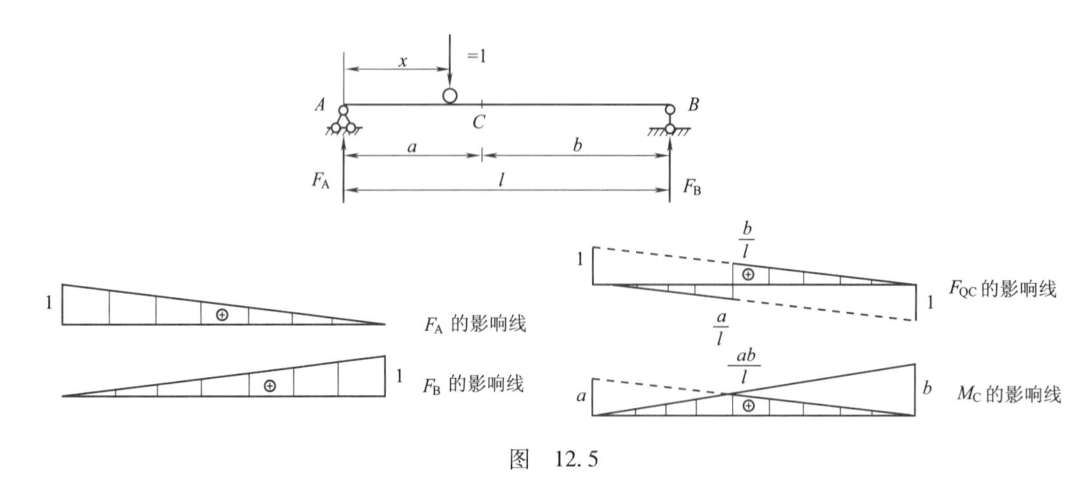

图 12.5

(2)悬臂梁的内力影响线。绘制悬臂梁的内力影响线可不绘制支座反力影响线,可列内力影响线方程直接绘制,其方法如下:

①如图 12.6(a)所示,当单位移动荷载在截面左侧时,截面无内力,其影响线是零线。

②当单位移动荷载在截面右侧时,如图 12.6(b)所示,$F_{QC}=1$,$M_C=-1\times x$,剪力影响线是水平线,弯矩影响线是斜直线。

③绘制内力影响线如图 12.6(c)(d)所示。从图 12.6(d)可以看出,当 C 截面为 A 截面时,荷载作用在 B 截面,弯矩值是最大的。

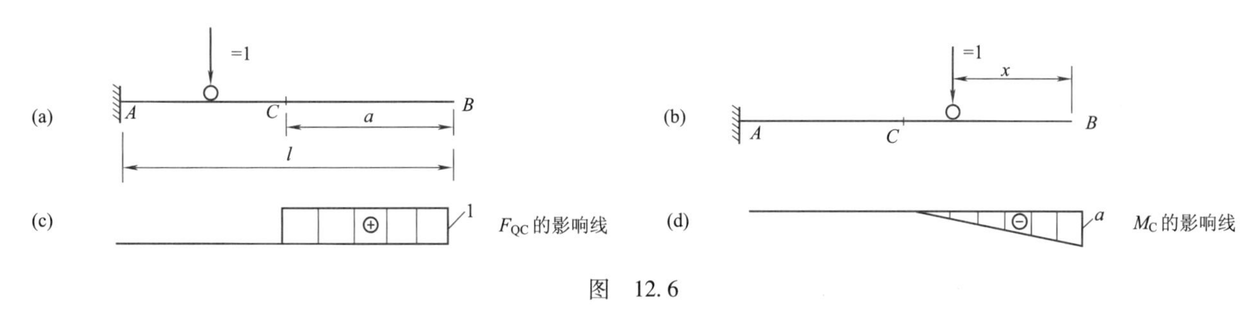

图 12.6

(3)伸臂梁的内力影响线。绘制伸臂梁的内力影响线,分为跨内截面和跨外截面, 如图12.7(a)所示,其方法如下:

①跨内截面的内力影响线。先绘制出支座反力影响线,如图 12.7(c)、(d)所示,然后与绘制简支梁的内力影响线的方法相同,分别列出单位移动荷载作用在 C 截面左侧、右侧时的影响线方程,再根据方程绘制出内力影响线,如图 12.7(d)、(e)所示。

②跨外截面的内力影响线。与悬臂梁的内力影响线的绘制方法相同,单位移动荷载作用在 D 截面左侧时,D 截面无内力;当单位移动荷载作用在 D 截面右侧时,剪力、弯矩分别为 $F_{QD}=1$,$M_D=-1\times x$,再根据方程绘制出内力影响线,如图 12.7(f)、(g)所示。

3. 内力影响线与内力图的区别

内力影响线与内力图有着本质的区别,内力影响线表示的是当单位荷载在结构上移动时,某一个截面上内力变化情况;而内力图是表示结构在某一固定荷载作用下结构的各个截面的内力。具体区别如下:

(1)自变量 x 的含义不同。影响线中自变量 x 的含义是单位荷载移动的位置坐标,而内力图中自变量 x 的含义是结构中任意横截面的位置坐标。

(2)因变量函数值的含义不同。某一给定截面的内力影响线的因变量函数值的含义是当单位荷载移动到 x 位置时,该给定截面的内力值,而内力图的因变量函数值的含义是结构在某一固定荷载作用下,x 位置截面上的内力。

(3)荷载的性质不同。影响线中的荷载是假设移动的单位荷载,是没有单位的,而内力图涉及的荷载是结构上真实作用的荷载,是有相应荷载单位的。

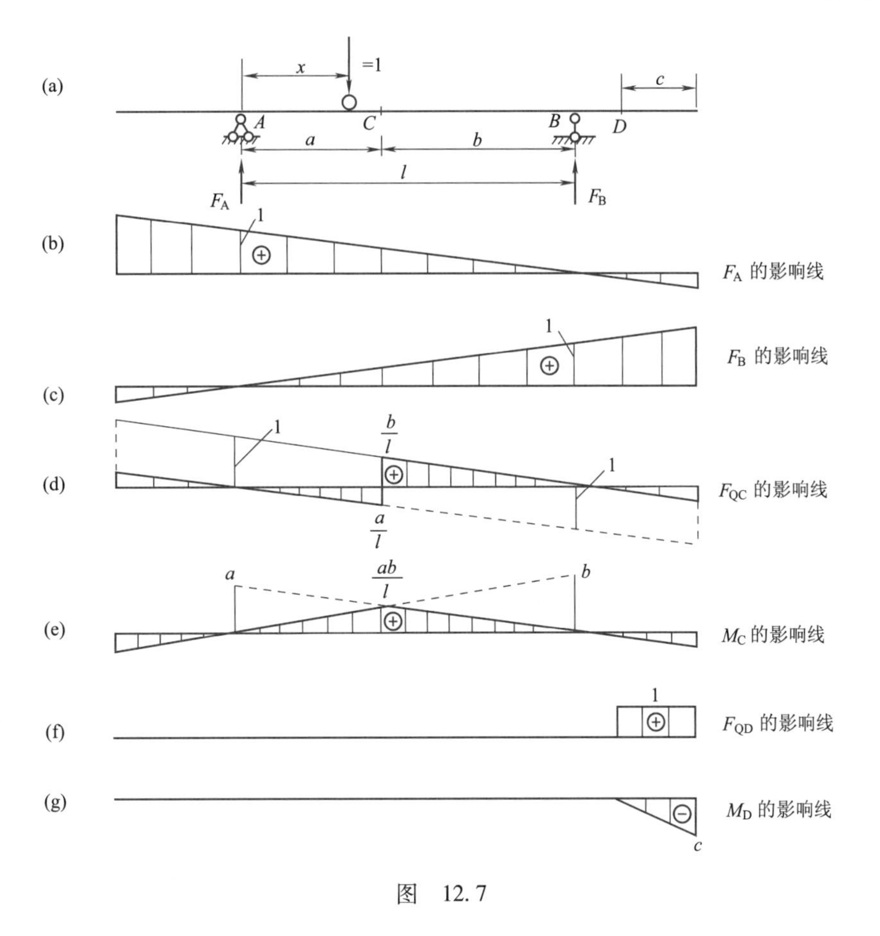

图 12.7

4. 其他结构的影响线

绘制其他结构的影响线的方法与上述方法类似，先绘制出支座反力影响线，再找出内力与支座反力的关系，然后根据其关系绘制出内力影响线。

【案例 12.1】 绘制图 12.8(a)所示的 C、D 截面的内力影响线。

解：①绘制支座反力影响线。

$$\sum M_B=0,\qquad -F_A\cdot l+1\times(l-x)=0,\qquad F_A=\frac{l-x}{l}$$

$$\sum M_A=0,\qquad F_B\cdot l-1\times x=0,\qquad F_A=\frac{x}{l}$$

根据反力方程绘制出反力影响线，如图 12.8(b)、(c)所示。

②绘制 C、D 截面的内力影响线。

$F_{QC}=-F_B$，$M_C=F_B\cdot a$(看右侧)，C 截面的轴力等于零。

$F_{ND}=-1$，$M_C=1\times x$ (看上面)，D 截面的剪力等于零。

根据上述内力方程绘制出内力影响线，如图 12.8(d)、(e)所示。

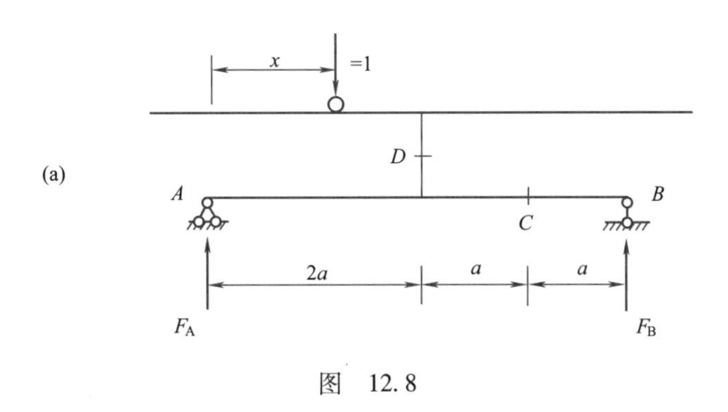

图 12.8

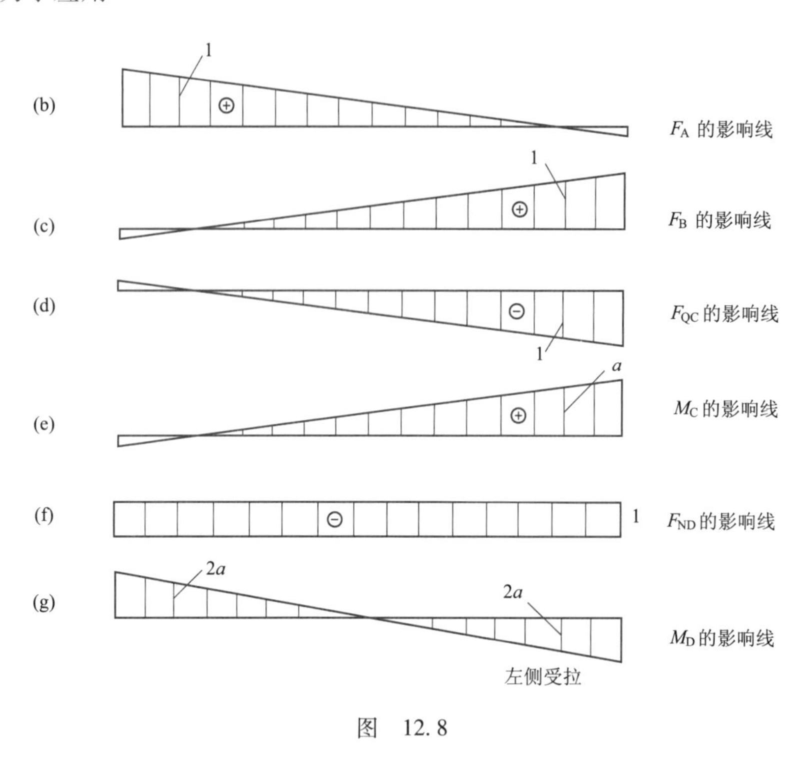

图 12.8

由上述案例可知，绘制影响线时，可以根据简支梁、悬臂梁、伸臂梁的影响线绘制原理及思路进行绘制。

12.2 影响量的计算

荷载的影响量主要分为集中荷载的影响量和均布荷载的影响量两种，下面分别介绍其计算方法。

12.2.1 集中荷载作用下的影响量计算

集中荷载作用下某量值的影响量等于该集中荷载值与该荷载作用位置的该量值影响量的乘积。即

$$S = \sum_{i=1}^{n} F_{Pi} \cdot y_i \tag{12.1}$$

式中：S——集中荷载作用下某量值的影响量；

F_{Pi}——集中荷载值；

y_i——集中荷载作用位置对应的影响量。

【案例 12.2】 应用影响量的计算求图 12.9(a)所示的荷载作用下，A 支座反力。

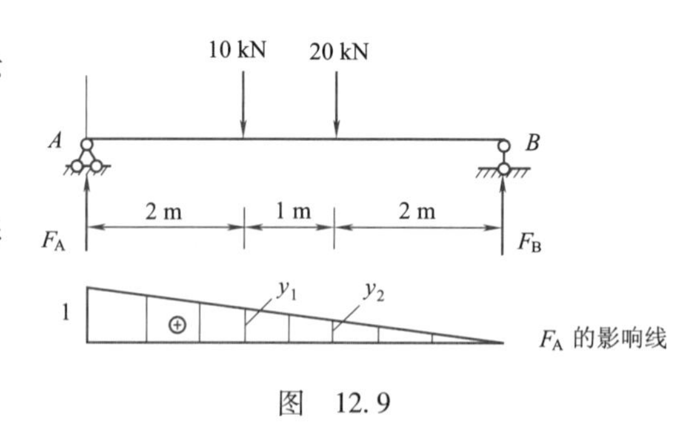

图 12.9

解：①绘制 A 支座反力影响线。

②计算影响量。根据三角形相似比计算出单位荷载的影响量 y_1、y_2

$$y_1 = \frac{3}{5}, \qquad y_2 = \frac{2}{5}$$

再计算集中荷载作用下的影响量

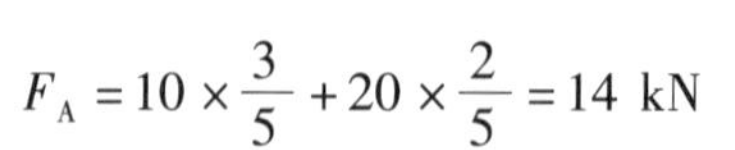

$$F_A = 10 \times \frac{3}{5} + 20 \times \frac{2}{5} = 14\ \text{kN}$$

可以看出，上述结果与由静力平衡方程求出的结果相同。

12.2.2 均布荷载作用下的影响量计算

均布荷载作用下某量值的影响量等于该均布荷载的荷载集度与该均布荷载作用位置所对应的影响线

面积的乘积，且均布荷载所对应的影响线必须是直线，不能是折线。即

$$S = \sum_{i=1}^{n} q_i \cdot A_i \tag{12.2}$$

式中：S——均布荷载作用下某量值的影响量；

q——均布荷载集度；

A_i——均布荷载作用位置对应的影响线面积。

【案例 12.3】 应用影响量的计算求图 12.10 所示的荷载作用下，B 支座反力。

解：①绘制 B 支座反力影响线。

②计算影响量。根据三角形相似比计算出单位荷载的影响量 y_1、y_2

$$y_1 = \frac{2}{5}, \qquad y_2 = \frac{3}{5}$$

再计算荷载作用下的影响量

$$F_B = 2 \times \frac{1}{2} \times 2 \times \frac{2}{5} + 10 \times \frac{3}{5} = 6.8\ \text{kN}$$

可以看出，上述结果与由静力平衡方程求出的结果相同。

综上所述，影响量的计算给出了计算支座反力及内力的另一种计算方法。

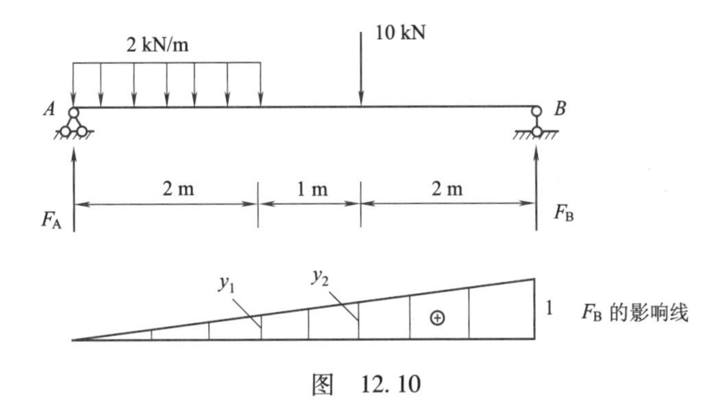

图　12.10

12.3　计算绝对最大弯矩

12.3.1　一组集中荷载移动时，简支梁截面最大弯矩的计算

在工程中，一组集中荷载移动时，结构某截面的弯矩值中将有一个最大值，称为该截面的最大弯矩，该最大弯矩对应的荷载位置称为最不利荷载位置。本节只介绍工程中常用的简支梁的截面最大弯矩的计算方法。

当一组集中荷载在简支梁上移动时，某一荷载在弯矩影响线的顶点，设左侧作用在梁上的荷载的合力为 $F_{R左}$，右侧作用在梁上的荷载的合力为 $F_{R右}$，若作用在顶点的荷载满足下列公式：

$$\begin{cases} \dfrac{F_{R左} + F_P}{a} > \dfrac{F_{R右}}{b} \\ \dfrac{F_{R左}}{a} < \dfrac{F_{R右} + F_P}{b} \end{cases} \tag{12.3}$$

则称 F_P 为临界荷载，即当 F_P 作用在弯矩影响线顶点位置时，截面的弯矩有可能是最大值。

【案例 12.4】 试求图 12.11 所示简支梁在两台吊车荷载（4 个轮压）作用下 C 截面的最大弯矩，$F_{P1} = F_{P2} = 65\ \text{kN}$，$F_{P3} = F_{P4} = 80\ \text{kN}$。

解：①绘制 C 截面的弯矩影响线。

②求临界荷载。根据荷载情况可以判断 F_{P2} 和 F_{P3} 可能是临界荷载，将 F_{P2} 和 F_{P3} 分别代入公式（12.3）

$$\begin{cases}\dfrac{65+65}{4}>\dfrac{160}{5}\\ \dfrac{65}{4}<\dfrac{160+65}{5}\end{cases}\qquad\qquad \begin{cases}\dfrac{65+80}{4}>\dfrac{80}{5}\\ \dfrac{65}{4}<\dfrac{80+80}{5}\end{cases}$$

可见 F_{P2} 和 F_{P3} 均为临界荷载。

③计算荷载对应的影响量。根据三角形相似比计算影响量如图 12. 11。

④计算最大弯矩。分别计算后取最大弯矩，当 F_{P2} 作用在影响线顶点时

$$M=65\times0.56+65\times2.22+80\times1.55+80\times0.22=322.3(\text{kN}\cdot\text{m})$$

当 F_{P3} 作用在影响线顶点时

$$M=65\times1.39+80\times2.22+80\times0.39=299.15(\text{kN}\cdot\text{m})$$

则：$M_{max}=322.3\ \text{kN}\cdot\text{m}$，当 F_{P2} 作用在影响线顶点时为最不利荷载位置。

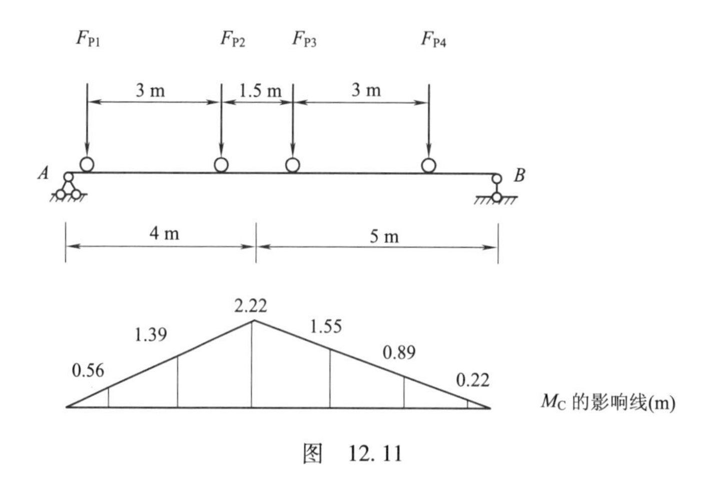

图 12. 11

12. 3. 2 简支梁的内力包络图及绝对最大弯矩

前面介绍了一个单位荷载在结构上移动时，对结构支座反力及内力的影响，下面将讨论一组荷载在结构上移动时，对结构支座反力及内力的影响。例如，当厂房中起吊重物的吊车在吊车梁上行驶时，吊车的位置变化会对梁的各个截面有不同的影响。我们将当一组荷载在结构上移动时，根据结构上各个截面的最小、最大内力值绘制出的图形称为结构的内力包络图；而将各个截面中的最大弯矩称为绝对最大弯矩，将绝对最大弯矩对应的荷载位置称为荷载作用的最不利位置。包络图表示各截面内力变化的极限值，是结构设计的主要依据，在吊车梁、桥梁设计中广泛应用。本节只介绍简支梁的内力包络图的绘制方法及绝对最大弯矩的计算方法。

1. 简支梁的内力包络图

以厂房中有两台吊车为例介绍内力包络图的绘制方法及绝对最大弯矩的计算方法。

【案例 12.5】 绘制图 12. 12(a)所示吊车梁在两台吊车荷载(4 个轮压)作用下的弯矩包络图。

解：①将简支梁分段(分成 9 段，每段 1 m)，由于对称，只求出 4 个截面最大弯矩即可，再根据对称性绘制出另一半。

②绘制 1 ~ 4 截面的弯矩影响线，如图 12. 12(b)、(c)、(d)、(e)所示。由简支梁弯矩影响线最大值计算公式计算各影响线最大值。

③求 1 ~ 4 截面最不利荷载位置相应的影响量。由于简支梁在竖向荷载作用下没有负弯矩，各截面最小弯矩为零，因此只求各截面最大弯矩。

对于 1 截面，由图 12. 12(b)可知，当第三个力移动到 1 截面时，1 截面将产生最大弯矩，由 1 截面弯矩影响线可以求出各相应的影响量。

对于 2 截面，由图 12. 12(c)可知，当第三个力移动到 2 截面时，2 截面将产生最大弯矩，由 2 截面弯矩影

响线可以求出各相应的影响量。

对于3截面,由图12.12(d)可知,当第三个力移动到3截面时,3截面将产生最大弯矩,由3截面弯矩影响线可以求出各相应的影响量。

对于4截面,由图12.12(e)可知,当第三个力移动到3截面时,4截面将产生最大弯矩,由4截面弯矩影响线可以求出各相应的影响量。

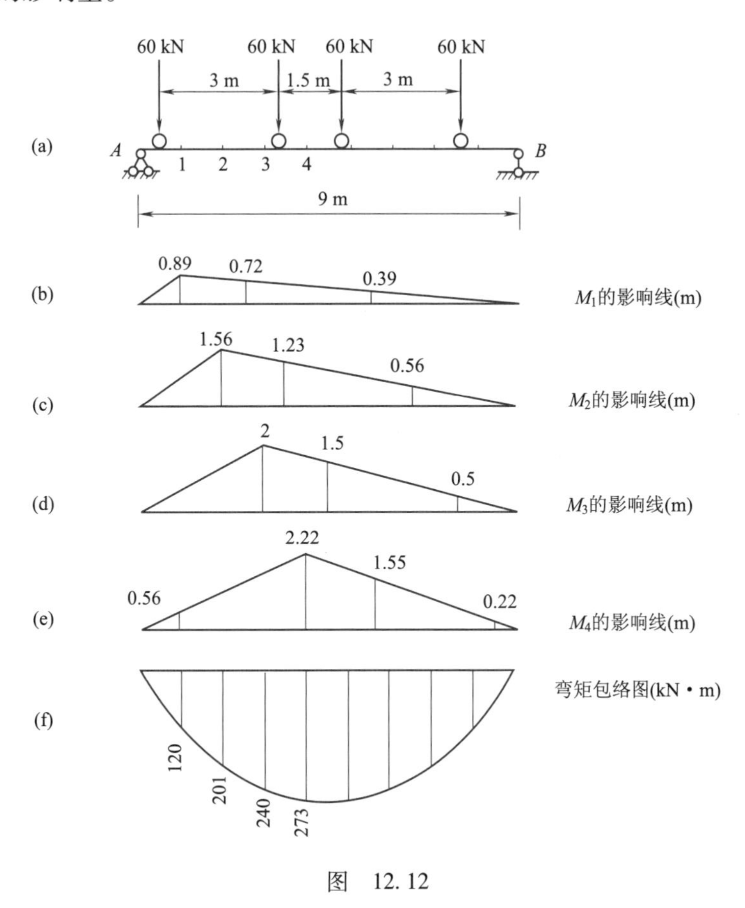

图　12.12

④计算1-4截面最大弯矩。

$$M_{1\max}=(0.89+0.72+0.39)\times 60=120\ \text{kN}\cdot\text{m}$$

$$M_{2\max}=(1.56+1.23+0.56)\times 60=201\ \text{kN}\cdot\text{m}$$

$$M_{3\max}=(2+1.5+0.5)\times 60=240\ \text{kN}\cdot\text{m}$$

$$M_{4\max}=(2.22+0.56+1.55+0.22)\times 60=273\ \text{kN}\cdot\text{m}$$

⑤绘制弯矩包络图,如图12.12(f)所示。

【案例12.6】 绘制图12.13(a)所示荷载作用下的剪力包络图。

解:①将简支梁分段(分成9段,每段1 m),由于对称,只求出5个截面最大、最小剪力即可,再根据对称性绘制出另一半。

②绘制A、1~4截面的剪力影响线,如图12.13(b)、(c)、(d)、(e)、(f)所示。由简支梁剪力影响线最大、最小值计算公式计算各值。

③求A、1~4截面最不利荷载位置相应的影响量。对于A截面:由图12.13(b)可知,当第三个力移动到A截面时,A截面将产生最大、最小剪力,由A截面剪力影响线可以求出各相应的影响量。

对于1截面:由图12.13(c)可知,当第三个力移动到1截面时,1截面将产生最大、最小剪力,由1截面剪力影响线可以求出各相应的影响量。

对于2截面:由图12.13(d)可知,当第三个力移动到2截面时,2截面将产生最大、最小剪力,由2截面剪力影响线可以求出各相应的影响量。

对于3截面：由图12.13(e)可知，当第三个力移动到3截面时，3截面将产生最大、最小剪力，由3截面剪力影响线可以求出各相应的影响量。

对于4截面：由图12.13(f)可知，当第三个力移动到3截面时，4截面将产生最大、最小剪力，由4截面剪力影响线可以求出各相应的影响量。

④计算A、1～4截面最大、最小剪力值。

$F_{QAmax}=(1+0.83+0.5)\times 60=140(kN)$，　　$F_{QAmin}=0$

$F_{Q1max}=(0.89+0.72+0.39)\times 60=120(kN)$，　　$F_{Q1min}=-0.11\times 60=-6.6(kN)$

$F_{Q2max}=(0.78+0.61+0.29)\times 60=101(kN)$，　　$F_{Q2min}=-0.22\times 60=-13.2(kN)$

$F_{Q3max}=(0.67+0.5+0.17)\times 60=80(kN)$，　　$F_{Q3min}=-0.33\times 60=-19.8(kN)$

$F_{Q4max}=(0.56+0.39+0.06-0.11)\times 60=54(kN)$，$F_{Q4min}=-(0.44+0.11)\times 60=-33(kN)$

⑤绘制剪力包络图，如图12.13(g)所示。

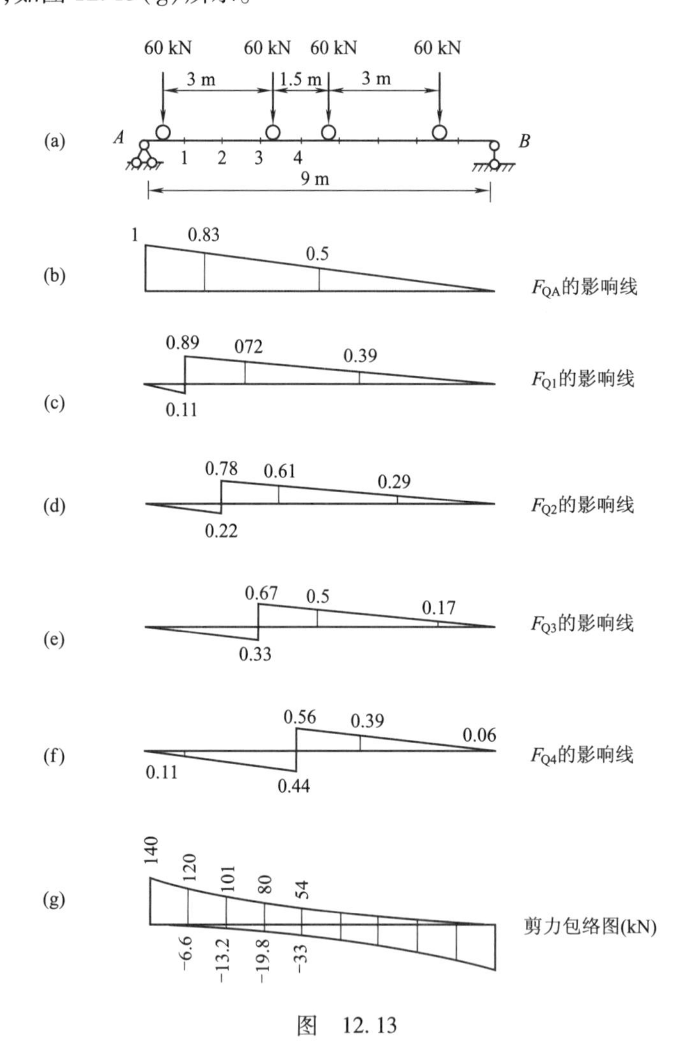

图　12.13

2. 绝对最大弯矩

经过公式推导发现，多个移动荷载作用在简支梁上时，绝对最大弯矩并不在跨中截面，而是在距跨中附近的截面，现推导该截面的位置坐标。

如图12.14所示一简支梁，作用有一组移动荷载$F_{P1}\cdots F_{Pn}$，荷载的数量和间距不变，求荷载移动时，梁上的绝对最大弯矩。

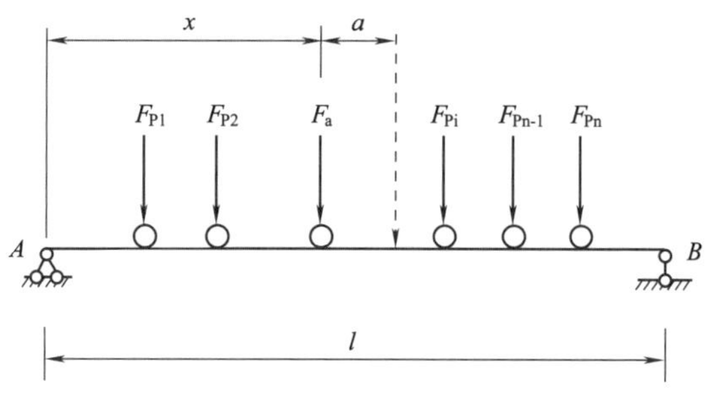

图　12.14

由集中荷载作用下的弯矩图可知,弯矩图的顶点始终发生在集中荷载作用处,因此绝对最大弯矩一定位于某一个临界荷载的作用处。设某一临界荷载与该组力系的合力之间的距离为 a,该一临界荷载距 A 支座的距离为 x,则:

$$\sum M_B=0,\qquad -F_A\cdot l+F_R\cdot(l-x-a)=0$$

$$F_A=\frac{l-x-a}{l}\cdot F_R$$

设临界荷载作用截面的弯矩为 M_{cr},临界荷载作用截面左侧荷载对该截面的力矩为 M_0(临界荷载作用的截面中心为 O 点),则

$$M_{cr}=F_A\cdot x-M_O=\frac{l-x-a}{l}F_R\cdot x-M_O=-\frac{F_R}{l}x^2+\frac{F_R\cdot(l-a)}{l}\cdot x-M_O$$

式中:M_0——常量(由于荷载之间的位置不变,数值不变)。

由此可得

$$\frac{dM_{cr}}{dx}=-\frac{2F_R}{l}x+\frac{F_R\cdot(l-a)}{l}$$

$$\frac{dM_{cr}}{dx}=0,\qquad -\frac{2F_R}{l}x+\frac{F_R\cdot(l-a)}{l}=0$$

$$x=\frac{l}{2}-\frac{a}{2}\text{ 或 }x=\frac{l}{2}+\frac{a}{2}\tag{12.4}$$

由式(12.4)可知,临界荷载最大弯矩所发生的截面距离跨中向左$\frac{a}{2}$处(当合力位于临界荷载右侧时),同理可以求得当合力位于临界荷载左侧时,临界荷载最大弯矩所发生的截面距离跨中向右$\frac{a}{2}$处。根据上述方法计算所有临界荷载作用在距离跨中$\frac{a}{2}$处的最大弯矩,选择其中最大的一个就是绝对最大弯矩。

需要注意的是,F_R 是作用在梁上的所有荷载,当计算 F_{cr}和 F_R 的位置后,若发现有些荷载未进入梁上或离开梁,需要重新计算梁上荷载的合力和位置。

【案例 12.7】 试求图 12.15(a)所示移动荷载作用下的绝对最大弯矩,已知,$F_{P1}=F_{P2}=65$ kN,$F_{P3}=F_{P4}=80$ kN。

解:① 计算移动荷载的合力位置。以 F_{P1}力的作用点为矩心求合力位置得

$$x_R=\frac{65\times3+80\times4.5+80\times7.5}{65\times2+80\times2}=3.98(\text{m})$$

②求临界荷载及最不利荷载位置。根据荷载情况可以判断 F_{P2}和 F_{P3}可能是临界荷载,将 F_{P2}和 F_{P3}分别代入公式(12.3),得

$$\begin{cases}\dfrac{65+65}{4.5}<\dfrac{160}{4.5}\\[2mm]\dfrac{65}{4.5}<\dfrac{160+65}{4.5}\end{cases}\qquad\qquad\begin{cases}\dfrac{65+80}{4.5}>\dfrac{80}{4.5}\\[2mm]\dfrac{65}{4.5}<\dfrac{80+80}{4.5}\end{cases}$$

只有 F_{P3}是临界荷载，根据公式(12.4)求出最不利荷载位置

$$x_C=\frac{l}{2}+\frac{a}{2}=4.5+\frac{4.5-3.98}{2}=4.76(\text{m})$$

③绘制 M_C的影响线及求出相应单位荷载的影响量，如图12.15(b)所示。

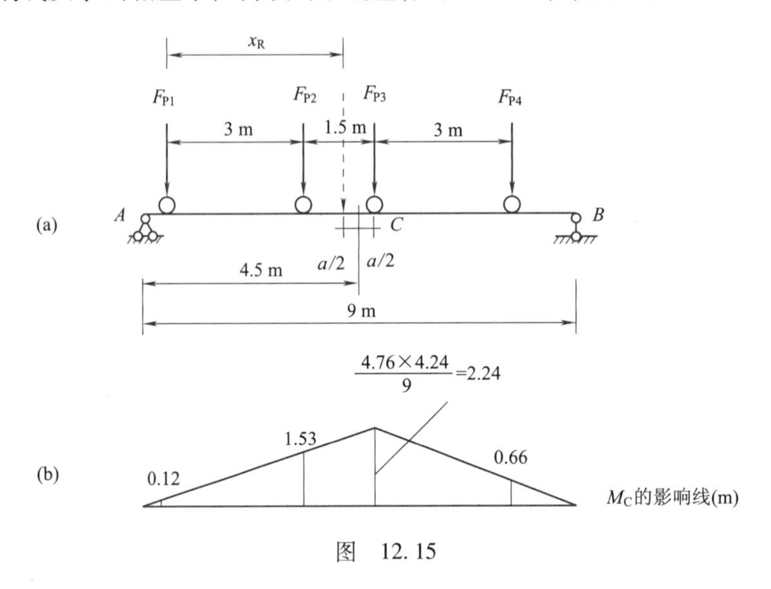

图 12.15

④求绝对最大弯矩。

$$M_{绝对最大}=65\times(0.12+1.53)+80\times(2.24+0.66)=339.25(\text{kN}\cdot\text{m})$$

由上个案例可知，求绝对最大弯矩的关键是找出临界荷载，而临界荷载一般是在荷载集中处且靠近合力的荷载，然后再根据式(12.3)计算确定。

计 划 单

<table>
<tr><td>学习领域</td><td colspan="4">土建工程力学应用</td></tr>
<tr><td>学习情境</td><td colspan="4">移动荷载作用下的结构内力计算</td></tr>
<tr><td>工作任务</td><td colspan="4">计算移动荷载作用下静定结构的内力</td></tr>
<tr><td>计划方式</td><td colspan="4">小组讨论、团结协作共同制订计划</td></tr>
<tr><td>计划学时</td><td colspan="4">0.5 学 时</td></tr>
<tr><td>序 号</td><td colspan="2">实 施 步 骤</td><td colspan="2">具体工作内容描述</td></tr>
<tr><td>1</td><td colspan="2"></td><td colspan="2"></td></tr>
<tr><td>2</td><td colspan="2"></td><td colspan="2"></td></tr>
<tr><td>3</td><td colspan="2"></td><td colspan="2"></td></tr>
<tr><td>4</td><td colspan="2"></td><td colspan="2"></td></tr>
<tr><td>5</td><td colspan="2"></td><td colspan="2"></td></tr>
<tr><td>6</td><td colspan="2"></td><td colspan="2"></td></tr>
<tr><td>7</td><td colspan="2"></td><td colspan="2"></td></tr>
<tr><td>8</td><td colspan="2"></td><td colspan="2"></td></tr>
<tr><td>9</td><td colspan="2"></td><td colspan="2"></td></tr>
<tr><td>制订计划说明</td><td colspan="4">（写出制订计划中人员为完成任务的主要建议或可以借鉴的建议、需要解释的某一方面）</td></tr>
<tr><td rowspan="3">计划评价</td><td>班 级</td><td></td><td>第 组</td><td>组长签字</td></tr>
<tr><td>教师签字</td><td colspan="2"></td><td>日 期</td></tr>
<tr><td colspan="4">评语：</td></tr>
</table>

决 策 单

学习领域	土建工程力学应用				
学习情境	移动荷载作用下的结构内力计算				
工作任务	计算移动荷载作用下静定结构的内力				
决策学时	0.5 学 时				
方案对比	序 号	方案的可行性	方案的先进性	实 施 难 度	综 合 评 价
	1				
	2				
	3				
	4				
	5				
	6				
	7				
	8				
	9				
	10				
决策或分工评价	班 级		第 组	组长签字	
	教师签字			日 期	
	评语：				

实　施　单

学习领域	土建工程力学应用	
学习情境	移动荷载作用下的结构内力计算	
工作任务	计算移动荷载作用下静定结构的内力	
实施方式	小组成员合作共同研讨确定实施步骤,每人均填写实施单	
实施学时	3 学 时	
序　　号	实 施 步 骤	使 用 资 源
1		
2		
3		
4		
5		
6		
7		
8		
9		

实施说明:

班　　级		第　　组	组长签字	
教师签字			日　　期	
评　　语				

作 业 单

<table>
<tr><td>学习领域</td><td colspan="4">土建工程力学应用</td></tr>
<tr><td>学习情境</td><td colspan="4">移动荷载作用下的结构内力计算</td></tr>
<tr><td>工作任务</td><td colspan="4">计算移动荷载作用下静定结构的内力</td></tr>
<tr><td>实施方式</td><td colspan="4">小组成员动手实践,计算移动荷载作用下的静定结构内力</td></tr>
<tr><td colspan="5">(在此计算移动荷载作用下的静定结构的内力,不够可附页)</td></tr>
<tr><td>班　级</td><td></td><td>第　组</td><td>组长签字</td><td></td></tr>
<tr><td>教师签字</td><td colspan="2"></td><td>日　期</td><td></td></tr>
<tr><td>评　语</td><td colspan="4"></td></tr>
</table>

检　查　单

<table>
<tr><td>学习领域</td><td colspan="5">土建工程力学应用</td></tr>
<tr><td>学习情境</td><td colspan="5">移动荷载作用下的结构内力计算</td></tr>
<tr><td>工作任务</td><td colspan="5">计算移动荷载作用下静定结构的内力</td></tr>
<tr><td>检查学时</td><td colspan="5">0.5 学 时</td></tr>
<tr><td>序　号</td><td>检 查 项 目</td><td colspan="2">检 查 标 准</td><td>组 内 互 查</td><td>教 师 检 查</td></tr>
<tr><td>1</td><td>影响线的绘制</td><td colspan="2">是否正确</td><td></td><td></td></tr>
<tr><td>2</td><td>绘制影响线的方法及步骤</td><td colspan="2">是否完整、正确</td><td></td><td></td></tr>
<tr><td>3</td><td>作业单</td><td colspan="2">是否正确、整洁</td><td></td><td></td></tr>
<tr><td>4</td><td>计算过程</td><td colspan="2">是否完整、正确</td><td></td><td></td></tr>
<tr><td rowspan="3">检查评价</td><td>班　级</td><td></td><td>第　组</td><td>组长签字</td><td></td></tr>
<tr><td>教师签字</td><td></td><td>日　期</td><td colspan="2"></td></tr>
<tr><td colspan="5">评语：</td></tr>
</table>

评 价 单

<table>
<tr><td>学习领域</td><td colspan="7">土建工程力学应用</td></tr>
<tr><td>学习情境</td><td colspan="7">移动荷载作用下的结构内力计算</td></tr>
<tr><td>工作任务</td><td colspan="7">计算移动荷载作用下静定结构的内力</td></tr>
<tr><td>评价学时</td><td colspan="7">0.5 学 时</td></tr>
<tr><td>考核项目</td><td colspan="2">考核内容及要求</td><td>分值</td><td>学生自评
(10%)</td><td>小组评分
(20%)</td><td>教师评分
(70%)</td><td>实得分</td></tr>
<tr><td>资讯
(10)</td><td colspan="2">翔实准确</td><td>10</td><td></td><td></td><td></td><td></td></tr>
<tr><td rowspan="3">计划及决策
(25)</td><td colspan="2">工作程序的完整性</td><td>10</td><td></td><td></td><td></td><td></td></tr>
<tr><td colspan="2">步骤内容描述</td><td>10</td><td></td><td></td><td></td><td></td></tr>
<tr><td colspan="2">计划规范性</td><td>5</td><td></td><td></td><td></td><td></td></tr>
<tr><td rowspan="3">工作过程
(40)</td><td colspan="2">分析程序正确</td><td>10</td><td></td><td></td><td></td><td></td></tr>
<tr><td colspan="2">步骤正确</td><td>10</td><td></td><td></td><td></td><td></td></tr>
<tr><td colspan="2">结果正确</td><td>20</td><td></td><td></td><td></td><td></td></tr>
<tr><td>完成时间
(15)</td><td colspan="2">在要求时间内完成</td><td>15</td><td></td><td></td><td></td><td></td></tr>
<tr><td>合作性
(10)</td><td colspan="2">能够很好地团结协作</td><td>10</td><td></td><td></td><td></td><td></td></tr>
<tr><td colspan="3">总 分(∑)</td><td>100</td><td></td><td></td><td></td><td></td></tr>
<tr><td rowspan="4">评价评语</td><td>班 级</td><td colspan="3"></td><td>学 号</td><td colspan="2"></td></tr>
<tr><td>姓 名</td><td colspan="3"></td><td>第 组</td><td>组长签字</td><td></td></tr>
<tr><td>教师签字</td><td></td><td>日 期</td><td colspan="2"></td><td>总 评</td><td></td></tr>
<tr><td colspan="7">评语:</td></tr>
</table>

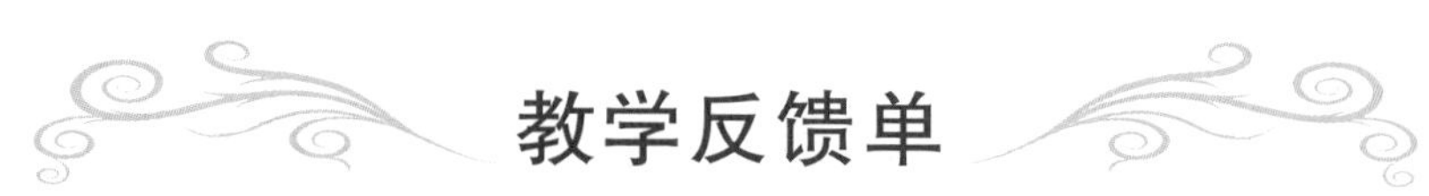

教学反馈单

学习领域	土建工程力学应用			
学习情境	移动荷载作用下的结构内力计算			
工作任务	计算移动荷载作用下静定结构的内力			
任务学时	6 学 时			
序　　号	调查内容	是	否	理由陈述
1	你感觉本次任务是否容易完成?			
2	你的自主学习能力是否又有提高?			
3	针对本次学习任务是否进一步提高了你的资讯能力?			
4	计划和决策感到困难吗?			
5	你认为本次学习任务的完成,对你将来的工作有帮助吗?			
6	通过完成本工作任务,你学会计算移动荷载作用下静定结构的内力了吗?今后遇到实际的问题你可以解决吗?			
7	你能在日常的工作和生活中找到有关移动荷载作用下的静定结构的案例吗?			
8	通过几天来的工作和学习,你对自己的表现是否满意?			
9	你对小组成员之间的合作是否满意?			
10	你认为本任务还应学习哪些方面的内容?(请在下面空白处填写)			
你的意见对改进教学非常重要,请写出你的建议和意见。				
被调查人签名		调查时间		

任务13 绘制超静定结构的弯矩包络图

<table>
<tr><td>学习领域</td><td colspan="6">土建工程力学应用</td></tr>
<tr><td>学习情境</td><td colspan="6">移动荷载作用下的结构内力计算</td></tr>
<tr><td>工作任务</td><td colspan="6">绘制超静定结构的弯矩包络图</td></tr>
<tr><td>任务学时</td><td colspan="6">6 学 时</td></tr>
<tr><td colspan="7">布 置 任 务</td></tr>
<tr><td>工作目标</td><td colspan="6">在进行土建工程结构设计时，要绘制包络图，找出危险截面。本任务要求学生：
1. 能够熟练绘制超静定结构的弯矩图
2. 能够正确地进行内力图叠加
3. 能够正确地绘制弯矩包络图</td></tr>
<tr><td>任务描述</td><td colspan="6">图示为上承式铁路拱桥，假设拱桥的梁是连续梁，若梁的自重为 $q_1=20$ kN/m，机车及车辆的活荷载为满跨作用 $q_2=92$ kN/m，桥梁跨度为 20 m。 
(1)绘制三跨连续梁某跨内截面弯矩影响线
(2)应用力矩分配法绘制出均布荷载分别作用在各单跨梁时的弯矩图
(3)绘制梁的弯矩包络图</td></tr>
<tr><td rowspan="2">学时安排</td><td>资　讯</td><td>计　划</td><td>决策或分工</td><td>实　施</td><td>检　查</td><td>评　价</td></tr>
<tr><td>1 学时</td><td>0.5 学时</td><td>0.5 学时</td><td>3 学时</td><td>0.5 学时</td><td>0.5 学时</td></tr>
<tr><td>提供资料</td><td colspan="6">工程案例；工程规范；参考书；教材</td></tr>
<tr><td>学生知识与能力要求</td><td colspan="6">1. 具备杆件的内力计算能力和绘制杆件内力图的能力
2. 具备计算杆件位移的能力
3. 具备一定的自学能力、数据计算、沟通协调、语言表达能力和团队意识
4. 严格遵守课堂纪律，不迟到、不早退；学习态度认真、端正
5. 每位同学必须积极参与小组讨论
6. 每组均需按规定完成所给结构弯矩包络图的绘制</td></tr>
<tr><td>教师知识与能力要求</td><td colspan="6">1. 熟练掌握应用机动法绘制超静定结构在移动荷载作用下影响线
2. 熟练连续梁的包络图的绘制
3. 有组织学生按要求完成任务的驾驭能力
4. 对任务完成过程、结果进行点评，并为各小组进行综合打分</td></tr>
</table>

资　讯　单

<table>
<tr><td>学习领域</td><td colspan="4">土建工程力学应用</td></tr>
<tr><td>学习情境</td><td colspan="4">移动荷载作用下的结构内力计算</td></tr>
<tr><td>工作任务</td><td colspan="4">绘制超静定结构的弯矩包络图</td></tr>
<tr><td>资讯学时</td><td colspan="4">1 学 时</td></tr>
<tr><td>资讯方式</td><td colspan="4">在图书馆、互联网及教材中进行查询，或向任课教师请教</td></tr>
<tr><td rowspan="8">资讯内容</td><td colspan="4">1. 什么是影响线？</td></tr>
<tr><td colspan="4">2. 绘制超静定结构的弯矩包络图的方法有哪些？</td></tr>
<tr><td colspan="4">3. 绘制超静定结构的弯矩包络图的思路有哪些？</td></tr>
<tr><td colspan="4">4. 怎样绘制影响线，有哪几种方法？</td></tr>
<tr><td colspan="4">5. 内力影响线与内力图的区别有哪些？</td></tr>
<tr><td colspan="4">6. 怎样计算影响量，方法与步骤有哪些？</td></tr>
<tr><td colspan="4">7. 绘制几种常见的影响线。</td></tr>
<tr><td colspan="4">8. 计算绝对最大弯矩的方法与步骤有哪些？</td></tr>
<tr><td>资讯要求</td><td colspan="4">1. 根据工作目标和任务描述正确理解完成任务需要的资讯内容
2. 按照上述资讯内容进行资询
3. 写出资讯报告</td></tr>
<tr><td rowspan="3">资讯评价</td><td>班　级</td><td></td><td>学生姓名</td><td></td></tr>
<tr><td>教师签字</td><td></td><td>日　期</td><td></td></tr>
<tr><td colspan="4">评语：</td></tr>
</table>

信 息 单

13.1 应用机动法绘制结构的支座反力和内力影响线

13.1.1 机动法绘制影响线

机动法绘制影响线的原理是刚体虚功原理:具有理想约束的刚体体系在某一位置处于平衡状态的充分与必要的条件是,力系在任何体系所允许的微小虚位移上所做的虚功总和等于零。当单位荷载在结构上移动到某一位置时,某量值 $Z(x)$ 与单位荷载组成平衡力系在结构所能允许的微小虚位移 δ_Z 和 $\delta(x)$ 上所做的虚功总和等于零,即

$$\bar{Z}(x)\cdot\delta_Z+1\times\delta(x)=0$$

$$\bar{Z}(x)=-\frac{\delta(x)}{\delta_Z} \tag{13.1}$$

式中:$\bar{Z}(x)$——某量值在单位荷载作用下的方程,即该量值的影响线方程;

δ_Z——将某量值相应约束解除,并给出的与之对应的微小虚位移,是一个常数;

$\delta(x)$——由 δ_Z 引起的与单位荷载相对应的虚位移方程;

公式(13.5)表明,某量值 $\bar{Z}(x)$ 的影响线图形与解除该量值相对应的约束后,由微小虚位移 δ_Z 引起的结构虚位移 $\delta(x)$ 的图形成正比,即图形形状相同。因此,用机动法绘制某量值的影响线,就是假想将该量值对应的约束解除,然后给其一个相应的微小位移,由该微小位移引起的结构的位移图形就是该量值影响线的图形,再根据静力法求出影响线的控制值。

【案例 13.1】 试用机动法求图 13.1(a)所示支座 A、B 的影响线。

解:①绘制出影响线形状。解除支座 A,给一个与支座反力相对应的竖向位移,如图 13.1(b)所示。

②求出控制值。当单位荷载作用在支座 A 时,支座 A 反力等于 1,如图 13.1(c)所示。同理绘制出支座 B 的影响线,如图 13.1(d)所示。

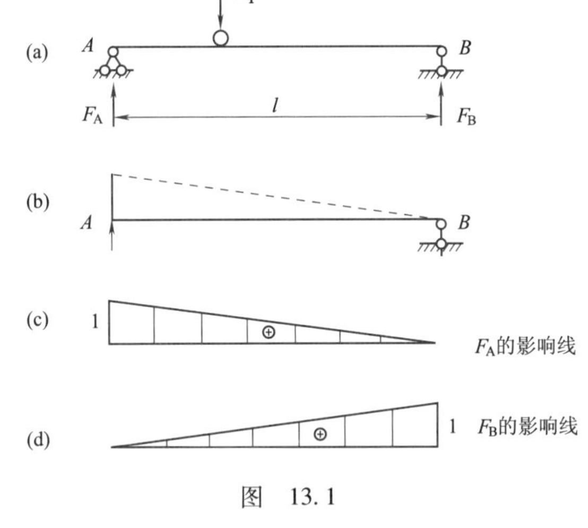

图 13.1

【案例 13.2】 试用机动法求图 13.2(a)所示多跨静定梁的 F_A、F_B、F_{QC}、M_C、M_D的影响线。

解:①假想解除支座 A,给一个与支座反力相对应的竖向位移,其影响线如图 13.2(b)所示。

②假想解除支座 B,给一个与支座反力相对应的竖向位移,其影响线如图 13.2(c)所示

③假想解除与 F_{QC}相对应的约束,见图 13.2(d),给一个与其相对应的竖向位移,其影响线如图 13.2(e)所示。

④假想解除与 M_C相对应的转角约束,给一个与其相对应的转角位移,其影响线如图 13.2(f)所示。

⑤假想解除与 M_B 相对应的转角约束,见图 13.2(g),给一个与其相对应的转角位移,其影响线如图 13.2(h)所示。

由上述计算可以看出,机动法绘制影响线非常简便快捷,特别是配合静力计算更加方便。

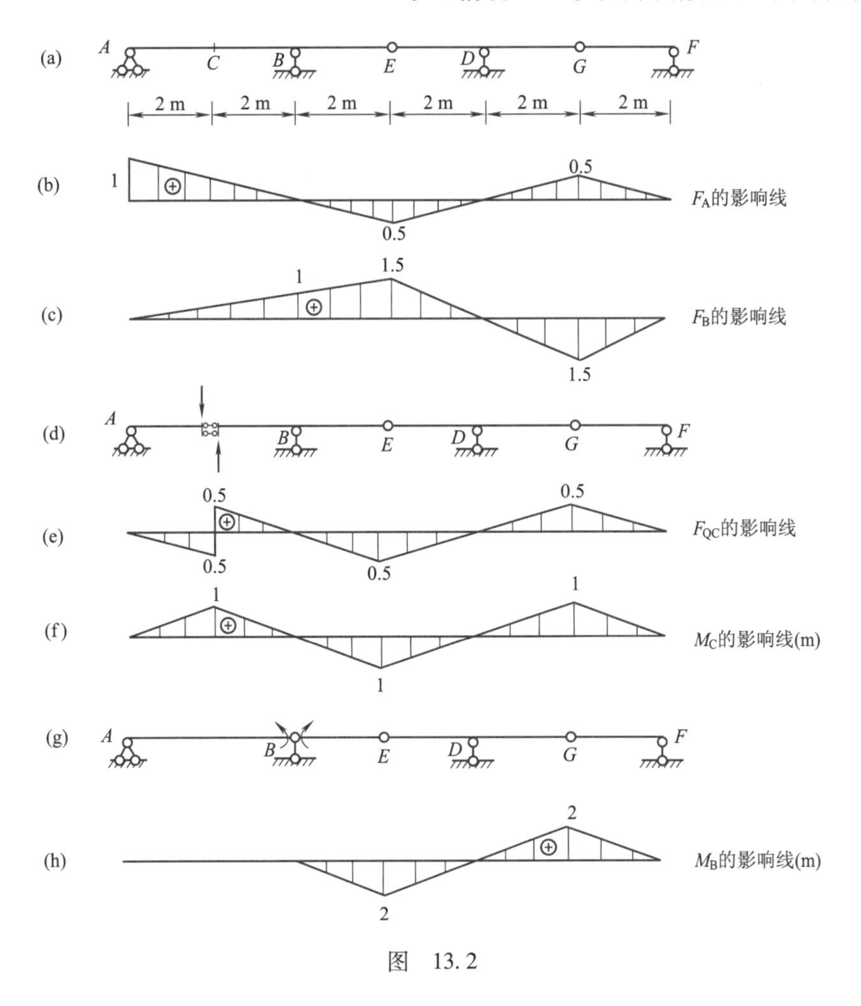

图　13.2

13.1.2　用机动法绘制超静定梁(连续梁)的影响线

前面介绍了用机动法绘制静定梁的影响线,由于静定梁的反力和内力影响线都是由直线段组成,其竖标的计算也比较简单,而且只要定出每段的两个竖标,则影响线即容易绘出。而对于超静定梁,欲确定移动荷载作用下的最不利荷载位置,同样要用到影响线,但由任务 10 的信息单中的表 10.1 可以看出,当集中荷载沿超静定梁移动时,梁的反力和内力并非线性变化,故超静定梁的反力和内力影响线都为曲线,竖标的计算及影响线的绘制要复杂得多。若用静力法绘制其上各量值的影响线,必须先求解超静定结构,求得影响线方程,将梁分为若干等分,依次求出各分点的竖标,再连成曲线。显然,这样绘制影响线将十分烦琐。而在工程设计中通常遇到的多跨连续梁上的移动荷载多为满跨作用的均布活荷载,因此只要知道影响线的轮廓,就能确定其最不利荷载的位置,因此,我们可以用机动法绘制影响线的轮廓,这给活荷载作用在连续梁上的设计带来方便。下面介绍用机动法绘制连续梁影响线的原理。

设有一个 n 次超静定梁,如图 13.3(a)所示,欲绘制某量值 X_K(如 M_K)的影响线,可先撤除与该量值 X_K 相应的联系,并以 X_K代替其作用,如图 13.3 所示,求 X_K时,以撤除相应联系后所得到的 $n-1$ 次超静定结构作为基本结构。按照力法的一般原理,根据原来结构在截面 K 处的已知位移条件建立以下力法方程

$$\delta_{KK}X_K+\delta_{KP}=0$$

故得

$$X_K=-\frac{\delta_{KP}}{\delta_{KK}} \tag{13.2}$$

式中:δ_{KK}——基本结构上由于 $X_K=1$ 的作用,在截面 K 并沿 X_K的方向所引起的位移,如图 13.3(b)所示,其值与荷载的作用位置无关而为一常数且为正值。

δ_{KP}——基本结构上由于 $F_P=1$ 的作用在截面 K 沿 X_K的方向所引起的位移,其值则随荷载 F_P的位置移

动而变化,如图 13.3(c)所示。

由位移互等定理,有 $\delta_{KK}=\delta_{PK}$。δ_{PK}代表由 $X_K=1$ 的作用在移动荷载的方向上所引起的位移,如图 13.3 所示。于是式 13.2 可写为

$$X_K=-\frac{\delta_{KP}}{\delta_{KK}}=-\frac{\delta_{PK}}{\delta_{KK}} \tag{13.3}$$

其中 X_K和 δ_{PK}均随荷载 F_P的移动而变化,它们都是荷载位置 x 的函数,而 δ_{KK}则是一个常数。因此,由 $X_K=1$ 的作用引起的结构变形的图形即为 X_K影响线的相似图形,又由于竖向位移 δ_{PK}图是取向下为正,如图 13.3(d)所示,而 X_K为正时绘制在基线的上方,如图 13.3(e)所示。

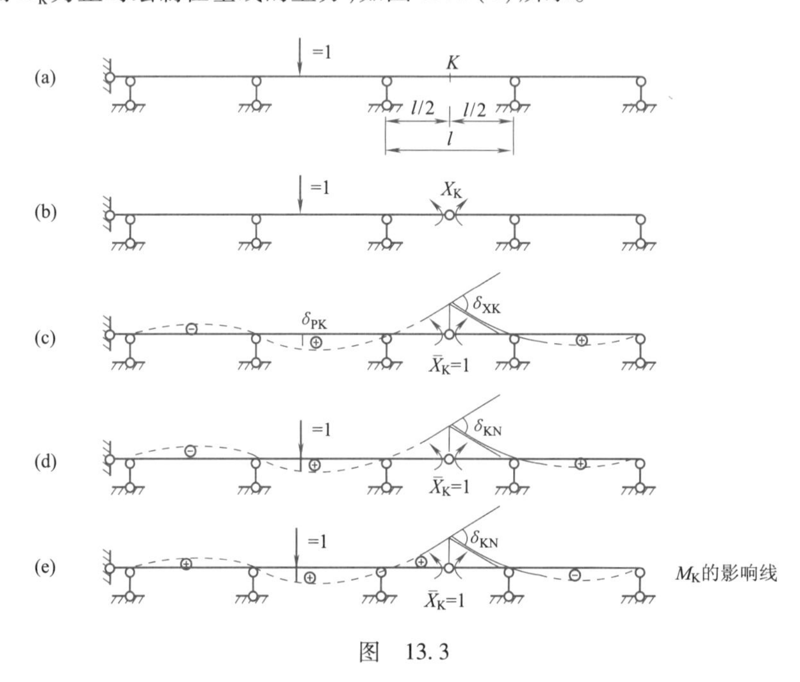

图 13.3

综上所述,用机动法绘制超静定结构影响线的步骤与用机动法绘制静定结构影响线的步骤相同,即某一量值的影响线,只要去掉与该量值相应的联系,而使所得结构产生与该量值相应的位移,则由此而引起的结构位移图形即为该量值影响线的相似图形(简称影响线)。

下面再绘制图 13.4(a)所示 K 截面剪力和 B 支座反力影响线。如图 13.4(a)所示连续梁,设其 K 截面剪力影响线,先将与之相应的联系去掉,即在 K 处切开,改为如图 13.4(b)所示的联系,这种联系可以抵抗轴力和弯矩,但不能抵抗剪力,然后再作用一个等于 1 的相对应的剪力,由该剪力引起的结构位移图即为 K 截面剪力影响线,如图 13.4(c)所示。同理去掉 i 支座的联系后的结构发生与的位移图即为该支座反力 F_i 的影响线,如图 13.19(d)所示。

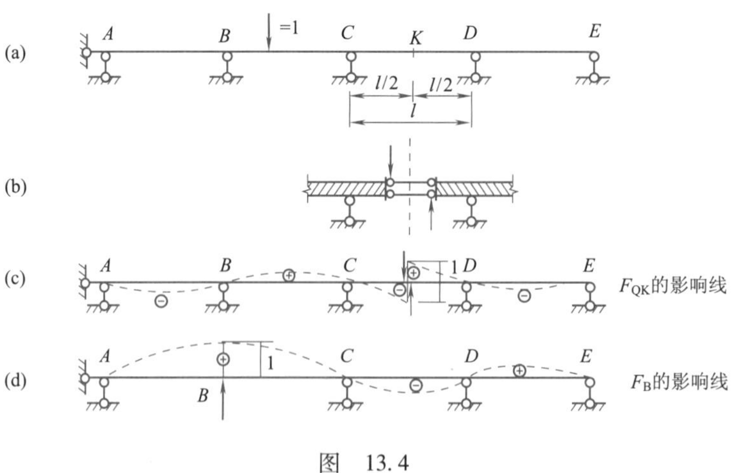

图 13.4

13.2　超静定结构的最不利荷载布置

应用机动法绘制连续梁的影响线之后，就可以方便地确定连续梁在移动荷载作用下的最不利荷载布置。如图 13.5(a)所示连续梁，欲确定 BC 跨中 K 截面和支座上 C 截面的弯矩的最不利荷载布置，可先分别绘制出 M_K 和 M_C 的影响线，如图 13.5(b)、(e)所示。再根据影响线将均布荷载按照最不利正弯矩情况布置，即为相应于该量值最大正值时的最不利荷载位置，如图 13.5(c)、(f)所示。同理可绘制出负弯矩的最不利荷载布置，如图 13.5(d)、(g)所示。即某跨梁内截面弯矩的最不利荷载布置是本跨布置荷载，然后隔跨布置荷载；支座负弯矩的最不利荷载布置是本支座两边跨布置荷载，然后隔跨布置荷载。

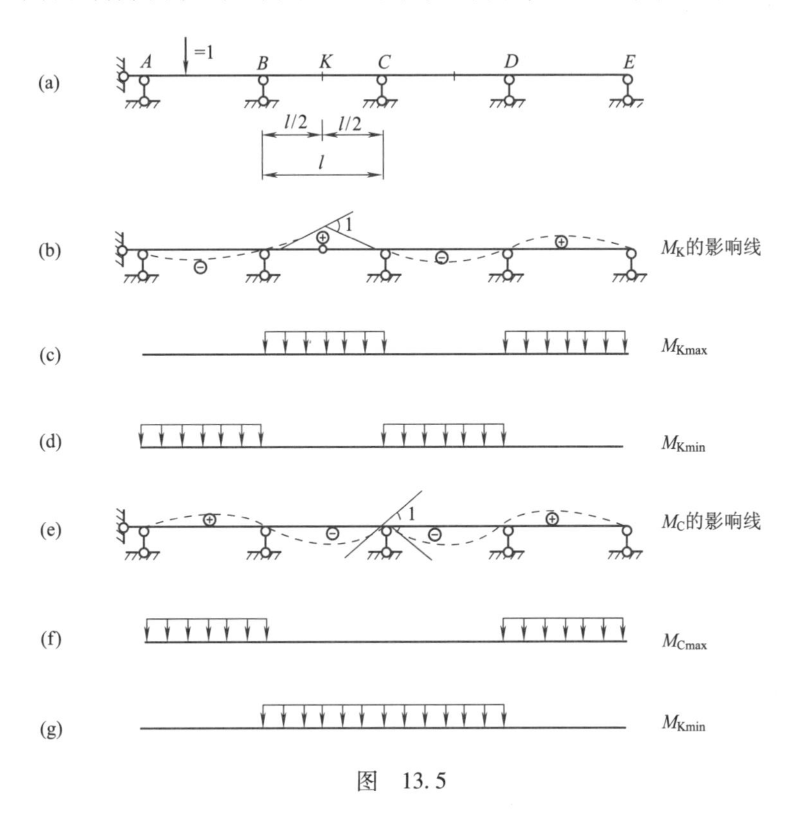

图　13.5

13.3　绘制超静定结构的内力包络图

13.3.1　内力包络图

房屋建筑中的梁板式楼面，它的板、次梁和主梁一般都按连续梁进行计算。这些连续梁将受到恒载和活荷载的共同作用，因此，设计时必须考虑两者的共同影响，求出各个截面所可能产生的最大和最小内力值，作为选择截面尺寸的依据。通常将恒载和活载的影响分别加以考虑。由于恒载经常存在，它所产生的内力是固定不变的；而活荷载所引起的内力则随活载分布的不同而改变，因此，求梁各截面最大内力的主要问题在于确定活载的影响。只要求出了活荷载作用下某一截面的最大和最小内力，然后再加上恒载产生的内力，即可得到恒载和活荷载的共同作用下的该截面的最大和最小内力。把梁上各截面的最大和最小内力用图形表示出来，就得到连续梁的内力包络图。

13.3.2　内力包络图的绘制方法及步骤

前面讨论了简支梁的内力包络图的绘制，只考虑了活荷载，而在实际的工程设计中，任何时候都必须考虑恒载的影响。连续梁的内力包络图的绘制方法及步骤如下：

1. 分别绘制出单跨均布荷载作用下的弯矩图

分别应用解超静定结构的方法(位移法或力矩分配法)绘制出各单跨荷载作用下的弯矩图,并按等分标出数值(各数值中荷载集度是文字解,不带实际数值)。

2. 绘制出恒载作用下的弯矩图

将恒载的荷载集度带入上述各弯矩图中,并按整个连续梁上作用恒载情况进行叠加,绘制出恒载作用下的弯矩图,并按等分标出实际数值。

3. 分别绘制出活荷载作用下的弯矩图

将活荷载的荷载集度带入上述各弯矩图中,逐一绘制出其弯矩图,并按等分标出实际数值。

4. 绘制弯矩包络图

分别按各截面最大和最小荷载最不利情况求出数值(恒载引起的弯矩数值始终叠加),分别用光滑曲线连接各截面最大和最小弯矩值,即绘制出弯矩包络图。

绘制连续梁的弯矩包络图是连续梁设计中的重要内容之一。弯矩包络图表示了连续梁上各截面弯矩变化的极限情形,可以根据它合理地选择截面尺寸,在设计钢筋混凝土梁时,是布置钢筋的重要依据。

有时还需要绘制出表明连续梁在恒载和活荷载共同作用下的最大剪力和最小剪力叟化情形的剪力包络图。其绘制步骤与弯矩包络图相同。由于设计时,用到的主要是各支座附近截面上的剪力值,因此实际工作中,通常只将各跨两端靠近支座处截面上的最大剪力值和最小剪力求出,而在每跨中以直线相连,近似地作为所求的剪力包络图。

【案例 13.3】 求图 13.6(a)所示三跨等截面连续梁的弯矩包络图。梁上承受的恒载为 $q_1=20$ kN/m,活荷载为 $q_2=37.5$ kN/m。

解:(1)绘制弯矩包络图。

①分别绘制出单跨均布荷载作用下的弯矩图。应用力矩分配法绘制出均布荷载分别作用在各单跨梁时的弯矩图,并按四等分标出数值,如图 13.6(b)、(c)、(d)所示。

②绘制出恒载作用下的弯矩。将恒载的荷载集度带入上述各弯矩图中,并按整个连续梁上作用恒载情况进行叠加,绘制出恒载作用下的弯矩图,如图 13.6(e)所示。

③绘制弯矩包络图。将活荷载的荷载集度带入上述各弯矩图中,分别按各截面最大和最小荷载最不利情况求出数值,并与恒载作用下的弯矩图叠加,分别标出数值,用光滑曲线连接绘制出弯矩包络图,如图 13.6(f)所示。

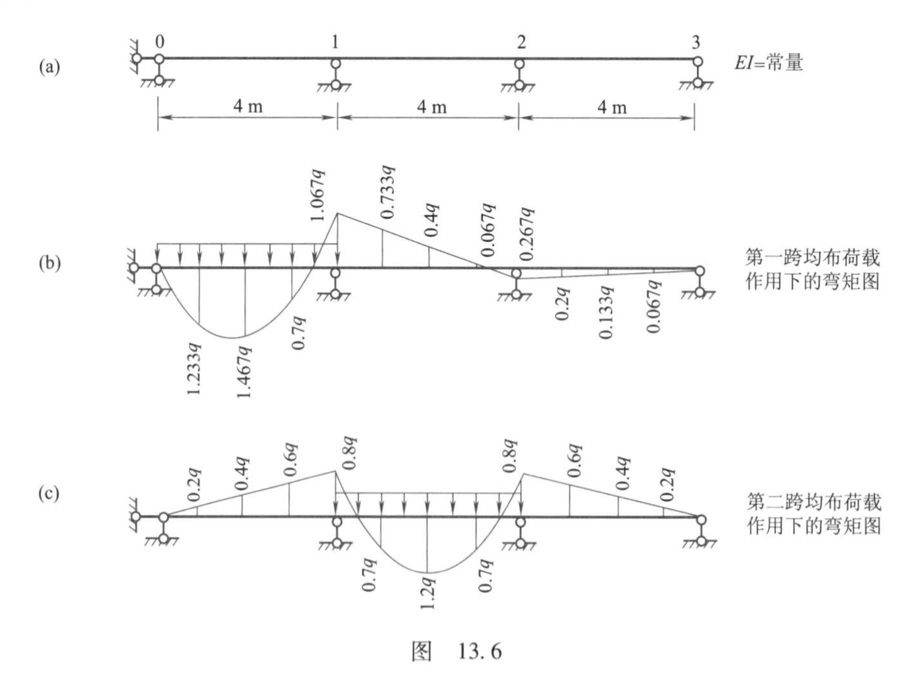

图 13.6

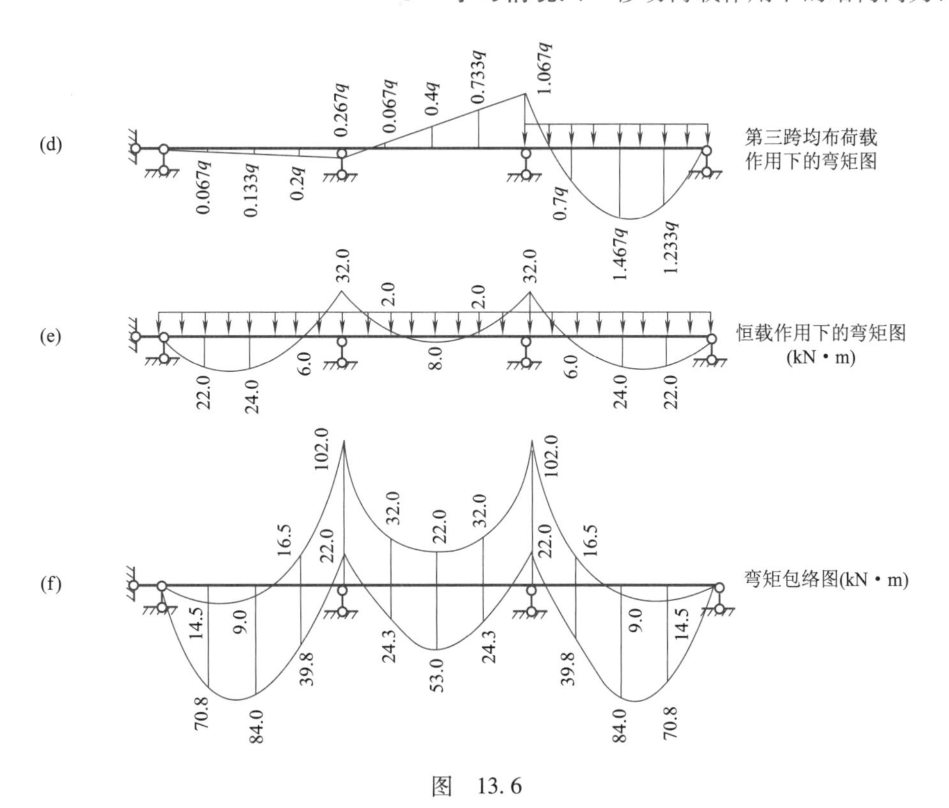

(d)
1.067q
0.733q
0.4q
0.067q
0.267q
第三跨均布荷载
作用下的弯矩图
0.067q
0.133q
0.2q
0.7q
1.467q
1.233q
(e)
32.0
2.0
2.0
32.0
恒载作用下的弯矩图
(kN・m)
22.0
24.0
6.0
8.0
6.0
24.0
22.0
(f)
102.0
32.0
22.0
32.0
102.0
16.5
22.0
22.0
16.5
弯矩包络图(kN・m)
14.5
9.0
39.8
24.3
53.0
24.3
39.8
9.0
14.5
70.8
84.0
84.0
70.8

图　13. 6

计 划 单

<table>
<tr><td>学习领域</td><td colspan="5">土建工程力学应用</td></tr>
<tr><td>学习情境</td><td colspan="5">移动荷载作用下的结构内力计算</td></tr>
<tr><td>工作任务</td><td colspan="5">绘制超静定结构的弯矩包络图</td></tr>
<tr><td>计划方式</td><td colspan="5">小组讨论、团结协作共同制订计划</td></tr>
<tr><td>计划学时</td><td colspan="5">0.5 学 时</td></tr>
<tr><td>序　　号</td><td colspan="2">实 施 步 骤</td><td colspan="3">具体工作内容描述</td></tr>
<tr><td>1</td><td colspan="2"></td><td colspan="3"></td></tr>
<tr><td>2</td><td colspan="2"></td><td colspan="3"></td></tr>
<tr><td>3</td><td colspan="2"></td><td colspan="3"></td></tr>
<tr><td>4</td><td colspan="2"></td><td colspan="3"></td></tr>
<tr><td>5</td><td colspan="2"></td><td colspan="3"></td></tr>
<tr><td>6</td><td colspan="2"></td><td colspan="3"></td></tr>
<tr><td>7</td><td colspan="2"></td><td colspan="3"></td></tr>
<tr><td>8</td><td colspan="2"></td><td colspan="3"></td></tr>
<tr><td>9</td><td colspan="2"></td><td colspan="3"></td></tr>
<tr><td>制订计划说明</td><td colspan="5">（写出制订计划中人员为完成任务的主要建议或可以借鉴的建议、需要解释的某一方面）</td></tr>
<tr><td rowspan="3">计划评价</td><td>班　　级</td><td></td><td>第　　组</td><td>组长签字</td><td></td></tr>
<tr><td>教师签字</td><td colspan="2"></td><td>日　　期</td><td></td></tr>
<tr><td colspan="5">评语：</td></tr>
</table>

决　策　单

<table>
<tr><td>学习领域</td><td colspan="5">土建工程力学应用</td></tr>
<tr><td>学习情境</td><td colspan="5">移动荷载作用下的结构内力计算</td></tr>
<tr><td>工作任务</td><td colspan="5">绘制超静定结构的弯矩包络图</td></tr>
<tr><td>决策学时</td><td colspan="5">0.5 学 时</td></tr>
<tr><td rowspan="11">方案对比</td><td>序　号</td><td>方案的可行性</td><td>方案的先进性</td><td>实 施 难 度</td><td>综 合 评 价</td></tr>
<tr><td>1</td><td></td><td></td><td></td><td></td></tr>
<tr><td>2</td><td></td><td></td><td></td><td></td></tr>
<tr><td>3</td><td></td><td></td><td></td><td></td></tr>
<tr><td>4</td><td></td><td></td><td></td><td></td></tr>
<tr><td>5</td><td></td><td></td><td></td><td></td></tr>
<tr><td>6</td><td></td><td></td><td></td><td></td></tr>
<tr><td>7</td><td></td><td></td><td></td><td></td></tr>
<tr><td>8</td><td></td><td></td><td></td><td></td></tr>
<tr><td>9</td><td></td><td></td><td></td><td></td></tr>
<tr><td>10</td><td></td><td></td><td></td><td></td></tr>
<tr><td rowspan="3">决策或分工评价</td><td>班　　级</td><td></td><td>第　　组</td><td>组长签字</td><td></td></tr>
<tr><td>教师签字</td><td colspan="2"></td><td>日　　期</td><td></td></tr>
<tr><td colspan="5">评语：</td></tr>
</table>

实　施　单

<table>
<tr><td>学习领域</td><td colspan="4">土建工程力学应用</td></tr>
<tr><td>学习情境</td><td colspan="4">移动荷载作用下的结构内力计算</td></tr>
<tr><td>工作任务</td><td colspan="4">绘制超静定结构的弯矩包络图</td></tr>
<tr><td>实施方式</td><td colspan="4">小组成员合作共同研讨确定实施步骤,每人均填写实施单</td></tr>
<tr><td>实施学时</td><td colspan="4">3 学 时</td></tr>
<tr><td>序　　号</td><td colspan="2">实 施 步 骤</td><td colspan="2">使 用 资 源</td></tr>
<tr><td>1</td><td colspan="2"></td><td colspan="2"></td></tr>
<tr><td>2</td><td colspan="2"></td><td colspan="2"></td></tr>
<tr><td>3</td><td colspan="2"></td><td colspan="2"></td></tr>
<tr><td>4</td><td colspan="2"></td><td colspan="2"></td></tr>
<tr><td>5</td><td colspan="2"></td><td colspan="2"></td></tr>
<tr><td>6</td><td colspan="2"></td><td colspan="2"></td></tr>
<tr><td>7</td><td colspan="2"></td><td colspan="2"></td></tr>
<tr><td>8</td><td colspan="2"></td><td colspan="2"></td></tr>
<tr><td colspan="5">实施说明:</td></tr>
<tr><td>班　　级</td><td></td><td>第　　组</td><td>组长签字</td><td></td></tr>
<tr><td>教师签字</td><td colspan="2"></td><td>日　　期</td><td></td></tr>
<tr><td>评　　语</td><td colspan="4"></td></tr>
</table>

作　业　单

<table>
<tr><td>学习领域</td><td colspan="4">土建工程力学应用</td></tr>
<tr><td>学习情境</td><td colspan="4">移动荷载作用下的结构内力计算</td></tr>
<tr><td>工作任务</td><td colspan="4">绘制超静定结构的弯矩包络图</td></tr>
<tr><td>实施方式</td><td colspan="4">小组成员动手实践,绘制超静定结构的弯矩包络图</td></tr>
<tr><td colspan="5">(在此绘制超静定结构的弯矩包络图,不够可附页)</td></tr>
<tr><td>班　级</td><td></td><td>第　组</td><td>组长签字</td><td></td></tr>
<tr><td>教师签字</td><td colspan="2"></td><td>日　期</td><td></td></tr>
<tr><td>评　语</td><td colspan="4"></td></tr>
</table>

检　查　单

<table>
<tr><td>学习领域</td><td colspan="5">土建工程力学应用</td></tr>
<tr><td>学习情境</td><td colspan="5">移动荷载作用下的结构内力计算</td></tr>
<tr><td>工作任务</td><td colspan="5">绘制超静定结构的弯矩包络图</td></tr>
<tr><td>检查学时</td><td colspan="5">0.5 学 时</td></tr>
<tr><td>序　　号</td><td>检 查 项 目</td><td colspan="2">检 查 标 准</td><td>组 内 互 查</td><td>教 师 检 查</td></tr>
<tr><td>1</td><td>影响线的绘制</td><td colspan="2">是否正确</td><td></td><td></td></tr>
<tr><td>2</td><td>绘制超静定结构的弯矩包络图步骤</td><td colspan="2">是否完整、正确</td><td></td><td></td></tr>
<tr><td>3</td><td>作业单</td><td colspan="2">是否正确、整洁</td><td></td><td></td></tr>
<tr><td>4</td><td>计算过程</td><td colspan="2">是否完整、正确</td><td></td><td></td></tr>
<tr><td rowspan="3">检查评价</td><td>班　　级</td><td></td><td>第　　组</td><td>组长签字</td><td></td></tr>
<tr><td>教师签字</td><td></td><td>日　　期</td><td colspan="2"></td></tr>
<tr><td colspan="5">评语：</td></tr>
</table>

评　价　单

学习领域	土建工程力学应用					
学习情境	移动荷载作用下的结构内力计算					
工作任务	绘制超静定结构的弯矩包络图					
评价学时	0.5 学 时					
考核项目	考核内容及要求	分值	学生自评（10%）	小组评分（20%）	教师评分（70%）	实得分
资讯（10）	翔实准确	10				
计划及决策（25）	工作程序的完整性	10				
	步骤内容描述	10				
	计划规范性	5				
工作过程（40）	分析程序正确	10				
	步骤正确	10				
	结果正确	20				
完成时间（15）	在要求时间内完成	15				
合作性（10）	能够很好地团结协作	10				
总　　分（∑）		100				
评价评语	班　　级			学　　号		
	姓　　名			第　　组	组长签字	
	教师签字		日　　期		总　　评	
	评语：					

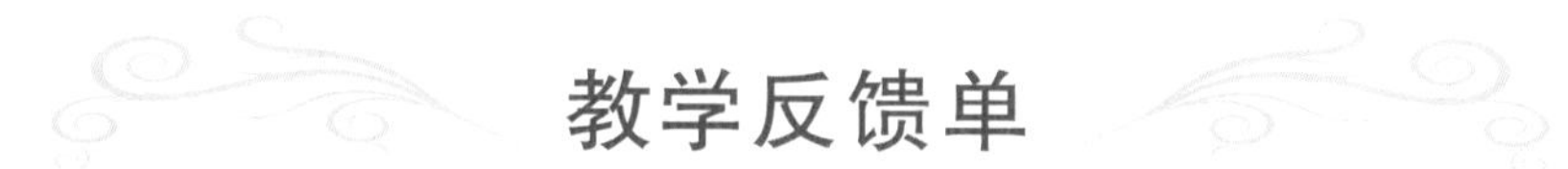

教学反馈单

学习领域	土建工程力学应用			
学习情境	移动荷载作用下的结构内力计算			
工作任务	绘制超静定结构的弯矩包络图			
任务学时	6 学 时			
序　　号	调查内容	是	否	理由陈述
1	你感觉本次任务是否容易完成?			
2	你的自主学习能力是否又有提高?			
3	针对本次学习任务是否进一步提高了你的资讯能力?			
4	计划和决策感到困难吗?			
5	你认为本次学习任务的完成,对你将来的工作有帮助吗?			
6	通过完成本工作任务,你学会绘制超静定结构的弯矩包络图了吗?今后遇到实际的问题你可以解决吗?			
7	你能在日常的工作和生活中找到有关移动荷载作用下的超静定结构的案例吗?			
8	通过几天来的工作和学习,你对自己的表现是否满意?			
9	你对小组成员之间的合作是否满意?			
10	你认为本任务还应学习哪些方面的内容?(请在下面空白处填写)			

你的意见对改进教学非常重要,请写出你的建议和意见。

被调查人签名		调查时间	

附表A　工字型型钢表

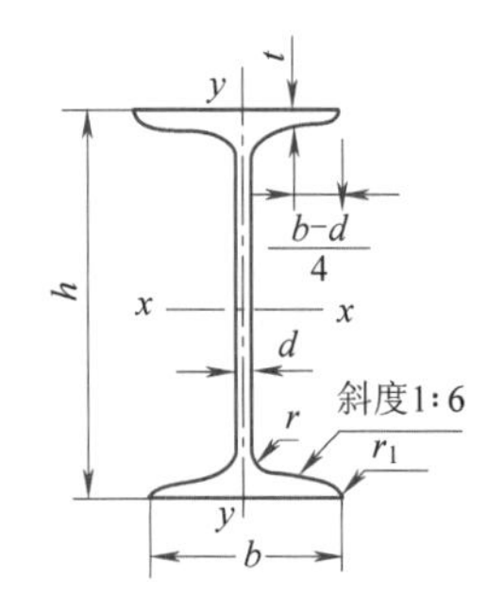

符号意义：

h——高度；	r_1——腿端圆弧半径；
b——腿宽度；	I——惯性矩；
d——腰厚度；	W——截面系数；
t——平均腿厚度；	i——惯性半径；
r——内圆弧半径；	S——半截面的静距。

型号	尺寸(mm)						截面面积 (cm²)	理论重量 (kg/m)	参考数值						
									$x-x$				$y-y$		
	h	b	d	t	r	r_1			I_x(cm⁴)	W_x(cm³)	i_x(cm)	I_x: S_x	I_y(cm⁴)	W_y(cm³)	i_y(cm)
10	100	68	4.5	7.6	6.5	3.3	14.345	11.261	245	49.0	4.14	8.59	33.0	9.72	1.52
12.b	126	74	5.0	8.4	7.0	3.5	18.118	14.223	488	77.5	5.20	10.8	46.9	12.7	1.61
14	140	80	5.5	9.1	7.5	3.8	21.516	16.890	712	102	5.76	12.0	64.4	16.1	1.73
16	160	88	6.0	9.9	8.0	4.0	26.131	20.513	1130	141	6.58	13.8	93.1	21.2	1.89
18	180	94	6.5	10.7	8.5	4.3	30.756	24.143	1660	185	7.36	15.4	122	26.0	2.00
20a	200	100	7.0	11.4	9.0	4.5	35.578	27.929	2370	237	8.15	17.2	158	31.5	2.12
20b	200	102	9.0	11.4	9.0	4.5	39.578	31.069	2500	250	7.96	16.9	169	33.1	2.06
22a	220	110	7.5	12.3	9.5	4.8	42.128	33.070	3400	309	8.99	18.9	225	40.9	2.31
22b	220	112	9.5	12.3	9.5	4.8	46.528	36.524	3570	325	8.78	18.7	239	42.7	2.27
25a	250	116	8.0	13.0	10.0	5.0	48.541	38.105	5020	402	10.2	21.6	280	48.3	2.40
25b	250	118	10.0	13.0	10.0	5.0	53.541	42.030	5280	423	9.94	21.3	309	52.4	2.40
28a	280	122	8.5	13.7	10.5	5.3	55.404	43.492	7110	508	11.3	24.6	345	56.6	2.50
28b	280	124	10.5	13.7	10.5	5.3	61.004	47.888	7480	534	11.1	24.2	379	61.2	2.49
32a	320	130	9.5	15.0	11.5	5.8	67.156	52.717	11100	692	12.8	27.5	460	70.8	2.62
32b	320	132	11.5	15.0	11.5	5.8	73.556	57.741	11600	726	12.6	27.1	502	76.0	2.61
32c	320	134	13.5	15.0	11.5	5.8	79.956	62.765	12200	760	12.3	26.8	544	81.2	2.61
36a	360	136	10.0	15.8	12.0	6.0	76.480	60.037	15800	875	14.4	30.7	552	81.2	2.69
36b	360	138	12.0	15.8	12.0	6.0	83.680	65.689	16500	919	14.1	30.3	582	84.3	2.64
36c	360	140	14.0	15.8	12.0	6.0	90.880	71.341	17300	962	13.8	29.9	612	87.4	2.60
40a	400	142	10.5	16.5	12.5	6.3	86.112	67.598	21700	1090	15.9	34.1	660	93.2	2.77
40b	400	144	12.5	16.5	12.5	6.3	94.112	73.878	22800	1140	15.6	33.6	692	96.2	2.71
40c	400	146	14.5	16.5	12.5	6.3	102.112	80.158	23900	1190	15.2	33.2	727	99.6	2.65

续上表

型号	尺寸(mm)						截面面积(cm^2)	理论重量(kg/m)	参考数值						
									$x-x$				$y-y$		
	h	b	d	t	r	r_1			$I_x(cm^4)$	$W_x(cm^3)$	$i_x(cm)$	I_x: S_x	$I_y(cm^4)$	$W_y(cm^3)$	$i_y(cm)$
45a	450	150	11.5	18.0	13.5	6.8	102.446	80.420	32200	1430	17.7	38.6	855	114	2.89
45b	450	152	13.5	18.0	13.5	6.8	111.446	87.485	33800	1500	17.4	38.0	894	118	2.84
45c	450	154	15.5	18.0	13.5	6.8	120.446	94.550	35300	1570	17.1	37.6	938	122	2.79
50a	500	158	12.0	20.0	14.0	7.0	119.304	93.654	46500	1860	19.7	42.8	1120	142	3.07
50b	500	160	14.0	20.0	14.0	7.0	129.304	101.504	48600	1940	19.4	42.4	1170	146	3.01
50c	500	162	16.0	20.0	14.0	7.0	139.304	109.354	50600	2080	19.0	41.8	1220	151	2.96
56a	560	166	12.5	21.0	14.5	7.3	135.435	106.316	65600	2340	22.0	47.7	1370	165	3.18
56b	560	168	14.5	21.0	14.5	7.3	146.635	115.108	68500	2450	21.6	47.2	1490	174	3.16
56c	560	170	16.5	21.0	14.5	7.3	157.835	123.900	71400	2550	21.3	46.7	1560	183	3.16
63a	630	176	13.0	22.0	15.0	7.5	154.658	121.407	93900	2980	24.5	54.2	1700	193	3.31
63b	630	178	15.0	22.0	15.0	7.5	167.258	131.298	98100	3160	24.2	53.5	1810	204	3.29
63c	630	180	17.0	22.0	15.0	7.5	179.858	141.189	102000	3300	23.8	52.9	1920	214	3.27

注:截面图和表中标注的圆弧半径 r、r_1 的数据用于孔型设计,不作交货条件。

参 考 文 献

[1] 中华人民共和国交通部．公路钢筋混凝土及预应力混凝土桥涵设计规范[S]．北京:人民交通出版社,2004.
[2] 中华人民共和国交通部．公路桥涵设计通用规范[S]．北京:人民交通出版社,2004.
[3] 程桢．土建工程力学应用[M]．北京:中国质检出版社,2013.
[4] 沈韶华．工程力学[M]．北京:经济科学出版社,2010.
[5] 李轮．结构力学[M]．北京:人民交通出版社,2008.
[6] 程桢．工程力学[M]．北京:中国计量出版社,2007.
[7] 孙雅珍．理论力学[M]．北京:中国电力出版社,2012.